江苏水利丛书

江苏防汛抗旱

JIANGSU FANGXUN KANGHAN

江苏省水利厅　编著

中国水利水电出版社
www.waterpub.com.cn
·北京·

内 容 提 要

本书从防汛抗旱概述、防洪治涝工程体系、供水工程体系、调度运行、防汛抗旱管理、防汛抗旱历史典型年和防汛抗旱形势与展望等7个方面，对江苏省防汛抗旱基本情况进行了全面总结，有利于防汛抗旱人员正确掌握水旱灾害发展的普遍规律，提高防御调度工作水平，进一步提高水安全保障能力。

本书适用于从事防汛抗旱、水旱灾害防御、水文水资源、水利工程调度等专业工作的工程技术人员，也可作为生产、科研、管理部门以及相关科技工作者学习和参考用书。

图书在版编目（CIP）数据

江苏防汛抗旱 / 江苏省水利厅编著. -- 北京 : 中国水利水电出版社, 2021.6
（江苏水利丛书）
ISBN 978-7-5170-9644-3

Ⅰ. ①江… Ⅱ. ①江… Ⅲ. ①防洪－江苏②抗旱－江苏 Ⅳ. ①TV87②S423

中国版本图书馆CIP数据核字(2021)第102531号

书　　名	江苏水利丛书 **江苏防汛抗旱** JIANGSU FANGXUN KANGHAN
作　　者	江苏省水利厅　编著
出版发行	中国水利水电出版社 （北京市海淀区玉渊潭南路1号D座　100038） 网址：www.waterpub.com.cn E-mail：sales@waterpub.com.cn 电话：(010) 68367658（营销中心）
经　　售	北京科水图书销售中心（零售） 电话：(010) 88383994、63202643、68545874 全国各地新华书店和相关出版物销售网点
排　　版	中国水利水电出版社微机排版中心
印　　刷	北京印匠彩色印刷有限公司
规　　格	184mm×260mm　16开本　22印张　535千字
版　　次	2021年6月第1版　2021年6月第1次印刷
印　　数	0001—1800册
定　　价	**180.00**元

《江苏水利丛书》编纂委员会

《江苏水利丛书》编纂委员会办公室

《江苏防汛抗旱》编纂委员会

主　任： 张春松　陆一忠

委　员： 刘丽君　蒋建新　宋　玉　盛家宝　朱建英
谢志明　吕金宝

主　编： 孙洪滨　鲍建腾

撰稿人： 郑福寿　陶娜麒　宋　炜　王　建　甘小荣
于正广　陈　巍　鲍建腾　王晓婧　刘海笑
薛凌峰　张领见　王绍勤　沈之望　周春飞
焦　野　杨　军　高　菲　傅　亮　龙世伟
刘　烨　余　立　李万轩　李龙水

统　稿： 宋　玉

前　言

江苏省地处我国大陆东部沿海地区中部，滨海跨江，平原辽阔，水网密布，湖泊众多，具有良好的自然禀赋。与此同时，全省大部分国土面积位于洪水位以下，水系复杂，气候多变，汛期要承受上游近200万平方公里的洪水下泄。特定的地理位置和气象水文特点，决定了江苏省洪涝干旱易发的基本省情。

中华人民共和国成立以来，江苏先后在20世纪50、70、90年代掀起三次大规模治水高潮，开展了流域防洪工程建设、区域防洪治涝工程建设、跨流域跨区域调配水工程建设，初步建成了完善的防洪、挡潮、治涝、调水等水利工程体系，成功防御和战胜了历次洪涝干旱灾害，为全省国民经济和各项社会事业的发展提供了坚强有力的基础保障和支撑。当前和今后一个时期，是全面建设小康社会、加快转变经济发展方式的关键时期，也是传统水利向现代水利加快转变的窗口期，经济社会发展面临前所未有的复杂环境，保民生促发展的要求越来越迫切，水旱灾害防治工作将继续是一项长期而艰巨的任务。

为了记录和总结中华人民共和国成立以来江苏省在水旱灾害防治方面的经验和成就，全面推动防汛抗旱工作理念、管理模式、科技手段的创新，深度提升水安全保障能力，为江苏高质量发展走在前列保驾护航，江苏省水利厅组织编写了本书。本书编写工作量庞大，在成书过程中，编者收集和阅读了大量资料，经反复讨论修改，历时4年完成书稿。

全书共分7章：第1章概述；第2章防洪治涝工程体系；第3章供水工程体系；第4章调度运行；第5章防汛抗旱管理；第6章防汛抗旱历史典型年；第7章形势与展望。全书主要以文字说明为主，辅以图片和表格相结合的方式表达，基础资料翔实。

本书在写作过程中，得到了张嘉涛、陆一忠、施红怡、黄海田、喻君杰、徐俊仁、陈锡林、陈履、张鹏、宋玉、刘仲刚等专家及江苏省水利厅有关部门的指导帮助，出版社的各位编审也对书稿进行了严格的把关和反复审查。本书的出版凝聚了江苏水利各界同仁的智慧和努力，在此一并致谢。

由于编者水平有限，难免有不妥之处，诚恳地希望各位读者和水利同仁对本书给予批评和指正。

编者

2021年5月·南京

目　　录

1 概述

1.1 自然地理

1.1.1 地理位置

江苏位于我国东部沿海地区中部，地跨北纬 30°45′～35°08′，东经 116°21′～121°56′，地处长江、淮河流域下游，东临黄海，海陆相间，扼长江入海门户；南北直线距离约 460km，东西直线距离约 320km；西连安徽，北接山东，东南与浙江和上海毗邻，省际陆地边界线 3383km，是全国唯一同时拥有大江、大河、大湖、大海的省份。

1.1.2 地形地貌

江苏地势总体上西北高、东南低，地面高程由西北部的 45m，逐渐向东南部倾斜至 2m 左右，大部分在 5～10m，是全国地势最低的一个省份。地形以平原为主，河网稠密、湖荡众多，长江横穿东西，大运河纵贯南北，平原、水面所占比例之大，在全国居首位。国土面积 10.72 万 km^2，占全国总面积的 1.1%，其中平原面积约占 68.8%，主要由苏北黄淮平原及长江三角洲平原组成，地势低洼的里下河及太湖水网地区，高程在 5m 以下，局部洼地仅 2～3m，遇到大水之年，平原洼地普遍处于洪水威胁之下；河湖水域占 16.9%，除江河水库外，主要有洪泽湖、太湖、微山湖、骆马湖、高邮湖、邵伯湖等湖泊；低山、丘陵、岗地占 14.3%，大多为邻省山脉的延伸部分，山势低缓，分布零散，主要集中在西南部宁镇扬低山丘陵和东北部徐州、连云港低山丘陵，高度一般在 200m 以下，最高山峰为连云港市境内的云台山主峰，高程 625m。

江苏地形狭长，北部、西部、西南部多丘陵，海拔较高，加之多年来水利工程建设多是筑坝成库、掘地成河，江苏省境内的主要行洪通道如新沂河、淮河入海水道、淮河入江水道、苏北灌溉总渠、京杭运河、望虞河等行洪期水位均高于地面；微山湖、骆马湖、洪泽湖等主要湖泊和大部分水库等正常水位也高于下游地面。江苏省境内 80%以上的地区在洪水位以下，面临洪水威胁，特别是骆马湖、洪泽湖、里运河是江苏省防洪重点对象。

省内主要水网区分布在里下河地区和太湖地区，特别是里下河腹部地区，地面高程 1～7m，四周高、中间低、呈碟形，俗称“锅底洼”，尤以兴化、建湖、溱潼三地最洼，是淮河下游的重点洼地。由于碟形洼地这一地形特点，里下河腹部地区雨后洪水“四水投塘”，需水位逼高后再通过入海港道缓慢下泄。且因里下河腹部地区中心距海边仅有 100

多 km，又易受海潮顶托，导致区域排水困难、高水位持续时间长，极易造成圩区的破圩成灾。

江苏大陆海岸线长 953.9km。废黄河口以北为侵蚀性海岸，以南多为淤积性海积平原海岸，吕四港以南为长江三角洲海岸。海岸带面积约 3.5 万 km^2，其中沿岸陆地及潮间带滩涂 1 万 km^2 左右，浅海部分约 2 万多 km^2。里下河沿海四港所处海岸位于废黄河三角洲向东南运送泥沙的路途中，均属于粉砂淤泥质淤积型海岸，尤其在建闸后，闸下河道的潮波产生变形并使涨潮流速大于落潮流速，涨潮潮流往往可以挟带较多的泥沙进入河道直至闸下淤积，严重影响防洪排涝效益的正常发挥。

1.1.3 社会经济

江苏省设有南京、无锡、徐州、常州、苏州、南通、连云港、淮安、盐城、扬州、镇江、泰州、宿迁 13 个设区市，下辖 96 个县（市、区），包括 22 个县级市、19 个县、55 个市辖区。2016 年末，全省常住人口 7998 万，密度 746 人/km^2，是全国人口密度最大的省份，城市化率达到 67.7%；实现地区生产总值 7.6 万亿元，人均地区生产总值 9.5 万元；财政总收入 19464 亿元；三次产业增加值比例为 5.5∶44.5∶50.1，实现产业结构“三二一”标志性转变；粮食总产量 3466 万 t。江苏以占全国 1.1%的国土面积，集聚了 5.8%的人口，创造了 10.20%的地区生产总值，生产出 5.6%的粮食。江苏土地开发利用程度高，交通、水利、能源等一大批重点项目相继建成，基础设施支撑体系日趋完善。全省已基本形成“铁路、公路、水路、空运、管道运输”综合配套的交通运输体系。现有连云港港、南京港、南通港等一类对外开放口岸 12 个，拥有内河航道 2.4 万 km，公路通车里程 16 万 km（高速公路 4657km），拥有 8 个机场；全省城乡电网电力供应充足，年发电量达 4668 亿 kW·h。由于历史原因和地形条件，人口和城市集中在沿江、沿河、沿湖地区，在低洼平原积累了大量固定资产，而全省绝大部分的平原洼地位于洪水位之下，需要依靠防洪工程保护。众多的人口、集聚的产业和密集的资产，对防洪保安、水资源保障提出了更高的要求。

1.2 气象水文

1.2.1 气候概况

江苏气候具有明显的季风特征，处于亚热带季风气候区向暖温带季风气候区过渡地带，以淮河、苏北灌溉总渠为界，南部属湿润的亚热带季风气候区，北部属半湿润的暖温带季风气候区。全省气候温和、四季分明、季风显著、冬冷夏热、春温多变、秋高气爽、雨热同季、降水集中、梅雨显著、易受台风影响，东部沿海地带具有一定的海洋性气候特点。全省年日照时数为 1816～2503h，年平均气温为 13.5～16.0℃，全年无霜期为 200～250d。年降水量为 700～1250mm，年径流深为 150～400mm。

全省年降水量在区域分布上自东南向西北递减，且年际间变化大，特别是汛期冷暖气流经常交汇，导致境内洪水、内涝、干旱、台风等相互交织，频繁发生，容易出现突发性的自然灾害。6—7 月的“梅雨”因暴雨范围广、降雨强度大、南北摆动滞留时间长，较易引发流域性暴雨洪水；8—9 月的台风暴雨容易造成区域性洪涝；短历时雷暴雨会造成小范围局部洪涝，沿海和沿江地区还面临风暴潮、海啸等威胁。淮北地区多年平均降水量为850mm、江淮之间为1020mm、苏南地区为1100mm。全省自然水体年均蒸发量为950～1100mm，陆面蒸发量为600～800mm，区域分布上与降雨量相反，自南向北、西北方向递增。

1.2.2 水系及水文特征

江苏地处江、淮、沂、沭、泗五大江河尾闾，分属淮河、长江两大流域。从仪六丘陵经江都至如泰运河一线为江淮分水线，北部属淮河流域（其中又以废黄河为界，分为淮河水系和沂沭泗水系），南部属长江流域（包括滁河、苏北沿江、石臼湖固城湖、秦淮河及太湖水系）。京杭运河纵贯南北，沟通了微山湖、骆马湖、洪泽湖、白马湖、宝应湖、高邮湖、邵伯湖和太湖等湖泊，成为江苏省跨流域调水的骨干河道。江苏以10.72万km^2的国土面积，承受着上中游近200万km^2流域洪水过境，大水年份，三面洪水压境，一面海潮顶托，历来是“洪水走廊”。

1.2.2.1 淮河流域

1. 淮河水系

淮河发源于河南省桐柏山，向东流经河南省、安徽省、江苏省，在江苏省扬州市三江营流入长江，干流全长约1000km，涉及鄂、豫、皖、苏4省，流域面积（不含沂沭泗水系）18.79万km^2。江苏省地处淮河水系下游，涉及徐州、宿迁、淮安、扬州、盐城、泰州、南通7市，流域面积3.86万km^2，包括洪泽湖水系、里下河水系和渠北水系、运西水系。

（1）洪泽湖水系。洪泽湖是连接淮河中、下游的平原湖泊型水库，是全国五大淡水湖之一，设计洪水位16.0m，校核洪水位17.0m，总库容135亿m^3。淮河干流过浮山后，经泊岗引河南下，在盱眙老子山入湖，另外入湖河道还有池河、怀洪新河、新汴河、濉河、老濉河、徐洪河等支流。其中出湖泄洪通道有淮河入江水道、淮河入海水道、苏北灌溉总渠、废黄河和分淮入沂工程（经二河、淮沭河入新沂河）。

省际边界主要河道南岸有池河，北岸有怀洪新河、新汴河、濉河等省际支流直接入湖。池河为淮河南岸支流，自安徽省明光市北流，经女山湖，转七里湖入江苏境，汇入淮河干流，流域面积5021km^2。怀洪新河为淮河北岸主要支流，承纳浍河、澥河、北淝河、香涧湖、沱湖、南北沱河、石梁河、天井湖等来水，于下草湾引河入洪泽湖，流域面积1.2万km^2，在江苏境内长35km。新汴河主干自安徽省宿县截引沱河、濉河上游支流，经灵璧县、泗县南入江苏省泗洪县，至溧河洼入洪泽湖，流域面积6562km^2，江苏境内长29km。濉河流域面积7448km^2，1966年治理时，分段截流入新汴河、新濉河、濉河（老濉河）。新濉河自安徽省泗县东流经江苏省泗洪县，至青阳镇西洪庄改道南入溧河洼，在江苏省境内长29km。

（2）里下河水系。里下河地区北至苏北灌溉总渠，南迄江淮分水线，西抵里运河，东临黄海，总面积约22230km^2。其中通榆河以西为里下河腹部地区，以东为沿海垦区。射阳河、黄沙港、新洋港、斗龙港、川东港等是该地区的主要排水通道，入海口均建闸控制。沿海垦区中，除里下河腹部排水干河四大港穿过本区北部地区外，均为分片独立水系，直接排水入海。

（3）渠北水系。渠北地区指苏北灌溉总渠以北、废黄河以南和二河以东地区，总面积 $2046km^2$。该区涝水主要通过淮河入海水道南北泓分别排出，部分涝水由改建的渠北闸和东沙港闸相机排入苏北灌溉总渠；淮河入海水道行洪期间，由茭陵、大套等抽水站抽排涝水入废黄河、淮河入海水道等；沿海地区直接排水入海。

（4）运西水系。运西地区指里运河以西，洪泽湖大堤以东、苏北灌溉总渠以南地区，西临安徽省天长市、仪扬山丘区，总面积 $5348km^2$。区内由北向南有白马湖、宝应湖、高邮湖、邵伯湖等湖泊，淮河入江水道穿湖（高邮湖、邵伯湖）而下。

2. 沂沭泗水系

沂沭泗水系主要由沂河、沭河、泗河三大水系组成。沂沭泗水系南及西南以废黄河为界，与淮河水系隔开，西北与黄河接壤，北以沂蒙山脉为分水岭，东临黄海。流域面积 7.8 万 km^2，涉及苏、鲁、豫、皖 4 省。江苏省沂沭泗地区涉及徐州、宿迁、淮安、连云港、盐城等 5 市，流域面积 25400 万 km^2。

（1）沂沭河水系。沂、沭两河皆发源于沂蒙山区，平行南下，分沂入沭使它们脉络相通，邳苍分洪道又使沂河和泗运河相连。沂河进入江苏省流经邳州市、新沂市入骆马湖，经骆马湖调蓄后由新沂河东排入海。沭河南下至临沭县大官庄分为两支：东支经石梁河水库调蓄后，向东入黄海；南支经老（总）沭河，于新沂市口头入新沂河。沂河骆马湖以上流域面积 $11800km^2$，沭河大官庄以上流域面积 $4529km^2$，大官庄以下至口头流域面积 $1625km^2$。

省际边界河道主要有邳苍分洪道、沂河、沭河、新沭河及陶沟河、伽河、绣针河、龙王河等。沂河源于山东省沂源县鲁山，南流经沂水、沂南 、临沂、郯城 ，于邳县齐村入江苏省境，在新沂市苗圩入骆马湖，全长 333km（江苏省境内 45.5km），骆马湖以上沂河流域面积 1.18 万 km^2。上游为丘陵山区，临沂以下渐入平原，洪水期峰高量大，枯水期经常断流。沂河过临沂，东岸彭家道口有分沂入沭水道向东南分水入沭河，西岸江风口有邳苍分洪道向西南分水入中运河。沭河古称沭水，发源于山东省沂山南麓，平行于沂河南流，原为入淮支流。自黄河夺泗入淮后，入淮通道淤塞，向东另辟出路，尾闾与沂河尾闾串通，从临洪口、埒子口及灌河口入海。1949 年，山东省政府和苏北行署分别兴办“导沭整沂”“导沂整沭”工程后，在山东省临沭县大官庄北，建沭河拦河坝和人民胜利堰，向东开挖一条入海河道，南支总沭河汇入新沂河。由此沭河分为三部分：大官庄以上仍称沭河；大官庄以下分为两支，东支称新沭河，经石梁河水库东流出海；南支称总沭河（又称老沭河），南流经新沂市口头注入新沂河。新沭河是中华人民共和国成立初期在原沙河的基础上开挖的漫滩行洪入海河道。起自山东省大官庄，于大兴镇入江苏省境，经石梁河水库库区出溢洪闸，沿赣榆、东海县界东南流折向东北，与蔷薇河汇流，经临洪河至临洪口入海，全长 80km（江苏境内石梁河水库以下 45km），区间流域面积 $2850km^2$。总沭河过山东省郯城，于红花埠流入江苏，纵贯新沂市于口头汇入新沂河。沭河自源头至口头全长 300km（江苏境内 47km），流域面积 $6400km^2$。

（2）泗河水系。泗河水系由泗河、南四湖及其入湖支流组成。泗河发源于沂蒙山西麓，在济宁南鲁桥注入南四湖，全长 159km；南四湖由南阳湖、昭阳湖、独山湖、微山湖组成，二级坝枢纽工程将其分为上、下两级湖，南四湖汇集湖东诸条山溪性河流和湖西诸多平原河流，流域面积 31700km^2。

省际边界河道主要有韩庄运河、复新河、大沙河。韩庄运河，起自微山县韩庄镇，八里沟以下沿韩庄老运河开挖，经台儿庄，至苏鲁边界与中运河相接，全长 42.5km，是南水北调自骆马湖至下级湖的东线输水通道。复新河源于安徽省砀山，东北流经江苏省丰县、山东省鱼台注入上级湖，全长 75km（其中丰县境内 53.9km），有 11 条支河，流域面积 1812km^2（其中丰县 1183km^2）。大沙河以西坡地来水均汇入复新河。大沙河南起丰县和安徽省砀山边界二坝附近，向北流经沛县，于龙固程子庙注入上级湖，全长 61km，汇集豫、鲁、皖三省废黄河滩地 1685km^2 来水入上级湖。

（3）骆马湖。骆马湖上承泗河水系、邳苍地区和沂河来水，集水面积 51178km^2，设计洪水位 25.0m，校核洪水位 26.0m，总库容 19 亿 m^3，洪水出路主要由新沂河东排入黄海，部分洪水可经中运河、徐洪河下泄，分别排入二河、洪泽湖。

（4）废黄河。废黄河自丰县二坝流经徐州、宿迁、淮安、盐城四市至滨海头罾入海，长 490km，流域面积 1881km^2，为一狭长高亢区域。废黄河河滩纵向高差大，地势自西向东渐降，总高差 40m 左右，形成独立排水区，也是淮河与沂沭泗水系的分水岭。

（5）其他入海诸河。江苏境内沂沭泗水系直接入海河道，在新沭河以北地区主要有绣针河、龙王河、兴庄河、青口河、朱稽河、范河等；新沭河至新沂河之间主要有东门五图河、牛墩界圩河、车轴河、古泊善后河、烧香河等；新沂河以南至废黄河口地区为灌河水系，包括灌河干流、南六塘河、北六塘河、柴米河、沂南小河、盐河等。

1.2.2.2 长江流域

1. 长江水系

长江是我国最大的河流，其长度和水量均列世界第三位。江苏省南部属长江流域，境内长江干流长 433km，江岸线长 804km，洲岸线长 310km，涉及南京、镇江、扬州、泰州、常州、无锡、苏州、南通 8 市，流域面积 3.86 万 km^2（含太湖水系 1.96 万 km^2）。江苏省境内长江干流为感潮河段，既受上游洪水影响，又受下游海潮顶托影响。省内长江干流沿线的主要支流有：

（1）水阳江（含石臼湖、固城湖地区）。水阳江发源于皖浙两省交界处的天目山北麓，主源为西津河。流域上游为皖南山区，下游进入平原后和青弋江水流交织，互相串通，缺乏明显的分水岭，在水文地理上通常合称一个水系。石臼湖、固城湖均为水阳江的尾闾湖泊，流域面积 1299km^2，占水阳江流域总面积的 6.8%，主要涉及南京市高淳区、溧水区。

（2）秦淮河。秦淮河是长江下游的一条支流，流域面积 2631km^2，上游有句容河、溧水河两大支流，在江宁区西北村汇合，以下为干流，长 36.61km。干流在江宁东山又分为两支：一支为秦淮河，在南京市通济门外循护城河北折由三汊河入长江；另一支为秦淮新河，长 16.84km，从东山河定桥起经铁心桥、西善桥穿沙洲圩至金胜村入长江。

（3）滁河。滁河地跨苏、皖两省，源于安徽省肥东县梁园，全长 265km，于南京市六合大河口入长江，流域面积近 8000km^2，江苏省境内面积 1633km^2。滁河主要支流有 8 条，均在北岸。滁河洪水经分段调节后向南泄入长江，入江河道自西向东主要有驷马山河、朱家山河、马汊河分洪道、划子口河等。

（4）苏北沿江区。苏北沿江区位于滁河流域以东、江淮分界线以南，总面积 9958 km^2。地势北高南低、西高东低，间有起伏，区域排水以入江为主，东北部排入黄海。该区划分为仪六片、通南扬州片、通南泰州片、通南南通片四片，分属南京、扬州、泰州、南通 4 市。

（5）其他地区。包括秦淮河区滨江排水片面积 1081km^2，滁河区滨江排水片面积 669km^2，长江干流水面 1762 km^2。

2. 太湖水系

太湖水系属长江流域，涉及江、浙、沪、皖三省一市，三面滨江临海，西部自北向南分别以茅山山脉、界岭和天目山与秦淮河、水阳江、钱塘江流域为界。太湖流域面积 3.69 万 km^2，其中江苏境内流域面积 1.96 万 km^2。流域地形特点为周边高、中间低，呈碟形。上游来水主要有苕溪水系、南溪水系、洮滆湖水系和江南运河水系，洪水出路主要有太浦河、望虞河等。

省际边界河道主要有上游入湖河道东、西苕溪，及出湖河道太浦河、运河。苕溪水系，源于浙江天目山区，分东、西两支，在吴兴汇合，70%的径流量由小梅、大钱等口注入太湖，其余经杭嘉平原向东直接出海。

1.2.2.3 水系变迁

因河道自然迁移或人为造成洪涝灾害，江苏省淮河流域骨干水系经历了多次的较大变化。

1. 早期的运河

公元前 486 年，吴王夫差为了争霸中原，利用长江三角洲的天然河湖港汊，疏通了由今苏州经无锡至常州北入长江到扬州的“古故水道”，并开凿邗沟（自扬州引江水，东北通过射阳湖，再向西北至淮安入淮河，长约 150km）。公元 587 年，隋为兴兵伐陈，从今淮安到扬州，开山阳渎，后又整治取直，中间不再绕道射阳湖。公元 605 年，隋炀帝杨广下令开凿了通济渠和永济渠，大运河实现南北贯通。

2. 黄河夺淮

元代 1194 年，黄河在今河南武阳决口，灌封丘南下，夺泗水，从今淮阴夺淮入海，淮河流域的豫东、皖北、苏北和鲁西南地区成了黄河洪水经常泛滥的地区。黄河长达 661 年的侵淮，使得江苏省淮河流域的水系，再次发生了重大变化。

自明中叶以来，“每淮水盛时，西风激浪，白波如山，淮扬数百里中，公私惶惶，莫敢安枕者，数百年矣”，破釜塘、白水塘、富陵湖、泥墩湖、万家湖等陂塘和小湖连接成洪泽湖。黄河夺淮在清代共计 211 年（1644—1855 年），在此期间，黄河已不再向涡河、颍河分流，而是全部经徐州南下夺泗、夺淮，灾区转至徐州以下直至海口，江苏省受灾最重，其次为皖北与山东。清咸丰元年（1851 年），黄淮同时发生大水，洪泽湖南端蒋坝附近大堤决口，洪水经三河流经高宝洼地、芒稻河，在三江营入江，形成了淮河入江水道的雏形。淮河长期不再有入海口，改在三江营汇入长江。清咸丰五年（1855 年）黄河再度在河南铜瓦厢决口改道，此后黄河大致以山东济水河道为入海口至今。

3. 运河变迁与漕运通道

元代黄河夺淮后，元朝建都大都（今北京）。初期漕运路线，是由江淮溯黄河向西北至封丘（开封北）县中砾镇，转陆运至新乡入卫河，水运经天津至通县（今通州区），再陆运至大都。这条运输路线不仅绕道过远，且要水陆转运。1282 年动工挖济州河，自今济宁引洸、汶、泗水为源，向北开河 150 里接济水（相当于后来的大清河位置，1855 年黄河夺大清河入海）。济州河开通后，漕船可由江淮溯黄河、泗水和济州河直达安山下济水。从济水向北至天津的路线有二：一是由济水入海，经渤海湾至天津；二是由东阿旱站（东平北）向北陆运 200 里至临清入今卫河。沿前一路线，漕船常遭海涛风浪之险，沿后一路线每遇夏秋霖潦，粮车跋涉艰难。于是在 1289 年，自济州河向北经寿张、聊城至临清开会通河，长 250 里，接通卫河。因为会通河位于海河和淮河之间的分水脊上，所以在会通河上修建了插板门船闸 26 座，并在济宁设水柜，南北分流，以调节航运用水，控制运河水位。会通河建成后，漕船可由济州河、会通河、卫河，再溯白河至通县。1291—1293 年，元朝从通县到大都开通惠河，建闸 20 座。从此，漕船可由通县入通惠河，直达今北京城内的积水潭。至此，今天的大运河的路线走向才初步形成。

明、清两代均建都北京，对元朝大运河进行了扩建。明代整通惠河闸坝，恢复通航；1411 年扩建改造会通河，引汶水入南旺湖，利用南旺湖地势的有利地形，修建南旺水柜，十分之七的水北流，十分之三的水南流，解决了会通河水源问题，并增建船闸至 51 座。为使运河免受黄河泛滥的影响和避开 360 里的黄河航程，明代先后在 1528—1567 年和 1595—1605 年，自今山东济宁南阳镇以南的南四湖东相继开河 440 里，使原经沛、徐州入黄河的原泗水运河路线（今南四湖西线），改道为经夏镇、韩庄、台儿庄沿线入黄河的今南四湖东线，即韩庄运河线。

4. 运河变迁与江水北调

中华人民共和国成立以后，古老的运河又焕发出新的活力，被赋予了新的功能。如果说，古代运河以其作为南北漕运交通大动脉的地位而发挥着极其重要的作用，那么现代科学技术的进步又为古老运河的新生注入了新的活力。特别是泵站技术的发展，使运河的功能又有了进一步拓展。“江水北调”“南水北调”，是扎根长江，抽引江水，利用京杭运河苏北段及周边河道，多级提水北上，串联洪泽湖、骆马湖等，将长江水送达淮沂沭泗地区的系统工程。1958—1987 年分期续建了京杭运河，初步建成 9 个梯级 19 座泵站，基本形成调水工程系统，调水行程达 400 多 km。此后，南水北调东线工程利用江苏省江水北调工程，扩大规模，向北延伸。

1.2.3 水资源概况

江苏省本地水资源不足，但过境水丰沛，多年平均降雨径流形成的地表水资源量为 266.3 亿 m^3，丰水的 1956 年达 471 亿 m^3，枯水的 1978 年仅 6.6 亿 m^3（第一次水资源调查评价成果），连同地下水，多年平均本地水资源总量 321.6 亿 m^3。入境水量多年平均 9492 亿 m^3，其中长江 9114 亿 m^3，淮河 352.2 亿 m^3，太湖 25.8 亿 m^3。长江水量丰沛，但利用受到引江能力的限制，淮、沂、沭、泗河丰枯水量悬殊，淮河最丰和最枯年来水的比值近 40 倍，沂沭泗河丰枯比值也达 9 倍，可用但不可靠。根据《江苏省水资源公报》（2015 年），全省 2015 年降水量 1257.1mm，折合降水总量 1281.5 亿 m^3。全省水资源总量 582.1 亿 m^3，其中地表水资源量 462.9 亿 m^3，地下水资源量 142.4 亿 m^3，地下水与地表水重复计算量 23.2 亿 m^3。

江苏省大部分地区为平原区，虽然境内水面积占比较大，但调节能力低，洪涝时必须大量排水，干旱时又时常无水可用。通过数十年水利建设，江苏省已建成以江水北调、江水东引、引江济太三大调水工程为骨干的较完备的蓄、引、提、调供水系统，保障了全省社会经济持续快速发展。近年来，随着国民经济的迅速发展，各行业用水需求明显增大，日益依赖于水利工程跨区域调水供给保障。

1.3 水旱灾害

1.3.1 水旱灾害类型

每年汛期，受海洋上吹来的暖湿空气和北方南下的冷空气共同影响，我国各大江河多暴雨洪水过程。在这期间，西太平洋副热带高压（简称副高）脊线的西伸、东退、北进和南撤的发展，常常会引起长江流域、淮河流域和华北地区大范围暴雨。江苏地处江淮沂沭泗流域下游，又处于南北气候过渡带，特殊的地理位置，决定了江苏水旱灾害频发的特点。按照灾害的成因划分，江苏水旱灾害主要分为洪、涝、干旱、台风、风暴潮、崩岸、盐碱几个类型，其中洪涝是对江苏影响最为严重的灾害。

1.3.1.1 洪水灾害

江苏 10.72 万 km^2 的国土面积承受着上中游近 200 万 km^2 的来水，全省 85%的国土面积处于洪水威胁之下，素有“洪水走廊”之称。在流域大水年份，主要行洪河道被迫长期高水位行洪，河道堤防浸泡时间长，容易出现管涌、滑坡等溃堤险情，加之溃堤时水头落差大，抢险困难，易造成大范围的严重洪涝灾害。

1.3.1.2 雨涝灾害

由于受大气环流控制，江淮流域性降雨大多是自南向北、自西向东缓慢移动，梅雨后期副高北抬后，才会出现长期高温少雨天气。因此，上游流域出现强降雨时，通常也是江苏出现强降雨的时期，导致流域洪水和本地涝水的叠加。另外，江苏省的许多行洪河道既承担流域行洪功能，也承担区域排涝功能，上游洪水一般峰高量大，大多是高水位行洪，导致本地涝水无法自流排出，被迫长期滞留本地，形成涝灾。多年来，全省因洪致涝的情况一直存在。因此，江苏省在遭遇大洪水时，往往外洪内涝同时袭击，威胁巨大。另外，在沿江、沿海地区，排涝还经常受到潮水顶托影响，比如秦淮新河、望虞河、沿海四港等经常出现潮水顶托，只能间隙排涝，甚至出现无法自排涝水只能抽排的情况，排涝受潮汐的影响十分显著。

近年来，因气候异常事件不断出现，区域性、短历时、高强度的暴雨导致的城市雨涝灾害不断出现，“城中看海”现象日益受到社会各界的关注，也成为当前防汛抗旱工作的重点和难点。

1.3.1.3 干旱灾害

江苏虽说是河网密布，常年降雨量丰沛，但降雨时空分布不均，雨量呈东多西少、南丰北枯的特点，且年际变幅较大；降雨量的年内分配也很不均匀，汛期 6—9 月的降雨量约占全年降雨量的 60%以上。流域上中游来水量的年际、年内变化也很大，年来水量的 70%左右集中在 6—9 月。在遇到降雨偏少及上中游来水偏迟、偏少的年份，资源型缺水的淮北地区以及部分地势较高的丘陵山区、高亢岗地极易出现大面积干旱，甚至连续数年干旱，对城乡居民生活、工农业生产、航运等造成严重影响。江苏省干旱主要发生在夏季，特别是在水稻栽插大用水的6月；淮北地区发生春旱、秋旱的概率也较高；干旱年份甚至发生春夏连旱、春夏秋连旱。

1.3.1.4 台风灾害

江苏拥有长约950km的海岸线，易遭受台风的侵害。每年有2～3个台风会对江苏省造成明显影响。台风很少在江苏正面登陆，多为登陆后途经江苏或外围影响江苏，但台风带来的狂风、暴雨、狂浪威力巨大，受影响地区极易出现洪涝灾害，对人民群众正常生产生活构成严重威胁。2000年12号台风（派比安）于8月30日在江苏形成台风倒槽。受其外围云系和倒槽及冷空气共同影响，8月30日5时—31日5时，暴雨中心响水降雨量高达737mm，为江苏历史日雨量极值。响水最大6小时、12小时、24小时雨量为响水站有资料以来最大值。

1.3.1.5 风暴潮灾害

江苏省也有可能受到风暴潮的影响，其成因较为复杂，有热带低压、地震海啸、天文大潮及其相互作用等。民国28年（1939年），受海啸影响，自射阳河北岸直至陈家港的沿海地区，“七月十五日大潮漫决，全为潮水吞没，单双洋及大喇叭等地淹死一万三千多人，有的全村，全家无一生还，其它牲畜田舍损失无法统计”。

1.3.1.6 崩岸灾害

江苏省地处长江流域的下游，在江苏省境内长江河道长度约433km。经过20世纪90年代长江堤防达标工程建设后，长江干流的防洪能力已经达到防御50年一遇洪水加10级风浪的标准，但近年来，受长江河道泥沙含量大幅减少，三峡等梯级水库工程建设后长江中、高水位行洪期延长，河槽深度不断下切等因素共同影响，长江下游河势不稳的趋势较为显著，坍塌、崩岸的情况时有发生，近年来已多次出现较严重的崩岸灾害。

1.3.1.7 盐碱灾害

盐碱灾害是指土壤含盐量太高（超过0.3%），而使农作物低产或不能生长。形成盐碱土要有两个条件：一是气候干旱和地下水位高（高于临界水位）；二是地势低洼，没有排水出路。中华人民共和国成立前，全省盐碱地约70.67万hm^2，分布于沿海地区和废黄河黄泛区，棉粮产量很低，通过兴修农田排灌沟渠、发展旱改水、种稻淋盐等技术措施改良盐碱土，已取得良好成效。目前盐碱灾害主要分布在沿海垦区、围垦滩涂区等局部地区。

1.3.2 水旱灾害特点及时空分布

1.3.2.1 水旱灾害特点

江苏水旱灾害呈现的总特点为：水旱灾害发生比较频繁，受灾范围广；同一类型灾害如洪涝灾害或干旱灾害有时连续几年都会发生；经常出现水旱交错、旱涝急转、因洪致涝、洪涝风潮遭遇等情况，甚至洪涝或干旱灾害会在同一时间段内在省内不同区域发生。据不完全统计，江苏历史上从21—1949年间，有灾害记录的就有1035年，平均不到两年就有一年受灾；中华人民共和国成立以来的68年中（截至2016年），水旱灾害也频繁发生，其中洪涝灾害有25年、干旱灾害14年、水旱交错21年，正常年景仅8年。江苏省近2000年（21—2016年）水旱灾害年表见表1.1。

表1.1　江苏省近2000年（21—2016年）水旱灾害年表

时　期	洪涝灾害年/(年次)	干旱灾害年/(年次)	水旱灾害交错年/(年次)	合计/(年次)
1世纪		2		2
2世纪	3	1		4
3世纪	17	3		20
4世纪	24	18	5	47
5世纪	35	11		46
6世纪	8	4	1	13
7世纪	7	5	1	13
8世纪	9	2		11
9世纪	22	8	3	33
10世纪	16	11	1	28
11世纪	36	14	1	51
12世纪	25	24	12	61
13世纪	26	9	7	42
14世纪	43	9	24	76
15世纪	50	8	34	92
16世纪	35	3	62	100
17世纪	21	1	78	100
18世纪	35	7	57	99
19世纪	34	3	62	99
1901—1948年	16	6	16	38
1949—2016年	25	14	21	60
合计	487	163	385	1035

注　1. 摘自《江苏省志·水利志》。
　　2. 1901—1948年均按《江苏省近两千年洪涝旱潮灾害年表》一书计列；1949—2016年，按实际灾情分类。

1.3.2.2　水旱台风灾害时空分布

1. 洪涝灾害

（1）时间分布。从年际变化上看：一是灾害发生频率高。据统计，从11世纪至今，共有718年发生洪涝灾害（含水旱交替年份），平均每十年就有七年发生洪涝灾害，洪涝灾害发生频率较高。二是灾害连年出现频次高。据史料记载，从1194年（黄河夺淮）—1855年（黄河北徙），江苏苏北地区曾连续25年出现洪涝灾害；太湖地区在10—19世纪连续5年以上出现洪涝灾害的有15次，最长的连续年数达10年。

从年内分布看：江苏洪涝灾害主要发生在夏季主汛期的6—8月，有时也会出现春汛

（又称桃花汛）、秋汛甚至是冬汛。

（2）空间分布。据不完全统计，全省各地均发生过不同程度的洪涝灾害，淮河以南地区主要是梅雨型洪涝灾害，淮河以北地区多为淮北雨季降雨造成的洪涝灾害。全省各地均有可能出现台风型暴雨洪涝，其中东部地区受台风影响的概率高于西部。

（3）特点。洪涝灾害常常相伴发生，汛期极易出现洪涝并发的情况。里下河、洪泽湖、骆马湖、太湖等沿河沿湖比较低洼的地区都是易涝地区。洪涝灾害或由上游洪水引发，或由本地暴雨导致，或两者兼而有之，有时还会出现上游洪水、本地暴雨、台风、高潮位同时发生的严峻局面，危害巨大。

2. 干旱灾害

（1）时间分布。从年际变化上看：一是发生频率高。据史料分析，从 11 世纪至 1948 年的近 1000 年中，共发生干旱灾害 437 次（含水旱交错年份），平均每 10 年就有近 5 年发生干旱灾害；1949—2015 年，有 38 年发生干旱灾害，基本上是每 10 年有 6 年发生干旱灾害。二是连年干旱灾害出现的情况较多。根据资料分析，连续干旱 2 年、3 年的较多，连续干旱 5 年和 6 年的各 2 次，连续干旱 7 年、9 年和 10 年的各 1 次，其中 1635 年（明崇祯八年）—1644 年（明崇祯十七年）曾出现连续 10 年的干旱灾害，为最长时间的连续干旱。

从年内分布上看：一年四季都有可能发生干旱，其中发生春夏旱的情况最多，特别是在水稻栽插大用水的 6 月发生干旱，俗称“卡脖子旱”。

（2）空间分布。江苏全省各地都有可能出现干旱，甚至发生全省性大旱。干旱发生地以淮北地区、沿江沿淮丘陵山区及高亢地、宁镇扬山丘区、太湖湖西高亢地区和沿海垦区为多，其中淮北地区、宁镇扬山丘区是江苏省干旱灾害相对严重的地区。淮北地区主要以春旱、秋旱和冬旱为主，宁镇扬山丘区以秋旱为主。

（3）特点。江苏干旱灾害经常出现南涝北旱或南旱北涝、先涝后旱或先旱后涝，甚至出现春旱接夏旱再接秋旱、冬旱。一般表现为梅涝伏旱或秋涝冬春旱。发生干旱时，主要河湖上中游地区来水偏少甚至长时间断流，湖库水源得不到有效补给，蓄水严重不足；本地降雨明显偏少引起需水量增加导致抗旱水源紧缺，用水矛盾突出。

3. 台风灾害

（1）时间分布。江苏台风灾害年际分布特点：据统计，影响江苏的台风（热带气旋）平均每年有 3.1 个，最多年份可达 7 个，也有少数年份无台风影响江苏。

江苏台风灾害年内分布特点：台风（热带气旋）影响江苏的时间一般发生在 5—11 月，影响集中期在 7—9 月。

（2）空间分布。江苏省受台风（热带气旋）影响的地区主要是沿海、沿江苏南地区，但有的年份也会出现台风（热带气旋）深入内陆的情况，因此江苏全境都有可能出现台风灾害。相对而言，西北部地区受台风（热带气旋）影响概率最小。

（3）特点。江苏省出现的台风灾害主要是台风暴雨带来的洪涝灾害，其主要是在台风登陆或北上过程中，台风环流或其倒槽遭遇西风槽或其带来的冷空气，形成大暴雨或特大暴雨。江苏发生的台风暴雨具有降雨范围相对较小、历时较短的特点，但暴雨强度大、破坏力强，往往是区域性洪涝的重要原因。

1.3.3 水旱灾害成因

江苏水旱灾害成因复杂，主要分为自然因素与人为因素。自然因素包括气候因素、地形地貌因素、河流水系因素和土壤因素等；人为因素主要是人类活动对气候的影响，违背自然规律开发而与河湖争地等。近年来，随着人类对自然开发活动的加剧，全球气候变暖的趋势越发明显，灾难性天气事件不断增多，水旱灾害中人为因素导致的比例也随之上升。

1.3.3.1 自然因素

1. 气候因素

江苏地处北亚热带和暖温带的气候过渡带，主要受冬季的蒙古高压和阿留申低压、夏季的印度洋低压和西太平洋副热带高压这四个大气活动中心的影响，具有明显的东亚季风特征。

(1) 形成水旱灾害的主要天气系统。江苏由于兼受西风带、副热带和热带天气系统影响，气候变化复杂。其中对江苏影响最大的天气系统为西太平洋副热带高压，它是一种相对稳定少动的暖性高压系统，其位置和强度随季节而变动。另外对江苏影响较大的天气系统为台风（热带气旋）。

(2) 形成水旱灾害的环流形势。大气环流是决定大范围旱涝的直接因子，某些特定的环流系统及其相互配置是造成大范围严重旱涝的重要条件。在夏季，由于副热带高压的强弱、大小和西进北上的时间、活动范围等有较大的年际变化，造成了江苏省降水的时空分布不均，且年际丰枯差异很大。较为典型的集中降雨期有桃汛期（3—5 月）、江淮梅雨期（6—7 月）、淮北雨季（7—8 月）、台风期（7—9 月）和秋雨季节（10—11 月）等五个阶段。

2. 地形地貌因素

江苏地形地貌的特征也是形成水旱灾害的主要因素。江苏地势平坦，平原辽阔，全省80%以上的国土面积都在洪水位以下，局部丘陵山区及高亢地区水源条件较差，极易导致旱涝并存、旱涝急转，造成严重威胁。

1.3.3.2 人类活动

江苏水旱灾害的发生除自然因素外，在不同的社会阶段有着不同的人为因素。中华人民共和国成立前，有过“以水代兵”人为破坏水利工程、造成灾害的例子。如 1938 年（民国 27 年）日寇决苏北运河堤，使里下河地区成为泽国。

中华人民共和国成立以来，党和政府领导人民大力开展水利工程建设，全力抗御水旱灾害，取得了巨大的治水成就。但“以粮为纲”，人多地少，人为侵占河道、湖泊水面，违法建设阻水挡水建筑物，导致不少河道断流、消失，湖泊水面缩减，沟荡被填塞，河湖蓄水、削峰、滞洪功能大幅消减。另外，经济社会不断发展，城市、公路、开发区等不透水地面不断增加，致使土壤对径流的调节能力下降，也在一定程度上加重了水旱灾害的危害。

1.4 防汛抗旱发展历程及成效

1.4.1 中华人民共和国成立前历程及成效

江苏人民兴修水利，防御水旱灾害历史悠久。传说距今 4000 年前，大禹治水，疏九江，决四渎，“导淮自桐柏，东会于泗沂，东入于海”（《尚书·禹贡》）。

1.4.1.1 春秋战国时期

诸侯图强争霸，“通商宽农”，加之铁制工具的出现，加快了水利发展，筑堤防，建圩田，开运河，风行一时。史载太湖地区的吴国，“通渠三江五湖”（《史记· 河渠书》），先后开凿了胥溪、胥浦、蠡渎等。周敬王二十五年（公元前495年），吴王夫差开挖江南运河，“行百七十里”；时隔九年，又在长江北岸筑邗城，开“邗沟”，“沟通江淮”（《春秋· 左传》），此为南北大运河的发端。

1.4.1.2 秦汉时期

为巩固东南防务和疆域，加之江苏新兴的盐铁业的需要，水运工程和塘堰灌溉工程迅速发展。秦始皇“凿丹徒曲阿”（晋《太康地记》），即今江南运河丹徒至丹阳段的一部分，使江南运河由京口（今镇江市）入长江。东汉建安元年（196年），陈登在广陵（今扬州市境）修浚陈公塘、上雷塘、下雷塘、小新塘、勾城塘，即著名的“扬州五塘”；并于建安五年筑高家堰，又名捍淮堰，防御淮水漫溢。三国时吴赤乌二年（239年），在句容城西开凿绛岩湖，即赤山湖，引水为湖，灌田“号称万顷”。

1.4.1.3 隋、唐至北宋时期

自6世纪末到1126年的500多年间，江淮下游古代水利及防汛抗旱进入兴盛时期，灌溉、排水、挡潮、航运以及水工技术和水利管理都有了长足进步。随着海岸线东移，逐步修建了挡潮御卤的海防工程。

隋代为了加强对南方的控制，炀帝于大业元年（605年）征调110万人开挖通济渠，先后经过6年时间，在前代工程的基础上，形成了全长2500余km，沟通海河、黄河、淮河、长江、钱塘江五大水系的南北大运河。

从唐代起，水利法制和水利管理养护也渐趋成规。唐代颁布了《水部式》，对河渠、灌溉、桥梁、水运及工程维护、丁夫差遣、物料征集等均作了规定。宋代天圣二年（1024年）颁布了《疏决利害八事》，对排水工程的使用管理作了专门规定。

南宋、元、明至清代后期，江淮下游水系发生了两个重大变化：一是黄河夺淮长达661年，淮河入海尾闾被夺，水系被打乱，河床淤淀，洪涝灾害剧增；二是长江三角洲东延，太湖地区排水出路改变，加之宋室南渡以后，豪门毁林垦田失禁，导致河港淤淀，排水不畅，洪涝加剧。从此江淮下游治水重点转入治理洪涝灾害。

1.4.1.4 明清时期

潘季驯提出“蓄清刷黄”“束水攻沙”的治理方略，大筑高家堰，蓄高淮水以敌黄水，以期“全淮毕趋清口，会大河入海”；并从明万历八年（1580年）起，不惜“日耗斗金”，用巨资在洪泽湖大堤迎水面加筑石工墙，抵御风浪。清咸丰五年（1855年），黄河在河南省兰阳铜瓦厢（今兰考县境）决口北徙，黄淮分离，结束了黄河夺淮长达661年的灾难历史。

太湖下游占有“三江”排水，至8世纪前后，东江、娄江相继湮灭，仅靠吴淞江为排水主干，东南、东北各有36条港浦相辅排水。明永乐元年（1403年），夏原吉开始实施“掣淞入浏”“浚范家浜引浦入海”的方略，浏河一度成为太湖泄洪的一条干道，不到半个世纪，浏河又淤塞，而黄浦江自然冲刷成深阔大港，形成“以浦代淞”的排水格局。

在江淮下游进行流域治理的同时，逐步进行了区域治理，太湖河网也渐趋完善。明清期间对南北大运河淮北段进行了改道工程，先后开挖了南阳新河、泇河、中运河，使运河与黄河分离。明洪武二十五年（1392 年）疏浚胥溪河，以通漕运。又于二十六年（1393 年）开凿天生桥河，沟通石臼湖地区至京都南京的内河航道。从南宋到清代，苏北海岸线向东延伸 60 多 km，历代多次增建海堤，并在长江两岸修筑江堤，在江南沿海加筑海塘，至清末，沿江沿海的早期堤防初步连线。

1.4.1.5 晚清、民国时期

内腐外患，经济日下，水利建设断断续续，无大作为。这个时期不同于古代水利的主要特点是，沿江沿海逐步引进西方近代水利技术，开始进行了一些规划设计、水文观测、地形测量等工作，修建了一些中小型钢筋混凝土结构的水下建筑，并开始使用机电动力进行农田排灌。民国 22—25 年（1933—1936 年）先后在废黄河下游入海一段改道开了“中山河”，建了杨庄活动坝，并在运河上修建了邵伯、淮阴、刘老涧船闸等。

中华人民共和国成立前，由于水利工程残缺不齐，每遇洪涝，极易漫决成灾。在近代历史上，江苏省特大洪涝灾害有：民国 10 年（1921 年）和民国 20 年（1931 年），江淮之间发生特大洪水，因灾死亡人数就高达几十万人。部分地区或全省发生重大旱灾的年份有：1856 年、1888 年、1914 年、1929 年、1934 年，其中 1929 年、1934 年最为严重。大旱年份，淮沂断流，河湖干涸，井泉枯竭，卤潮倒灌，赤地千里，群众被迫背井离乡。

1.4.2 中华人民共和国成立后历程及成效

中华人民共和国成立后，党和政府领导人民进行规模空前的水利建设，经过修复水毁工程、整理水系、加高培厚堤身、整治险工隐患、改建涵闸、加强管理等一系列工作后，水利设施面貌焕然一新，防御水旱灾害的能力得到大幅度提高。

1.4.2.1 防御洪潮能力得到提升

1. 淮河水系

江苏先后整治了淮河入江水道，开挖了苏北灌溉总渠、分淮入沂、淮河入海水道等入江入海通道，洪泽湖设计泄洪流量 15270～18270m^3/s。洪泽湖和主要行洪通道的堤防已基本达到防御百年一遇洪水的标准。特别是 2003 年淮河入海水道一期工程的建成并投入运行，进一步增强了防御淮河流域洪水的能力。

2. 沂沭泗水系

江苏先后开挖了新沭河、新沂河，兴建了石梁河水库，形成了上游沂蒙山区洪水入海通道。沭河来水经石梁河水库调蓄后，由新沭河入海，泄洪设计流量为 6000～6400m^3/s；沂河来水南下骆马湖调蓄后，再通过嶂山闸经新沂河东流入海，设计流量 7500～7800m^3/s。目前，骆马湖和主要行洪通道的堤防基本达到防御 50 年一遇洪水的标准。

3. 长江水系

经过 20 世纪 90 年代长江堤防达标工程建设后，长江干流堤防的防洪能力已经达到防御 50 年一遇洪水加 10 级风浪的标准，大部分长江支流堤防达到或超过防御 20 年一遇洪水的标准。近年来，部分市已经或正在进行长江堤防防洪能力提升工程建设，设计标准为 100 年一遇。

4. 太湖水系

20 世纪 90 年代后，江苏先后在太湖地区拓挖了太浦河、望虞河、走马塘、新沟河等工程，建立了太湖洪水入海入江通道。太湖流域的洪水汇集太湖后，一是通过望虞河等通江河道北排长江，二是东出黄浦江以及南排杭州湾。目前太湖和主要行洪通道堤防的防洪能力达到防御 1954 年型、大约为 50 年一遇洪水的标准。

5. 海堤

江苏海岸线约 954km。从 1997 年开始，对沿海重点堤段按照防御 50 年一遇大潮加 10 级风浪的标准进行加固，并对穿堤建筑物进行拆建和改造，2009 年基本完成整个重点海堤加固改造任务。

1.4.2.2 水资源调配能力显著增强

从 20 世纪 50 年代开始，江苏开始规划实施跨流域调水工程体系建设，目前已基本完成江水北调、江水东引和引江济太三大跨流域调水工程体系。年均跨流域调水约 120 亿 m^3，干旱年份调水超过 200 亿 m^3。水资源调配能力能够满足一般中等干旱年份需求。

1. 江水北调工程

主要以江都水利枢纽为龙头，利用京杭运河苏北段作为输水干河，经 9 个梯级 20 余座泵站提引江水北上，连通了洪泽湖、骆马湖、微山湖，实现长江、淮河、沂沭泗三大水系跨流域水资源互联互调。该工程改变了江苏省南粮北运的历史，也为今天苏北地区的工业化、城市化发展做出了巨大贡献。南水北调东线工程，即是在江水北调工程的基础上，扩大规模和向北延伸。

2. 江水东引工程

20 世纪 60 年代在江都站建设同时，开挖了新通扬运河，开始引长江水入里下河地区，并向东供水至沿海地区。20 世纪 90 年代初开始，先后开挖通榆河、泰州引江河、泰东河和通榆河北延工程，形成了一条沿江沿海运河。该工程为江苏省沿海开发提供了极为重要的淡水资源和水运条件。

3. 引江济太工程

1991 年大水以后，江苏结合新一轮太湖治理，兴建了望虞河常熟、望亭枢纽，以及太浦河太浦闸等枢纽，形成从常熟枢纽抽引江水，经望虞河，由望亭枢纽补水入太湖；通过太浦河枢纽向下游上海等地供水。走马塘、新沟河、新孟河等工程将进一步提升太湖流域引江济太及区域防洪、水环境改善的能力。

1.4.2.3 防汛抗旱工作逐步规范

省防汛抗旱指挥部办公室（简称省防办）于 1975 年 5 月 19 日经省革命委员会批准成立，为常设办事机构，负责全省防汛抗旱日常工作。

江苏省防汛抗旱指挥部（简称省防指）贯彻“安全第一，常备不懈，以防为主，全力抢险”的防汛抗旱工作方针。20 世纪 80 年代后期，建立了以行政首长负责制为核心的责任制度（包括分级管理责任制、防汛人员岗位责任制、防汛工程管理责任制、防汛物资责任制和防汛抢险救灾责任制），按国家防汛抗旱总指挥部的规定和要求，省防指组织制订了《江苏省防汛防旱应急预案》《江苏省防御台风应急预案》《江苏省流域性、区域性水利工程调度方案》等预案、方案。在抗击历次的洪涝旱灾害中，各级防指按照既定的预案，精心组织指挥，做到心中有数、临灾不乱、有条不紊地做好防汛抢险工作，取得了显著效果。

1.4.2.4 基本建成防汛抗旱指挥系统

1. 水文监测体系基本建成

中华人民共和国成立初，全省水文测站不到50处，担负报汛的测站不足10处。1953年向省防指报汛的测站有63处（含外省站），后逐步增加，到20世纪80年代，报汛的测站达到474处（省内288处），初步形成了水文信息网络。自20世纪90年代以来，江苏依托国家防汛指挥系统、治淮治太、江海堤防达标建设以及中小河流治理等工程，开展了地表水、地下水、泥沙、降水、蒸发、水质等水文站网建设工作。至2015年，全省共有基本水文站150处、水位站137处、雨量站237处、泥沙站21处、蒸发站35处、浅层地下水站294处、水质监测断面896处（重点水功能区水质站），水情报汛站网基本覆盖江苏暴雨、洪水、旱灾频发地区。同时，在供水调水干线、水功能区、集中式饮用水水源地、省管湖泊分别布设663处、1832处、109处、105处水质监测断面，其中水质水量同步监测断面193处。

截至2015年底，359个省级水情报汛站、271个中小河流水文监测站、852座小型水库水雨情监测站实现遥测，每5分钟一次观测数据实时传输至省、市、县中心和分中心。基本完成省水情中心以及13个地市水情分中心建设；基本完成省水环境监测中心与11个地市分中心建设，配备水质移动监测巡测车7部、巡测船4艘，初步满足常规监测与应对突发事故的需要，基本形成驻测、巡测、水文调查、应急监测相结合的水文站网体系。

2. 防汛抗旱指挥系统基本建成

防汛抗旱指挥系统基本建成，为防汛抗旱指挥决策提供了重要支撑。

从1998年开始，基本建成了覆盖省、市的防汛抗旱指挥系统。江苏省防汛抗旱指挥决策支持系统由信息采集、防汛通信、计算机网络、决策支持等四个分系统组成。

截至2015年底，在信息采集方面，建设完成了省水情中心和13个水情分中心，实现了359个省级以上报汛站和852座小型水库水雨情信息遥测数据采集全覆盖；建成省、市、县三级洪涝旱灾信息采集、统计和上报系统；建成省、市（厅属管理处）两级视频汇聚平台，实现了190个重点水利工程、49座小水库的视频监视；建成了与省气象、海洋渔业部门的数据交换系统，实现气象（天气预报、云图、雷达图、天气实况）、海洋（风暴潮、预报）数据入库。在网络通信方面，建成了省、市、县三级防汛计算机骨干网，并向乡镇延伸；防汛异地视频会商系统实现了部、省、市、县四级互联互通，部分县级会商系统还向乡镇进行了延伸；基于3G（4G）技术的一体化移动视频会商系统在部分重点防汛市县得到推广应用。在系统开发应用方面，建成了防汛抗旱综合数据库系统，存放实时水雨情、实时工情、水利工程基础数据、预报调度业务成果、水旱灾害、防汛物资、气象、海洋、辅助信息数据、空间数据、洪涝旱预警等信息；在1∶10000电子地图上开发了防汛抗旱会商、水雨情查询、综合预警、洪涝灾情统计分析、防汛决策支持系统Web网站和防汛抗旱PDA等应用系统，其中防汛抗旱会商系统将水、雨、工（险）、洪、涝、旱、水质、气象、台风、预报调度、物资、组织等防汛抗旱信息聚合在“一张图”上，进行全方位、多视角的展示；建成了基于卫星动中通技术的防汛抗旱移动式应急指挥所，该指挥所由车载平台、电子信息、综合保障等分系统组成，与省防汛抗旱指挥中心构成固定加机动的一体化应急平台，具有指挥调度、信息接收与处理、通信保障、视频会商等功能，为各类应急突发事件处置提供现场支持。

3. 各大流域洪水预报调度系统基本建成

各大流域洪水预报调度系统基本建成，延长了洪水预见期，预报精度不断提高，为科学决策提供了时间保障和技术支撑。

2000年以来，根据水情调度工作需要，江苏省不断加大流域、区域洪水预报调度应用系统建设力度，分别建成了沂沭泗地区洪水预报调度系统、洪泽湖洪水预报调度系统、滁河流域洪水预报系统、秦淮河流域洪水预报系统等，各大流域洪水预报调度系统基本建成。特别是近几年来，江苏省洪水预报系统建设工作持续引入计算机、通信、地理信息等信息化建设方面的先进成果，及时对已有洪水预报系统进行升级改造。洪水各要素的预报精度不断提高，洪水预报的时效性、便利性不断改进。主要体现在以下几个方面：

（1）基于B/S界面开展洪水预报。近年来，新建的水库洪水预报系统、里下河地区洪水预报调度系统、沂沭泗地区洪水预报调度系统均基于网络操作界面开发并取得预期成果。基于网络模式的洪水预报系统已经具备异地预报、远程维护、过程可查等优点。另外，已建的基于网络的洪水预报系统，可让不同层级防汛指挥机构调度人员同时实施洪水预报，并对预报的结果进行互证，以避免预报工作的人为失误，并可充分利用不同预报人员的预报经验，使得预报的成果更为精准。

（2）实现系统预报与经验预报的结合。目前，新建的洪水预报系统的预报成果均可存入集中的公共数据库，可作为预报人员实施滚动预报的基础和主要参考依据。另外，预报人员对于计算机预报成果的数据修正、预报成效总结等，均可作为成果的一部分进入数据库，为后人预报提供借鉴，在一定程度上解决预报经验传承的问题。

上述工作的开展极大地方便了有关流域、区域的洪水预报与水情调度工作，并在防御2003年淮河大洪水、2006年及2007年里下河地区大水、2008年滁河特大暴雨洪水、2015年秦淮河流域洪水等水情预报工作中发挥了积极作用。

2 防洪治涝工程体系

2.1 流域

2.1.1 淮河水系

2.1.1.1 流域概况

1. 流域范围

淮河流域由以废黄河为界的淮河与沂沭泗两大水系组成。淮河水系西起桐柏山、伏牛山，东临黄海，南以大别山、江淮丘陵、通扬运河、如泰运河与长江流域为界，北以黄河、废黄河与黄河流域及沂沭泗水系接壤，地跨湖北、河南、安徽、江苏4省30个市(地)、124个县(市)，总面积19万km^2，其中江苏省面积3.97万km^2，占流域面积的21%。

2. 地形地貌

淮河水系的地形大体由西北向东南倾斜，淮南山区则向北倾斜。其西南为山丘区，约占总面积的1/3；其余为平原、湖泊和洼地。西部的伏牛山、桐柏山一般高程200～300m。淮北为广大平原，一般高程15～50m；下游水网区一般高程2～10m。

3. 气象水文

淮河水系的气候特点是四季分明。以淮河与苏北灌溉总渠为界，北部属暖温带半湿润区，南部属副热带湿润区。淮河水系年平均降水量910mm。降水量地区分布不均，南多北少。淮河水系多年平均径流深237mm。年径流时空分布不均，山丘区大于300mm；径流年内分配的不均更甚于降水，6—9月的径流量占年径流的50%～88%。径流年际变化剧烈，丰枯变化频繁，最大与最小年径流量相差悬殊，比值一般为5～30倍，淮南各河小于10倍，淮北及下游平原约为30倍。淮河水系年平均水面蒸发量为800～1200mm，呈北大南小、东多西少的规律。

4. 洪水特点

淮河北岸诸支流中，多数为平原河道，安全泄量小，洪水过程平缓。而南岸诸支流均为山丘区河流，河道短、比降大，洪峰尖瘦。洪水进入淮河中下游后，干流河道比降变缓，一般仅为0.03‰，沿河又有众多的湖洼、低地，经调蓄后洪水过程显著变缓。淮河流域的洪水具有以下显著特点。

（1）总量大。当淮北各支流洪水缓慢汇入淮河，而淮干上游与淮南山区各河又接连发生洪水时，这种洪水的组合对淮河干流的威胁最大。梅雨季节发生的特大洪水均由此造成，如淮干王家坝1968年出现最大流量17600m^3/s；1954年正阳关出现最大流量12700m^3/s，30天洪量327亿m^3；1931年中渡站出现最大流量16200m^3/s，30天洪量513亿m^3。

（2）类型复杂。淮河洪水按影响范围可分全流域洪水和局部地区洪水两种类型。

1）全流域洪水。主要是由发生在6月、7月的由低空急流和切变线等天气系统形成的流域性大暴雨造成，其面广、量大、持续时间长，极易造成洪涝灾害。如1931年洪水、1954年洪水，其特点是干、支流洪水遭遇，淮河上游及中游右岸各支流洪峰接踵出现，中游左岸各支流洪水又相继汇入干流，从而出现长达两个月的洪水过程，淮河沿线长期处于高水位状态，淮北平原大片地区洪涝为害。上中游洪水虽有洪泽湖调蓄，但对下游平原地区仍有严重威胁。1931年洪水，里运河大堤溃决，里下河地区沦为泽国。

2）局部地区洪水。这类洪水出现的机会较多，主要是由发生在8月的台风型暴雨造成，其强度大、历时短、范围小，易造成局部地区特大洪涝灾害，如1965年和1975年特大暴雨。另外，发源于大别山区的史灌河、淠河是淮河右岸的主要支流，局部地区的洪水过程尖瘦，对淮河下流洪峰影响很大。淮河左岸诸支流洪水流经平原地区，汇入干流时的洪水过程平缓，加上河道宣泄能力小，汇入淮河干流的洪峰流量不大，但洪水量对淮河干流的影响则很大。集水面积38240km^2的沙颍河汇入淮河干流的最大洪峰流量只有3000m^3/s左右，而其洪水量可占正阳关一次洪水量的1/3以上。

（3）因洪致涝问题突出。洪泽湖泄洪通道、淮河入江水道、淮河入海水道、苏北灌溉总渠、废黄河、淮沭河等不仅承担着下泄淮河洪水的任务，同时还担负着沿线地区排涝的任务。当淮河水系上中游发生大洪水时，若淮河下游地区同时发生雨涝，因受上述行洪河道洪水顶托，沿线地区涵闸自排出路受到很大限制，排水不畅导致沿线地区遭受外洪、内涝的夹击，只能启用沿线泵站抽排，增加了沿线地区排涝费用和负担。因此淮河下游行洪河道洪涝并袭、因洪致涝的问题十分突出。

（4）淮沂洪水并发。在淮河发生洪水时，沂沭泗地区极有可能会同时出现洪水。为保证沂沭泗地区防洪安全，往往淮沭河不能参与分泄淮河洪水，从而减缓了淮河洪水排泄速度，增加了淮河水系的防洪压力。

（5）退水缓慢，持续时间长。由于淮河中游河段比降小，沿淮湖洼众多，河湖对洪水的调蓄作用显著，加上行蓄洪区的运用，致使退水愈加缓慢，往往一次洪水过程可长达30天以上。

5．设计洪水

淮河干流主要控制站设计洪水采用1996年设计洪水成果，正阳关以下主要控制站设计洪水根据1954年型100年一遇洪水进行调洪演算；王家坝站根据10年一遇设计洪水进行调洪演算。各站调算成果表见表2.1。

2.1.1.2 防洪体系

1．河道工程

经过多年的治理，淮河已初步形成由河道堤防、分洪河道、水库（湖泊）、蓄滞洪区、行洪区等组成的防洪工程体系。淮河干流上游设计防洪标准10年一遇，中游淮北大堤和沿淮重要城市设计防洪标准为100年一遇，洪泽湖及其以下主要河道堤防设计防洪标准为100年一遇。

表2.1 各站调算成果表

参数	王家坝	正阳关	蚌埠	洪泽湖
$Q/(m^3/s)$	9000	10000	13000	15270～18270
H/m	29.3	26.5	22.6	16.0
W_{30}/亿 m^3	86	386	470	607

注 Q为设计流量；H为设计水位；W_{30}为30天洪量。

(1) 淮河干流（洪泽湖以上）。

1) 主要河道。淮河干流全长1000km，水位落差达200m。淮河上游（洪河口以上）南岸有支流浉河、竹竿河、寨河、潢河、白露河等汇入，干、支流均为山区丘陵区河流，洪水陡涨陡落；淮河中游（洪河口至洪泽湖出口中渡）属弯曲性河流，沿河两侧湖泊洼地交错，河流在湖洼间蜿蜒穿行，稍大洪水即漫滩行洪。王家坝至正阳关间为上段，两岸为岗地，南岸有史灌河、淠河汇入，北岸有洪汝河、沙颍河汇入；正阳关至蚌埠闸为中段，北岸为淮北平原，有西淝河、茨淮新河和涡河等河汇入，南岸为丘陵边缘，有东淝河汇入；蚌埠以下为下段，其中蚌埠至浮山间，北岸为平原，南岸为丘陵边缘，浮山以下两岸为岗地，南岸有池河，北岸有北淝河汇入。另外，北面有怀洪新河、新汴河、新濉河、老濉河、徐洪河等河道直接汇入洪泽湖。

2) 主要控制枢纽。沿淮主要控制节点有王家坝分洪闸、临淮岗洪水控制工程、蚌埠枢纽。

a. 王家坝分洪闸。建于1953年，是淮河干流濛洼蓄洪区的控制进洪闸，设计分洪水位29.3m，相应分洪流量$1626m^3/s$。汛期高水位时，它担负防洪功能，挡住洪水进入濛洼蓄洪区。当需要分洪时，开启王家坝分洪闸将淮河洪水分到濛洼蓄洪区，对有效削减淮河洪峰、减轻淮河中游防洪压力起到决定性的作用。王家坝分洪闸的开启由国家防汛抗旱总指挥部统一调度。

b. 临淮岗洪水控制工程。建成于2006年，是控制淮河干流中游洪水的战略性骨干工程，集水面积4.22万km^2，涉及河南固始和安徽霍邱、颍上、阜南四县。工程主要建筑物包括主副坝、浅孔闸、新老深孔闸、姜唐湖进洪闸、船闸、上下游引河等。按100年一遇洪水设计，1000年一遇洪水校核。设计洪水位28.51m，相应滞洪库容85.6亿m^3，下泄流量$7362m^3/s$；校核洪水位29.59m，相应滞洪库容121.3亿m^3，下泄流量$17965m^3/s$。它的启用由淮河干流正阳关水位决定，当正阳关水位达到26.5m且继续上涨，启用临淮岗洪水控制工程拦洪、蓄洪，控制正阳关水位不超过26.5m。

c. 蚌埠枢纽。建于1959年底，由28孔老节制闸、12孔新节制闸、船闸、水力发电站、分洪道五部分组成，具有泄洪、灌溉、航运、发电等综合效益。其设计洪水位：闸上23.22m，闸下23.10m。设计流量$13000m^3/s$，其中，老节制闸$8620m^3/s$，分洪道$1060m^3/s$，新节制闸$3410m^3/s$。

(2) 洪泽湖进湖水系。洪泽湖入湖河道除淮河干流外，还有6条较大支流，其中淮北5条支流、淮南1条。淮北支流分别为怀洪新河、新汴河、新濉河、老濉河、徐洪河，水文代表站分别为双沟山、团结闸、泗洪（新濉河）、泗洪（老濉河）、金锁镇；淮南支流为池河，代表站为明光。

1) 怀洪新河。为淮河北岸最大支流，西起安徽省怀远县，东至洪泽湖，全长121.55km，汇水面积1.2万km^2，曾于1972年开工，于出口处双沟切岭段和窑河疏浚做了部分工程，1979年停工缓建，1991年冬复工续建。主要功能是分泄淮河干流和涡河洪水，提高澥潼河水系排涝能力，兼顾蓄引水灌溉、航运等综合效益。怀洪新河分洪控制口门何巷枢纽设计流量2000m^3/s，下游段双沟站设计流量4710m^3/s（含何巷分洪及区间排涝）。

2) 新汴河。新汴河主干自安徽省宿县截引沱河、濉河上游支流，经灵璧县、泗县南入江苏省泗洪县，至溧河洼入洪泽湖，全长127km（江苏境内29km），流域面积6562km^2。新汴河设计行洪流量1460m^3/s。

3) 新濉河、老濉河。濉河上起徐州云龙湖水库，经安徽省灵璧县、泗县入江苏省泗洪县，至洪泽湖入口溧河洼，是苏皖两省八县一条排水河道，河道总长164.80km，流域面积2927km^2，分别于1194年、1659年、1684年、1725年、1743年、1855年经过六次自然改道，1950年冬实施第七次改道（人工），对濉河中下游进行综合治理，为了缩短排水路程，舍去浍塘沟经新关小韩庄的老濉河，从浍塘沟又向南改道，经禅堂湖至泗县水口魏，南线称新濉河，北线称老濉河。新濉河为排水主道，当濉河上游来水量大时，老濉河也分排部分洪水。1966年春经水电部批准兴办濉河改道工程，新濉河由安徽泗县至溧河洼，老濉河由安徽浍塘沟至溧河洼。新濉河自苏皖交界五里戴入境至溧河洼，长21.3km，沿途有车门、青阳、瑶沟等乡镇；老濉河自苏皖交界新关入境至溧河洼，长19.2km。新濉河按20年一遇防洪标准设计，行洪流量为1367m^3/s，按3年一遇排涝标准设计，排涝流量为505m^3/s；老濉河按20年一遇防洪标准设计，行洪流量为585m^3/s，按3年一遇排涝标准设计，排涝流量为210m^3/s。

4) 徐洪河。徐洪河北起邳州市房亭河刘集地涵，向南经睢宁、宿迁市宿豫区、泗洪县等到洪泽湖，全长120km，流域面积2316km^2，是一条集防洪、排涝、输水、灌溉、通航于一体的河道。徐洪河自1976年冬动工开挖，至1980年停挖，1991—1992年复建完成。徐洪河设计行洪流量为200m^3/s。徐洪河不仅是运西黄墩湖地区重要的排涝河道和骆马湖分洪河道，同时也是南水北调东线一期工程洪泽湖至骆马湖区间输水路线之一，与中运河共同实现该区间北调输水。

5) 池河。池河为淮河南岸支流，自安徽省明光市北流，经女山湖，转七里湖入江苏境内，汇入淮河干流，全长245km，流域面积5021km^2，其中丘陵区占66.6%，山区占29.8%，湖泊占3.6%。池河明光以上设计行洪流量1780m^3/s。

(3) 洪泽湖出湖水系。淮河上中游洪水经洪泽湖调蓄后，主要通过淮河入江水道、苏北灌溉总渠、废黄河、淮河入海水道、分淮入沂（淮沭河）等泄洪河道入江入海，设计泄洪总流量为15270～18270m^3/s。

1) 淮河入江水道。淮河入江水道是洪泽湖的主要泄洪通道，也是淮河下游最大的泄洪河道，涉及淮安、扬州两市。该河道最初于1851年黄淮暴涨、洪泽湖大堤在三河口的礼河坝冲决后形成，中华人民共和国成立以后先后数次整治、加固。入江水道以漫滩行洪为主，沿线滩地面积10万亩，自三河闸起经三河、金沟改道段至施尖入高邮湖、邵伯湖，再由万福闸、金湾闸、太平闸入廖家沟达夹江，至三江营流入长江，全长158km。该河道设计行洪流量为12000m^3/s，进口三河闸于1953年建成，共63孔，闸上设计水位16.00m，校核水位17.00m，设计泄洪流量为12000m^3/s；出口归江三闸即万福闸、太平闸、金湾闸，设计流量分别为7460m^3/s、1950m^3/s、3200m^3/s。淮河入江水道洪水进入邵伯湖后，也可通过运盐闸分泄洪水入里运河，设计流量为830m^3/s。

2）苏北灌溉总渠。西起洪泽湖口高良涧闸，自西向东经过运东闸、阜宁腰闸、通榆河总渠立交工程和六垛南闸，至扁担港入黄海，全长168km，两岸堤防长313.2km。于1951年开工建设，1952年5月建成。该工程是淮河洪水入海的一条人工开挖河道，也是利用淮河、洪泽湖水源，发展废黄河以南苏北地区灌溉的输水总渠，涉及淮安、盐城两市，设计行洪流量800m^3/s。校核流量1000m^3/s。1954年大水，总渠参与分泄了淮河洪水，最大分洪流量为1020m^3/s，分泄淮河洪水124.6亿m^3，减轻了洪泽湖大堤防洪压力。

3）废黄河。历史上是黄河夺淮入海故道。1855年黄河北徙后，故道称为废黄河。西起河南省兰考县三义寨，穿山东、安徽省境，于丰县二坝进入江苏省，流经徐州市区、铜山、睢宁、宿迁、泗阳、淮阴、淮安、涟水、阜宁、滨海，至套子口入海，全长728.3km，其中通过杨庄闸分泄淮河洪水为下段。淮阴杨庄至套子口，长168km，流域面积531km^2；其中七套以下河道基本淤塞，民国二十三年（1934年）另辟新河于套子口入海，称中山河，长20多km。废黄河下段设计行洪能力200m^3/s。

4）淮河入海水道。西起洪泽湖二河闸，东至扁担港注入黄海，属于漫滩行洪，沿线滩地面积约3.8万亩，沿途经过淮安、盐城两市的清江浦、淮安、阜宁、滨海四个县（区），近期工程于2003年完成。主要包括堤距宽700～750m、长163.5km的河道及两岸堤防，二河、淮安、滨海、海口四大枢纽和淮阜控制工程及30多座穿堤建筑物。现状工程设计流量2270m^3/s，校核流量2890m^3/s。

淮河入海水道是为扩大淮河洪水出路，提高洪泽湖及淮河下游地区防洪标准而开挖的，在抗御2003年、2007年淮河大洪水中发挥了重要作用。淮河入海水道的建成，使洪泽湖及淮河下游地区防洪标准从50年一遇提高到100年一遇，同时将入海水道以北、废黄河以南1700多km^2面积的排涝标准从3年一遇提高到5年一遇。

5）分淮入沂。分淮入沂是淮河与沂沭泗两大水系互济互调的综合利用工程。上起二河闸，经二河、淮沭河入新沂河，可分为二河段和淮沭河段。二河段起自洪泽湖二河闸，于淮阴杨庄与中运河、里运河、废黄河、盐河交汇，长31.5km；淮沭河段自淮阴闸至沭阳闸入新沂河，长66.1km，沿线滩地面积约8万亩，设计行洪流量3000m^3/s，校核流量4000m^3/s。

2. 重点大型水库和湖泊

（1）梅山水库：梅山水库位于鄂、豫、皖三省交界处的大别山腹地、淮河支流史河上游，坐落于安徽省金寨县。设计洪水位137.66m，校核洪水位139.93m，总库容22.64亿

m^3；汛限水位 125.27m，防洪高水位 133.0m。

（2）响洪甸水库：响洪甸水库位于西淠河上游，坐落于安徽省六安市金寨县。设计洪水位 140.98m，校核洪水位 143.37m，总库容 26.1 亿 m^3；汛限水位 125.0m，防洪高水位 132.63m。

（3）鲇鱼山水库：鲇鱼山水库位于淮河支流史灌河西支流灌河上，坐落于河南省东南部商城县。设计洪水位 111.4m，校核洪水位 114.5m，总库容 9.16 亿 m^3；汛限水位 106.0m，防洪高水位 110.61m。

（4）宿鸭湖水库：宿鸭湖水库位于河南省汝南县城西 7 公里的汝河中游。设计洪水位 57.39m，校核洪水位 58.8m，总库容 16.38 亿 m^3；汛限水位 52.5m，防洪高水位 57.05m。

（5）洪泽湖：洪泽湖位于淮河干流中游末端、江苏省淮安、宿迁市境内，是淮河流域最大的湖泊，为我国第四大淡水湖；它承接上中游 15.8 万 km^2 流域面积的汇水，是淮河中下游调蓄水量的重要湖泊。洪泽湖湖底一般高程为 10.5m，湖底高出东部苏北平原 2～8m，成为一个“悬湖”。正常蓄水位 13.0m，相应库容 30.1 亿 m^3；设计洪水位 16.0m，相应库容 111.2 亿 m^3；校核洪水位 17.0m，相应库容 135.1 亿 m^3。汛限水位为 12.5m，警戒水位为 13.5m，历史最高水位 16.25m（1931 年 8 月 8 日）和 15.23m（1954 年 8 月 16 日）。

3. 行洪区

区内耕地面积 79 万 hm^2，居住人口 50.7 万人。江苏省位于淮河中游末端，江苏省盱眙县境内的西北部，北临洪泽湖，西、南、东三面被淮河包围，四面环水，区内有鲍集、兴隆、铁佛、明祖陵、肖嘴五个乡镇，总人口 4.74 万人，面积 153.4km^2，耕地面积 1.09 万 hm^2。

4. 蓄洪区

淮河干流现有濛洼、城西湖、南润段、邱家湖、城东湖和瓦埠湖共 6 处蓄洪区，面积 1901km^2，耕地面积 9.91 万 hm^2，区内居住人口 75.9 万人，设计蓄洪量 65.44 亿 m^3。洪泽湖周边滞洪圩区设计滞洪水位 16.0m，面积 1515km^2，耕地面积 8.08 万 hm^2，人口 84 万人，设计蓄洪量 30.7 亿 m^3，其作用为滞蓄淮河洪水，减轻洪泽湖及其下游地区防洪压力。

5. 防洪重点

（1）淮北大堤。淮北大堤由颍左淝右圈堤、涡西圈堤和涡东圈堤组成，全长 641km，其中从安徽省颍上县饶台孜至江苏省泗洪县下草湾段淮河干堤长 238km。设计洪水位正阳关 26.5m、蚌埠 22.6m、浮山 18.5m，堤顶设计超高 2.0m。

（2）蚌埠城市圈堤。蚌埠城市圈堤设计洪水位 22.6m，堤顶设计超高 2.5m；淮南城市圈堤设计洪水位 24.65m，堤顶设计超高 2.5m。

（3）洪泽湖大堤。洪泽湖大堤是淮河下游地区防洪工程体系的一个重要组成部分，从江苏省淮安市码头镇至盱眙县老堆头，长 67.3km。设计洪水位 16.0m，校核洪水位 17.0m，堤顶高程为 19.0～19.7m。历史上一直有“倒了高家堰（洪泽湖大堤的别称）、淮扬（淮安、扬州）不见面”之说。洪泽湖大堤保护区域人口达 2000 多万人，耕地 3000 万亩。国务院明确要求洪泽湖大堤在任何情况下必须确保安全。

（4）里运河大堤。从江苏省宝应县大汕子隔堤至江都区邵仙闸，长 60km。设计洪水位高邮 9.5m，堤顶设计超高 2.5m。

2.1.2 沂沭泗水系

2.1.2.1 流域概况

1. 流域范围

沂沭泗水系是淮河流域内一个相对独立的水系，系沂、沭、泗（运）三条水系的总称，位于淮河流域东北部，北起沂蒙山，东临黄海，西至黄河右堤，南以废黄河与淮河水系为界。全流域东西方向平均长约 400km，南北方向平均宽不足 200km。流域面积 7.96 万 km^2，占淮河流域面积的 29%，包括江苏、山东、河南、安徽四省 15 个地（市），人口 5128 万人，耕地面积 380.4 万 hm^2。

江苏省沂沭泗地区涉及徐州、宿迁、连云港、淮安、盐城 5 个市的 12 个县（市）和 11 个区，面积 2.56 万 km^2，分别占全流域和全省的 1/3、1/4，耕地面积 135.1 万 hm^2，人口 1656 万人。

2. 地形地貌及水系

沂沭泗流域地形是西高东低、北高南低，大致由北向西向南逐渐降低，由低山丘陵逐渐过渡为倾斜冲积平原、滨海平原。区域内地貌可分为中高山区、低山丘陵、岗地和平原四大类。山地丘陵区面积占 31%，平原区面积占 67%，湖泊面积占 2%。

（1）沂河水系。沂河发源于山东省沂源县鲁山南麓，自北向南流经山东境内沂源、沂水、沂南、临沂、苍山、郯城，于邳州齐村入江苏境，在新沂市苗圩入骆马湖，全长 333km，流域面积 11820km^2。江苏省境内长 45.5km，流域面积 1048km^2。沂河上游为丘陵山区，水流湍急，洪水暴涨暴落。临沂以下渐入平原，水流平缓。沂河在东岸彭家道口有分沂入沭水道分水入沭河，在西岸江风口有邳苍分洪道分水入中运河。沂河入邳州后，南流至华沂，东岸有白马河汇入。华沂以下分为两支：西支为老沂河，原在窑湾入中运河，现上端堵断，不再分泄洪水，并改道入骆马湖，长 23km，集水面积 198km^2；东支为 1949 年人工开挖的新沂河，穿陇海铁路南下，于新沂市堰头苗圩附近注入骆马湖，后改称沂河。

（2）沭河水系。沭河古称沭水，发源于山东省沂山南麓，南流至临沭县大官庄，分东、南两支。东支新沭河，向东流经临沭县大兴镇入江苏省石梁河水库，出库后东流至临洪河口入海。南支老沭河，经山东郯城于红花埠流入江苏新沂市境内（江苏段称总沭河），由北向南纵贯新沂市中部，至口头入新沂河，汇骆马湖洪水东流至连云港市燕尾港入海。新沭河全长约 80km，区间流域面积 2850km^2，其中山东省境内河长 19.97km，区间流域面积 880km^2，江苏省境内石梁河水库段约 15km，石梁河水库以下河道长 45.15km。老沭河自源头至口头全长 300km，流域面积 6400 km^2，江苏境内长 47km，河道弯曲，河槽窄小，上游多为山丘区，雨季山洪暴发，来势凶猛；下游河堤极易溃决、泛滥，新沂、沭阳等地深受其害。

（3）泗运河水系。泗运河水系由泗河、南四湖、韩庄运河、中运河及入河、入湖支流组成，流域面积约 4 万 km^2。

1）泗河是山东省中部较大河流，发源于山东省新泰县太平顶西麓，干流长 159km。

2）南四湖：由南阳湖、独山湖、昭阳湖、微山湖4个相连的湖泊组成，1958年开始兴建的二级坝枢纽工程将其分为上、下级湖。流域面积约3.12万km^2，湖面面积1280km^2，总库容53.7亿m^3，是我国第六大淡水湖。南四湖汇集沂蒙山区西部及湖西平原各支流来水，经韩庄运河、伊家河及不牢河等入中运河。

3）韩庄运河：自韩庄闸下至苏鲁边界的陶沟河，长42.5km，左岸有峄城大沙河、右岸有伊家河汇入。

4）中运河：全长179.5km，上接韩庄运河，下至淮阴杨庄与里运河相连，并与废黄河交汇。自邳州黄楼村进入江苏，折向东南经泇口、滩上、运河镇，在二湾至皂河闸段与骆马湖相通，为中运河上段，长55km（省界至皂河闸），承泄南四湖和邳苍地区来水，集水面积3.9万km^2。中运河经骆马湖皂河闸，沿骆马湖南堤过宿迁闸，平行于废黄河东南流，经宿迁城区、泗阳县，至淮阴区杨庄汇二河、废黄河，为中运河下段，长124.1km（皂河闸至二河口），是骆马湖春汛排水和汛期分洪出路之一。

3. 气象水文

骆马湖以上流域属暖温带半湿润季风气候区，具有大陆性气候特征。夏热多雨，冬寒干燥，春旱多风，秋旱少雨，冷暖和旱涝较为突出。气候特征介于黄淮之间，而接近于黄河流域。沂沭泗流域多年平均年降水量为795mm（1953—2005年系列，下同），最大年降水量为1174mm（2003年），最小年降水量为492mm（1988年）。多年平均汛期（6—9月）降水量为563mm，占多年平均年降水量的70.8%。全流域多年平均径流深为181mm，年径流系数为0.23。年径流分布与降水分布相似，南大北小，山区大平原小。沂沭泗流域暴雨成因主要是黄淮气旋，台风及南北切变。长历时降雨多数由切变线和低涡接连出现造成。台风主要影响沂沭河及新沂河地区及南四湖湖东区。暴雨移动方向由西向东较多。降雨一般自南向北递减，沿海多于内陆，山地多于平原，年际变化较大。由于沂沭泗流域处于南北过渡地区，暴雨的特性也兼有南北地区的特性，主要的暴雨特性为天气变化剧烈，降水集中，旱涝交替。

4. 洪水特点

沂沭泗地区的地形地貌及其所处的气候区，使得该地区洪水具有以下几个特点：

（1）洪水发生时间高度集中。沂沭泗地区的洪水大多发生在7—8月，常称“七下八上”。据1950—2014年实测资料统计，沂河临沂站流量在5000m^3/s以上的洪水共有13次，其中发生在7月占8次，发生在8月占4次，发生在9月占1次。

（2）上下游及地区间洪水特性差异大。沂沭河及南四湖湖东上游均为山区性河道，源短、坡陡，洪水来势迅猛，洪水峰高量大，陡涨陡落。而南四湖湖西地区为大面积平原，洪水汇流慢，河道洪水过程平缓。骆马湖泄洪通道新沂河河道比降平缓，行洪相对缓慢。

（3）洪水来得快，预见期短。沂河临沂以上从强降雨发生到洪峰进入江苏省骆马湖约30h；遇到大洪水，时间更短。

沂沭泗流域主要控制站水文特征值统计见表2.2。

5. 设计洪水

采用1982年水利部审定（1994年、1999年、2008年分别进行了复核）的设计洪水成果。主要控制站设计洪水调洪演算成果见表2.3。

表 2.2　沂沭泗流域主要控制站水文特征值统计表

河　名	站名	集水面积 /km^2	多年平均流量 /(m^3/s)	历史最高水位		历史最大流量		设计防洪标准	
				水位 /m	出现时间 /(年-月-日)	流量 /(m^3/s)	出现时间 /(年-月-日)	水位 /m	流量 /(m^3/s)
沂河	临沂	10315	67.7	65.65	1957-07-19	15400	1957-07-19	65.65	12000
分沂入沭	彭道口闸			60.48	1957-07-20	3180	1957-07-20	59.48	4000
邳苍分洪道	江风口闸			58.56	1957-07-19	3380	1957-07-20	57.66	4000
沂河	港上（华沂）	10522		35.59	1974-08-14	(7800)	1960-08-17	35.66	7000
新沭河	大官庄闸		19.9	56.51	1962-07-14	4250	1974-08-14		5000
沭河	人民胜利堰闸	4529	11.5	54.32	1974-08-14	2140	1962-07-14	52.44	2500
老沭河	新安			30.94	1950-08-19	3320	1974-08-14	30.88	2500
南四湖	南阳			36.48	1957-07-25			37.0	
南四湖	二级湖闸	27439	43.1			2110	1978-07-14		
南四湖	微山			36.28	1957-08-03			36.5	
韩庄运河	韩庄闸	31500	24.2	36.23	1957-08-03	1800	1998-08-16	35.79	4000
中运河	运河	38600	106.8	26.42	1974-08-15	3790	1974-08-15	26.5	5500
六塘河	洋河滩			25.47	1974-08-16			25.0	
新沂河	嶂山闸	51200	69.1	22.98	1974-08-16	5760	1974-08-16		
中运河	皂河闸		55.7	25.46	1974-08-16	1240	1974-08-15		
新沂河	沭阳			10.76	1974-08-16	6900	1974-08-16	11.20	7000
中运河	宿迁闸		66	24.88	1974-08-17	1040	1974-08-14		

注　资料来源于《淮河流域防洪调度概化图》《沂沭泗防汛手册》《2003年沂沭泗暴雨洪水分析》。

表 2.3　沂沭泗流域主要控制站设计洪水调洪演算成果表

洪水重现期	项目	临沂	大官庄	南四湖	骆马湖
20年	$Q/(m^3/s)$	12000	7500	9100	10800
	H/m	69.03	54.66	36.50/36.00	25
	W_7/亿 m^3	22.72	17.39	42.12	40.74
	W_{15}/亿 m^3	33.38		68.90	76.49
	W_{30}/亿 m^3			80.58	109.39
50年	$Q/(m^3/s)$	16000	8500	11400	13400
	H/m	69.65	55.95	37.00/36.50	25.00
	W_7/亿 m^3	29.34	29.66	52.34	43.78
	W_{15}/亿 m^3	42.54		85.24	87.08
	W_{30}/亿 m^3			102.23	127.65

注　1. 临沂的控制断面为祊河口。
2. 大官庄的控制断面为人民胜利堰闸上。
3. Q 为流量，H 为水位，W_7、W_{15}、W_{30} 分别为最大 7 天、15 天、30 天洪量。
4. 南四湖水位表示“上级湖/下级湖水位”。

2.1.2.2　防洪体系

1. 河道工程

沂沭泗水系由沂河、沭河和泗（运）河组成。历史上，由于黄河长期夺泗、夺淮，沂沭泗河下游水系被破坏，洪水出路不畅，洪涝灾害频繁发生。中华人民共和国成立后，苏、鲁两省实施完成“导沭整沂”“导沂整沭”工程，先后开辟和扩大了新沂河、新沭河，扩大了韩庄运河、中运河，修建了南四湖湖西堤、骆马湖大堤，上游兴建了十多座大型水库，初步建立起“拦、蓄、分、泄”相结合的防洪工程体系。20 世纪 70 年代起沂沭泗流域防洪部署中心思想是“东调南下”，即扩大沂、沭河洪水东调入海和南四湖南下的出路，使沂沭河洪水尽量就近由新沭河东调入海，腾出骆马湖、新沂河部分蓄洪、排洪能力，接纳南四湖南下洪水。规划防洪标准为南四湖防御 1957 年型洪水，沂沭河防御 50 年一遇洪水，中运河、新沂河、骆马湖防御 100 年一遇洪水。

经过 60 多年的治理，已形成了沂沭泗洪水“东调南下”的防洪体系。目前，沂沭泗河洪水东调南下续建工程已完成，流域防洪工程基本达到 50 年一遇防洪标准。但沂沭泗水系区域防洪工程只有 20 年一遇的防洪标准，一些支流还达不到该防洪标准。

（1）沂河。沂河主要防洪工程包括河道堤防、分沂入沭水道、邳苍分洪道、刘家道口枢纽和江风口闸等。

沂河祊河口以下已按 50 年一遇防洪标准治理，临沂至刘家道口、刘家道口至江风口、江风口至入骆马湖口段设计流量分别为 $16000m^3/s$、$12000m^3/s$、$8000m^3/s$。沂河祊河口至陇海铁路桥段堤防，设计堤顶宽 6.0m，超高 2.0m；陇海铁路桥至骆马湖段堤防，设计堤顶宽 8.0m，超高 2.5m。

分沂入沭水道已按 50 年一遇防洪标准治理，设计流量 $4000m^3/s$，设计堤顶宽 6.0m，超高 2.0m。

邳苍分洪道上起山东省郯城县江风口分洪闸，西南流经临沂、郯城、苍山等县（市）境，于古宅进入江苏省邳州市，过下家湖、艾山西、倚宿山至柳林庄入中运河。全长74km，其中江苏境内34km，流域面积2357km^2。两岸堤防长度148.8km，其中山东境内80.3km，江苏境内68.5km。邳苍分洪道已按50年一遇防洪标准治理，江风口闸下至东泇河口设计流量4000m^3/s、东泇河口以下设计流量5500m^3/s，设计堤顶宽6.0m，超高2.0m。

刘家道口枢纽是控制沂河洪水东调入海的关键工程，由刘家道口节制闸、彭道口分洪闸等组成。刘家道口节制闸控制沂河洪水南下入骆马湖，设计流量12000m^3/s，校核流量14000m^3/s；彭道口分洪闸控制沂河洪水入分沂入沭水道，设计流量4000m^3/s、校核流量5000m^3/s。

江风口分洪闸位于山东省郯城县李庄镇王沙沟村西北，沂河右岸邳苍分洪道入口处，是分泄沂河洪水入邳苍分洪道的控制工程，设计流量4000m^3/s。

（2）沭河。沭河主要防洪工程包括河道堤防、大官庄枢纽及石梁河水库等。

沭河汤河口至入新沂河口段已按50年一遇防洪标准治理，汤河口至大官庄、大官庄至塔山闸、塔山闸至入新沂河口段的设计流量分别为8150m^3/s、2500m^3/s、3000m^3/s，堤顶宽6.0m，超高2.0m。

新沭河起自山东省大官庄，于大兴镇入江苏境，经石梁河水库库区出溢洪闸，沿赣榆、东海县界东南流折向东北，与蔷薇河汇流，经临洪河至三洋港挡潮闸入海，全长80km（江苏境内石梁河水库以下45km），区间流域面积2850km^2。新沭河在江苏境内的主要支流有蔷薇河、朱稽河、范河等。新沭河已按50年一遇防洪标准治理，石梁河水库以上河段设计流量按新沭河闸泄洪6000m^3/s，加区间汇流入石梁河水库为7590m^3/s；石梁河水库至太平庄闸、太平庄闸下至海口段的设计流量分别为6000m^3/s、6400m^3/s。石梁河水库以上河段堤顶宽6.0m，超高2.0m；石梁河水库以下河段堤顶宽8.0m，超高2.5m。

大官庄枢纽是沂沭河洪水东调入海的控制工程，由新沭河闸、人民胜利堰闸等组成。新沭河闸设计流量6000m^3/s，校核流量7000m^3/s；人民胜利堰闸设计流量2500m^3/s，校核流量3000m^3/s。

石梁河水库达到100年一遇设计、2000年一遇校核的防洪标准，设计洪水位26.81m，校核洪水位28.0m，总库容5.31亿m^3；水库死水位18.5m，汛限水位23.5m，汛末蓄水位24.5m。石梁河水库泄洪闸（包括老闸和新闸）在水库水位24.0m时，总泄量可达5000m^3/s，当发生50年一遇、100年一遇和2000年一遇洪水时，总泄量可达6000m^3/s、7000m^3/s和10000m^3/s。

（3）南四湖、韩庄运河及中运河。南四湖湖腰处兴建的二级坝水利枢纽将南四湖分隔为上级湖和下级湖。上级湖死水位33.0m，汛限水位34.2m，汛末蓄水位34.5m，50年一遇设计洪水位37.0m、相应容积26.12亿m^3。下级湖死水位31.5m，汛限水位32.5m，汛末蓄水位32.5m，50年一遇设计洪水位36.5m、相应容积34.1亿m^3。

南四湖主要防洪工程包括湖西大堤、湖东堤、二级坝枢纽、韩庄枢纽、蔺家坝闸及湖东滞洪区等。

南四湖湖西大堤已按防御1957年型洪水（约90年一遇）进行加固，上级湖堤顶高程40.3m，超高3.0m，堤顶宽8.0m；下级湖堤顶高程40.1m，超高3.0m，郑集河口以北堤顶宽8.0m，郑集河口至蔺家坝段堤顶宽10.0m。

南四湖湖东堤石佛至泗河口、二级坝至新薛河段按防御1957年型洪水修建，泗河口至青山、垤斛至二级坝、新薛河口至郗山段按50年一遇防洪标准修建。上级湖石佛至洸府河口段堤顶高程40.2m，超高3.0m，堤顶宽8.0m；洸府河口至泗河口段堤顶高程39.7m，超高2.5m，堤顶宽6.0m；泗河口至青山段、垤斛至二级坝段堤顶高程39.5m，超高2.5m，堤顶宽6.0m。下级湖二级坝至新薛河口段堤顶高程39.5m，超高2.5m，堤顶宽6.0m，新薛河口至郗山堤段堤顶高程39.0m，超高2.5m，堤顶宽6.0m。

二级坝枢纽是分泄南四湖上级湖洪水入下级湖的控制工程，由土坝、溢流坝、一闸、二闸、三闸等防洪工程及南水北调东线二级坝泵站、二级坝船闸和二级坝复线船闸组成，防洪工程设计总泄量为14520m^3/s，其中溢流坝、一闸、二闸、三闸的设计流量分别为2100m^3/s、4500m^3/s、3300m^3/s、4620m^3/s。

韩庄枢纽是分泄南四湖下级湖洪水经韩庄运河、中运河南下的控制工程，由韩庄闸、伊家河闸和老运河闸等防洪工程及南水北调韩庄泵站、韩庄船闸等组成。韩庄闸设计流量2050m^3/s，校核流量4600m^3/s；伊家河闸设计流量200m^3/s，校核流量400m^3/s；老运河闸设计流量250m^3/s，校核流量500m^3/s。

蔺家坝闸是分泄南四湖下级湖洪水南下入不牢河的控制工程，设计流量500m^3/s。

韩庄运河已按50年一遇防洪标准治理，韩庄闸下至老运河口、老运河口至峄城大沙河口、峄城大沙河口至伊家河口、伊家河口至省界段的设计流量分别为4100m^3/s、4600m^3/s、5000m^3/s、5400m^3/s，堤防顶宽8.0m，超高2.0m。

中运河已按50年一遇防洪标准治理，省界至大王庙、大王庙至房亭河口、房亭河口至骆马湖二湾段的设计流量分别为5600m^3/s、6500m^3/s、6700m^3/s，堤顶宽8.0m，窑湾以上堤段超高2.0m，窑湾以下堤段超高2.5m。

（4）骆马湖及新沂河。骆马湖汇集沂河及中运河来水，经嶂山闸控制由新沂河入海，经宿迁闸控制入下游的中运河。骆马湖（洋河滩站，下同）死水位20.5m，汛限水位22.5m，汛末蓄水位23.0m，设计洪水位25.0m、相应容积15.0亿m^3，校核洪水位26.0m、相应容积19.0亿m^3。

骆马湖主要防洪工程包括骆马湖一线、宿迁大控制、嶂山闸及黄墩湖滞洪区等。

骆马湖一线（又称"皂河控制线"）由骆马湖南堤、皂河枢纽、洋河滩闸等组成。骆马湖南堤堤顶宽5.5～8.0m，堤顶高程25.7m左右，防浪墙顶高程27.0m。

骆马湖宿迁大控制由骆马湖二线堤防、宿迁枢纽（宿迁闸、宿迁船闸、六塘河闸）及井儿头大堤组成。二线堤防堤顶高程28.0m左右，堤顶宽8.0m；井儿头大堤堤顶高程28.0m左右，堤顶宽10.0m；宿迁闸是分泄骆马湖洪水入中运河的控制工程，设计流量600m^3/s。

嶂山闸是分泄骆马湖洪水经新沂河入海的控制工程，设计流量8000m^3/s，校核流量10000m^3/s。

新沂河承接嶂山闸下泄洪水、老沭河和淮沭河来水，以及区间汇流入海。新沂河已按

50年一遇防洪标准治理，嶂山闸至口头、口头至海口段设计流量分别为7500m^3/s、7800m^3/s，设计堤顶宽8.0m，超高2.5m。

新沂河海口枢纽位于新沂河入海口处，由12孔南深泓闸、18孔中深泓闸以及10孔北深泓闸组成，总设计泄洪流量为7800m^3/s。

2. 大型水库

防洪库容21.4亿m^3；56座中型水库（含太行堤水库群），校核库容25.98亿m^3。其中江苏省大型水库有3座，分别为石梁河水库、安峰山水库和小塔山水库。

3. 蓄滞洪区

南四湖湖东滞洪区位于湖东堤东侧，包括白马片（上级湖泗河—青山段）、界漷片（上级湖界河—城漷河段）及蒋集片（下级湖新薛河—郗山段），总面积232.13km^2，滞洪容积3.68亿m^3，滞洪区内有人口27.28万人，耕地面积1.86万hm^2。南四湖湖东滞洪区滞洪采用进洪闸进洪和沟口涵闸进洪两种方式，设计总进洪流量1300m^3/s，其中白马片进洪流量350m^3/s，界漷片进洪流量600m^3/s，蒋集片进洪流量350m^3/s。湖东滞洪区退水方式为利用滞洪口门自然退水。

黄墩湖滞洪区位于骆马湖西侧，滞洪范围为中运河以西、徐洪河以东、房亭河以南、废黄河以北，地处邳州、睢宁、宿豫三县（市）交界处，面积约230km^2，滞洪水位26.0m时，水深5～7m，有效容积11.1亿m^3。滞洪区内有人口14万人，耕地面积1.14万hm^2。黄墩湖滞洪采取分洪闸进洪和堤防爆破进洪两种方式，黄墩湖分洪闸设计流量2000m^3/s；曹甸、胜利两处分洪爆破口门宽度各300m，均预埋混凝土管爆破井。

4. 防洪重点

沂沭泗流域防洪重点在江苏省境内为南四湖湖西大堤、骆马湖大堤、新沂河大堤等重要堤防和徐州、宿迁、连云港等重要城市，大中型水库以及下游具有交通要道、乡镇、大中型水库等。

（1）重要堤防。

1）南四湖湖西大堤。南四湖湖西大堤保护面积5577km^2、耕地面积33.32万hm^2，人口470万人；其中江苏省面积有1518km^2、耕地9.72万hm^2，并保护大屯等重要矿区和沛县县城等城镇。南四湖微山湖设计洪水位36.5m，南阳湖设计洪水位为37.0m。

2）骆马湖大堤。骆马湖堤防由一、二线堤防组成，一般洪水由一线堤防防御，称为皂河控制；当骆马湖水位超过24.5m时，由二线堤防防御，称为宿迁控制。宿迁大控制保护8.8万hm^2耕地，98万人民生命财产以及宿迁市区的安全。一线堤防起于皂河节制闸，止于井头乡小王庄，长18.4km，堤顶高程25.7m，迎水面堤肩处设挡浪墙，墙顶高程27.0m。二线堤防总长57.2km，其中南堤从皂河船闸至井头乡长19.2km，东堤从陆沟口至黑马河口长16.5km，北堤从沂河口至老沂河口长6.0km，西堤自老沂河口至中运河口长9.0km、中运河口至皂河船闸长6.5km。

3）新沂河大堤。新沂河两岸堤距1.3～3.0km，多次通过扩挖泓道、加固堤防来提高行洪能力。两堤之间的河滩有30万亩耕地，一直种夏禁秋。新沂河两岸堤防长度283.8km，其中左堤147.6km，右堤136.2km。其中沂沭泗水利管理局直管堤防长度为214.5km，包括左堤78.3km，右堤136.2km。

（2）重要城市：沂沭泗流域城市防洪主要涉及徐州、连云港、宿迁三个设区城市及部分县级城市。

（3）重要水库：江苏省沂沭泗流域大型水库三座，分别为石梁河水库、小塔山水库、安峰山水库。

石梁河水库位于连云港市东海、赣榆两县境内，新沭河中游，库区上游与山东省临沭县接壤，为大（2）型水库，水库集水面积5573km^2，总库容5.26亿m^3，防洪库容3.23亿m^3，兴利库容2.08亿m^3，是江苏库容最大的水库。水库主要功能以调蓄新沭河洪水，蓄水灌溉东海、赣榆两县6万hm^{2}农田为主，结合水产养殖、发电和乡村供水。

小塔山水库位于连云港市赣榆县西北部，青口河上游，是一座大（2）型水库，水库集水面积402km^2，总库容2.81亿m^3，防洪库容2.04亿m^3，兴利库容1.16亿m^3。水库主要功能以防洪和蓄水灌溉2万hm^{2}农田为主，结合发电、水产养殖和城乡供水。近年，向县城供水功能逐步上升为仅次于防洪的功能。

安峰山水库位于连云港市东海县南部，蔷薇河支流厚镇河上游，是一座大（2）型水库，集水面积175.6 km^2，水库总库容1.13亿m^3，其中防洪库容0.95亿m^3，兴利库容0.5亿m^3。水库主要功能以防洪和蓄水灌溉700hm^{2}农田为主，结合发电、水产养殖和乡村供水。

沂沭泗流域江苏省境内大型水库相关情况统计见表2.4。

表2.4　沂沭泗流域江苏省境内大型水库相关情况统计表

水库名称	工程规模	校核洪水位/m	设计洪水位/m	总库容/万m^3	防洪保护（总人口）/万人	防洪保护（耕地）/万hm^2	防洪保护（铁路）	防洪保护（公路）	防洪保护（重要厂矿）企业	防洪保护（其他重要设施）
石梁河水库	大（2）型	27.95	26.81	52640	100	6670	陇海铁路	310国道	连云港市经济技术开发区	
安峰山水库	大（2）型	18.67	18	11300	46	5069.2	陇海铁路10km	徐连公路5km		
小塔山水库	大（2）型	37.31	35.37	28100	35	2001	无	青口河河滨大道	无	300多家工厂、100多所学校、30万间民房

2.1.3 长江水系

2.1.3.1 流域概况

1. 流域范围

长江发源于青藏高原的唐古拉山主峰格拉丹冬雪山西南侧，横贯我国西南、华中、华东三大区，流经青海、四川、西藏、云南、重庆、湖北、湖南、江西、安徽、江苏、上海11个省（自治区、直辖市）注入东海，支流展延至贵州、甘肃、陕西、河南、浙江、广西、广东、福建8个省（自治区）。流域面积约180万km^2，约占我国国土面积18.8%。

长江干流全长6300余km，自江源至湖北宜昌为上游，长约4500km，集水面积约100万km^2；宜昌至江西鄱阳湖出口湖口为中游，长约955km，集水面积约68万km^2；湖口至入海口为下游，长约938km，集水面积约12万km^2，其中安徽省铜陵市大通以下约600km河段受潮汐影响。

江苏省境内长江干流长432.5km，涉及南京、镇江、扬州、泰州、常州、无锡、苏州、南通8市，干流流域面积1.92万km^2，包括太湖流域为3.86万km^2。境内入长江的主要支流，南岸有秦淮河、太湖水系；北岸有滁河、淮河入江水道、通南地区通江河道等。在江苏防汛抗旱工作中，长江来水量以大通站流量为代表，潮位代表站有南京、镇江、江阴、天生港4个站，洪水特性受上游洪水和下游潮汐双重影响。

2. 地形地貌

长江流域为多级阶梯地形，地势呈阶梯状自西向东降低。流域横贯东西，地跨中国三大阶梯，高度从江源的海拔5400m处降至吴淞口海平面，地面高差悬殊。流域内地貌类型复杂，包括极高山、高山、中山、低山、高原、丘陵、盆地与平原等各种形态。按形态成因类型与逐级区划原则，流域内地貌可划分为西部高原高山区（第一大地貌阶梯）、中部中山低山区（第二大地貌阶梯）与东部丘陵平原区（第三大地貌阶梯）。

江苏省境内主要长江支流水系面积均较小，地形地貌较为单一。秦淮河流域位于长江下游右岸，总面积2631km^2。流域内丘陵山区的面积占总面积的78%，其余为低洼圩区和湖河水面。地形四面环山，中间低平，北为宁镇山地，南为横山和东庐山，西面为牛首山、云台山，东到句容市茅山。滁河流域位于长江下游左岸，流域东西狭长，地势西北高东南低，以丘陵、山地为主，流域总面积8015km^2（其中江苏境内1633km^2）。流域地貌属宁镇扬山区，地势北高南低，北部为丘陵岗地，中部为河谷平原、岗地，南部为沿江平原圩区。石臼湖固城湖水系是长江下游南岸支流水阳江、青弋江、漳河流域的组成部分，由天生桥连接秦淮河水系，由胥河连接太湖水系，江苏省境内面积1299km^2，约占水系面积的7%。

3. 气象水文

长江流域平均年降水量1067mm，由于地域辽阔，地形复杂，季风气候十分典型，年降水量和暴雨的时空分布很不均匀。江苏省境内长江流域属亚热带湿润、半湿润季风气候区。一年之中温差较大，四季分明，降水比较丰沛。春夏之交，易出现不稳定天气，局部地区发生冰雹、龙卷风等灾害。全年有3个明显的多雨区，4—5月是春雨期，平均降雨量190mm左右；6—7月为梅雨期，冷暖气团在本地区遭遇，形成负面低压和静止锋，出现梅雨期，平均降雨量为350mm左右；8—9月，受热带风暴或台风影响，易发生大暴雨，平均降雨量为200mm左右。三期雨量约占全年雨量的70%，梅雨和台风气候，是造成本地区洪涝灾害的主要天气原因。

长江下游受东海潮汐影响，水位变幅大。东海潮汐为正规半日潮，一日有两次高潮和低潮。月内阴历初三和十八前后为大潮，初八和二十三前后为小潮。

长江口地区全潮历时约为12小时25分钟。东海潮波进入长江口后，由于水深变浅以及上游径流的作用，潮波变形，形成非正规半日潮，落潮历时略长于涨潮历时。长江口吴淞站历年最高潮位6.25m（1997年8月受9711号台风影响，长江口出现台风、暴雨和天文大潮“三碰头”的严峻局面，江阴以下河段各站水位均出现历史最高潮位），多年平均高潮位3.52m，平均潮差2.27m，最大潮差4.48m。潮波沿江上溯，潮差逐渐减小。

4. 洪水特点

流域的洪水主要由暴雨形成。长江上游金沙江洪水由暴雨和融冰化雪共同形成，宜宾以下依次接纳岷江、沱江、嘉陵江、乌江等主要支流洪水，形成宜昌峰高量大、陡涨渐降型洪水。长江中下游承接长江上游、洞庭湖、汉江、鄱阳湖等洪水，洪水峰高量大、持续时间长，其中大通以下受洪水和潮汐双重影响，长江口主要受天文潮和风暴潮影响。

年均流量无显著突变，但丰、枯季、月均流量均存在显著突变。大通站主汛期为6—8月，洪水来源以汉口站来水为主，汉口水文站控制流域面积约占大通站控制流域面积的87.3%，汛期多年平均水量约占大通站的81.8%。鄱阳湖水系面积仅占大通站控制流域面积的9.5%，但其汛期水量占大通站的14.8%，是大通站洪水的重要组成部分。分析大通站1946—2009年径流的变化趋势、突变、周期和年内分配特征，发现大通站年均流量无显著突变，但丰、枯季、月均流量均存在显著突变，如汛后枯水季节，自然径流较小，但为防止咸潮上溯、保障下游需水，通过人为调度使得流量偏大；径流年内分配在20世纪60、70、90年代相对集中，21世纪初变化不大，年内径流主要集中于7、8月。

风暴潮叠加影响大。大通以下约600km河段受潮汐影响，长江口三角洲地区则可能因风暴潮而发生严重灾害。长江潮区界在安徽省铜陵至芜湖之间，距河口约640km；潮流界在江苏省江阴市附近，距河口约240km。长江口径流大、潮汐强，在两股强劲动力作用下，沙洲、边滩变动频繁，南支河势不稳定，主流摆动，南北港分流口不固定，分流通道变迁，河势演变极为复杂。

长江流域主要控制站水文特征值统计见表2.5。

表2.5　长江流域主要控制站水文特征值统计表

河名	站名	集水面积/km^2	多年平均流量/(m^3/s)	历史最高水位		历史最大流量		设计防洪标准	
				水位/m	出现时间/(年-月-日)	流量/(m^3/s)	出现时间/(年-月-日)	水位/m	流量/(m^3/s)
长江	大通	1705383	29000	16.64	1954-08-01	92600	1954-08-01	17.10	82400
长江	南京			10.22	1954-08-17			10.60	85400
秦淮河	东山	2631		11.44	2016-07-07			11.93	
滁河	晓桥	8015		12.63	1991-07-10			12.33	
水阳江	水碧桥	10385		13.80	1999-07-02			12.50	

注　1. 资料来源于《长江流域洪水预报方案汇编》《江苏省防洪规划报告》。
2. 南京站防洪设计水位为10.60m（不含台风影响），有台风影响为11.1m。
3. 东山站设计防洪标准为100年一遇。
4. 晓桥站设计防洪标准为20年一遇。
5. 水阳江防洪设计标准20～40年一遇，下游水网区相当于40年一遇。水碧桥站12.50m为保证水位，石臼湖设计水位12.5m。

5. 设计洪水

历史上长江下游洪灾大致为5～10年发生一次，1949年中华人民共和国成立以后的60余年中，长江南京段大洪水发生年份主要有1954年、1983年、1991年、1998年、

1999 年及 2010 年，洪水呈现峰高、量大、历时长等特点。

（1）防御洪水原则。长江流域防洪总体上遵循“蓄泄兼筹、以泄为主”的治理方针，按照“人水和谐”、“江湖两利”和“左右岸兼顾、上下游协调”的原则，安排好防洪工程措施和非工程措施，既要解决大江大河防洪安全问题，也要解决好中小河流防洪和山洪灾害的防治问题。

长江江苏段主要采取合理加高加固堤防，整治河道等工程措施，其与防洪非工程措施相结合，构成综合防洪体系。

（2）防洪设计水位。长江干流堤防按《长江流域综合利用规划》1954 年型的要求进行加高加固，其中规定设计水位：大通 17.10m、南京 10.60m（有台风影响为 11.10m）、镇江 8.85m（有台风影响为 9.50m）、江阴 7.25m（有台风影响为 8.04m），并将中下游的堤防划分为重点、重要、一般三类，分别规定了超高与堤顶面宽。

江苏省境内长江近海，受风暴潮影响严重，防洪设计水位的确定，需要对洪、潮、台风一并考虑，1997 年以来江苏省实施的江堤达标建设工程，是按《长江流域综合利用规划》无台风影响的防洪设计水位实施的，未考虑台风增水因素，明显标准偏低，仅 20 世纪 90 年代，就接连发生 1996 年 8 号台风和 1997 年 11 号台风分别与当年长江大洪水以及天文大潮遭遇的不利情况，江苏省沿江地区遭受很大灾害。近年的长江洪水均小于 1954 年型，与台风遭遇时又是在当年长江最大流量过后的洪水期。为此江苏省补充分析提出了包括洪、潮和台风增水综合因素在内的长江防洪 100 年、200 年、300 年一遇洪潮水位，详见表 2.6。可以看出，补充分析的江苏省境内 100 年一遇的各站水位介于《长江流域综合利用规划》1954 年型洪水无台风影响和有台风影响的两个设计水位之间。综合考虑近几十年来长江两岸开发利用对长江洪潮水位抬高的影响、中游治理和江堤建设对洪水峰量增大的影响，吴淞潮位的抬高以及台风增水的影响等，江苏省长江干流堤防，近期工程按照全面落实防御 1954 年型洪水的《长江流域综合利用规划》标准，进一步巩固、完善；重点城市和开发区段，以补充分析的 100 年一遇洪潮水位作为设计水位。

表 2.6　　江苏沿江各站设计洪潮水位表

站名	《长江流域综合利用规划》设计水位/m		洪潮和台风增水综合分析水位/m		
	无台风	有台风	100 年一遇洪潮水位	200 年一遇洪潮水位	300 年一遇洪潮水位
南京	10.60	11.10	11.07	11.35	11.52
镇江	8.85	9.50	9.24	9.48	9.61
三江营	8.35		8.43	8.68	8.82
江阴	7.25	8.04	7.56	7.81	7.96
天生港	6.73		7.18	7.44	7.59
青龙港	6.50		6.79	7.04	7.19
三条港	6.65		6.86	7.10	7.24
吴淞	6.01	6.54	6.41	6.64	6.78

注　三江营、天生港、青龙港、三条港水位是插补分析值。

2.1.3.2 防洪体系

1. 工程体系

目前，长江中下游基本形成了以堤防为基础、三峡水库为骨干，其他干支流水库、蓄滞洪区、水土保持等相配合的防洪工程体系。江苏省地处长江下游，采取“固堤防，守节点，稳河势，止崩坍”的防洪策略，形成了较为完善的堤防挡洪和河势控制工程体系，基本可以防御1954年型洪水（约50年一遇）。境内长江干流总长432.5km。境内干流从上至下分为五个河段，南京河段从苏皖交界处和尚港到三江口长85.1km，镇扬河段从三江口至五峰山长73.3km，扬中河段从五峰山至鹅鼻咀长87.7km，澄通河段从鹅鼻咀至徐六泾长88.2km，河口段北支从徐六泾至启东寅阳咀长98.2km、南支从徐六泾至浏河口南苏沪交界长47.7km。

（1）堤防工程。长江流域堤防包括长江干堤、主要支流堤防，是长江防洪的基础。江苏省已建成长江堤防1548km，其中干流堤防1246km（主江堤866km，闸外港堤380km）。江堤设计水位及相应堤顶高程见表2.7。

表2.7　江堤设计水位及相应堤顶高程表

站　名	达标建设设计水位/m	达标建设设计超高/m	达标建设堤顶高程/m	重点城市和开发区段堤防工程设计水位/m	重点城市和开发区段堤防设计超高/m	重点城市和开发区段堤防工程堤顶高程/m
芜湖	13.40	2.0				
南京	10.60	2.0	12.60	11.07	2.0	13.07
泗源沟	9.50	2.0	11.50			
镇江	8.85	2.0	10.85	9.24	2.0	11.24
三江营	8.35	2.0	10.35	8.43	2.0	10.43
过船港	7.84	2.0	9.84			
小河闸	7.82	2.0	9.82			
江阴	7.25	2.0	9.25	7.56	2.0	9.56
焦港	6.96	2.0	8.96			
天生港	6.73	2.5	9.23	7.18	2.5	9.68
浒浦闸下	6.50	2.5	9.00			
浏河闸下	6.68	2.5	9.18			
青龙港	6.50	2.5	9.00	6.79	2.5	9.29
三条港	6.65	2.5	9.15	6.86	2.5	9.36
吴淞	6.01	2.5	8.50	6.41	2.5	8.91

（2）洲滩。目前长江江苏段干流河道内共有13个有人居住的江心洲，总面积3.583万hm^2（其中耕地面积1.79万hm^2），洲上人口36.99万人，洲堤长302km，其中扬中市太平洲为防洪保护区，洲堤长89.7km为2级堤防（防洪标准50～100年一遇）。

（3）穿堤建筑物。穿堤通江建筑物1372座，其中大中型建筑物51座。长江堤防沿线的穿堤建筑物是江堤组成部分，大中型建筑物按 100 年一遇水位设计，200～300 年一遇水位校核，小型建筑物按《长江流域综合利用规划》水位设计，100 年一遇校核。长江堤防沿线水工建筑物防洪标准见表 2.8，设计水位组合见表 2.9。

表 2.8　　长江堤防沿线水工建筑物防洪标准

建筑的类别	设　计	校　核
大中型建筑物	100 年一遇潮位	200～300 年一遇潮位
小型建筑物	《长江流域综合利用规划》水位	100 年一遇潮位

表 2.9　　长江堤防沿线水工建筑物设计水位组合

工况	设　计		校　核	
	长江	内河	长江	内河
正向	100 年一遇高潮位	汛期正常水位	200～300 年一遇高潮位	汛期正常水位
反向	50 年一遇低潮位	非汛期正常水位	100 年一遇低潮位	非汛期正常水位

（4）河道整治工程。长江干流河道整治主要是河势控制、节点守护、崩岸治理工程。江苏段长江干流分为南京、镇扬、扬中、澄通、河口五个河段，这五个河段均为《长江流域综合利用规划》确定的长江中下游干流重点治理河段。

2. 防洪重点

长江三峡水库的建成，在一定程度上减轻了江苏省长江防汛工作的压力，但也带来一些不利影响，主要体现在以下几个方面：一是来水含沙量减少，水流对河床冲刷作用加剧。近年来，长江干流来水含沙量明显减少，据有关资料显示，2003—2010 年，长江大通站年平均输沙量仅为 1.53 亿 t，比 20 世纪 60 年代减少了 76%。长江来水含沙量的降低使江水挟沙能力处于不饱和状态，河床不断被冲刷。二是上游水库调峰作用明显。上游水库的调度运用使流经江苏省境内的洪峰流量削减，枯水期流量减小，中水期增大，进一步加剧了河道冲刷。三是枯水季节长江水位变低。河床冲刷导致河槽下切，同流量下水位降低，影响沿江抽引水水量。这些现象对江苏境内长江河势稳定、江心洲居民生产生活安全、沿江抽引水等均带来显著影响。

目前，江苏省长江干流防洪工作的重点主要在以下两个方面。

（1）中心城市及长江堤防、穿堤建筑物。

江苏省境内长江干流防洪重点主要是堤防工程，沿线划定为 20 个防洪保护区，南京沿江为工业走廊，大中型企业密集，南京段主城区 60km 主江堤堤防定为 1 级堤防；镇江以下进入长江三角洲，保护区南至沪宁高速公路，北至江淮流域界，面积很大，工矿企业发达，连同南京市的其余堤段，江堤等级定为 2 级堤防。

江苏省境内长江堤防，既受长江洪水威胁，又受高潮、特别是风暴潮的袭击；加之受洪潮水沙作用，河床土质松散，冲淤变化十分剧烈，河线摆动、崩岸频繁、河势不稳、主支汊道易位多次发生，既危及堤防安全，也直接影响沿线经济布局和码头港口、引排水口等基础设施的正常运行。江堤防洪、防冲保坍、控制和稳定河势，一直是江苏省长江整治和防汛的重要任务。

因此，综合考虑洪潮组合和台风增水，堤防标准还存在差距。历史上逐步形成的堤防，虽进行了堤身灌浆和填塘固基，有的堤段还不能达到一级、二级堤防的质量要求；部分敞口通江河道支堤和闸外港堤标准不足，险工隐患尚未全部处理；而且上述堤防中，穿堤建筑物众多，且多次在新一轮江堤加高培厚中加固接长。由于受当时工程条件制约，原建筑物普遍存在设计标准偏低的问题。穿堤建筑物损毁是导致堤防发生重大险情的重要原因之一。因此，为确保沿江堤防安全，需要对现有穿堤建筑物全面排查，逐一进行安全检测，对存有安全隐患的建筑物及时进行除险加固；以进一步巩固和完善长江干流防洪保护圈。

（2）扬中市江堤。

由于地层为松散堆积物，含孔隙透水，并受长江潮汐的影响，土层的抗冲击性较差。其中扬中市太平洲按照 50 年一遇长江洪水标准设防，全面实施江堤达标和加固建设。至 2002 年，江堤按土方和土方加挡浪墙形式已基本建成达标，堤顶均高出 1996 年最高洪水位 2m。目前江堤仍存在部分安全隐患，主要有：

1）长江局部河势不稳定，深泓逼岸，易发生坍江，危及全市防洪安全。

2）江堤断面标准不足，宽度不够、坡比大，堤身不够密实、抗冲能力差，极易出现渗水、管涌等，带来安全隐患。当地土源匮乏，加固、提高标准难度大。

3）江心洲居民避险转移。江苏省江心洲的洲堤挡洪能力普遍不强，出现大洪水时，因位置偏僻、抢险物资上岸困难等原因，防洪抢险的难度及居民转移、安置的难度均较大。重点是动态修订有人居住的江心洲防汛和人员转移安置预案，落实较大洪水条件下人员转移的转移路线、交通工具、安置地点等，提高预案的实用性和可操作性。

2.1.4 太湖水系

2.1.4.1 流域概况

1. 流域范围

太湖流域地处长江三角洲的南翼，三面临江滨海，一面环山，北抵长江，东临东海，南滨钱塘江，西以天目山、茅山等山区为界，与青弋江、秦淮河水系为邻。太湖流域行政区划分属江苏省、浙江省、上海市和安徽省，面积 3.69 万 km^2，其中江苏省 1.96 万 km^2，占 53%。江苏省太湖水系位于流域的中、北部，包括苏州、无锡、常州市域的全部和南京、镇江市的一部分。浙西苕溪和长兴平原的洪水直接流入太湖，再汇集江苏省湖西区入湖洪水，经调蓄后一路经太浦河、黄浦江入长江，另一路由望虞河入长江。

太湖位于江苏东南部，古称震泽，是平原水网地区一座大型浅水湖泊，水浅底平。太湖流域是江苏经济最发达的地区，也是防洪除涝最为关注的地区之一。由于流域洪水调蓄需要，太湖已建成为一座平原水库型湖泊，最高洪水位已超过周边地面。

2. 地形地貌

太湖流域地形呈周边高、中间低的碟状地形。其西部为山区，属天目山山区及茅山山区的一部分，中间为平原河网和以太湖为中心的洼地及湖泊，北、东、南周边受长江和杭州湾泥沙堆积影响，地势高亢，形成碟边。地貌分为山地丘陵及平原，西部山丘区面积 7338km^2，约占总面积的 20%；中东部广大平原区面积 2.96 万 km^2，约占总面积的 80%。平原区分为中部平原区、沿江滨海高亢平原区和太湖湖区。太湖流域水面积为

$5551km^2$，约占流域总面积的15%，其中，湖泊面积$3159km^2$。

（1）西部山丘区。西部山丘区分属苏、浙、皖三省。江苏省境内为茅山山区和宜溧山区；浙江省境内为长兴西部山丘区和天目山山区。西部山丘区是太湖洪水主要来源地之一。

茅山山区，山峰高程一般在500m左右，山坡平缓，面积$1310km^2$。发育有5条较大山溪，溪流程短，汇入湖西平原。

宜溧山区，山峰高程约500m，面积$1195km^2$。发育有5条山溪，汇流入南河，上游已建有大溪、沙河、横山等大型水库。

长兴西部山丘区，山峰高程200～500m，面积$719km^2$，杨家浦港、长兴港、合溪新港等流入太湖。杨家浦港上游支流泗安溪上已建泗安中型水库。

天目山山地丘陵区，山坡较陡，山峰高程一般在1000～1500m，有多座800m以上山峰。其中，主峰龙王山高程1587m，是太湖流域的最高峰。天目山山地丘陵是西苕溪和东苕溪的发源地。西苕溪流域山丘区面积$2042km^2$，上游建有赋石和老石坎2座大型水库。东苕溪流域山丘区面积$1847km^2$，干流余杭镇以上称南苕溪，以下沿程汇合中苕溪、埭溪等4条较大山溪，于湖州白雀塘桥与西苕溪汇合后经长兜港入太湖。东苕溪干流和支流分别建有青山、对河口2座大型水库。东、西苕溪流域均在浙西暴雨区，是太湖流域的主要暴雨区之一。

（2）中部平原区。中部平原区占太湖流域的大部分。高程一般在5.0m以下，含太湖在内，总面积约$18960km^2$，可划分为洮滆、锡澄、阳澄淀泖、杭嘉湖、浙西和浦江等6个平原区。

洮滆平原分布在湖西洮湖和滆湖周围，以两湖为中心，西起丹阳至溧阳一线，南抵宜溧山区南河一带，东至武进、宜兴，北达京杭运河以南，面积约$1600km^2$，高程3.5～5.0m。平原形状呈凹字形，洮、滆湖间嵌有小片高地。

锡澄平原位于无锡的北郊，西接洮滆平原，北滨沿江高亢平原，东邻阳澄区，南依太湖沿岸山地，形成以锡澄运河为轴心的平地，面积$810km^2$，高程3.0～5.0m。

阳澄淀泖平原地处太湖下游，位于望虞河和太浦河之间，北接沿江高亢平原，分别以阳澄湖和淀泖湖群为名，面积约$4314km^2$（含滨江高亢平原），是太湖流域水面率最高的地区。阳澄淀泖平原以沪宁铁路为界分为阳澄区和淀泖区，阳澄区高程一般在3.0～4.0m，区内大部分洼地集中在淀泖区，高程约3.0m。

杭嘉湖平原位于太湖以南，分布在东苕溪与太浦河之间，南与滨海高亢平原相邻，面积约$7360km^2$（含滨海高亢平原），高程2.5～5.0m，是太湖流域最大的一片平原。

浙西平原背山面湖，位于湖州市的长兴和德清，面积$1323km^2$，平原高程4.0～5.0m。

浦江平原分浦西区和浦东区，面积分别为$2165km^2$和$2301km^2$。

（3）沿江滨海高亢平原区。沿江滨海高亢平原面积约$7110km^2$，地面高程5.0～12.0m，由西向东递降，可分为沿江高亢平原和滨海高亢平原。

沿江高亢平原西起镇江东部，东至常熟市，东西长约135km，南北宽30～50km，总面积约$6600km^2$，位于洮滆低平原和锡澄低平原的北端。地形相对较高，西端高程6.0～12.0m，东端高程约5.0m。

滨海高亢平原西起杭州，东达乍浦，为长约100km的狭长不连续高地，面积约510km²。地形特点是西端高，东端低，西端高程为6.0～7.0m，东端为5.0m左右。

（4）太湖湖区。太湖湖区面积3192km²，其中湖区水面积2338km²，岛屿89km²，湖岸山丘地765km²。太湖为浅水湖泊，湖底平均高程1.0m左右，最低处约0.0m，岸边约1.5m，湖西侧和北侧有较多零星小山丘，东侧和南侧为平原。

3. 气象水文

太湖流域属亚热带季风气候区，四季分明，雨水丰沛，热量充裕。冬季受大陆冷气团侵袭，盛行偏北风，气候寒冷干燥；夏季受海洋气团的控制，盛行东南风，气候炎热湿润。

太湖流域全年降水天数为120～160天，北部少，南部多。太湖流域全年有3个明显的雨季。3—5月为春雨，特点是雨日多，雨日数占全年雨日的30%左右；6—7月为梅雨期，梅雨雨量较大，占年降水量的20%～30%，梅雨期历时一般为23天，但梅雨天数和雨量年际变化较大。梅雨期降水总量大、历时长、范围广，易形成流域性洪水；8—10月为台风雨，降水强度较大，但历时较短，易造成严重的地区性洪涝灾害。1980—2000年，太湖流域多年平均年水面蒸发量为821.7mm，变化幅度为750～900mm，空间分布为东部大于西部，平原大于山区。受温度、风速、空气湿度和地形、地貌等因素影响，太湖流域蒸发量呈明显季节性特征，夏季蒸发量可达冬季的3～4倍。1956—2000年太湖流域多年平均天然年径流量为161.5亿m³。径流年内分配与降水相应，春夏季大，冬季最小。夏季地面蒸发大于春季，径流比例相对较小。枯水年地面耗水比例大，因此径流年际变化的倍比大于降水年际变化倍比，径流年际变化倍比一般为4～8倍。

4. 洪水特点

太湖流域特殊的气候及地形地貌特征形成了流域固有的洪涝灾害特征。

（1）洪涝灾害频繁。流域地处东南沿海，风暴潮灾害也很频繁。

（2）洪涝灾害具有一定周期性。太湖地区的洪涝灾害主要由梅雨和台风雨造成。入梅时间和梅雨期长短与副热带高压的位置和强弱密切相关。一般入梅时间在6月上中旬，出梅时间在7月上旬，梅雨期降水量占全年降水量的20%～30%。影响本流域的台风频繁，局部地区成灾严重，大多出现在7—9月，平均每年2～3次。

（3）平原河网地区洪涝不分。太湖流域平原区和山丘区面积分别占80%和20%，洪涝灾害以广阔的平原河网地区为主。平原河网地区每遇大范围持久降雨或局部大暴雨时，难以严格区分洪灾和涝灾。20世纪90年代的大水表明，即使在目前水利设施已具有一定规模的情况下，无圩及破圩地区，洪涝水仍然混流；未破圩区受外河持续高水位影响，圩区排水受到限制，因洪致涝，同样可能成灾。

（4）洪涝灾害空间分布不均。由于微地貌差异，排水条件不同，各地成灾次数和受灾程度也不一致。湖西洮滆和南河地区、杭嘉湖平原的西部和北部、浦西青松地区、阳澄和淀泖的南部、武澄锡中部、浙西的长兴平原和东苕溪导流西部，排水困难，易形成洪涝灾害。沿长江和杭州湾一带地势较高，但易受长江洪水和东海风暴潮侵袭。

（5）洪涝灾害经济损失巨大，城市水灾突出。太湖流域是我国经济最发达的地区之一，人口稠密，科技水平高，其经济总量在全国占有举足轻重的地位。但由于地势平坦低洼，洪涝灾害范围广、历时长，一旦受灾，经济损失严重。仅1991年和1999年的两次洪涝灾害，造成的当年直接经济损失超过了250亿元。

5. 设计洪水

1987年国家计划委员会批复的《太湖流域综合治理总体规划方案》中确定，太湖流域防洪以1954年5—7月降雨过程作为设计标准，流域平均最大90天降雨量约相当于50年一遇。1954年5—7月流域总产水量约223亿m^3。治理方案安排太湖调蓄45.6亿m^3，河网湖泊调蓄23.7亿m^3，北排长江56.6亿m^3，南排杭州湾22.4亿m^3，东出黄浦江63.7亿m^3，浦东区自排11.0亿m^3。太湖设计洪水位4.65m。

《太湖流域综合治理总体规划方案》实施过程中，出现了对流域防洪更为不利的1991年和1999年成灾雨型，原流域设计洪水已不能全面反映流域防洪要求。2008年国务院批复的《太湖流域防洪规划》确定了流域不同降雨典型50年一遇的设计洪水，并对1991年、1999年实况洪水进行了分析，成果见表2.10。

表2.10　　50年一遇设计洪量及典型年实况洪量表

时段	50年一遇设计洪量/亿m^3			典型年实况洪量/亿m^3	
	1954年型	1991年北部	1999年南部	1991年实况	1999年实况
30天	81.0	149.0	147.6	140.7	179.9
60天	159.6	196.6	196.3	181.3	194.4
90天	225.2	224.5	234.1	184.8	267.2

2.1.4.2 防洪体系

1. 工程体系

1991年太湖流域遭遇严重洪涝灾害，同年开始组织实施太湖流域综合治理工程，加上1997年增列的黄浦江上游防洪工程，共实施十一项治太骨干工程。主要有望虞河、太浦河、杭嘉湖南排通道、杭嘉湖北排通道、环湖大堤、湖西引排、红旗塘、东西苕溪防洪、扩大拦路港泖河及斜塘、武澄锡引排和黄浦江上游干流防洪工程。其中，望虞河、太浦河、杭嘉湖南排、环湖大堤工程为流域性工程；东西苕溪防洪、湖西引排、武澄锡引排工程为区域性工程；拦路港、红旗塘、杭嘉湖北排通道、黄浦江上游干流防洪工程为省际边界工程。

流域综合治理十一项骨干工程全部完成后，结合流域内已有的水利工程，太湖流域已初步形成洪水北排长江、东出黄浦江、南排杭州湾，充分利用太湖调蓄，“蓄泄兼筹，以泄为主”的流域防洪骨干工程体系，流域内的防洪除涝、水环境和航运条件得到了较大改善，供水能力得到了一定的提高，流域初步具备防洪减灾、水资源优化配置、合理调度的基本条件。如再遇1954年大水，太湖最高水位将不超过4.65m（1954年实况水位），下游平原地区洪水位均有较大幅度降低，可保证流域整体防洪安全。各地区防洪标准一般提高至10～20年一遇。

（1）环湖大堤。环湖大堤是拦蓄太湖洪水和调蓄太湖水量的重要工程，江苏省境内太湖大堤总长286.4km，其中江苏省直湖港至浙江省长兜港段为“西段”，其他部分为“东段”。按照“西敞东控”的原则，东段大堤口门全部建闸控制，西段基本敞开，通湖口门

196个，其中有控制口门147个。防洪设计水位4.66m，东段堤顶高程7.0m，西段堤顶高程7.0m，上设0.8m高挡浪墙。环湖大堤顶宽5.0～6.0m。

（2）望虞河工程。望虞河是沟通太湖和长江的流域性骨干引排河道，兼有泄洪、排涝、引水等任务，全长62.3km，其中河道段60.3km。泄洪断面按1954年型洪水设计（5—7月承泄太湖洪水23.1亿m^3）；引水按1971年型枯水设计（4—10月通过望虞河引江入湖28.0亿m^3）。望虞河工程主要包括常熟水利枢纽、望亭水利枢纽以及河道、两侧配套涵闸等。节制闸设计流量$375m^3/s$，校核流量$750m^3/s$。望虞河两岸支河口门有125处，沿线共有控制性工程建筑物92座。

（3）太浦河工程。供水按1971年型枯水设计（4—10月向下游增加供水20.0亿m^3）。太浦河工程主要包括太浦闸、太浦河泵站以及河道、两侧配套涵闸等。太浦闸设计流量$784m^3/s$，校核流量$931m^3/s$；太浦河泵站设计流量$300m^3/s$。

（4）沿长江引排工程。沿长江引排工程对排泄流域沿江地区涝水和引长江水保障流域供水安全具有不可替代的重要作用，包括湖西引排工程和武澄锡引排工程等。其中主要口门建筑物有谏壁枢纽、九曲河枢纽、小河闸、魏村枢纽、澡港枢纽、定波闸、新夏港枢纽、白屈港枢纽、张家港闸、十一圩闸、浒浦闸、白茆闸、七浦闸、杨林闸、浏河闸等20座，节制闸总设计流量约$5745m^3/s$，泵站总设计流量约$965m^3/s$。

（5）大中型水库。太湖流域已有沙河、大溪、横山、青山、对河口、老石坎和赋石等7座大型水库和16座中型水库，对保障流域上游防洪和供水安全具有重要作用。大型水库总库容10.5亿m^3，防洪库容5.94亿m^3。其中涉及江苏省的大型水库有沙河、大溪、横山3座水库和茅东、塘马、前宋、油车等4座中型水库。

（6）圩区。圩区是平原洼地重要的防洪除涝工程之一。太湖流域共有圩区4944个，圩区面积$15567km^2$，占流域面积的42.2%，其中村镇圩区排涝能力超过$12000m^3/s$。江苏省太湖地区圩区2145个。

（7）城市防洪工程。太湖流域是我国城市化程度最高的地区之一，主要包括直辖市1座，地级市7座，其中江苏省有苏州、无锡、常州、镇江4座地级市。其中苏州、无锡、常州中心城区均已建成防洪标准为200年一遇的城市防洪大包围。

2. 防洪重点

（1）环湖大堤。太湖是流域内最大的平原湖泊。其容积占流域湖泊容积的77%，设计调洪库容46亿m^3，对流域蓄洪和水量调节起主要作用，下游排水出路主要为望虞河和太浦河工程。太湖周边分布着大型城市苏州、无锡、常州等，乡镇企业和开发区星罗棋布，太湖高水位及其外泄洪水都会给地区产生较大的影响。因此，环湖大堤的防洪是太湖流域防洪的重中之重。

太湖洪水调度是流域防御洪水的关键。一方面要利用太湖库容适时拦蓄洪水，减轻洪水对下游地区，特别是对一些重要城市的压力；另一方面在下游水情允许时，又要及时下泄洪水以免太湖水位过高，危及环湖大堤安全，甚至造成更大的灾害。

（2）重要城市。目前，江苏省苏、锡、常三市城市防洪大包围已基本建成，中心城区防洪标准基本达到200年一遇，但许多规划新区、开发区以及部分中小城市、建制镇的防洪标准明显偏低，仅20年至50年一遇。这些地区大多是新建居民区和各类企业所在地，一旦遭受洪涝灾害，损失较为严重。一些城市排水管网标准普遍偏低，外排出路不畅，遇短历时暴雨时，内涝威胁较大。

（3）水库。江苏省太湖地区有3座大型水库，4座中型水库，101座小型水库。经过大规模的除险加固，流域内水库的安全状况整体有了显著改善。但部分水库未经过高水位考验，部分水库淤积严重，影响防洪供水效益发挥。江苏省太湖地区大型水库基本情况见表2.11。

表2.11　江苏省太湖地区大型水库基本情况表

库名	所在地	集雨面积/km^2	设计重现期/年	校核重现期/年	总库容/万 m^3	防洪库容/万 m^3	兴利库容/万 m^3
沙河	常州溧阳	148.5	100	2000	10900	7000	4900
大溪	常州溧阳	90.0	100	2000	17100	12400	5000
横山	无锡宜兴	154.8	100	2000	10200	6200	4100
库名	所在地	设计水位/m	校核水位/m	汛限水位/m	历史最高水位/m	发生时间/(年-月-日)	最大流量/(m^3/s)
沙河	常州溧阳	23.08	24.44	20	21.98	1999-07-01	317
大溪	常州溧阳	14.51	15.43	12	12.83	1999-07-01	168
横山	无锡宜兴	37.83	40.17	32	35.36	1984-06-14	448

2010年至今又实施了海堤达标年度应急工程，除涵闸、道路外，主要为水毁修复工程。主要建设内容计有海堤防护工程29.486km，其中新建9.867km，拆建0.88km，维修18.739km；保滩工程12.989km，其中新建4.844km，维修8.145km；大中型涵闸1座、小型涵闸2座；防汛道路41.92km，其中维修11.0km，新建30.92km；挡浪墙5.22km，其中拆建50m，新建5170m；丁坝3座，顺坝80m。概算总投资5.835亿元。

2.2　区域

根据水系、地形和洪涝特点，江苏全省划分为17个水利分区，亦为防洪分区，实行分区规划与治理。沂沭泗水系划分为南四湖湖西地区、骆马湖以上中运河两岸地区、沂北地区、沂南地区4个分区；废黄河地区为独立排水区；淮河水系划分为洪泽湖周边及以上地区、渠北地区、白马湖宝应湖地区、里下河地区4个分区；长江水系分为苏北沿江地区、滁河地区、秦淮河地区、石臼湖固城湖地区4个分区；太湖水系分为太湖湖西区、武澄锡虞区、阳澄淀泖区、浦南区4个分区。

在17个水利分区中，直接排水入海的有沂北地区、沂南地区、渠北地区（入海水道行洪时大部分失去自排出路）、里下河地区，以及废黄河下段地区和通吕通启地区的东部，由于排水路程长、水面比降平缓，加之海潮顶托，改善排水条件的工程量较大。直接排水入长江的有苏北沿江地区、滁河地区、秦淮河地区、太湖湖西区、武澄锡虞区、阳澄淀泖区（其中太湖湖西区和武澄锡虞区南部同时排水入太湖，阳澄淀泖区的淀泖片排水入太浦河），在遭遇长江高水位时河道排水能力减小，甚至失去排水出路，需要辅以抽排。其他地区的主要排水出路，微山湖湖西排入南四湖，中运河两岸排入中运河及骆马湖，废黄河上段分别排入沂沭泗和淮河水系，洪泽湖周边及以上地区排入洪泽湖，白马湖宝应湖地区分别排入淮河入江水道、里运河与苏北灌溉总渠，石臼湖固城湖地区排入水阳江，浦南地区排入太浦河。这些区域排水的出路为流域河湖，因洪致涝经常发生，其中的沿河沿湖低洼圩区需要抽排。

目前各分区普遍存在外排出路不足，河道淤积、湖泊衰减，堤防标准不足、涵闸病险等问题，防洪治涝标准还较低，区域内部防洪标准一般 10～20 年一遇。区域治涝标准：太湖水系湖西地区 10～20 年一遇，其余地区接近 20 年一遇；秦淮河、石臼湖固城湖、滁河地区 10 年一遇；苏北沿江与里下河地区 5～10 年一遇；淮河流域其他各区基本达到 5 年一遇，部分因洪致涝洼地 3～5 年一遇。

2.2.1 南四湖湖西地区

2.2.1.1 区域概况

南四湖湖西地区地处苏、鲁、皖三省交界，位于南四湖、废黄河之间，包括丰县、沛县全部及铜山西部的废黄河以北地区。区域总面积 3040km^2，耕地面积 17.1 万 hm^2，人口 270.3 万人。

历史上黄河夺淮穿过该区，多次决溢、泥沙淤积，地势西南高东北低，由 50.0m 逐渐降至 32.5m。每遇暴雨，积水滚坡而下、汇入南四湖，又因南四湖湖水顶托，涝灾频繁。经数十年治理，目前该区基本形成了分片分级排水布局，以大沙河为界分东西两片，大沙河以西由复新河、姚楼河等水系排水入上级湖，大沙河以东大体上循 37m、35m、32.5m 等高线开挖的徐沛河、苏北堤河、顺堤河将该片分为三级排水。复新河北部和徐沛河以东低洼地区已形成抽排圩区。该区内有 18 条跨省支河。

该地区洪涝灾害发生的主要特点有：一是省际边界河道治理标准偏低；二是入湖河道标准低、抽排动力不足；三是圩堤残缺不全，排涝泵站年久失修，排涝模数偏低；四是南四湖高水持续时间长、涝水无法排出，洼地因洪致涝较为突出。其中 1957 年、1978 年、1985 年、1998 年、2003 年涝灾较为严重。

该地区地处南北气候过渡带，降雨时空分布不均，十年九旱，易发生春旱、夏旱、秋旱；发生旱灾的主要原因一是降水量持续偏少时间长，抗旱水源不足造成干旱灾害。二是西高东低特殊地势特点（高亢地区地面高程 43.0m，沿湖洼地地面高程 33.0m），形成高程 37.0m 以下沛县滨湖洼地和丰县北部圩区，易发生涝渍，西部、南部高亢地区水源短缺易发生干旱。三是区域内水利工程调蓄水能力差、水源工程标准低、河道淤积、提水设施老化失修、提水能力下降，不能满足抗旱减灾的需求。1978—2014 年，有 16 年遭受干旱，其中 1978 年、1981 年、1982 年、1988 年、1999 年、2001 年、2002 年、2009—2012 年、2014 年旱情较重。

2.2.1.2 水系概况

湖西区域水系以湖西大堤为防洪屏障，境内 7 条入湖港河共同组成湖西地区防洪排涝水系。区域排水以大沙河为分水岭，大沙河以西为复新河流域，由南向北排水入湖的有复新河和姚楼河。大沙河以东为苏北堤河及顺堤河流域，有自西向东排水入湖的杨屯河、沿河、鹿口河、郑集河、桃园河等。

区域内流域性河湖有南四湖，分为南阳湖、独山湖、昭阳湖、微山湖，流域面积31400km^2。南四湖湖西大堤北起西石佛老运河口南至蔺家坝止，全长130.837km，涉及鲁、苏两省，济宁、徐州二市的任城、鱼台、微山、沛县和铜山等五县（市），其中省界姚楼河以北长51.38km，以南长79.453km，7条入湖支河堤防是湖西大堤防洪工程的重要组成部分；徐州境内废黄河，自丰县二坝至徐洪河，沿途流经丰县、安徽省萧县、铜山区、徐州市城区，进入铜山、睢宁，防洪标准20年一遇，排涝标准10年一遇；区域骨干河道有姚楼河、复新河、大沙河、不牢河、杨屯河、沿河、鹿口河、郑集分洪道—郑集河等。

2.2.1.3 防洪排涝抗旱工程

1. 防洪工程

南四湖湖西大堤现状防洪标准达到约90年一遇（防御1957年型）；大沙河堤防、复新河堤防、姚楼河堤防、杨屯河堤防、沿河堤防、鹿口河堤防、太行堤河堤防现状防洪标准达到20年一遇；郑集河堤防现状防洪标准北堤20年一遇，南堤100年一遇。

湖西地区圩区主要包括丰县北部圩区和沛县滨湖洼地圩区。其中万亩以上的圩区丰县北部圩区、龙固、杨屯、大屯、胡寨、五段等6个，除丰县北部圩区圩堤防洪标准5年一遇外，其他圩区圩堤防洪标准达到20年一遇。

2. 排涝工程

湖西区域西高东低，涝水主要由西向东排入南四湖，以东西向入湖支河为主，与几条按梯级等高线布置的南北向河流相互沟通，组成了较为完整的排涝体系。按独立的排涝河道共划分为7个排涝流域，即复新河、鹿口河、沿河、杨屯河、姚楼河、顺堤河、郑集河，另有南北向的顺堤河排泄沿线涝水入不牢河和南四湖。复新河、鹿口河、沿河、杨屯河、姚楼河、顺堤河、郑集河等总外排能力2300m^3/s左右，排入上级湖、下级湖或不牢河，除大沙河排涝标准达到10年一遇外，其余均为5年一遇。

3. 抗旱工程

湖西地区地处江苏省西北部，地势高亢，干旱少雨，多年平均降水量686mm，为全省平均降水量的70%，降雨年际变化大，且时空分配不均，主要集中在汛期的几场暴雨。多年平均年径流量仅2.73亿m^3，且无大中型蓄水工程，地表径流可利用量较少，现状地表水供水水源主要为上级湖和下级湖。两湖水源不足时通过不牢河上刘山、解台站抽引骆马湖水源。

2.2.2 骆马湖以上中运河两岸地区

2.2.2.1 区域概况

骆马湖以上中运河两岸地区位于江苏省西北部，东至总沭河西堤，南至废黄河、骆马湖、新沂河一线，西至桃园河、柳新河流域分界—凤凰山—黄龙山分水岭一线，北至苏鲁省界，行政区划涉及邳州市、贾汪区、徐州主城区全部和新沂市、铜山区、睢宁县、宿迁市宿豫区一部分，总面积5084km^2，耕地面积27万hm^2，人口475万人。

该地区地势西北高，东南低，平原坡地高程34.8～19.3m，以中运河为界，分为运东邳苍郯新片和运西黄墩湖片。运东邳苍郯新地区属沂蒙山区冲积平原边缘地带，地形较为平坦，地面高程 34.8～22.0m，由北向南地势渐低。运西黄墩湖片为沂沭泗河冲积平原，地形开阔，地势平坦，地形自西北向东南微倾斜，坡降万分之一左右，区内零星分布低山丘陵，海拔一般 200m 以下；平原地区高程一般为 33～19.7m，最低处只有 19.3m。

骆马湖以上中运河两岸地区受上游沂河、中运河来水影响，源短流急，峰量集中，一遇暴雨洪水，很快到达境内，极易形成洪涝灾害。此外，该地区地形复杂，既有丘陵山区，又有平原洼地，地面高程为 177.0～20.4m，特殊的地理地貌环境使得该地区易旱易涝。

2.2.2.2 水系概况

建有中型水库云龙湖水库，以及柴窝、梁山、白塔泉等一批小型水库。

2.2.2.3 防洪排涝抗旱工程

1. 防洪工程

流域防洪工程主要由骆马湖堤防、中运河、沂河、沭河、邳苍分洪道及嶂山闸、皂河闸、宿迁闸、刘集地涵等主要闸站组成，现状防洪已基本达 50 年一遇标准。

区域河道防洪工程主要有徐洪河、房亭河、不牢河、邳洪河等，现状防洪能力为 20 年一遇。该区域圩区防洪标准普遍在 5～30 年一遇。

该区域内还建有黄墩湖滞洪区，东至中运河，西至徐洪河，北至房亭河，南至废黄河，滞洪面积 230km^2，滞洪水位 26.0m 时，水深 5～7m，有效滞洪库容可达 11.1 亿 m^3。

2. 排涝工程

骆马湖以上中运河两岸地区大部分排涝达到 5～10 年一遇除涝标准，该地区地面高程 26.5m 以下以建站抽排为主，实际抽排能力约为 3 年一遇标准。

徐州市排涝线路有 11 条，涉及铜山区、贾汪区、开发区、邳州市、新沂市 5 个市（区），现状排涝标准基本达到 5～10 年一遇。排涝规模较大的涵闸有解台闸、房运闸等 13 座，实际排水能力合计 4051m^3/s。排涝泵站有旧河头站、运河东站、刘山北站等计 7 座，实际排水能力合计 110m^3/s。

宿迁市排涝线路有 2 条，涉及宿迁市湖滨新区黄墩、皂河 2 镇，现状排涝标准为 5～10 年一遇。排涝涵闸有穿邳洪河地涵、邳洪河闸。排涝泵站有刘口排涝站、柳湖排涝站等计 10 座，实际排水能力合计 27.6m^3/s。

另外，省管皂河站、南水北调皂河二站、邳州站，都可帮助抽排黄墩湖涝水入骆马湖，排水能力合计 375m^3/s。

3. 抗旱工程

徐州市骆马湖以上中运河两岸地区河道众多，除区内部分低山丘陵区外，现状农田灌溉保证率可达 75%，主要输水河道有运河、不牢河、房亭河、徐洪河、城河、西泇河、新戴运河、大墩干渠。

宿迁市骆马湖以上中运河两岸地区有刘口电灌站、金南泵站等 15 个电灌泵站，实际抽水能力合计 57m^3/s，受益乡镇涉及皂河、黄墩两镇。

2.2.3 沂北地区

2.2.3.1 区域概况

沂北地区东临黄海，北接山东，西至总沭河，南至新沂河，涉及连云港海州区、连云区、赣榆区、东海县、灌云县的全部以及沭阳、新沂（市）的一部分，总面积 $8291km^2$，耕地面积 44.58 万 hm^2，人口 574.6 万人。

该地区地势由西北向东南逐渐降低，西北部地面一般高程 60～70m，东北部平原洼地高程 2～3m。沂北地区河道坡降大，洪水来得快，峰高量大，极易形成洪涝灾害。阿湖、高塘两座中型水库行洪河道沿线、黄墩河沿线低洼地区以及新沭边界的时集洼地遭遇洪水或暴雨时，易出现因洪致受涝。北部地区地势高亢，历来水源严重短缺，发生干旱概率高，为典型的十年九旱地区，属重旱地区。

2.2.3.2 水系概况

沂北地区属于淮河流域沂沭泗水系，按照排水系统由北而南分别为新沭河以北独流入海的沭北片，以蔷薇河水系为主的沭南片，以古泊善后河水系为主的沂北片。

沭北片。青口河贯穿整个沭北地区，将区域南北分开。青口河以北，省界河道绣针河、龙王河和内部的兴庄河为独立排水入海水系；青口河以南，目前区域排水已形成“上截、中改、下调尾”的工程布局，上游除水库直接拦蓄洪水外，一、二级截洪沟也将山地高水分别截入小塔山水库和青口河入海，中游将朱稽河改道入朱稽副河排坡地高水，下游范河调尾向北汇朱稽河下段水出范河新闸，以摆脱新沭河洪水顶托，沿新沭河洼地圈圩建站抽排。

沭南片。主要为蔷薇河水系，因新沭河与之共用临洪口入海，新沭河行洪期蔷薇河排水即受阻，经常受涝。经过数十年治理，蔷薇河上游山丘区修建了安峰山、房山、阿湖等大中型水库；开挖新开河、将西部高水截入新沂河；沿 50m、18m 等高线兴建龙梁河、石安河，分别截北部高水入石梁河水库、新沭河；下游洼地圈圩建站抽排；为解决新沭河行洪期间蔷薇河排水，新建了抽排入海的临洪西站、临洪东站。

沂北片。北部烧香河分别从烧香河口及埒子口入海；中部古泊善后河、车轴河、牛墩界圩河、五图河同出埒子口入海；南部新辟五灌河分泄牛墩界圩河、五图河涝水从燕尾港入海，目前该片虽有三个入海口，但主要河道集中在埒子口入海。

沂北地区拥有 197 座大、中、小型水库，其中大（2）型水库 3 座，分别为石梁河水库、小塔山水库、安峰山水库；房山、横沟、西双湖等中型水库 10 座；小型水库 184 座。尤其是东海境内，大中小水库星罗棋布，被誉为百“湖”之县。

2.2.3.3 防洪排涝抗旱工程

1. 防洪工程

区域河道堤防现状防洪能力为 5～30 年一遇不等。达到 30 年一遇防洪标准的有青口河，达到 20 年一遇防洪标准的有黄墩河、大沙河、虞姬沟、石安河、蔷薇河等河道堤防，其余河道不足 20 年一遇。该地区共有葛大庄、万西圩等 25 个万亩以上联圩，圩堤防洪标准基本达到 10 年一遇。

2. 排涝工程

徐州市有黄墩河、大沙河、淋头河、新开河、阿安引河、虞姬沟、泥墩沟、二七干渠、沂北干渠等排涝河道，其中大沙河、淋头河、黄墩河、虞姬沟等中小河流经整治后，排涝标准达 5 年一遇；有大沙河闸等排涝涵闸，实际排水能力合计 $1600m^3/s$；有龙山河站等排涝泵站，实际排水能力合计 $40m^3/s$。

连云港市主要有新沭河、蔷薇河、善后河、青口河、龙王河、范河、绣针河、朱稽河、朱稽副河、兴庄河、沙汪河、西盐河、大浦河、大浦闸下游排水通道、大浦河调尾、烧香河、排淡河、乌龙河、鲁兰河、淮沭新河、民主河、马河、东门五图河、五灌河、枯沟牛墩界圩河、车轴河等排涝河道，除新沭河外其余河道排水能力均不足 10 年一遇；有临洪闸、三洋港闸等排涝涵闸，实际排水能力合计 $15351m^3/s$；有临洪东站、临洪西站、大浦抽水站、大浦第二抽水站、赣榆新城区强排站等排涝泵站，实际排水能力合计 $556m^3/s$。

宿迁市主要有蔷薇河、岔流新开河、古泊善后河等排涝河道，区域总体排涝标准 5～10 年一遇，局部达 20 年一遇；有官庄退水闸、沭新河退水闸等排涝涵闸，实际排水能力合计 $498m^3/s$；有贤官上站、吕庄泵站等排涝泵站，实际排水能力合计 $60m^3/s$。

3. 抗旱工程

沂北地区抗旱水源主要来自当地河湖、水库蓄水，以及跨流域外调的江、淮水。

徐州市主要输水河道有沂北干渠、二七干渠、大沙河、淋头河、黄墩河、虞姬沟、泥墩沟，总输水能力约 $114m^3/s$。主要引水涵闸 1 座，引水流量 $15m^3/s$。主要电灌泵站有胜利站、塔山东站、小蒋翻水站等 3 座，泵引能力 $17.5m^3/s$。另有高塘、阿湖等两座中型水库供水。

连云港市区输水河道主要通过电厂闸（设计流量 $100m^3/s$）调引蔷薇河水进入市区，有蔷薇河地涵、叮当河涵洞等 6 座引水涵闸，引水流量约 $375m^3/s$；有房山站、芝麻站、石梁河站等 5 座抽水站，泵引能力 $91.4m^3/s$。赣榆区有石梁河、小塔山两座大型灌区、72 座大中小型水库，水库总库容达到 3.62 亿 m^3（不包括石梁河水库），通榆河北延工程北段（蔷薇河以北）是该区调引南水的主要通道。东海县主要依靠石梁河水库、沭新河两大灌溉水源，供水线路有三条，分别是石安河、龙梁河和沭新渠，有沭南、沭新渠两个大型灌区，有 8 座大中型水库，45 座小型水库，总蓄水量约 3.3 亿 m^3。灌云县有叮当河、盐河、善后河、五灌河、界圩河、车轴河 6 条骨干输水河道及若干大中沟，河网密布。

宿迁市主要有沙河闸、朱庄闸等 15 座引水涵闸，引水流量约 $275.8m^3/s$；主要电灌泵站有朱贵电站、汉沟东站等 26 座，泵引能力 $55m^3/s$。

2.2.4 沂南地区

2.2.4.1 区域概况

沂南地区位于新沂河以南、废黄河以北，东临黄海、西至中运河，包括盐城市的响水县、连云港市的灌南县、淮安市的涟水县的全部及淮阴区的一部分，以及宿迁市的宿豫区、泗阳县、沭阳县的部分。区域总面积 $7652km^2$，耕地面积 33.39 万 hm^2，人口 458.43 万人。

区域地形总趋势是西高东低，自西南向东北倾斜，西部平原坡地最高地面高程 18m，丘陵最高地面高程 24m，低山区的马陵山山峰顶部高程 73m。东部最低地面高程 1.7m。沂南地区以淮沭河、盐河为界分为淮沭河以西片（淮西片）、淮沭河以东盐河以西片（淮东盐西片）、盐河以东片（盐东片）三大片。淮沭河、新沂河行洪期间，沿河地区自排受阻，易因洪致涝；盐东控制排水易受灌河高潮位顶托，水位居高不下；沂南地区西北为高亢地带，又地处灌区灌溉渠道末端，易发生干旱。

2.2.4.2 水系概况

沂南地区水系主要属于灌河水系，历史上是沂沭泗诸河下游的洪水走廊。中华人民共和国成立后，随着新沂河、淮沭河开辟，改变了历史上流域洪水漫流汇集灌河入海的局面。区域外围防洪河道有：新沂河、骆南中运河、淮沭河、废黄河；区域内部主要河道有：山东河、路北河、柴沂河、总六塘河、灌河、盐河、大涧河、柴米河、北六塘河、沂南河、柴南河、南六塘河、义泽河、龙沟河、武障河、一帆河、唐响河等河道。

2.2.4.3 防洪排涝抗旱工程

1. 防洪工程

沂南地区流域防洪工程以新沂河南堤、中运河东堤、废黄河北堤、淮沭河大堤以及海堤形成外围防洪屏障，防洪标准50年一遇左右；海堤、灌河堤防潮能力基本达到50年一遇高潮加10级风浪爬高。主要控制建筑物有宿迁大控制、淮阴闸、沭阳闸、钱集闸、柴米闸等。

区域骨干防洪工程基本达5～20年一遇不等。达到20年一遇防洪标准的有灌河、总六塘河。达到15年一遇防洪标准的有柴南河、古屯河等河道堤防，其他为5～10年一遇。主要控制建筑物有盐东控制工程。

2. 排涝工程

沂南地区区域排涝以柴米河、六塘河、沂南河、一帆河、南潮河等内部河道、抽排站和盐东控制工程为主，形成区域防洪除涝体系，大部分地区排涝标准达到5年一遇，低洼地区3～5年一遇。

连云港市排涝线路有盐东控制工程及灌河，涉及灌南县，现状排涝标准为3～5年一遇。有龙沟河闸、盐河南闸等排涝涵闸，有曹庄闸站、周口排涝站等排涝泵站。淮安市有淮泗河、跃进河等7条排涝河道，现状排涝标准为5～10年一遇，有淮泗闸、民便河闸等排涝涵闸，有夏东排涝站、三岔排灌站等排涝泵站。盐城市有黄响河、张响河、坎响河、唐豫河、南潮河、民生河等排涝河道，现状排涝标准为5年一遇，有红卫河闸、运响河闸等排涝涵闸。宿迁市有4条排涝线路，现状排涝标准为5～10年一遇。有三巨闸、六塘河闸等26座排涝涵闸，有王庙北站、丁北站等排涝泵站。

3. 抗旱工程

连云港市调水线路主要是从洪泽湖通过淮沭新河、新沂河南偏泓、盐河等调水入灌南县。当洪泽湖水源不足时可调用江水，通过省江都枢纽引长江水向北调水，通过里运河，再经淮安、淮阴站翻水进入淮沭新河和盐河后，再同淮水调水线路一致向灌南供水；还可通过省江都枢纽、高港枢纽自引长江水，经里下河地区后，通过已建成的通榆河北延工程及新建的滨海站向北调水。

淮安市调水线路主要是从洪泽湖通过二河、中运河、淮沭河向淮阴区供水；通过盐河、废黄河向涟水县供水；通过淮涟干渠向淮阴区、涟水县供水。淮安市（沂南地区）有盐西林码闸站、徐溜翻水站等电灌泵站。

盐城市废黄河灌区（沂南区）以引洪泽湖水源为主，干旱年份淮水不足时，以通榆河等南北河道及大套一、二站抽引里下河水源（江水东引补给）北济废黄河灌区。提水泵站有大套一站、二站等提水泵站。

宿迁市抗旱水源主要有骆马湖、中运河、淮沭河等水源地。该市沂南地区调水线路有15条，涉及沭阳、泗阳、宿豫、湖滨新区等地，淮沭河以西、以东现状农田供水保证率分别为80%、75%。该市沂南地区电灌泵站有徐码翻水站、沈集电站等。

2.2.5 废黄河地区

2.2.5.1 区域概况

废黄河自丰县二坝流经徐州、宿迁、淮安、盐城四市至滨海头罾入海，长490km，二坝以上豫、鲁、皖境内废黄河由大沙河分流入上级湖。废黄河地区系指两大堤及其之间的高地、河滩地及翻身河地区，总面积1320km^2，耕地8.73万hm^2，人口105.8万人。

废黄河地区为一狭长高亢区域，堤距平均宽3km，最宽处为11km，徐州市区最窄仅70～100m，河床高出两侧地面4～6m，有些地段达8m。河滩纵向高差大，自西向东渐降，总高差40多m。废黄河为淮河与沂沭泗水系的分水岭，关系到两岸地区特别是沿线徐州、宿迁、淮安市区和睢宁、泗阳、涟水、滨海等县城的防洪安全。

黄河改道泛滥后黄淮合流入海，黄河北徙后演变形成独立的废黄河水系，地势高亢、土质沙性、坡降陡、汇流快，灾害频繁。1963年7月、8月两次暴雨，徐州境内60多处漫堤决口，仅市区东堤溃决就导致7000多户居民受淹，5000多间房屋倒塌。1974年8月暴雨，宿迁县城废黄河桥处水位达25.02m，高出城区地面5m。1998年7月铜睢边界废黄河南堤决口。

该地区防洪除涝标准低，中泓不通畅，洪水出路不足，险工隐患多。故道沿线部分河段堤防标准不满足要求；河床为砂性土质，易冲刷、易淤积，河槽摆动性大，水流紊乱，陡弯逼近堤防，险工患段多，威胁两岸及滩地群众的生命财产安全。局部河段因淤积而缩窄、抬高，行洪断面不断减小，加上局部河槽内筑堤围田、筑坝成塘，阻水严重。废黄河地区地势高亢，水系相对独立，从高亢区以外引水十分困难，杨庄闸以上水资源主要依靠中泓梯级控制拦蓄自身地表径流，沿线提水泵站补水。由于中泓不畅通，河槽库容偏小，缺少梯级控制，以及现有梯级控制不完善等原因，地表水拦蓄能力偏低，加之补水泵站及输水河道补水能力不足，水资源匮乏，已成为地区经济社会可持续发展的制约因素。

2.2.5.2 水系概况

废黄河在淮安杨庄处与中运河、淮沭河交汇；徐洪河开挖后，又在睢宿交界筑坝截断废黄河。杨庄以下废黄河还承担着适当分泄部分淮河洪水以及渠北地区抽排涝水的任务；七套乡以下，废黄河改从中山河经滨海闸入海，原黄河流路淤黄河自成水系排水入海，中山河与淤黄河间的翻身河片自排入海。

江苏省废黄河上段即杨庄以上段中泓全长326.5km，其中徐州段196.7km（含安徽境内24.2km），宿迁段114.3km，淮安段15.5km，局部没有中泓。废黄河下段自杨庄闸至入海口，中泓全长168km，其中淮安境内63.2km，淮盐交界段38.8km，盐城境内67.5km。

废黄河沿线建设了梁寨、王月铺、胡集、大坝湖、六堡、杨洼、水口、夏洪、吴湾、崔贺庄、清水畔、二堡和庆安共13座水库，其中崔贺庄、庆安为中型水库，其余为小型水库，2座中型水库及部分小型水库都有分洪削峰作用。

2.2.5.3 防洪排涝抗旱工程

1. 防洪排涝工程

废黄河杨庄以上段堤防总长653.0km，其中徐州段393.4km（含安徽境内48.4km），宿迁段228.6km，淮安段31.0km，局部高滩及低山丘陵区没有堤防。徐州境内市区段大堤达到100年一遇标准，宿迁境内市区段达到50年一遇防洪标准；淮安市城区左堤50年一遇，右堤100年一遇，其余大堤防洪标准20年一遇；滩地治涝5年一遇。

废黄河下段自杨庄闸至入海口，中泓全长169.5km，其中淮安境内63.2km，淮盐交界段38.8km，盐城境内67.5km。两岸堤防总长330.5km，其中左堤164.3km，右堤166.2km。淮安境内城区左堤50年一遇，右堤100年一遇，其余大堤及盐城境内堤防防洪标准20年一遇。

2. 抗旱工程

根据调查统计，黄河故道沿线用水主要为农业、生活及河道生态用水，还有少量工业用水。黄河故道地区地势高亢，水系相对独立，本地水资源量不足，从高亢区以外引水十分困难，可用水资源主要有降雨、拦蓄地表水、人工补水和地下水等，降雨、沿线梯级控制和水库拦蓄的地表水是主要水源，也可通过闸站从微山湖、骆马湖、洪泽湖、大运河、通榆河补水，浅层地下水也可作为农业灌溉应急用水。

2.2.6 洪泽湖周边及以上地区

2.2.6.1 区域概况

洪泽湖周边及以上地区位于江苏省西北部，东至洪泽湖大堤，北至废黄河，西侧与安徽省交界，南至盱眙山丘区与白马湖宝应湖地区相接，包括泗洪全部及徐州、宿迁、淮安市区和睢宁、泗阳、盱眙、洪泽的一部分。区域总面积8997km^2，耕地47.34万hm^2，人口454.7万人。

该地区地处黄淮平原，位于鲁南丘陵与苏北平原过渡带，主要由黄河、淮河下游泥沙冲积而成。区域地形平坦，以平原为主，地势呈西高东低，地面高程由40m逐渐降至15m；丘陵岗地位于奎河上游徐州铜山和洪泽湖西南侧泗洪、盱眙境内，地面高程为30～50m。洪泽湖周边及以上地区根据地形和水系特点，分为环洪泽湖周边地区、盱眙山丘区、奎濉河地区、徐洪河地区四片。

洪泽湖周边及以上地区是淮河流域的洪水走廊，淮河上游洪水经本地区下泄入江、入海，地区防洪压力大。洪泽湖周边大面积地区受洪水顶托，易积涝成灾。1954年淮河大水，洪泽湖蒋坝水位15.23m，洪泽湖周边地区大部分淹没，损失巨大。

2.2.6.2 水系概况

洪泽湖周边及以上地区共有3条流域性河道、7条区域性骨干河道、1个省管湖泊（洪泽湖）、3座中型水库以及大量小型水库、塘坝。流域性河道主要有淮河、怀洪新河（含下草湾引河）、徐洪河，其中淮河、怀洪新河为流域性行洪河道，徐洪河为流域性供水河道；区域性骨干河道主要有为奎河、新汴河、新濉河、老濉河、潼河、徐沙河、西民便河。3座中型水库位于洪泽湖西南侧盱眙山丘区，分别为桂五、龙王山、山洪水库。

洪泽湖地处苏北平原中部，位于淮河中下游结合部，承泄淮河上中游15.8万km^2的来水，是苏北地区重要水源地，南水北调东线工程重要调蓄湖泊。湖底高程10.00～11.00m，长60km，最大宽度58km，平均水深1.35m，最大水深4.75m。

2.2.6.3 防洪排涝抗旱工程

1. 防洪工程

流域防洪工程主要有洪泽湖、淮河及怀洪新河、徐洪河等主要入湖河道堤防，洪泽湖沿线的三河闸、高良涧闸及电站、二河闸等控制建筑物以及洪泽湖周边滞洪区、鲍集圩行洪区共2个蓄滞洪区。其中，洪泽湖大堤、淮河干堤现状防洪标准基本达到100年一遇，怀洪新河、徐洪河等主要入湖河道堤防现状防洪标准为20～50年一遇。

区域河道现状防洪标准为5～50年一遇不等。其中达到50年一遇防洪标准的有汪木排河；达到20年一遇防洪标准的有徐洪河、奎河、潼河、徐沙河、团结河、维桥河、高桥河、新汴河、新濉河、老濉河等河道堤防，其他为5～10年一遇。

洪泽湖周边及以上地区万亩以上大圩共55个，防洪标准普遍在10～20年一遇。

2. 排涝工程

洪泽湖周边及以上地区大部分排涝工程为3～5年一遇除涝标准。

徐州市有7条排涝线路，涉及徐州市区、睢宁县的13个乡镇，现状排涝标准基本达到5年一遇；有黄桥闸等7座排涝涵闸，实际排水能力合计1360m^3/s；有段庄西泵站等5座排涝泵站，实际排水能力合计80m^3/s。

宿迁市有7条排涝线路，涉及宿迁市开发区、宿城区、泗洪县等地，现状排涝标准为3～20年一遇。有老汴河闸等24座排涝涵闸，实际排水能力合计2127m^3/s；有段庄西泵站等168座排涝泵站，实际排水能力合计307m^3/s。

淮安市有3条排涝线路，涉及盱眙县8个乡镇，现状排涝标准为3～5年一遇；有头河洞等8座排涝涵闸，实际排水能力合计57m^3/s。有韩桥北排涝站等计13座排涝泵站，实际排水能力合计32.4m^3/s。

3. 抗旱工程

洪泽湖周边及以上地区抗旱水源主要有洪泽湖、骆马湖、中运河、徐洪河以及水库等水源地。

徐州市洪泽湖周边及以上地区有调水线路3条，现状农田供水保证率75%。奎濉河片区用水除各河道天然径流调蓄外，主要外调水源为王山站抽引房亭河水入废黄河，经废黄河堰下六堡、杨洼、水口、下洪、吴湾5座小型水库调蓄后，放水进入灌溉河道。安河片区（徐洪河）以徐洪河或洪泽湖为水源，骨干引水河道为徐沙河、新龙河。通过睢宁县沙集站和凌城站提水灌溉。

宿迁市洪泽湖周边及以上地区有调水线路12条，涉及宿城区、泗阳县、泗洪县等县区，现状农田供水保证率70%～80%。

淮安市洪泽湖周边及以上地区有调水线路8条，现状农田供水保证率75%以上。另外，洪泽湖西南部盱眙山丘区抗旱灌溉还依靠众多中小型水库供给。

2.2.7 渠北地区

2.2.7.1 区域概况

渠北地区位于废黄河以南、淮河入海水道以北、二河以东地区，涉及淮安市清浦区、淮安区及规划中的工业园区、新开发区和盐城市的阜宁县、滨海县等四区两县，总面积1710km^2（淮安境内面积835km^2，盐城境内面积875km^2），耕地8.85万hm^2，总人口155.4万人。

该地区东西长约160多km，南北宽3～20km，地面西高东低、北高南低，最高19.4m，最低0.8m，运西地面高程19.4～6.0m，运东淮安地面高程10.0～3.5m，盐城阜宁、滨海地面高程6.6～0.8m。

渠北地区地形四周高，自排出路不足，易发生内涝，沿海地区排水易受海潮顶托，相机排水出路不稳定，经常发生涝灾。1954年、1983年、1984年、1986年、1991年灾情均较严重。

2.2.7.2 水系概况

该地区主要有苏北灌溉总渠、淮河入海水道、二河、废黄河等外围河道以及里运河等流域性河道；响坎河、张家河、北八滩河、中八滩河、南八滩河、清安河等区域骨干河道。

2.2.7.3 防洪排涝抗旱工程

1. 防洪工程

流域防洪工程主要有苏北灌溉总渠、淮河入海水道、二河、废黄河、海堤、里运河等流域性河道堤防，其中苏北灌溉总渠、淮河入海水道设计防洪标准近期为100年一遇；另外，还有高良涧进水闸、运东分水闸、阜宁腰闸、总渠地涵、六垛南闸、二河枢纽、淮安枢纽、滨海枢纽、海口枢纽及淮阜控制等控制性建筑物。

区域河道堤防现状防洪能力为5～20年一遇不等，其中达到20年一遇防洪标准的有清安河堤防，其他河道基本为5年一遇。

渠北地区万亩以上大圩共12个，万亩大圩圩堤防洪标准普遍在5～20年一遇。

2. 排涝工程

渠北地区排涝采取“分片排水、高低分排、自排为主、抽排为辅”的排涝原则，分运西高片、运东高片、运东低片以及八滩区。

运西高片位于京杭运河以西，排水面积272km^2，运西高片区排水河道主要有：红旗河、柴米河、大治河、团结河、古盐河、渠北调度河、清安河等。

运东高片位于京杭运河以东，老管河以西，排水面积554km^2，有6条骨干排涝河道，分别为茭陵一站引河、十四中沟、南支河、渔滨河、衡河（胡庄闸以南部分）、窑头河等。

运东低片位于老管河以东，八滩区以西，排水面积506km^2，内部亦按照高低分级控制原则分片实施，除滨海沙浦高地自排外，其余片区均抽排入北泓。

八滩区现状西至陶圩河（北八滩渠以北段）和郭集西排河（北八滩渠以南），南至入海水道北堤，东至海堤，北至张弓干渠，排区面积为420.75km^2。仍按照独立水系，由南、中、北三条八滩渠东排入海。

3. 抗旱工程

渠北地区抗旱水源主要来自洪泽湖以及江水北调、江水东引等水源，通过里下河河网、总渠、废黄河、通榆河沿线涵洞泵站自引或抽引水源向渠北地区供水。

淮安市渠北地区有 8 条调水线路，现状农田供水保证率 75%以上。盐城市渠北地区有 3 条调水线路，现状农田供水保证率 70%以上。

2.2.8 白马湖宝应湖地区

2.2.8.1 区域概况

白马湖宝应湖地区位于洪泽湖大堤以东、苏北灌溉总渠以南，东至里运河，西南临安徽天长和仪扬山丘区分水岭，以及淮河入江水道各归江河道之间的江淮交汇区，涉及淮安、扬州两市，包括金湖全部和淮安、扬州市区及盱眙、洪泽、宝应、高邮、江都的一部分。区域总面积 5348km^2，耕地 22.13 万 hm^2，人口 282.8 万人。

该区隶属淮河流域淮河水系，以入江水道和大汕子隔堤为界，分为白马、宝应湖片和高邮、邵伯湖片。地势西高东低，西部丘陵最高 84m，东部湖洼地最低 5.0m，一般地面高程 6.0～7.0m。这一地区历史上是淮河入江的行洪通道，1956 年实施白马湖隔堤，1969 年实施入江水道金沟改道段，建三河拦河坝和大汕子隔堤，白马湖、宝应湖地区成为内湖，不再参与行洪。高邮、邵伯湖片仍是入江水道行洪通道所在，湖西圩区直接受到淮河入江洪水影响。另三河以南、入江水道改道段以西区域排水，小部分排入入江水道三河段，大部分入高邮湖。

近 50 年来，该区 1954 年、1956 年、1974 年、1984 年、1987 年、1991 年、2003 年、2007 年都有不同程度的洪水灾害。1954 年淮河大水，洪水由三河经宝应湖、高邮湖、邵伯湖南泄，由于沿线堤防破损、湖泊宣泄不畅，该区几乎全部淹没，受灾面积 190 万亩。1991 年淮河发生中等洪水时遇区间暴雨，受灾面积 70 多万亩。

白马湖宝应湖片受洪泽湖、淮河入江水道、苏北灌溉总渠和里运河高水包围，当地涝水主要靠伺机抢排和动力抽排。

2.2.8.2 水系概况

该区域北部为苏北灌溉总渠，东部为里运河，中部淮河入江水道穿境而过，境内共有 14 条省骨干河道（1 条区域骨干河道、5 条重要跨县河道、8 条重要县域河道）、4 个省管湖泊（白马湖、宝应湖、高邮湖、邵伯湖）及大量的涵闸站等水利工程。外部依托流域性河道整治，内部依托骨干水系串通、河湖相连、江淮调控的治理措施和手段，具备了一定的防洪、排涝、供水能力。

流域性及外围河道主要有洪泽湖大堤、淮河入江水道、苏北灌溉总渠、里运河等。区域骨干河道主要有花河、草泽河、老三河、汪木排河、秦栏河、公道引水河等。

白马湖、宝应湖均地处淮河流域下游，属浅水湖泊，汇水面积 1902km^2，承担着调蓄区域洪涝的功能，枯水期可从里运河补水调节湖水位，为湖区及部分沿湖圩区提供水源，白马湖隔堤将白马湖与宝应湖截然分开。白马湖南北长 17.8km，东西平均宽 6.4km，总面积 113.4km^2，汇水面积 894km^2，正常蓄水位 6.30m，相应的水面面积为 42.8km^2，防洪水位 7.80m，相应的水面面积为 101.9km^2；宝应湖包括狭长湖面、大汕子河、金宝航道、三河等深泓河道、狭长湖心岛及圩外滩面，总面积 80.66km^2，汇水面积 1008km^2。

高邮湖、邵伯湖位于淮河下游地区，为浅水湖泊，面积 884.42km^2，是淮水入江的主要通道，区间尚有汇水面积 6633km^2 入湖。高邮湖正常蓄水位 5.7m，相应水面积 674.7km^2，设计防洪水位 9.5m。邵伯湖正常蓄水位 4.5m，蓄水保护面积 63km^2，湖泊保护面积 150km^2，防洪水位 8.5m。

2.2.8.3 防洪排涝抗旱工程

1. 防洪工程

流域性防洪工程主要有淮河入江水道，其沿线建有三河闸，金湖东西偏泓漫水闸，高邮湖控制线上的杨庄河闸、毛港闸、新港闸、老王港闸、新王港闸、庄台河闸、新庄台河闸等漫水闸，以及归江河道上万福闸、太平闸、金湾闸、芒稻闸等控制建筑物；苏北灌溉总渠，建有高良涧进水闸和运东闸两级控制。区域河道防洪工程主要有花河、草泽河、老三河、汪木排河、秦栏河、公道引水河等，防洪标准 10～20 年一遇。该区域圩区防洪基本达到 10～20 年一遇。

2. 排涝工程

该区排涝分白宝片和高邵片。白马、宝应湖利用淮安一、二站、石港站动力抽排，南、北运西闸、大汕子退水闸伺机抢排，并可利用南水北调淮安四站和金湖站、洪泽站，抽排出路以灌溉总渠和淮河入江水道三河段为主，自排可入里运河和高邮湖。白马湖片、宝应湖片因地势低洼，受淮河入江水道、灌溉总渠和里运河高水包围，主要靠动力抽排和伺机抢排当地涝水，骨干排水河道和众多中小沟为排水网络，辅以圩区内部装机抽排。高邮、邵伯湖片，是入江水道行洪通道所在，三河以南、入江水道改道段以西区域排水，小部分排入三河，大部分入高邮湖，沿湖圩区以抽排为主；江淮分水岭之北的丘陵岗地及沿湖圩区排水入邵伯湖；另六合境内有 128.54km^2 排水入高邵湖。

3. 抗旱工程

该地区主要水源为洪泽湖、白马湖、宝应湖、高邮湖、邵伯湖、夹江、芒稻河，并可引用里运河总渠等江淮水源；丘陵山区水源依靠山洪、桂五等中小型水库。供水保证率 75%。淮安市通过学田港、李新港、腰滩河、金宝航道、东中心河等从洪泽湖、入江水道引水。扬州市通过中港河、公道引水河、秦栏河等从里运河、高邮湖、邵伯湖引水。

2.2.9 里下河地区

2.2.9.1 区域概况

里下河地区东临黄海，位于里运河以东、苏北灌溉总渠以南，扬州至海安 328 国道及如泰运河以北，涉及盐城、泰州、扬州、淮安、南通 5 个市，包括盐城市区、盐都、建湖、射阳、大丰、东台、兴化的全部和淮安市区、泰州市区、江都、高邮、宝应、阜宁、滨海、姜堰、海安、如皋、如东的一部分。区域总面积 22230km^2，耕地面积 116.64 万 hm^2，人口 1208.5 万人。

该区以通榆河为界，划分为腹部地区和沿海垦区；沿海垦区又以斗龙港为界，分为斗南垦区和斗北垦区。里下河腹部地区属水网区，地面高程 1～7m，四周高、中间低、呈碟形，俗称“锅底洼”，尤以兴化、建湖、溱潼三地最洼；历史上湖泊湖荡众多，河道纵横交错，通过联圩并圩、整治改造河网，形成了以射阳河、新洋港、黄沙港、斗龙港、川东港为骨干的五港入海水系。沿海垦区地势平坦，斗南地面高程 3.0m 以上，斗北地面高程 2.0m 左右，已形成多个相对独立直接入海的排水区；排泄里下河腹部洪涝水的五港经垦区入海，两岸也结合排垦区部分涝水。

该区历史上平均 2～3 年就出现一次水旱灾害。中华人民共和国成立后，发生了 1954 年、1962 年、1965 年、1991 年、2003 年、2006 年、2007 年 7 次大洪大涝。1991 年兴化站最高水位达到超历史的 3.35m。

里下河腹部为碟形洼地，雨后先“四水投塘”，水位逼高后再通过入海港道缓慢下泄，排水路线长，又受海潮顶托，腹部低洼地区高水位围水时间长，极易成灾。由于原有湖荡被大面积围占开发，河道淤浅，坝埂阻水，加上入海港口淤积，使排涝标准严重下降。经过多年治理，排水入海河道及内部河道几经疏浚，增辟了利用江都站、高港站排水入江的出路，排涝能力有所提高。此外本地区主要在农业大用水期间，梅雨不及时、长江水位较低时，易造成河湖水位偏低，不满足用水要求。

2.2.9.2 水系概况

经过 60 多年的治理，里下河地区已成为淮河下游相对独立的引排水系。流域防洪以里运河东堤、灌溉总渠南堤、海堤和通扬公路为外围封闭屏障，已基本达到了防御 100 年一遇淮河洪水及 50 年一遇海潮的标准。

流域性及外围河道主要有苏北灌溉总渠、里运河（里下河段）、海堤等。区域性骨干河道主要有三阳河、大三王河、蔷薇河、戛粮河、射阳河、卤汀河、下官河、黄沙港、泰东河、通榆河、蟒蛇河、新洋港、斗龙港、雌港、雄港、兴盐界河、川东港、丁溪河、车路河等。

里下河腹部地区湖泊湖荡位于江苏省里下河腹部低洼地区，为浅水湖泊。湖区由约 40 个零散湖群组成，主要有射阳湖、大纵湖、蜈蚣湖、郭正湖、得胜湖、广洋湖、平旺湖、官垛荡、乌巾荡、癞子荡、南荡等。根据省政府苏政发〔1992〕44 号文和《里下河地区水利规划》，里下河湖区保护范围为应保留的湖泊湖荡 216km^2 及三批滞洪圩 479km^2，总面积 695km^2，包括湖泊湖荡水体、湖盆、荡滩和在此范围内的行水通道、圩堤。荡滩高程一般为 0.70～0.90m（废黄河高程，下同），湖底高程一般为 0.00m 左右。里下河湖区与里下河地区骨干河网相串连。湖泊湖荡部分已圈圩建有进退水闸、滚水坝等进退水口门设施。里下河湖区主要功能有调蓄水量和引水排水，具有依次滞蓄，双向引排等功能。

2.2.9.3 防洪排涝抗旱工程

里下河地区现已形成了以里运河东堤、灌溉总渠南堤、海堤和通扬公路为外围封闭屏障的流域防洪工程体系。腹部低洼地区以圩堤为阵地挡御区域洪水，通过整治，形成以射阳河、新洋港、黄沙港、斗龙港、川东港五港自排入海为主，江都站、高港站、宝应站上抽为辅，腹部河网贯通全区的排涝工程体系；垦区形成相对独立入海、相互适当调度的排水系统。现状外围流域性防洪能力达到近 100 年一遇，区域内部防洪能力不足 20 年一遇，腹部地区排涝能力 5～10 年一遇，垦区排涝能力一般在 5 年一遇，局部仅 3 年一遇。

1. 防洪工程

流域河道防洪工程主要有苏北灌溉总渠、里运河（里下河段）等，防洪标准达到 50～100 年一遇，海堤基本达到 50 年一遇加十级风浪的标准。里下河南侧以通扬公路为分界线，防洪标准达到50年一遇。区域河道防洪工程主要有射阳河、黄沙港、新洋港、斗龙港等，防洪标准达到20年一遇。主要控制建筑物有射阳河闸、黄沙港闸、新洋港闸、斗龙港闸、川东港闸、江都枢纽、高港站、宝应站、大套一、二站、北坍站、姜堰站及沿通榆河东台站、安丰站、富安站、贲家集站等。

2. 排涝工程

里下河内部河网初步整治，以射阳河、新洋港、斗龙港、黄沙港、川东港为骨干河道，形成了穿越垦区的自排入海体系。现状兴化水位2.5m时，腹部地区通过五港入海，河道排水能力1435m^3/s，兴化3.0m水位时可排1860m^3/s。利用江都站、高港、宝应站可抽排入江1000m^3/s。通过通榆河大套站可相机向废黄河排水100m^3/s，利用沿通榆河安丰等小站向斗南垦区错峰排水115m^3/s。按1991年雨型，在湖荡滞蓄的基础上，现状超过5年一遇除涝标准（兴化水位2.5m），圩堤能够防御10年一遇雨量外河网水位（兴化水位3.1m）。

沿海垦区既是排泄里下河腹部洪涝水的入海通道，又按地面高程形成独立排水区自排入海。沿海均建闸控制，除五大港沿线局部低洼已建圩区可相机抽排入五大港外，分为夸套、运棉河、利民河、西潮河、大丰斗南、东台堤东、南通斗南7个区域，现已建成22个独立自排区。斗北垦区则处于各大港排水入海的走廊，五港沿线的圩区，需要挡御上游过境的高水，压力较大。已建圩区部分的除涝一般达到10年一遇标准，独立排水区普遍存在除涝河道现状断面标准不足，闸下港道淤积现象严重，现状除涝标准：运棉河、利民河、西潮河、夸套及三里闸地区不足3年一遇，斗南大丰地区不足5年一遇。

3. 抗旱工程

用水水源，部分为当地河网与湖荡水源，还需要调引外水。一是江水东引，通过江都东闸和高港枢纽自引江水补给；二是沿总渠、里运河引水口门调引江淮水源补给。现状农田供水保证率70%～80%。

2.2.10 苏北沿江地区

2.2.10.1 区域概况

苏北沿江区位于滁河流域以东、江淮分水线以南，总面积10256km^2（考虑到现状引排水格局实际情况，将扬瓜公路至京杭运河之间、芒稻河至白塔河之间属白马湖高宝湖地区的298km^2纳入本区），跨扬州、泰州、南通三市所辖八个县（市）及三市市区。根据地形、水系特点及引排水格局，划分为仪六片、通南扬州片、通南泰州片、通南南通片四片。

仪六片西与滁河区相邻，东至京杭运河（含扬瓜公路至京杭运河之间的白马湖高宝湖区），北至江淮分水岭，南临长江，面积932km^2，人口130.6万人。地势西北高东南低，沿山河以北山丘区536km^2，以南平原区396km^2（含圩区345km^2），丘陵岗地地面高程10～50m，以铜山最高，顶高程为149.5m，平原区地面高程4～6m。

通南扬州片位于芒稻河以东、泰州引江河以西（含芒稻河至白塔河之间的白马湖高宝湖区），北至328国道控制线，南临长江，面积422km^2，耕地面积1.93万hm^2，人口43.3万人。区域内部以反坎堤为界，以北高沙土区352km^2，以南沿江圩区70km^2，另有通北高地西片（96km^2）涝水一般也通过老通扬运河宜陵地涵进入高沙土区河网后南排入江，高沙土区地面高程 4～6m，沿江圩区地面高程 2～4m。

通南泰州片西至泰州引江河、东至泰州、南通市界，北至 328 国道控制线，南临长江，面积 $2580km^2$，耕地面积 12.37 万 hm^2，人口 278.0 万人。内部以江平公路、靖泰界河控制线为界，以北高沙土区 $1673km^2$，以南沿江圩区 $907km^2$，高沙土区地面高程 4.5～5.5m。

通南南通片西至南通、泰州边界，东至黄海，北至 328 国道控制线、如泰运河，面积 $6302km^2$，耕地面积 42.87 万 hm^2，人口 703.8 万人。分为通南高沙土区、九吕区、通启区及沿江圩区四个排水片区。高沙土区地面高程 3.5～6.5m，沿江圩区地面高程 2.0～5.5m，九吕区地面高程 3.0～6.5m，通启区地面高程 2.0～5.5m，西高东低。

特殊的地理位置和地形、气候特点决定了本区属洪（潮）涝旱灾频发地区，具有洪、涝、旱交错出现，洪涝并发、旱涝急转等特点。春夏之交的梅雨和夏秋之际的台风暴雨易造成区域性洪涝灾害，东部沿海地区有风暴潮灾害，仪邗山丘区对下游平原圩区存在山洪威胁。本区既是长江、淮河流域洪水走廊，又易受沿江沿海高潮影响，历史上洪（潮）水灾严重，区域暴雨与流域洪水或高潮遭遇时，洪涝夹击，则水灾更加严重，随着流域防洪工程体系的逐步完善，洪灾损失大大下降，更多表现为因洪致涝。由于本区地势总体低平，缺乏水资源调蓄条件，一旦长历时高温少雨极易形成旱灾，用水主要靠引用长江等过境水资源供给，随着引江工程体系的不断完善，旱灾损失明显下降，更多表现在本地枯水年遭遇长江低潮位时旱情相对较重。

2.2.10.2 水系概况

该区域河道众多，既有山区型河道，还有平原河网区。流域性及外围河道主要包括长江、新通扬运河、如泰运河、乌塔沟、白塔河、海堤等。区域骨干河道在扬州境内，主要有胥浦河，仪扬河、乌塔沟、沿山河、泰州引江河等；泰州境内，主要有老通扬运河、南官河、周山河、如泰运河、靖泰界河等；南通境内，主要有九圩港、通吕运河、通启运河、新江海河、如海运河等。

2.2.10.3 防洪排涝抗旱工程

1. 防洪工程

流域性防洪工程主要有长江堤防、海堤和泰州引江河堤防等。

2. 排涝工程

该区域内主要排涝工程有：仪六片内部形成潘家河—胥浦河、仪扬河—古运河二个相对独立的排水水系。区域骨干河道防洪能力基本达到 20～50 年一遇，行水基本达到 10～20 年一遇标准，但乌塔沟、龙河、友谊河行水不足 10 年一遇，山洪防治不足 5 年一遇；平原圩区除涝标准基本达到 5～10 年一遇。

通南扬州片区域外围通过长江、夹江及芒稻河堤防防御江淮洪水；高沙土区，区内东西向河道有老通扬运河、灰粪港、向阳河等，南北向有砖桥河、姚港河、白塔河、红旗河等。

通扬运河相连，西通过老通扬运河东、西闸及周山河套闸与泰州引江河相沟通；区内东西向骨干引排河道有老通扬运河、周山河、如泰运河、天星港等，南北向骨干引排河道有南官河、先锋河、西干河、夏仕港、安宁港等，构成区域骨干引排河网。

通南南通片区域外围通过江堤、海堤防御长江流域洪水及高潮；区内南北向区域性骨干河道有焦港、如海运河、通扬运河南通段、九圩港，东西向有栟茶运河、如泰运河、通吕运河、通启运河，纵横交错，是全区骨干引排通道。各排水片区之间通过上述骨干河道和控制涵闸沟通和调度引排。高沙土区涉及的区域性骨干河道有通扬运河南通段、栟茶运河、如泰运河、如海运河、焦港，与重要县级河道拉马河、如皋港等相沟通，形成本区骨干河网。九吕区涉及的区域性骨干河道有九圩港、如泰运河、通吕运河，与重要县级河道飞跃河、遥望港、团结河等相沟通，形成本区骨干河网。通启区地面高程比九吕区低，通过老通吕公路控制线挡九吕区高水，东西向河道有区域性骨干河道通启运河及重要县级河道海门河、协兴河、蒿枝港河，南北向重要县级河道有海港引河、新江海河、浒通河等，形成本区骨干河网。

3. 抗旱工程

通南地区水源主要依靠引江解决，仪六地区的丘陵山地通过重点补水线、增蓄水工程以及邵伯湖水源调配工程，形成蓄引结合的供水体系解决。

2.2.11 滁河地区

2.2.11.1 区域概况

根据《江苏省防洪规划报告》，滁河地区由滁河片及其南侧相邻的滨江排水片合并而成。

滁河位于江淮之间，为长江下游左岸一级支流。源于安徽省肥东县梁园丘陵山区，干流基本平行于长江东流，沿途流经安徽省合肥市、马鞍山市、滁州市和江苏省南京市等所辖的 9 个县（区、市），于江苏省境内大河口汇入长江。干流全长 269km，其中安徽省境内长 197km，江苏省境内长 116km（部分河段为两省界河）。滁河流域面积 8015km^2，其中安徽省境内占 78.1%，江苏省境内占 21.9%。滁河地区西以滁河干流及苏皖省界为界，北以苏皖省界及江淮分水岭为界，东以宁扬市界为界，南以长江为界，涉及南京市所辖浦口、六合两区，地区总面积 2302km^2，包括滁河流域下游 1633km^2 及其南侧相邻的滨江排水片 669km^2，耕地面积 10.15 万 hm^2，常住人口 161.74 万人。

滁河流域上游多山丘区，中下游河道两岸多平原圩区，沿河地区地势低洼。滁河洪水汇集快而河道泄流不畅，当全流域普降暴雨时，几乎 90% 面积产生的洪水会迅速汇集于只有约 10% 左右面积的圩区，下游受长江洪水顶托，涝区排水不畅，致使滁河圩区易发生洪涝灾害。仅 1949 年以来，就已发生过 13 次较大的洪水灾害，平均约 4 年出现一次。如 1991 年、2003 年、2008 年等都发生了较大的洪水。

滁河流域洪水过后，由于水源调蓄工程不足，时常呈现水枯河干的情况，尤其是上游河段，均为间歇性河流，易出现旱涝交替，但随着近年水利工程建设不断推进，“大雨破圩遭灾殃，天旱无收饿断肠”的景象已多年未见。流域发生旱灾主要年份有 1934 年、1959 年、1961 年、1965 年、1978 年、1994 年，干旱多发生在 5—9 月，有夏旱与秋旱之分。夏旱年份梅雨季节常出现“空梅”现象，降雨量小，同时伴有持续高温天气，蒸发量大。秋旱年份秋季雨水偏少，多为晴朗干燥天气，持续高温，蒸发量大。

2.2.11.2 水系概况

滁河水系。江苏省境内滁河干流长 116km（部分河段为两省界河），起于与南京市浦口区交界的安徽陈浅乡，干流基本平行于长江东流，于南京市六合区境内的大河口汇入长江。滁河主要支流有8条，全部位于左岸，自上而下分别是安徽境内的小马厂河、大马厂河、襄河、来安河、沛河，流经安徽、江苏两省的清流河，江苏境内的皂河、八百河；直接进滁河的其他较小支流还有黄木桥河、新禹河等。滁河右岸主要为天然分流河道或人工分洪道，自上而下有驷马山分洪道、朱家山河、马汊河分洪道、岳子河、划子口河，可分泄干流洪水入长江。

滁河地区滨江排水片。滁河地区滨江排水片位于长江南京段北岸，起自浦口区林山镇驷马山河口，经浦口区、六合区，止于六合区小河口，长约85km。自上而下汇入长江的主要河流有石碛河、高旺河、城南河和七里河。

江苏境内有大泉、大河桥、山湖、金牛山4座中型水库。水库大多以灌溉为主要任务，具有一定的滞洪削峰作用。流域内无湖泊滞洪，只在干支流交汇处有小块滞洪洼地，其中江苏省有蒿子圩蓄洪区。

2.2.11.3 防洪排涝抗旱工程

1. 防洪工程

经过长期治理，滁河流域已基本构成以堤防为基础，分洪道、蓄滞洪区、支流水库、干流控制闸等组成的防洪工程体系，形成了洪水高低分排入江的防洪格局，总体防洪标准为1991年型实际洪水（约20年一遇）。

滁河干流堤防基本达到20年一遇，通江通滁支流10～20年一遇，治涝标准不足20年一遇。江苏省滁河干流堤防长185.92km。滁河堤防浦口区段、六合程桥段左岸以及新集段右岸、划子口河堤防龙袍段等现状防洪标准为20年一遇；朱家山河堤（浦口区）为100年一遇；干流及马汊河、岳子河、划子口河等河道的其他堤防为50年一遇；长江堤防浦口区城市防洪段、六合区长江堤防岳子河至小河口段左岸为100年一遇，其他堤段为50年一遇。

滁河干流自上而下建有晋集闸、襄河口闸、汊河集闸、三汊湾闸和红山窑闸，设计泄流能力分别为1210m^3/s、700m^3/s、1610m^3/s、400m^3/s、550m^3/s。滁河流域现有分洪道5条，全部在干流右岸分洪入长江，从上游至下游分别为驷马山分洪道、朱家山河、马汊河分洪道、岳子河、划子口河。出口分别有乌江闸（100m^3/s）、朱家山河闸（120m^3/s）、岳子口闸（200m^3/s）、划子口闸（300m^3/s）控制，其中马汊河分洪道无控制建筑物，设计泄洪流量1220m^3/s。

蒿子圩滞洪区位于江苏省南京市浦口区永宁镇西北角，东为张家圩西埂，南临滁河，北临西葛万家山山洪沟，西边与安徽蒿子圩隔河相望。总面积2.5km^2，无常住人口，内为精养鱼池。

区域河道堤防现状防洪能力普遍为20～50年一遇。仅六合区八里夹巷河堤防程桥段左岸及竹镇段右岸为10年一遇。滁河地区主要圩区（万亩以上）有29个，其中浦口区16个，六合区13个。圩区堤防现状防洪标准为20～50年一遇。

2. 排涝工程

滁河地区主要排涝路线，浦口区有滁河（含驷马山河、马汊河）、清流河、朱家山河、石碛河和城南河，六合区有耿跳河、八里河、皂河、八百河、新禹河。现状排涝标准均为

20年一遇。区域排涝涵闸有浦口区蒿子圩闸、朱家山河闸、天河口闸，六合区方桥闸、拦水坝闸、四门闸、陶庄闸等7座，排涝入滁河、长江、马汊河、朱桥河、皂河等河道。

浦口区、六合区共有89座排涝泵站的排水能力在$3m^3/s$以上，合计$589.08m^3/s$。浦口区万亩以上圩区16个，计60座排涝泵站，实际外排能力合计$423.54m^3/s$，排涝面积合计$267.1km^2$；六合区有13个万亩以上圩区，计101座排涝泵站，实际外排能力为$224.39m^3/s$，排涝面积合计$240.33km^2$。

3. 抗旱工程

滁河地区现状大部分农田达到75%的供水保证率。主要调水线路有浦口区石碛河、驷马山河，六合区金牛山翻水线、山沟李翻水线、西凌河翻水线、耿跳翻水线、徐庄翻水线、肖庄翻水线等8条，水源地包括浦口区三岔水库、滁河，六合八百河、皂河等。

浦口区通过泵站提引水源的供水灌区有三岔、侯家坝等2个灌区，引水能力合计$21m^3/s$；六合区有新禹河、新集圩、山湖、金牛山等4个灌区，引水能力合计$168m^3/s$。滁河地区电灌站$1m^3/s$以上的电灌站有58座，实际抽水能力合计$166.44m^3/s$，其中浦口区28座，实际抽水能力$65.61m^3/s$，六合区30座，实际抽水能力$100.83m^3/s$。

通过涵闸引水的灌区有浦口区北城圩灌区（水源为滁河），六合区玉带圩灌区（水源为长江）、新禹河灌区（水源为新篁河、滁河）、龙池圩灌区（滁河）等4个，实际引水能力合计$363.3m^3/s$，其中向新禹河灌区供水的红山窑节制闸引水能力为$324m^3/s$。

2.2.12 秦淮河地区

2.2.12.1 区域概况

秦淮河地区由秦淮河流域、沿江排水片组成，总面积$3712km^2$，其中秦淮河流域面积$2631km^2$，滨江排水片面积$1081km^2$。

秦淮河位于长江下游南岸，江苏省西南部，是长江下游的一条支流，流域面积$2684km^2$，灌溉面积10万hm^2左右，干河长36.61km，秦淮新河长16.84km，涉及南京、镇江两市及所辖溧水、江宁、句容等区（市），丘陵山区面积占总面积的78%，其余为低洼圩区和湖河水面。沿江排水片江宁段位于长江南京河段的岸线南岸，起自江宁区铜井镇和尚港，经江宁区、雨花台区，止于秦淮新河入江口，西靠长江，东接牛首、云台二山。沿江排水片栖霞段位于长江南京河段的岸线南岸，起自秦淮河入江口三汊河口，止于栖霞区大道河口，北以长江为界，南以幕府山山脊为界。

该地区主要洪涝特点有：一是洪水上涨快，来势猛。由于秦淮河流域面积较小，因此流域性的暴雨经常同时发生，流域有大小支流15条，大多为山丘型河道，洪水呈扇形向干流汇集，源短流急，河谷浅，蓄水能力低，暴雨后汇流迅速，洪水位涨幅大，洪峰高。二是排水易受长江潮位顶托影响，有时流域降雨并不是太大，但长江潮位较高，泄流能力降低，流域河道水位居高不下，如1998年洪水；当流域性洪水较大，再加上长江高潮位顶托，则受灾将更加严重，如1931年、1954年、1991年、2015年、2016年洪水等。三是灾情险情受降雨、长江潮位等因素共同影响。秦淮河流域耕地大部分布于下蜀黄土组成的岗地上，由于岗地比重大，植被条件差，自蓄能力弱，半个月不下雨即受干旱威胁。当流域受副热带高压控制，梅雨无雨，天气炎热，蒸发量大，极易造成旱灾，如1959年、1978年大旱。

2.2.12.2 水系概况

经过 60 多年治理，秦淮河流域已形成了“上蓄、中滞、下泄”防洪体系格局，上游众多水库塘坝发挥蓄洪作用，中游赤山湖及众多圩区水域发挥滞洪作用，下游有秦淮河及秦淮新河分洪道泄洪入江。目前，秦淮河堤防防洪标准基本达到 50 年一遇，下游南京城区段堤防防洪标准基本达到 100 年一遇，支流防洪标准 10～20 年一遇，圩区治涝标准接近 10 年一遇。

秦淮河有南北两源，南源溧水河发源于南京市溧水区东庐山，北源句容河发源于句容市宝华山南麓，两河在南京市江宁区前埠村汇合成秦淮河干流。秦淮河干流至东山分为两支，北支为外秦淮河，经南京市区至三汊河入长江，西支为人工开挖的分洪河道即秦淮新河，经西善桥至金胜村入长江。

秦淮河流域水利控制枢纽主要有上游一干河支流天生桥河上的天生桥套闸，沟通句容河与赤山湖的赤山闸，秦淮新河入江口秦淮新河枢纽，外秦淮河武定门枢纽和下游入江口三汊河口闸。秦淮河流域现有中型水库 8 座，分别为北山、句容、二圣桥、茅山、方便、中山、卧龙山、赵村水库，集水面积共 388.18km^2，总库容 25695 万 m^3，兴利库容 11911 万 m^3，防洪库容 8167 万 m^3。沿江排水片有江宁河、板桥河、九乡河、七乡河等河道。

2.2.12.3 防洪排涝抗旱工程

1. 防洪工程

该地区主要河道堤防工程主要有秦淮河干流、外秦淮河、秦淮新河、溧水河、句容河，防洪标准基本达到 20～50 年一遇。该地区主要控制枢纽有天生桥套闸、赤山闸、秦淮新河节制闸、武定门枢纽、三汊河口闸等。此外该地区还有赤山湖及白水荡等滞洪区，其中赤山湖位于句容河中部，是秦淮河流域中部滞洪湖泊，洪水期承担调蓄洪水任务；白水荡为赤山湖蓄滞洪区的一部分，位于赤山湖西侧，面积 2.5km^2；泗庄圩位于句容河上游左岸，为农业圩，圩区面积为 1.33km^2。西万亩大圩位于白水荡南侧，赤山湖以西，圩内以农田为主，圩区面积为 4.0km^2。

2. 排涝工程

该区域排涝标准一般为 20 年一遇，主要排涝出路有秦淮河、板桥河、江宁河、溧水河等。该地区有周岗圩、东阳圩、万安圩、白米圩、禄口联圩、五圩、建康圩等圩区，圩堤防洪标准 20～50 年一遇。

3. 抗旱工程

沿江靠秦淮新河闸站、武定门闸站和其他口门引江，其他区域依靠水库塘坝蓄水，供水保证率达到 75%。

2.2.13 石臼湖固城湖地区

2.2.13.1 区域概况

石臼湖固城湖地区是水阳江、青弋江、漳河流域的一部分。水阳江、青弋江、漳河流域位于长江下游南岸，地跨安徽、江苏两省 21 个市县，分别于当涂、芜湖和澛港汇入长江，流域面积 18850km^2，其中安徽省占 93%，江苏省占 7%。石臼湖固城湖地区位于流域东部南京市境内，范围包括高淳区大部、溧水区南部及江宁区丹阳集镇（属横溪街道），总面积 1299km^2，占南京全市总面积的近 20%，石臼湖固城湖地区还包括太湖湖西片南京境内部分。

本区域洪水主要由暴雨形成，集中发生在 5—7 月，个别年份由台风暴雨形成的洪水出现在 9 月、10 月。两湖地区水域辽阔，湖泊和主要河流的水位、流量，受皖南山区来水和长江水位影响，季节性变化甚大，尤以夏季为主，水位高，洪水量大。固城湖、石臼湖属山丘湖泊。“两湖”承受源自皖南山区的河流补给，区内入湖河流亦源于丘陵地区。由于山区地形陡峻，汇流迅速，故其洪水具有峰高而历时短的特点，常常引起水位暴涨。“两湖”的洪水经由当涂和芜湖注入长江，当出现长江高水位顶托或江水倒灌时，湖泊尾闾不畅，即使流域来水不多，湖泊水位仍然较高，且持续时间较长。两湖地区地势东高西低。西部圩区地处水阳江下游，河网密布，地势低洼，地面高程 5～7m，汛期上承水阳江洪水下泄，下受长江高水位顶托倒灌，加之处于南北气候的过渡地带，区间突发大暴雨概率高，一般洪水年外河水位高出圩区地面 5～6m，特大洪水年则高出圩区地面 7～8m，给圩区造成较大压力。两湖地区每年都有不同程度的干旱，小的旱灾可以说是年年都发生，特别是进入 20 世纪 90 年代后，严重旱灾发生更为频繁，平均每 3 年就会出现 1 个大的干旱年。两湖地区干旱大多发生于东部丘陵地区。1959—2000 年以来的 42 年里，春旱发生 4 次，平均 10 年一遇；伏旱发生 20 次，平均 2 年一遇；秋旱发生 28 次，平均 3 年两遇。

2.2.13.2 水系概况

该地区主要河道有水阳江、水碧桥河、官溪河、运粮河、胥河、漆桥河、石固河、新桥河、天生桥河等。

该地区湖泊有石臼湖、固城湖，有老鸦坝、龙墩河、赭山头、姚家等中型水库，还有无想寺、龙头等小型水库。其中石臼湖属于构造型淡水湖泊，湖泊面积 214.7km^2，死水位 5.06m，正常蓄水位 6.97m，设计洪水位 12.5m。石臼湖汇水区域内主要入湖河道有新桥河、天生桥河、石固河、中流河、博望河、姑溪河等，具有洪水调蓄、水资源供给、维护生态、航运、渔业养殖、旅游等功能。固城湖为草型浅水湖泊，湖泊实际正常蓄水位控制在 8.50m，相应水面积 27.95km^2，库容 7664 万 m^3，死水位 7.00m，相应水面积 26.35km^2，库容 3322 万 m^3。固城湖为长江下游的青弋江、水阳江流域的调蓄性湖泊之一。固城湖主要通湖河道有水碧桥河、官溪河、胥河、漆桥河、石固河等，其中漆桥河和石固河为区间河道。固城湖具有城市生活供水、生物种群自然繁育保护、水产养殖、蓄洪防洪和航运旅游等综合服务功能。

2.2.13.3 防洪排涝抗旱工程

1. 防洪工程

该地区主要流域性河道防洪工程有石臼湖堤防、固城湖堤防、水阳江干流高淳段，防洪能力达到 20～40 年一遇。区域防洪工程中运粮河、水碧桥河、官溪河、漆桥河、石固河、新桥河、天生桥河基本达到 20 年一遇，骨干通湖河道 10～20 年一遇，撇洪沟 10 年一遇，圩区治涝标准约 10 年一遇。该地区万亩以上大圩有相国圩、大丰圩等 16 个，圩堤防洪标准 20～40 年一遇，圩堤顶高程 13.5～14.5m，实际挡洪水位 12.28～13.07m。

2. 排涝工程

该地区有相国圩、永丰圩、胜利圩、团结圩等圩区，现状排涝基本达到 20 年一遇标准，主要通过向运粮河、水阳江、天生桥、新桥河、石臼湖等河湖排水，外排能力 $250m^3/s$，涉及砖墙镇、阳江镇、淳溪镇、古柏镇、漆桥镇、固城镇、东坝镇等乡镇。

3. 抗旱工程

该地区利用石臼湖、固城湖以及中山、姚家等水库供水，改善区域水环境，维持河网水位。农田供水保证率达到 75%。该地区有相国圩上坝、无想寺、乌飞塘、王家圩、秋湖等 10 个灌区，主要通过涵闸从水阳江、天生桥河、石臼湖等引水，涉及砖墙、洪蓝、和凤等乡镇。该区电灌站有蛇山站、团结圩一站等 6 个电站，从石臼湖、胥河、运粮河抽水，涉及古柏、东坝等镇。

2.2.14 太湖湖西区

2.2.14.1 区域概况

太湖湖西区位于太湖流域上游，北以长江堤岸为界，西至流域界，茅山山区与秦淮河流域接壤，南以宜溧山区的流域分界为界，东自德胜河与澡港河分水线南下至新闸（常州段老运河）、钟楼闸（常州段新运河），向南沿武宜运河东岸经太滆运河北岸至太湖，沿太湖湖岸向西南至苏、浙两省分界线，涉及常州、镇江、无锡、南京 4 市 13 个县（区），总面积 $7671km^2$，人口 560 万人。

区域内地形地貌复杂，西、南部分别为茅山山区、宜溧山区，北倚长江，东依太湖，无论从西向东，还是从南向北，整体呈高—低—高—低分布，其中丘陵山区地势较高，海拔最高 300～500m，面积约占 1/3 以上，位于区域西部、南部，呈 L 形分布；圩区面积约占 1/5，主要位于茅山、宜溧山区下中、南部洮、滆腹部及南河地区，以及沿江、沿湖地带，地面高程 4.0～5.0m（吴淞高程，下同）；水面积约占 8.5%，主要以洮湖、滆湖两大湖泊为主，为区域主要调蓄节点；其余为高亢平原，沿江地面高程一般 6.0～7.0m，洮滆地面高程一般 8.0～10.0m。区内以地形变化差异分为运河平原片（运河片）、洮滆平原片（洮滆片）、茅山山区和宜溧山区四片。

湖西区洪涝灾害多发。1481—1931 年，共发生大洪水 19 次，平均每 23 年发生一次。中华人民共和国成立以来，发生较大洪水的年份主要有 1954 年、1957 年、1962 年、1969 年、1983 年、1987 年、1991 年、1999 年、2015 年、2016 年等。其中，1991 年、2015 年、2016 年洪涝灾害损失十分严重。

2.2.14.2 水系概况

湖西区流域性河湖主要有长江、太湖，武宜运河、太滆运河、苏南运河等。区域性河道根据地形特点分成山丘区河道、平原河网两部分。其中山丘区河道发源于茅山、宜溧山区，源短流急，汇入平原河网；平原区河湖相连，以洮、滆湖为中心，可分为北部运河水系、中部洮滆水系和南部南河水系：北部运河水系，为区域骨干引排河道，由苏南运河及九曲河、新孟河、德胜河等入江河道组成，滨江自排区有运粮河、古运河、团结河等通江河道；中部洮滆水系，由湟里河、中干河等洮滆湖连接河道和太滆运河、烧香港、湛渎港和城东港等入太湖河道组成；南部南河水系由南河、中河、北河进入西氿、东氿由城东港入太湖。三个水系之间有南北向河道丹金溧漕河、赵村河、扁担河、孟津河和武宜运河等相沟通，形成南北东西相通的平原水网。此外，湖西地区还有洮湖、滆湖等主要湖泊，茅山山区及宜溧山区分布有沙河、大溪、横山等大型水库和众多的中小型水库塘坝。

2.2.14.3 防洪排涝抗旱工程

1. 防洪工程

经过多年治理，该区已基本形成了上游依靠大中型水库拦蓄，中部依靠洮滆湖调蓄，下游通过拓浚入湖入江河道和沿江建站排水的防洪除涝工程体系，目前区域防洪标准总体上仍不足 20 年一遇。

太湖湖西区流域防洪工程主要由长江堤防、太湖堤防、苏南运河、谏壁水利枢纽、钟楼闸、水库等组成。其中长江、太湖堤防现状防洪标准为 50 年一遇，苏南运河堤防现状防洪标准为 50～200 年一遇。

区域防洪工程主要由区域骨干河道、丹金枢纽及沿江水闸泵站、洮湖、滆湖、水库等组成。区域河道堤防现状防洪能力为 5～50 年一遇不等。达到 50 年一遇防洪标准的有武宜运河、太滆运河。达到 20 年一遇防洪标准的有丹金溧漕河以及镇江九曲河、中心河、香草河、浦河、鹤溪河，常州南河、中河等河道堤防，其他为 5～10 年一遇。

该地区为提高城市防洪自保能力，建立了城市包围工程，其中与湖西区排水出路有关的有区域下游常州，以及内部溧阳、金坛城市防洪工程。该地区建有大小圩区 762 个，总面积约 15.83 万 hm^2，其中万亩以上大圩共 56 个，圩堤防洪标准普遍在 5～20 年一遇。

2. 排涝工程

湖西区大部分排涝达到 10～20 年一遇除涝标准，部分地区仅 5 年一遇。湖西区排涝线路有 15 条，涉及丹阳市、句容市、丹徒区的 20 个左右乡镇，现状排涝标准 5～50 年一遇。排涝涵闸有九曲河闸、迎丰河闸等 44 座，实际排水能力合计 1823.1m^3/s。排涝泵站有迎丰河排涝站、太平港排涝站等计 24 座，实际排水能力合计 92.18m^3/s。主要排涝区域包括西南香草河片、南部鹤溪河片等 13 个区域（圩区），实际总外排能力 1141.68m^3/s，排涝面积 466.3km^2。

常州市湖西区排涝线路有 8 条，包括苏南运河、苏南运河南移段、太滆运河、丹金溧漕河、胥河、中河、南河等，现状排涝标准都为 20 年一遇。主要排涝区域包括金坛城区的城东洼地、金沙湖以及溧阳城区、建昌圩、马山门圩等 52 个区域（圩区或灌区），实际总外排能力 640m^3/s 左右。

无锡市湖西区主要有东西向的南河水系和洮滆太水系，南北向的调节河道主要有孟津河、武宜运河、横塘河等。这些河道要承泄上游 4700km^2 面积的过境洪水，也是沿线区域的排涝出路，现状排涝标准 20 年一遇。

3. 抗旱工程

太湖湖西地区抗旱水源主要来自当地河湖、水库、调引江水。当水源不足或水位偏低时，通过谏壁枢纽、九曲河闸站、小河闸、魏村枢纽等沿江口门自引抽引长江水源补充，并改善区域水环境。湖西区现状大部分农田达到 75%以上的供水保证率。

镇江市湖西区调水线路有 12 条，涉及丹阳市、句容市、丹徒区 3 市（区）的 7 个镇。常州市湖西区输水调水线路有浦河、新孟河、德胜河、剩银河、澡港河、舜河、苏南运河、丹金溧漕河、武进港、雅浦港等，以及长江—苏南运河—丹金溧漕河 1 条跨市调水线路。

常州湖西区共有灌溉泵站505座，装机965台套，其中抗旱提水站26个，设计流量44.4m^3/s。灌区有茅东、湟里河、大溪、沙河、前宋、塘马、浦河、新孟河、安宁河9个，灌溉面积计1.63万hm^2左右，引水能力约40m^3/s，涉及金坛、溧阳、新北等区（市）。

无锡市湖西区建有灌溉泵站1670多座，总动力2.9万kW，灌溉流量达349m^3/s，基本保障了抗旱灌溉的需要。

2.2.15 武澄锡虞区

2.2.15.1 区域概况

武澄锡虞区是太湖北部的低洼平原区，北临长江，依赖长江大堤抵御长江洪水，南滨太湖，依靠环太湖大堤阻挡太湖高水，西部以武澄锡西控制线为界，与太湖湖西区接壤；东部至望虞河东岸，自望虞河江边枢纽起沿望虞河东岸线至太湖边沙墩港口止，总面积4016km^2，人口1029.5万人。

该区地形相对平坦，其中平原地区地面高程一般为5.0～7.0m；低洼圩区主要分布在锡澄运河、直湖港及北塘河、三山港和采菱港等两侧，地面高程一般为4.0～5.0m，南端无锡市区及附近一带地面高程最低，仅2.8～3.5m。大部分地区地面高程均在长江和太湖高水位以下。区内以白屈港控制线为界，又分为武澄锡低片及澄锡虞高片。白屈港控制线（又称望虞河西控制线）以东，为澄锡虞高片，地势北高南低，由北向南倾斜，地面高程为3.50～7.50m（吴淞高程，下同）；白屈港控制线以西，为武澄锡低片。

武澄锡虞区地处长江河口感潮河段，属太湖北部平原河网地区。境内腹部地区地势低洼，除承受武澄锡虞区高片洪水外，南部常因太湖高水或水污染问题涝水难以入湖，北受长江高潮顶托。区域内洪涝灾害集中发生在汛期（5—9月），其中严重洪涝灾害往往发生在天文大潮及台风、上游发生大洪水、本地暴雨三碰头时。该区域河网密布、引排能力较强，一般情况不会出现水源短缺问题，但因经济社会发展迅速，水质型缺水问题较为突出。

2.2.15.2 水系概况

武澄锡虞区河网密布，水面积达433.0km^2，水面率约为10.8%。区域河道水面比降小，平均坡降约十万分之一，水体流速缓慢。

外围流域性河湖主要有长江、太湖、望虞河，以及属太湖湖西区洮滆水系的武宜运河、太滆运河，区内流域性河道主要有苏南运河。

根据地形特点，区域水系以苏南运河为界，分成苏南运河北部和南部两部分。苏南运河北部地区以南北向通江河道为主，低片通江河道主要有澡港、桃花港、利港、新沟河、新夏港、锡澄运河、白屈港等，高片有张家港、十一圩港等，具有较好的引排水条件；东西向河道有西横河、北塘河、黄昌河、冯泾河、应天河、青祝河等，与通江河道相连，汇集区域来水排入长江；另外，部分河道排水入望虞河，包括张家港、锡北运河、九里河、伯渎河等。苏南运河以南以南北向入湖河道为主，主要有直湖港、武进港、梁溪河、曹王泾、大溪港等入湖河道，以及锡溧漕河、武南河、采菱港、永安河等。

该区列入省湖泊保护名录中的湖泊有4个，分别为五里湖、官塘、暨阳湖和宛山荡，总水域面积为10.85km²。

2.2.15.3 防洪排涝抗旱工程

1. 防洪工程

武澄锡虞区流域防洪工程主要有长江堤防、太湖堤防、望虞河、苏南运河、沿江主要闸站等组成。

该区经多年治理，特别是1991年治理太湖以来，实施了武澄锡引排工程，武澄锡低片和澄锡虞高片基本形成独立的防洪除涝体系。武澄锡低片依靠北部沿江控制线、南部环太湖控制线、东部白屈港控制线、西部武澄锡西控制线挡住外洪，内部洪涝水则利用通江河道及配套建设的白屈港枢纽、新夏港枢纽、澡港枢纽等沿江口门北排入江为主，通过苏南运河东排为辅，相机排入太湖；澄锡虞高片洪涝水除通过张家港、十一圩港直接北排长江外，其余通过张家港、锡北运河、九里河、伯渎河等相机东排望虞河。武澄锡虞区的现状防洪标准基本达到20年一遇。

该地区，常州、无锡等市都兴建城市防洪工程，分别对中心城区运北片、运东片建立大包围，内部河道分级控制，防洪标准均基本达到200年一遇。

经过历年来的治理，该区域内已形成各类大小圩区391个，总面积15.84万hm^2，其中万亩（667hm^2）以上圩区防洪标准基本达到50年一遇。

2. 排涝工程

常州市。江南运河以北区域排涝主要依靠魏村枢纽、澡港枢纽等工程外排入江，部分通过新沟河入江；江南运河以南区域环湖有控制口门一般情况下关闭或按套闸方式运行，水位较高、可能造成涝情时，可开启武进港闸、雅浦港闸等排入太湖；江南运河沿线区域部分涝水通过江南运河东流南下。常州运北片大包围总外排能力420.96m^3/s，现状排涝标准为20年一遇，排涝面积156.2km^2；武进城区（湖塘片）总外排能力78.1m^3/s，排涝面积84.3km^2，现状排涝标准为20年一遇。

无锡市。区域现状排涝出路主要是通过锡澄运河、白屈港、新沟河、走马塘北排入江，通过北兴塘排入东青河、锡北运河，再分别通过锡澄运河、张家港等北排入江；部分区域涝水通过九里河、伯渎港进望虞河，再入江。现状排涝标准为20年一遇。无锡运东大包围、太湖新城片包围外排泵站总设计流量分别为485.6m^3/s、97m^3/s。

苏州市。武澄锡虞区排涝出路主要是通过张家港、二干河等12条通江河道北排入江；张家港闸、十一圩港闸等46座闸涵设计流量计2882.2m^3/s，排涝区域计963.5km^2。张家港市五节桥泵站等5座排涝泵站排水能力计127m^3/s。

3. 抗旱工程

武澄锡虞区各市主要利用沿江口门和闸站引长江水，补充河网水源，改善区域水环境，维持河网水位。农田供水保证率基本达到100%。

常州市武澄锡虞区主要利用魏村枢纽、澡港闸站、小河闸等引长江水，通过德胜河、澡港河等河道进入江南运河。沿江主要闸站设计最大自流引水能力665m^3/s，泵引能力100m^3/s。

无锡市锡澄地区依托长江水资源优势，遇到旱情利用长江高潮位引水，或白屈港抽水站动力引水，保持内河正常水位，提供区内河网工农业用水。沿江目前建有节制闸13座、套闸2座，抽水站3座（新沟河泵站在建），主要控制建筑物按100年一遇标准设计，设计最大自流引水能力839.5m^3/s，泵引能力100m^3/s＋90m^3/s（新沟河泵站）。

苏州市澄锡虞区主要利用沿江涵闸的西引东排实现区域供水和水环境改善。供水线路和排涝线路一致，有12条线路；引水涵闸43座，引水能力计2320.6m^3/s，供水灌溉面积3.3万hm^2。

2.2.16 阳澄淀泖区

2.2.16.1 区域概况

阳澄淀泖区位于太湖流域东北部，属于太湖流域下游地区，西至望虞河、京杭运河与太湖，北以长江为界，东至江苏、上海分界线及淀山湖东岸、拦路港与泖河一线，南以太浦河北岸为界。江苏省境内阳澄淀泖区面积为4803km^2，常住人口825万人。

该区属平原水网地区，区内有平原、水面和丘陵三种类型，以平原为主，地形呈西北高、东南低，沿江高、腹部低，像一个大的碟形盆地中又分布着许多小片碟形盆地，整体地势较为低平。以娄江、沪宁铁路以及大运河为界，阳澄淀泖区又分为阳澄区、淀泖区和滨湖区。阳澄区地处望虞河和大运河以东、娄江和沪宁铁路线以北，东濒长江。地形东高西低，东部滨江平原地面稍高，高程为4.0～5.5m；西部阳澄圩区地势低洼，地面高程一般为3.0～4.0m，局部地面高程低于3.0m，基本属水网圩区。淀泖区位居太湖下游，娄江、沪宁铁路以南，太浦河以北，以洼地为主，地势自西向东微微倾斜，吴淞江北侧及沿江南运河东侧地面稍高，一般为4.0～4.5m；其余地区则地势低洼，高程一般为3.5～4.0m，少数圩区地面高程为3.0m以下。滨湖区位于江南运河以西至太湖边，湖积平原洼地与丘陵山区相对集中，山、圩并存。

该区域发生洪涝灾害，其原因主要是流域性梅雨型降雨和局部地区发生的台风型暴雨两种。梅雨型降雨一般发生在6—7月，覆盖范围广、降雨历时长、雨量大，当梅雨量超过多年平均的2倍以上时，阳澄淀泖区极易发生大洪水，如1954年、1991年、1999年、2016年。台风型暴雨多出现在8—9月，当台风登陆过境并伴有强降雨发生时，往往形成台风暴雨型洪水。

2.2.16.2 水系概况

阳澄淀泖区水系发达，河湖众多。流域性河道有望虞河、太浦河，分别形成区域的西、南边界；京杭运河由西部入境并折向南部流出；区域内部分布有大小河道2万余条，汇合阳澄湖、淀山湖等诸多蓄水湖荡，形成一个西部引排太湖、东部泄流江（长江）浦（黄浦江）的自然水系，水面率约11%。区域内水域面积820.7km^2（圩外水面积610.2km^2），其中湖泊404.2km^2、河流416.5km^2，圩区面积1964km^2。

阳澄区主要湖泊有阳澄湖、昆承湖、巴城湖、傀儡湖等500亩（33.3hm^2）以上湖荡18个，其中千亩（66.6hm^2）以上的15个，总称阳澄湖群，为该区域的调蓄水面。主要河流有白茆塘、七浦塘、杨林塘、浏河（上游段为娄江）、常浒河、徐六泾、金泾、海洋泾、钱泾、荡茜泾、浪港等十多条通江河道和盐铁塘、张家港、元和塘三条南北向的调节河道；江南运河的来水和望虞河东岸的产水主要由界泾、冶长泾、渭泾塘、黄埭塘等一些东西向的河道东入阳澄湖群，经调蓄后由张家港以东的通江河注入长江。常浒河、白茆塘、七浦塘、杨林塘、浏河为该区域五大引排河道，80%左右的水量由这五大河道排入长江；其余各通江河港，主要为滨江平原片自引自排服务。该区域水系经过多次大规模整治，已基本形成网状结构，遇洪（长江洪水）能挡、遇涝能排、遇旱能引。

淀泖区主要湖泊有澄湖、淀山湖、元荡、汾湖、白蚬湖、白莲荡、三白荡等数十个，其中千亩（66.7hm^2）以上的41个，总称“淀泖湖群”。主要河流除吴淞江、江南运河外，有急水港、大窑港，牛长泾、八荡河等。该区主要水源来自东太湖，另有部分水源来自江南运河。东太湖的出水主要自瓜泾港、三船路、军用线港、戗港等通湖诸港。该水系虽有众多的河流和湖荡，但因下游东泄河道大都已被封堵，仅剩淀山湖主要出水口拦路港一条，太湖洪水出路不畅，常因洪涝并涨而水位极易壅高。

滨湖区主要河流有西北部的浒光运河，中部的胥江、木光河，西南部的苏东河和纵贯南北的大运河。主要水源为太湖出水，大部出自铜坑口、胥口、大缺口和鲇鱼口四路。

阳澄淀泖区列入省湖泊保护名录中的湖泊有59个，包括阳澄湖、淀山湖、澄湖等，水域总面积为375km^2。

2.2.16.3 防洪排涝抗旱工程

1. 防洪工程

阳澄淀泖区经过多年持续治理，特别是1991年以来的治理太湖工程实施和1998年长江堤防达标工程建设后，阳澄淀泖区外围已形成了由长江、环太湖、望虞河东岸、太浦河北岸和淀山湖昆山堤段等主要控制线组成的防洪工程体系；区域内洼地治理逐步建成城市防洪包围和大小联圩。防洪标准基本按20～50年一遇标准治理。

区域河道常浒河、白茆塘、七浦塘、杨林塘、浏河、盐铁塘、张家港、元和塘、娄江、青阳港等的防洪标准为20～50年一遇。沿江排水水闸主要有浒浦闸、白茆闸、七浦闸、杨林闸、浏河闸等。

经过多年治理，至2012年末，区域内有联圩401个（不包括苏州市城市中心区大包围），保护面积2122km^2，占区域面积的45%；建成防洪圩堤3306km。圩区治理对保障低洼地防洪安全、提高区域整体防洪安全能力发挥了极为重要的作用。

2. 排涝工程

目前阳澄淀泖区排涝标准基本达到20年一遇。主要通过海洋泾、常浒河、白茆塘、七浦塘、杨林塘、浏河等17条通江水道排入长江，现状河道排水能力计2734m^3/s，其中浏河最大达840m^3/s。

区域排涝入江涵闸总外排能力为2961m^3/s，排涝区域面积为4662.4km^2，其中苏州太仓市浏河闸、杨林闸、七浦塘江边枢纽等23座涵闸，外排能力计1876.4m^3/s；常熟市浒浦闸、白茆闸等22座涵闸，外排能力计1084.5m^3/s。沿江排涝泵站有七浦塘枢纽泵站、新海洋泾枢纽泵站，合计150m^3/s。

苏州市城市中心区大包围总的外排能力为296m^3/s，排涝模数4.0$m^3/s\cdot km^2$。

3. 抗旱工程

阳澄淀泖区河湖众多，相互贯通，且可以调引长江水，水资源丰沛，除滨湖区少数丘陵山地外，极少发生干旱缺水现象。抗旱引江供水路线与区域排涝入江路线相同，包括常浒河、浏河等，计17条，供水区域包括常熟、太仓、昆山、苏州吴江区和市区。环太湖、望虞河东岸口门在水情允许情况下可作为引水口门。

沿江涵闸引水能力合计 $3171m^3/s$，其中常熟市境内 $2164m^3/s$，太仓市境内 $1007m^3/s$；沿江泵站引水能力合计 $150m^3/s$，其中常熟市新海洋泾枢纽泵站 $30m^3/s$，太仓市境内七浦塘江边枢纽泵站 $120m^3/s$。

2.2.17 浦南区

2.2.17.1 区域概况

浦南区是杭嘉湖区江苏省境内部分，北连太浦河，西接太湖，与浙江和上海相邻，区域总面积 $566km^2$，常住人口 66.83 万人。

该区湖荡密布、河港纵横，地势低洼、平坦，总体地势南高北低，分为东部的湖荡平原和滨湖相对地势较低的圩田平原，区内大部分属湖荡平原，地面高程 3.2～4.0m，最高 5.5m，最低 2.2m；滨湖圩田平原地面高程 2.2～3.5m，该区是湖东低洼地之一。

浦南区 6 月中旬到 7 月上旬易受梅雨影响，如 1991 年、1999 年大水；8、9 月容易受到台风的影响，如 2005 年“麦莎”、2009 年“莫拉克”、2012 年“海葵”、2013 年“菲特”等台风。受地理位置、水文气象、地形地貌等因素的多重影响，浦南区历史上洪涝灾害频发，素有“洪水走廊”“囤水仓库”之称。

2.2.17.2 水系概况

浦南区属杭嘉湖北排通道地区，水面率 15%以上，区内湖荡密布、河网纵横交叉。河道有苏嘉运河、頔塘、澜溪塘三条骨干纵向河道及三里塘、大德塘、清溪、麻溪、青云塘等众多横向河道。主要湖泊有麻漾、长漾、金鱼漾、雪落漾、草荡、莺脰湖等千亩（$66.7hm^2$）以上 29 个。

区域西北部有雪落漾、长漾、金鱼漾等，东北部有大龙荡、草荡、莺脰湖、杨家荡、普陀荡等，中部有北麻漾、庄西漾、蚬子兜、桥北荡、郎中荡等，南部有沈庄漾等。

该区域水系主要为頔塘、澜溪（即澜溪塘，下同）两大干流。頔塘西承接浙江湖州东苕溪分流之水和西太湖出水，澜溪南承接浙江乌镇市河和横泾塘来水，两路来水共会于莺脰湖后分为三支，一支由运河南行至大坝港东泄；一支由翁沙路、雪湖、杨家荡入太浦河；一支由运河北行至太浦河。该水系的东泄通道主要是太浦河。另有两条东泄支流，一是承接浙江双林来水，西起沈庄漾，由青云港、郑产桥港至南麻漾，再经麻溪、太平桥港入运河；二是西起北麻漾，经川桥港、南万荡、蚬子兜由乌桥港入运河。因运河以东的东泄口门大部已由浙江省建闸控制，出水不畅。

浦南区外围河道及湖泊有太湖、太浦河、苏南运河等，均为流域性河湖，区域骨干河道主要有頔塘、澜溪塘、横路港、三里塘、西大港、新运河等。

浦南区湖泊密布，列入省湖泊保护名录中的湖泊有 29 个，包括北麻漾、长漾等，总水域面积为 $55.13km^2$。

2.2.17.3 防洪排涝抗旱工程

1. 防洪工程

浦南区历来是太湖流域的洪水走廊，经过 60 多年的治理，基本形成了东太湖大堤等外围防洪屏障，初步建成由江、河、湖主要堤防和控制建筑物为主体的防洪工程体系，并实施圩区治理，联圩并圩，基本解决了历史上低洼圩区、不设防镇区和半高田地区易受洪涝灾害侵袭的困扰。

流域防洪工程主要包括浦南区环湖大堤以及控制口门、太浦河南堤及部分支流控制、杭嘉湖北排通道。环太湖大堤全面除险加固，目前达到100年一遇防洪标准，浦南区环太湖口门全部建闸控制，计有8座水闸；太浦河南堤现状达到50年一遇防洪标准，芦墟以东支河建闸控制；杭嘉湖北排通道包括江南运河、頔塘、澜溪塘、三里塘等河道，堤防现状防洪标准达到50年一遇。

区域防洪工程堤防都达到50年一遇防洪标准，已建成各类水闸共358座。浦南区内有大小联圩77个，联圩总面积为4.76万hm^2，其中万亩（666.7hm^2）以上联圩有50个，浦南区圩区堤防总体防洪标准不足20年一遇，局部地区不足10年一遇。

2. 排涝工程

浦南区内77个联圩，联圩总面积4.76万hm^2，联圩平均排涝模数为1.27$m^3/(s \cdot km^2)$。已建成各类水闸共358座，排涝站256座，排涝流量871.7m^3/s。圩区排涝标准，农业型圩区为日雨200mm雨后一天排出，其设计总雨量为200mm；城镇型圩区按20年一遇最大24小时暴雨设计。

区域排涝线路主要有江南运河、頔塘、浦南北排通道工程三条，排涝入太浦河。

3. 抗旱工程

浦南区河港交织、湖荡棋布，水资源丰沛。另外，众多提水工程，保证了区域农田灌溉等用水，据统计，浦南区提水泵站共108座（部分为灌排站），提水流量合计100.1m^3/s。浦南区基本不存在旱情。

2.3 城市

随着城市化进程的加快，城市规模迅速扩张，城市人口加快集聚，城市经济加速发展，城市在经济社会中的地位及作用日益突出。城市的防洪治涝问题已经成为新时期江苏水利工作的一项紧迫任务，在有些地方甚至已经成为影响经济社会可持续发展的重要因素。提高城市防洪、排涝安全保障，是经济社会发展的客观要求，也是实现“经济强、百姓富、环境美、社会文明程度高”新江苏的基础条件之一。

近年来，全球气候变化背景下极端天气事件频发、重发，江苏省部分城市遭遇集中强降雨袭击，给人民生产、生活秩序带来了较大影响，造成了较严重的经济损失。为加强城市防洪除涝工作，江苏省加大城市防洪排涝系统建设投入力度，主要城市防洪除涝骨干工程体系基本形成，城市防洪除涝能力显著增强。

根据国家确定的城市防洪标准，江苏省13个设区的市中，南京、无锡、徐州、常州、苏州、南通市城市防洪标准要求达到200年一遇，淮安、扬州、连云港市城市防洪标准要求达到100～200年一遇，盐城、镇江、泰州、宿迁市城市防洪标准要求达到50～100年一遇。目前，苏州、无锡、常州市中心城区防洪标准达到200年一遇，南京、徐州、淮安、盐城、扬州、镇江市防洪标准达到50～100年一遇，南通、连云港、泰州、宿迁市防洪标准达到50年一遇。

江苏省城市防洪排涝工程主要由各市防汛抗旱指挥部负责调度；当城市防洪排涝调度与流域、区域防洪排涝调度发生矛盾时，由江苏省防汛抗旱指挥部直接指导相关城市防洪排涝调度工作。

2.3.1 南京市

2.3.1.1 基本情况

1. 自然概况

南京市位于江苏省西南部，辖区范围位于北纬 31°14′～32°37′，东经 118°22′～119°14′。市域南北长 148km，东西平均宽 56km，市域总面积 6587.02km^2。南京市地形地貌属宁镇扬丘陵山区的一部分，是江苏省低山丘陵集中分布的主要区域之一。以长江北岸的老山山脉、南岸的宁镇山脉、茅山余脉和宜溧山地为骨架，组成一个低山、丘陵岗地、平原交错分布的地貌综合体。南京市属于北亚热带湿润季风气候区，四季分明。多年平均年降水量 1059.8mm，从南向北依次递减；降水年际间变幅较大。中心城区由主城和东山、仙林、江北三座副城组成，规划面积 834km^2。

2. 社会经济概况

南京下辖玄武区、秦淮区、鼓楼区、建邺区、雨花台区、浦口区、六合区、栖霞区、江宁区、溧水区和高淳区共 11 个区，2016 年末常住人口为 827 万人。2016 年全年实现地区生产总值 10503.02 亿元。全年规模以上工业总产值 12945.02 亿元。

3. 工程概况

南京属特大城市、全国重点防洪城市，主要防御对象是长江及秦淮河、滁河等支流洪水，城市防洪依托长江、水阳江、滁河、秦淮河等流域骨干河道堤防形成外围防洪屏障，构建防洪包围圈，洼地涝水抽排为主。

（1）河道工程。

中心城区：由主城和东山、仙林、江北三座副城组成。据统计，主城区现有河道 110 条，总长 248km，水面率 4.61%；仙林副城现有河道 31 条，长 80.6km，水面率 2.43%。东山副城现有河道 44 条，长 90.5km，水面率 5.12%。江北副城现有河道 102 条，长 270.2km，水面率 9.14%。

（2）闸站工程。

主城区现有泵站 71 座，总规模为 444.3m^3/s，排涝模数 3.16m^3/s·km^2。仙林、东山、浦口、六合等地区在 20 世纪 90 年代进入加速发展时期，在完成新建城区排涝体系建设的同时，对原有排涝体系进行了改造。经过二十多年的建设，仙林、东山及江北副城排涝工程体系初步形成。据统计，仙林副城现有泵站 14 座，总规模 41.4m^3/s，排涝模数 2.25m^3/s·km^2。东山副城现有泵站 30 座，总规模为 245.0m^3/s，排涝模数 3.06m^3/s·km^2。江北副城现有泵站 112 座，总规模 260.3m^3/s，排涝模数 1.32m^3/s·km^2。

（3）水文代表站点。

长江下关水位站警戒水位 8.5m，历史最高水位 10.22m；秦淮河东山站警戒水位 8.5m，历史最高水位 11.44m；滁河晓桥站警戒水位 9.5m，历史最高水位 12.63m；滁河六合站警戒水位 7.85m，历史最高水位 10.47m。

2.3.1.2 城市防洪排涝现状

1. 城市防洪现状

目前长江南京河段堤防总体基本达到“长流规”标准，中心城区范围内堤防长

82.6km，防洪能力满足“长流规”标准。

秦淮河干流堤防防洪能力基本达到50年一遇，但河道下游行洪能力明显不足；中心城区范围内河道长度32.9km，其中运粮河以下至三汊河口段堤防经整治后，防洪能力满足100年一遇；运粮河至东山段未经系统整治，防洪能力基本达到50年一遇；东山至云台山河口段防洪能力在50年一遇以上，城区河道防洪能力50～100年一遇。

滁河流域整体防洪能力10～20年一遇，中心城区范围内堤防长度36.6km，其中南岸全部、北岸部分堤防经环境综合整治工程及滁河防洪治理近期工程的实施，防洪能力达到50年一遇，北岸其余未经整治段堤防防洪能力基本满足20年一遇，整体防洪能力20～50年一遇；城市范围内通江支流防洪能力20～50年一遇，其他支流河道防洪能力10～20年一遇；撇洪沟治理标准为5～10年一遇。

现状南京主城区除南部新城地区防洪能力偏低，其他地区均达到100年一遇；江宁、浦口中心城区防洪能力基本达到50年一遇；六合中心城区沿滁河两岸分布，现状防洪能力20～50年一遇；溧水、高淳区中心城区防洪能力达20～50年一遇；南京化学工业园防洪能力达20～50年一遇。

2. 城市排涝现状

近年来，南京市不断加大城市排涝建设力度，排涝骨干工程、雨污分流工程等重要排水工程的实施使城市排涝能力有所提高。目前已经初步形成了由管网—内河—泵站—外河组成的排涝工程体系。

主城区大部分区域涝水通过管网收集，汇入各条内河，并通过泵站抽排入外秦淮河或外金川河。中华人民共和国成立后，通过历年的建设及改造，主城区管网按照1～3年一遇标准建设、改造，新建区管网按照2～3年一遇标准进行建设，基本形成了较完整的城市排水管网，管网排水能力有了较大提高；对内秦淮河、内金川河及玄武湖、莫愁湖等城市水系湖泊进行清淤、整治，基本做到了老城河道全护砌，改善了河道淤积状况，有效提高了河道湖泊的蓄滞和排水能力；通过新建泵站，改造武定门、西水关、铁窗棂、金川门等城市排涝泵站，城市排涝模数大大增加。主城区现有河道110条，总长248km，水面率4.61%；泵站71座，总规模为444.3m^3/s，排涝模数3.16$m^3/s\cdot km^2$。

2.3.2 无锡市

2.3.2.1 基本情况

1. 自然概况

无锡市位于东经119°31′～120°36′、北纬31°7′～32°，地处江苏省的东南部，苏锡常地区之中部。无锡市区位于市域的东南部，太湖流域下游武澄锡虞地区的最南端，东邻苏州，西连常州，南濒太湖，北接江阴，市区总面积约1644km^2。京杭运河、沪宁铁路及沪宁高速公路斜贯全境，境内设有苏南硕放国际机场，水陆空交通十分便捷。

2. 社会经济概况

无锡市区包括梁溪、锡山、惠山、滨湖和新吴区，2016年末常住人口为652.90万人。2016年全年实现地区生产总值9210.02亿元。全年规模以上工业总产值14352.96亿元。

3. 工程概况

(1) 河道工程。

无锡素称“江南水乡”，境内河网密布，地表水系发达，境内有大小河道 6288 条，总长 7024km，其中骨干河道 58 条，总长 893km。京杭运河、太湖和长江共同构建起无锡地区大水网。市区则以京杭运河为中轴构成河网水系，并通江达湖，与流域水系融会贯通。京杭运河以北主要由锡澄运河、白屈港、北兴塘—东清河、望虞河等纵向入江河道连通长江，同时由九里河、伯渎港、锡北运河等横向调节河道经望虞河进入长江；京杭运河以南主要由直湖港、梁溪河、骂蠡港、曹王泾、蠡河、大溪港等入湖河道连通太湖。

(2) 闸站工程。

仙蠡桥枢纽工程位于京杭运河与梁溪河的交汇处，分布于京杭运河南北两侧，由南、北枢纽和连接南、北枢纽的穿运地涵组成。其中，南枢纽由 1 座 2m×20m 节制闸与穿运地涵南涵首组成，总过水能力 $30m^3/s$。北枢纽由 5 台单机流量为 $15m^3/s$，合计 $75m^3/s$ 的单向泵站，1 座 16m 节制闸与穿运地涵北涵首组成。

江尖枢纽工程位于江尖大桥与黄埠墩之间的古运河上，由 3 台单机流量为 $20m^3/s$，合计 $60m^3/s$ 的单向泵站与 1 座 3m×25m 节制闸组成。

利民桥枢纽工程位于古运河与京杭运河交汇处，由 4 台单机流量为 $15m^3/s$，合计 $60m^3/s$ 的单向泵站与 1 座 16m 节制闸，1 座 12m×90m 船闸组成。

伯渎港枢纽工程位于新吴区坊前与梅村交界处的伯渎港上，由 3 台单机流量为 $15m^3/s$，合计 $45m^3/s$ 的单向泵站与 1 座 6m 节制闸，1 座 8m×90m 船闸组成。

九里河枢纽工程位于锡山区东亭与查桥交界处的九里河上，由 3 台单机流量为 $15m^3/s$，合计 $45m^3/s$ 的单向泵站与 1 座 6m 节制闸，1 座 8m×90m 船闸组成。

北兴塘枢纽位于锡山区万安桥东侧与春丰路之间的北兴塘上，由 4 台单机流量为 $15m^3/s$，合计 $60m^3/s$ 的单向泵站与 1 座 16m 节制闸，1 座 16m×135m 船闸组成。

严埭港枢纽工程位于惠山区严埭港、锡北运河和白屈港交汇处，由 5 台单机流量为 $14m^3/s$，合计 $70m^3/s$ 的泵站（其中 2 台机具有双向抽排功能）与 1 座 2m×12m 节制闸，1 座 16m×135m 船闸组成。

寺头港闸工程位于寺头港与锡北运河交界处的寺头港上，为 1 座 2m×6m 的节制闸。

环太湖闸站工程。主要有犊山防洪工程、梅梁湖泵站、直湖港枢纽、大渲河泵站等工程，其中犊山防洪工程位于无锡市鼋头渚公园北侧、梁溪河大渲桥口南侧，由梁溪河节制闸、梁溪河船闸、五里湖节制闸、七号桥节制闸和防洪大堤组成，具有防洪、排涝、挡污和通航功能；梅梁湖泵站位于梅梁湖、梁溪河与五里湖的交界处，由 5 台泵站与 4 座节制闸组成，泵站设计流量 $50m^3/s$；直湖港枢纽位于滨湖区马山街道阖闾社区，由 1 座节制闸与 1 座船闸组成；大渲河泵站位于滨湖区梁湖大桥西侧，由 3 台泵站与 1 座节制闸，1 座公路桥，1 座出水涵闸洞组成，泵站设计流量 $30m^3/s$。

(3) 水文代表站点。

大运河无锡站警戒水位 3.90m，保证水位 4.53m；大运河洛社站警戒水位 4.00m，保证水位 4.85m；锡澄运河青阳站警戒水位 4.00m，保证水位 4.85m；陈墅塘陈墅站警戒水位 3.90m，保证水位 4.50m；望虞河甘露站警戒水位 3.80m，保证水位 4.20m。

2.3.2.2 城市防洪排涝现状

无锡市城市防洪以京杭运河为界，实行运东、运西分治。

1. 运东地区

运东大包围片西至锡澄运河，南沿京杭运河，东以白屈港控制线为界，北至锡北运河，主要保护运河以东的中心城区，保护受益面积 144km^2。经过多年的水利建设，大包围防洪控制圈已基本建成，防洪标准基本达到 200 年一遇，主要建筑物包括仙蠡桥、江尖、伯渎港、九里河等八大水利枢纽和 32km 堤防以及 18 座小口门建筑物；沿线 7 座泵站总排涝设计流量 415m^3/s，防洪标准基本达到 200 年一遇，排涝能力基本达到 20 年一遇标准。

惠北片位于惠山区西北部，东至锡澄运河，南以京杭运河为界，西至常州市行政分界线，北至江阴市行政分界线，面积约 109km^2。片区内地势低洼，是无锡市地势低洼较集中的区域，目前该片已全面设圩。

锡北片位于无锡市区北部，西至锡澄运河，南以锡北运河为界，北及东分别至江阴市与常熟市行政分界线，面积约 157km^2。区域内总体西部地势较低，目前已建圩防洪；片区内东北部局部区域地势较低，也已形成零星小圩。其余区域地势较高，基本满足 50 年一遇防洪要求。

锡东片位于无锡市区东部，西以运东大包围控制线为界，北至锡北运河，南以伯渎港为界，东至常熟市行政分界线，面积约 291km^2。片区内地势总体上西高东低，圩区主要分布于望虞河沿线。圩区总面积约为 45.2km^2，现有排涝站 47 座，排涝总规模为 69.6m^3/s，排涝模数为 1.54m^3/s·km^2。其余区域大部分地势较高，已基本达到 50 年一遇的防洪标准。

新区片位于无锡市区东南部，属无锡新区，西以运东大包围控制线为界，南至京杭运河，北至伯渎港，东以无锡市与苏州市的行政分界线为界，面积约 126km^2。新区片境内总体地势较高，仅东部边界临望虞河侧地势较低，主要依靠筑堤设防，已设 6 个千亩圩区，总面积为 13.6km^2，排涝总规模为 12.9m^3/s，排涝模数为 0.95m^3/s·km^2。局部低洼地区开发时采用填高方式处理，其余地区采用自然敞开式防洪。

2. 运西地区

运西片城区防洪标准基本达到 50～200 年一遇，其中山北北圩、山北联圩、盛岸联圩防洪标准达到 200 年一遇，太湖新城片、马圩防洪标准为 50 年一遇。其他分散的圩区依托区域治理，现状防洪标准基本达到 20 年一遇。

太湖新城片位于无锡市东南面，地形总体上呈扇形状。区域东北侧以京杭运河和曹王泾（梁塘河）为界，南面和西面则为太湖（贡湖和梅梁湖），西北侧夹五里湖（蠡湖），总面积约 150km^2。区域内以长广溪为界，西侧山区面积约 46km^2，东侧平原区面积近 104km^2。太湖新城境内现有泵站 6 座，总排涝流量为 97m^3/s，全部为沿运河和曹王泾河布置。

惠南片为惠山区运河以南区域，东及东北至京杭运河，南沿梁溪河两岸山丘区自然汇水边界，西接无锡市与常州市的行政分界线所围区域，面积约 214km^2。境内北部已修筑成圩区以抗洪涝，圩区总面积为 103.2km^2，圩区排涝总规模为 364.8m^3/s，排涝模数为 3.43$m^3/s \cdot km^2$；南部区域地势相对较高，目前已具备了自然抗御 50 年一遇洪水位的能力。

梁溪片位于无锡市西南部，北起梁溪河两岸山丘区自然汇水边界，东至京杭运河，南至曹王泾河，西至梅梁湖、五里湖，南以环五里湖沿线排水控制接曹王泾河为界，总面积约 56km^2。梁溪河片总体地势较高，目前梁溪河沿线共设闸（涵）站共 10 座，排水总规模达为 42.8m^3/s。

马山片位于滨湖区西南部，嵌于梅梁湖和竺山湖之间，北起北环堤河市界分界线，西至竺山湖东岸线，南及东以梅梁湖西岸线为界，面积约 47km^2。片内主要由圩区和山区组成，地势差异大，两头地势较低，地面高程基本为 3.6m 以下，现已形成圩区 7 座，圩区排涝总规模为 58.9m^3/s，排涝模数为 2.36$m^3/s \cdot km^2$。中间为山区，地面高程为 5.5m 以上。

2.3.3 徐州市

2.3.3.1 基本情况

1. 自然概况

徐州市位于东经 116°22′～118°40′、北纬 33°43′～34°58′，东西长约 210km，南北宽约 140km，总面积 11258km^2。徐州市区属暖温带半湿润季风气候区，四季分明，多年平均降雨量 845mm，年降雨量主要集中在 6—9 月，占全年降雨量的 68%左右。市区周围丘陵起伏，群山环绕，海拔 100～200m，市中心地面高程在 31～33m。市区以故黄河为界，分属三个水系：故黄河以南属淮河流域、奎濉河水系，以北属沂沭泗水系，故黄河自成水系，“一城三域”水系复杂。

2. 社会经济概况

徐州市为东部沿海与中部地带、上海经济区与环渤海经济圈的结合部，“东襟淮海，西接中原，南屏江淮，北扼齐鲁”，素有“五省通衢”之称。京沪、陇海两大铁路在此交会，霍连、京福、京沪高速公路在此相连，京杭运河傍城而过贯穿徐州南北，为全国重要水陆交通枢纽和东西、南北经济联系的重要“十字路口”。随着社会经济的不断发展，徐州市已成为淮海经济区中心城市，江苏省重点建设的三大都市圈之一。2016 年末常住人口为 871 万人。2016 年全年实现地区生产总值 5808.52 亿元。全年规模以上工业总产值 13644.36 亿元。

3. 工程概况

（1）河道水库工程。

云龙湖水库：湖面 5.7km^2，汇水面积 54km^2，主要是拦蓄市区西南部山区洪水。湖底高程 30.2m，设计 100 年一遇标准洪水位 34.86m，校核 2000 年一遇洪水位 36.11m，相应库容 3324 万 m^3。

故黄河：市区段故黄河从丁楼闸至李庄闸全长 16.6km，河底宽 70～100m。河底高程 34.0～34.5m，堤顶高程 38.5～39.5m，堤顶路基宽度 20～30m，两岸均为石砌挡墙或护坡，设计流量 150m^3/s。

不牢河：不牢河蔺家坝至解台闸段，河道长 26.02km。河底高程 27.0m，底宽 60m。

堤顶高程 35.0～37.0m。

房亭河：房亭河通过荆山引河与京杭运河不牢河段相连，在邳州市汇入中运河，全长 74km，大庙以上至不牢河段长 13.5km，河底宽 20m，河底高程 27.0m，堤顶高程 32.5～33.0m。

（2）闸站工程。

南望闸：为云龙湖主要入湖支流玉带河控制闸，2007 年原址拆除重建，共 3 孔，每孔净宽 4m，设计流量 $164m^3/s$。

姚庄闸：为市区段奎河节制闸，1998 年建成，共 5 孔，每孔净宽 3.0m，设计流量 $96m^3/s$。

杨山头闸：奎河梯级控制闸，共 3 孔，每孔净宽 7.0m，设计流量 $225m^3/s$，校核流量 $267m^3/s$。

黄桥闸：奎河省界控制闸，共 3 孔，每孔净宽 6.0m，设计流量 $170m^3/s$，校核流量 $282m^3/s$。

丁楼闸：为控制故黄河洪水进入市区节制闸，2008 年 2 月改建，共 3 孔，3.0m×3.5m 涵洞式水闸，总宽 24m，设计流量 $150m^3/s$。

李庄闸：为故黄河梯级控制闸，主要控制故黄河市区段景观水位，2007 年改建，共 3 孔，每孔净宽 10m，设计流量 $191m^3/s$，校核流量 $237m^3/s$。

解台闸：不牢河梯级控制工程，与南水北调解台站合建，共 3 孔，每孔净宽 10.0m，设计流量 $500m^3/s$。

黄茅岗排涝站排涝流量 $20m^3/s$，排涝流量 $10m^3/s$，设计流量 $20m^3/s$，设计流量 $20m^3/s$，黄山大沟泵站设计流量 $9.6m^3/s$。

（3）水文代表站点：云龙湖，警戒水位为 34.0m。

2.3.3.2 城市防洪排涝现状

徐州市属Ⅱ型大城市、全国重要防洪城市，主要防御对象是流域洪水、山洪及本地雨涝，依托南四湖湖西大堤南段、郑集河南堤、废黄河两岸堤防以及云龙湖水库大坝作为城市防洪屏障，形成分片治涝布局，除老城区及奎河两岸洼地抽排外，其余以自排为主。

1. 城市防洪现状

徐州市区主要受南四湖洪水、故黄河高水、云龙湖洪水威胁，目前南四湖湖西大堤、云龙湖水库大坝均已分别按防御“1957 年型”洪水和防洪 100 年一遇标准进行了加固，故黄河市区以上增辟了郑集分洪道，拆建了市区段部分阻水桥梁，市区防洪标准基本达到 100 年一遇。

2. 城市排涝现状

市区排涝划分奎河、故黄河、京杭运河、房亭河四个排水区，采取“挡、排、拦、蓄、分、避”等工程措施进行综合治理，主要河道已按排涝 20 年一遇标准治理，老城区兴建了黄茅岗、黄河新村、段庄西、袁桥 4 座强排泵站，总排涝能力为 $80m^3/s$，排涝模数达到 $5m^3/s\cdot km^2$，另外在三八河沿线低洼地区建设了排涝能力为 $9.6m^3/s$ 的黄山大沟泵站。目前徐州市区建成区排涝标准基本达到 20 年一遇，下一步随着城市规模的不断扩大，需对列入规划的剩余排水片区进行整治和达标建设。

2.3.4 常州市

2.3.4.1 基本情况

1. 自然概况

常州市地处江苏省南部、长江三角洲腹地，位于北纬 31°09′～32°04′，东经 119°08′～120°12′，西倚茅山与镇江、南京接壤，北濒长江，东临太湖与无锡相邻，南扼天目山麓与安徽交界，总面积约 4385km^2；横跨太湖流域湖西区和武澄锡虞区。市区位于市域的东北部，处于太湖流域湖西区和武澄锡虞区的交界处，北靠长江，南临太湖，京杭运河由西向东横贯市区，市区总面积 1862 km^2。市区地形总体上西高东低，内部高低相间，低地分布零散，主要分布在北塘河、横塘河、革新河、采菱港、白荡河、南运河、大通河两侧及各支流断头浜附近。市区位于市域的东北部，处于太湖流域湖西区和武澄锡虞区的交界处，北靠长江，南临太湖，京杭运河由西向东横贯市区，市区总面积 1862km^2。

2. 社会经济概况

中华人民共和国成立以后，经过 60 多年的建设，常州已是一个工农业生产具有一定规模和水平、内外贸易比较发达、科教文卫事业有较好基础、城市基础设施配套齐全的综合性、多功能的工业城市。常州市区包括武进（含经开区）、新北、天宁、钟楼、金坛 5 个区，2016 年末常住人口为 470.83 万人。2016 年全年实现地区生产总值 5773.86 亿元。全年规模以上工业总产值 12096.82 亿元。

3. 工程概况

（1）河道工程。

常州市属典型的平原水网区，市区洪涝水按照高水高排，低水低排原则，北排长江、东排运河和南排太湖。按照河流的地理位置分布及水文特点，常州市区分为三个子水系：运北水系、运南水系、洮滆水系。常州城区水网以京杭运河为骨干，向南北辐射分别沟通运北水系和运南水系。

运北水系（又称沿江水系）指京杭运河以北水系，区内以浦河、新孟河、德胜河、澡港河、舜河（三山港）5 条通江水道为骨干构成常州北水网，并分别在通江水道入江口附近建有节制闸（水利枢纽），利用长江落潮时开闸排泄境内涝水或利用闸门挡潮。区域其他骨干河道有澡港河东支、北塘河、丁塘港、潞横河等。

运南水系指属武澄锡低片的京杭运河南部区域水系，主要承接武进城区及部分乡镇的行洪、引排，骨干河道有采菱港、武进港、武南河、采菱港（新运河以南段）、永安河、礼嘉大河、政平大河、湖塘河等。

洮滆水系指属京杭运河以南的湖西水系，西南部以夏溪河、湟里河、北干河为骨干，承接来自金坛长荡湖方向的汇水入滆湖；西北部以扁担河、武宜运河为骨干河道承担京杭运河上游来水及区间降雨径流。滆湖与太湖之间有太滆运河及漕桥河沟通连接。

根据《江苏省骨干河道名录》，市区现有流域性河道 2 条、区域性骨干河道 7 条、重要跨县河道 15 条及重要县域河道 7 条。浜占总数的 85%以上。

（2）闸站工程。

常州市区现有防洪除涝格局为“北排、中控、东泄”。

1）北排长江有小河水闸、魏村水利枢纽、澡港水利枢纽。其中澡港枢纽由通航能力 500 吨级船队标准的船闸、单孔净宽 16m 的节制闸和 2 台套总设计流量 $40m^3/s$ 的泵站组成，魏村水利枢纽由通航能力 500 吨级船队标准的船闸、3 孔总宽 29.4m 的节制闸和 4 台套总设计流量 $60m^3/s$ 的泵站组成，小河水闸 5 孔总净宽 23.6m。

2）中控是在市区骨干河道老运河及新运河上，分别建有常州新闸、钟楼闸等流域性控制工程，一定条件下可控制湖西高片上游来水。新闸是太湖流域综合治理湖西引排项目的骨干工程，同时也是常州市运北片重要的防洪控制节点工程之一，主体为单孔净宽 60m 节制闸；钟楼闸是太湖流域湖西引排武澄锡西控制线上的主要防洪控制工程，其主体为一座单孔净宽 90m 的防洪闸。

3）东泄控制水利工程主要是雅浦港、武进港水利枢纽。武进港枢纽包括套闸和节制闸，套闸为Ⅶ级通航建筑物，节制闸单孔净宽 16m，设计流量 $102m^3/s$；雅浦港枢纽由净宽 12m 单孔节制闸和船闸组成。

4）运北片城市防洪工程：为常州市中心城区改线运河、老运河、丁塘港、老澡港河东支、老澡港、沪宁高速公路、凤凰河、童子河、新运河所围区域，包括横塘河北枢纽、北塘河枢纽、澡港河南枢纽、南运河枢纽、串新河枢纽、采菱港枢纽和大运河东枢纽等防洪工程，共有中小型水闸 17 座（共 21 孔，其中船闸 1 座，节制闸 16 座），泵站 16 座，机泵 53 台，装机总流量 $375m^3/s$，具有防洪、排涝、调水、改善城市水环境等功能，防洪标准 200 年一遇。

5）湖塘片城市防洪工程：为苏南运河常州改道段、采菱港、武南河—永安河—圻舍河和武宜运河所围区域。主要有大通河套闸、大通河东枢纽、大通河西枢纽、湖塘河枢纽、长沟河枢纽，总排涝流量达 $65m^3/s$，其中水闸 5 座，防洪标准 100 年一遇，排涝标准 20 年一遇。

6）潞横革新片：为丁塘港、苏南运河、三山港和沪宁高速公路所围区域，南部为丁堰镇，北部有潞城镇和东青镇。主要包括机场河枢纽、潞横河西枢纽、清水港枢纽、剑横排涝站等工程，总排涝流量 $46m^3/s$，水闸 2 座。

目前仅有梅港西站、梅港东站两座泵站，流量 $1.5m^3/s$。

（3）水文代表站。

常州（三）站是运北片城市防洪大包围外水位站，位于常州市钟楼闸，警戒水位为 4.3m。常州三堡街站，运北片城市防洪大包围内水位站，位于常州三堡街西首，警戒水位为 4.3m。

2.3.4.2 城市防洪排涝现状

城市防洪布局采用的是包括运北片、湖塘牛塘片、潞横革新片和采菱东南片等四个片区的大包围防洪工程方案。防洪标准为 100～200 年一遇，城市中心片（运北片）200 年一遇；城区河道排涝标准采用 20 年一遇最大 24 小时降雨不漫溢，城市小区排水标准为 0.5～3 年一遇。

2.3.5 苏州市

2.3.5.1 基本情况

1. 自然概况

位于北纬30°46′～32°02′，东经120°11′～121°16′，北枕长江，东邻上海，南连浙江省嘉兴、湖州两市，西抱太湖与无锡接壤，市域总面积8488km^2（含太湖水面，下同）。

2. 社会经济概况

苏州市区包括吴江区、吴中区、相城区、姑苏区、工业园区和高新区，2016年末常住人口为1064.74万人。2016年全年实现地区生产总值15475.09亿元。全年规模以上工业总产值30713.99亿元。

3. 工程概况

（1）河道工程。

苏州市区涉及阳澄淀泖区和杭嘉湖浦南区，骨干河道有元和塘、永昌泾、济民塘、娄江、浒光运河、木光运河、胥江、行船路、横草路、頔塘、澜溪塘等，承担区域重要的引排任务；境内还有大量湖泊，发挥洪涝水调蓄功能，较大型的有北部的漕湖、阳澄湖，中部的金鸡湖、独墅湖、澄湖、九里湖、元荡及南部的北麻漾、金鱼漾等。据流域性河道有京杭运河、太浦河、吴淞江，长约149km；骨干引排河道有58条，总长约515km；一般河道3200余条，总长约3300km；省保护名录湖泊67个，总面积285km^2。

（2）闸站工程。

城市中心区防洪工程主要由元和塘、外塘河、娄江、澹台湖、大龙港、南庄、仙人大港、胥江、东风新、青龙桥、裴家圩11座枢纽，以及沿线的26座小泵小闸组成，合计排涝流量296m^3/s，中心区达到防御200年一遇的防洪能力。工程兼有防洪、排涝、通航、改善水环境等功能。通过工程调度对城市中心区内河水位进行有效调控；同时在污染源治理的基础上，通过控制建筑物的灵活调度，引清释污（其他工程措施配合），改善城市中心区水环境。枢纽控制建筑物及规模如下：

1）元和塘枢纽。由6台单机流量为5m^3/s，合计30m^3/s的双向泵站与1座8m节制闸，1座8m×60m船闸组成。

2）外塘河枢纽。由3台单机流量为5m^3/s，合计15m^3/s的双向泵站与2座14m节制闸组成。

3）娄江枢纽。由3台单机流量为5m^3/s，合计15m^3/s的单向泵站与1座14m节制闸组成。

4）澹台湖枢纽。由3台单机流量为20m^3/s，合计60m^3/s的单向泵站与3座10m节制闸，1座16m×120m船闸组成。

5）大龙港枢纽。由4台单机流量为5m^3/s，合计20m^3/s的双向泵站与1座12m节制闸组成。

6）南庄枢纽。由2台单机流量为5m^3/s，合计10m^3/s的单向泵站与1座8m节制闸组成。

7）仙人大港枢纽。由3台单机流量为5m^3/s，合计15m^3/s的双向泵站与1座8m节制闸组成。

8）胥江枢纽分南、北支。南支由4台单机流量为5m^3/s，合计20m^3/s的双向泵站与3座10m节制闸组成；北支由1座15m节制闸与1座12m×50m船闸组成。

9）东风新枢纽。由4台单机流量为5m^3/s，合计20m^3/s的双向泵站与1座8m节制闸组成。

10）青龙桥枢纽。由4台单机流量为5m^3/s，合计20m^3/s的双向泵站与1座8m节制闸组成。

11）裴家圩枢纽。由5台单机流量为8m^3/s，合计40m^3/s的双向泵站与3座12m节制闸组成。

（3）水文代表站点。

苏州市区主要水文代表站点及警戒水位为太湖3.80m，枫桥3.80m，望亭3.80m，平望3.70m，太浦闸上游3.80m，下游3.70m，湘城3.70m，西山3.80m。

2.3.5.2 城市防洪排涝现状

苏州市属Ⅰ型大城市、全国重要防洪城市，市域地势低平，地处太湖流域下游，历来为洪水走廊，洪涝灾害频繁，外围依托长江和太湖流域防洪的治理，相继形成长江堤防控制线、环太湖大堤控制线、望虞河控制线、太浦河控制线等防洪屏障，有效挡住了长江和太湖流域50年一遇洪水的入侵。

防洪大包围建有11个节点枢纽，外围堤线总长56.3km，保护面积74.1km^2，总外排流量达296m^3/s，排涝模数4.0$m^3/s\cdot km^2$，基本达到了200年一遇防洪和20年一遇治涝的能力。高新区总体地势较高，以自然设防为主，低洼区建有月盘桥圩、胜利桥圩、红旗桥圩、第二联圩、狮山圩、青春圩、路东包围、九图圩8个圩区，防洪保护面积36.6km^2，堤防总长约44km，排涝流量45.9m^3/s，排涝模数1.3$m^3/s\cdot km^2$。

工业园区建有娄葑、车坊、唯亭、胜浦、蠡塘5个圩区，防洪保护面积17.2km^2，防洪堤总长31.4km，排涝流量50.7m^3/s，排涝模数2.95$m^3/s\cdot km^2$。

吴中区沿运河和环湖低地有红旗、滨湖、姜家和七村4个圩区，防洪保护面积20km^2，堤防总长约22km，排涝流量31.8m^3/s，排涝模数1.6$m^3/s\cdot km^2$。

相城区有里东联圩、桥北联圩、渭南圩等圩区（包围）18个，防洪保护面积92km^2，堤防总长约120km，排涝流量141m^3/s，排涝模数1.5$m^3/s\cdot km^2$。

吴江区有圩区25个，保护面积246km^2，防洪堤防总长225km，排涝流量453m^3/s（一级外排），排涝模数1.8$m^3/s\cdot km^2$。

2.3.6 南通市

2.3.6.1 基本情况

1. 自然概况

南通市地处江苏东南部，位于东经120°12′～121°55′，北纬31°41′～32°43′南临长江、东濒黄海，“据江海之会、扼南北之喉”，隔江与上海及苏南相望，北接广袤的苏北大平原。南北跨距114.2km，东西跨距158.8km，陆域土地总面积8001km^2。南通市区地处北亚热带湿润气候区，海洋性气候明显，受太平洋气候调节和季风环流影响，四季分明，雨量丰沛，降水量年内分配不均，雨量主要集中在5—9月，约占全年的64.4%。

2. 社会经济概况

南通市区下辖崇川、港闸、通州3个区，2016年末常住人口为730.20万人。2016年全年实现地区生产总值6768.20亿元。全年规模以上工业总产值14525.72亿元。

3. 工程概况

(1) 河道工程。南通市区范围内共有河道580条（段），总长度910.85km，主要包括九圩港、通吕运河、通扬运河、通启运河、新江海河等。主城区平均河网密度2.22 km/km^2，综合水面率约9.41%。区内河道属于平原河网区域，基本无堤防。

(2) 闸站工程。主城区内通江河道入江口均有涵闸控制，沿江共有涵闸23座，其中港闸区7座（九圩港闸、老鸦口涵洞、中心港闸、天生港闸、芦泾港闸、东港闸、曙光中心河闸）、崇川区9座（南通节制闸、南通港北闸、任港闸站、姚港闸站、小姚港涵洞、小姚港涵闸、滨江公园出江涵闸、西山河闸、小洋港涵洞）、开发区7座（裤子港闸、营船港闸、富民港闸站、新开港闸、南通农场闸、东方红出江闸站、团结闸）。

(3) 水文代表站点。天生港潮位站，警戒水位5.2m，100年一遇设计洪水位7.18m。

2.3.6.2 城市防洪排涝现状

南通市属Ⅱ型大城市、流域重要防洪城市，主要受长江流域洪水、沿海沿江风暴潮等洪涝灾害威胁。城市防洪依托江海堤防防御长江洪水及沿海高潮，依靠区域骨干河道及高低控制线防御区域洪水，以自排为主，抽排为辅。主江堤、海堤防洪标准达到50年一遇，治涝标准达到10～20年一遇。

主城区按照地形高低实施分片排涝，现状主城区分为10个排涝分片。港闸区以通扬运河为界分为港闸西片和港闸东片；崇川区排涝分片主要包括主城区西片区、海港引河片区、狼山片三个小片区；开发区排涝分片主要包括小海片、裤子港片、天星横河片、新开港片、南通农场片五个小片区。港闸西片和裤子港片由于地处沿江低水系区域，地面高程较低，河道正常控制水位也较低，加之区内河网密度小，水面率较低（港闸区西片4.97%、裤子港片3.32%），蓄滞库容少，调节能力弱，加之沿江各排涝涵闸仅仅依靠低潮自流排出，受长江潮位影响较大，因此，整体排涝标准较低，仅接近5年一遇标准；崇川西片，地面高程也较低，区内河网密度及水面率（崇川西片4.07%）比港闸西片还小，但是沿江主要排涝口门设置有排涝泵站（任港泵站6m^3/s、姚港泵站4m^3/s），减小了排涝受长江潮位的影响，大大增加了整个区域的排涝能力，使得崇川西片排涝标准达到10年一遇；开发区的新开港片和南通农场片也属于沿江低水系，但区域河网密度大，水面率高（新开港片10.59%、南通农场片13.28%），整个区域内水体调蓄能力强，使得整体排涝能力接近或达到10年一遇标准。

2.3.7 连云港市

2.3.7.1 基本情况

1. 自然概况

连云港市古称瀛洲，位于江苏东北端，是“新亚欧大陆桥”东桥头堡。土地面积7615.29km^2。属暖温带南缘湿润性季风气候，兼有暖温带和北亚热带气候特征，多年平均降雨量900.9mm，雨量年内、年际分布不均，70%以上集中于6—9月。连云港市地处淮河流域沂沭泗水系最下游、鲁中南丘陵与淮北平原的结合部，地形以残丘陇岗和平原洼地为主，地势由西北向东南倾斜，依次为低山丘陵、残丘陇岗、山前倾斜平原、洪积冲积平原、沿海滩涂。沂、沭、泗诸水主要通过市境新沂河、新沭河入海，是著名的“洪水走廊”。

2. 社会经济概况

连云港市下辖海州、赣榆、云台三个区，2016年末常住人口为449.64万人。2016年全年实现地区生产总值2376.48亿元。全年规模以上工业总产值5974.81亿元。

3. 工程概况

连云港市位于淮沂沭泗水系最下游，处在江水北调和江淮水供给的最末端。境内河网稠密，湖泊、水库星罗棋布，水利工程体系庞大。有大中小型水库144座，其中大型水库3座、中型水库8座、小型水库133座；流域性河道4条、区域性河道18条，地方性骨干河道60余条；大中型涵闸66座，大中型排灌站14座；主要河道堤防504km；海岸线211.6km，建有一线海堤144km。

（1）河道工程。

新沭河：西起大官庄枢纽新沭河泄洪闸，东至临洪河口入海，全长80km，其中江苏境内石梁河库区段长15km，石梁河水库泄洪闸至海口长44.67km，共59.67km，河底高程为0.5m，底宽200～426m，堤顶高程为6.92～8.95m。

蔷薇河：发源于江苏省新沂市马陵山系，全长97km，其中小吴场以下约59km段称蔷薇河，河道底宽为25～100m，河底高程－0.5～－2.0m，堤顶高程6～8.5m，堤顶宽4～8m。

大浦河（人民桥—大浦闸河段）：全长5.6 km，河口平均宽约70m，设计流量141m^3/s（人民桥处），设计河底宽25m（人民桥至下游2km）、30m（2.1～4km）、35m（4km至大浦闸），河底高程为－1.0m，河道排水标准20年一遇。

排淡河（程圩—大板跳闸）：全长17.4km，河口平均宽度40m，河底高程－1.0～－2.5m。

烧香河：主体部分西盐河口至烧香河北闸，全长31km，河口宽度40～60m，河底高程0.0～－2.0m。

大浦河调尾工程河段：南起猴嘴闸北至新城闸，全长13.0km，河口平均宽约50m，河底高程－1.0～－2.0m。

（2）闸站工程。

临洪闸：共26孔，每孔净宽5m，设计流量1380m^3/s，校核流量2320m^3/s。

乌龙河调度闸：共1孔，闸孔净宽10m，设计流量90m^3/s，校核流量100m^3/s。

乌龙河自排闸：共1孔，闸孔净宽10m，设计流量90m^3/s。

太平庄闸：共12孔，单孔净宽9.7m，设计流量1000m^3/s。

临洪东站自排闸：共6孔，每孔净宽10m，设计流量650m^3/s。

富安调度闸：共1孔，净宽12m，设计流量100m^3/s。

三洋港挡潮闸：共33孔，每孔净宽15m，设计流量6400m^3/s。

三洋港排水闸：共3孔，每孔净宽6m，设计流量67m^3/s。

烧香河北闸：共5孔，每孔净宽10m，设计流量为580m^3/s。

大板跳闸：共5孔，每孔净宽5m，设计流量为159m^3/s。

大浦闸：共3孔，每孔净宽7m，设计流量为246m^3/s。

新城闸：共4孔，每孔净宽10m，总净宽40m，设计流量462m^3/s。

开泰闸：共2孔，每孔净宽10m，设计流量232m^3/s。

西墅闸：共2孔，每孔净宽10m，设计流量232m^3/s。

临洪东泵站：大（1）型排涝泵站，安装ZL30－7型3.1m立式轴流泵配TDL325/58－40型3000kW立式同步电动机12台套，总装机容量36000kW，最大排涝能力360m^3/s，承担着蔷薇河流域1054km^2的内涝强排任务。

临洪西泵站：大（2）型排涝泵站，安装ZL30－7型3.1m立式轴流泵配TDL325/58－40型3000kW立式同步电动机3台套，总装机容量9000kW，设计流量90m^3/s。

大浦抽水站：中型排涝泵站，装有1600ZLB112－5型轴流泵配TL800－20/2150型同步电动机6台套，总装机容量4800kW，按50年一遇设计，100年一遇校核，排涝模数0.35$m^3/s \cdot km^2$，设计流量40m^3/s，主要承担市区122km^2的涝水强排任务。

大浦第二抽水站：设计排涝流量为40m^3/s，安装4台1600ZLB－85型立式轴流泵，总装机容量3200kW。

（3）水文代表站点。

新沭河太平庄闸水文站：警戒水位5.50m、保证水位6.60m。

蔷薇河临洪水文站：警戒水位4.50m、保证水位5.87m。

石梁河水库水文站：汛限水位23.50m（7月1日—8月15日）、汛限水位24.50m（5月1日—6月30日、8月16日—9月30日）。

2.3.7.2 城市防洪排涝现状

连云港市属Ⅱ型大城市、流域重要防洪城市，主要防御新沭河洪水、沿海高潮、区域高水、山洪及本地雨涝。城市防洪由海堤及新沭河、蔷薇河、善后河堤防组成外围防洪屏障，排涝受新沭河行洪高水位及沿海高潮位影响，采取自排与抽排相结合的方式，分区治涝。现状防洪标准基本达到50年一遇，治涝标准达5～20年一遇。

1. 城市防洪现状

连云港城市防洪主要依托流域和区域防洪，目前总体防洪标准偏低，与城市防洪标准不低于50年一遇、中心城区防洪标准达100年一遇的规划标准差距较大，与城市经济社会的发展要求不相适应。“十一五”时期以来，城市外围防洪体系建设已累计投入20多亿元，城市外围防洪能力得到显著增强。其中，新沭河治理工程已经实施完成，新沭河防洪标准达到50年一遇；正在实施蔷薇河治理工程，治理后的蔷薇河城区段右侧堤防防洪标准达到20年一遇；完成新一轮的海堤达标建设，目前，徐圩新区34.9km海堤已达到100年一遇高潮位加10级风浪标准，连云新城11.5km海堤按照100年一遇高潮位加100年一遇风浪的风潮组合标准一次性建成，同时建成新城闸、开泰闸、西墅闸三座挡潮闸；善后河下游段按照20年一遇防洪标准进行整治；市区的18座小型水库全部除险加固完毕。

2. 城市排涝现状

城市排涝方面，连云港市区老城区受建成区限制排涝能力仍不足，部分新辟城区除涝配套工程建设相对滞后，总体上不足20年一遇规划排涝标准。“十一五”时期以来，在城市排涝工程建设方面，累计投入约15亿元，完成大浦河调尾工程，疏浚开泰河、曹圩河、开泰支河等河道，将开发区临港产业区的排涝标准提高到20年一遇；完成西盐河、东盐河、玉带河、大浦河上游段等河道整治工程，使河道排涝标准提高到20年一遇；完成排淡河一、二、三期治理工程，使河道可达到20年一遇排涝标准；实施徐圩新区内部除涝工程，目前已完成复堆河整治工程，中心河开挖工程，提高了徐圩新区的防洪除涝标准；完成连云新城西墅新河工程，初步形成连云新城河网水系，从而保障连云新城防洪安全；完成了大浦抽水一站二站、东站自排闸、大浦闸、富安调度闸、临洪东站除险加固等泵站和水闸工程、城市排涝能力得到了一定的提高。

2.3.8 淮安市

2.3.8.1 基本情况

1. 自然概况

淮安地处苏北腹地、淮河流域下游，属亚热带向暖温带过渡气候区，现辖7个县（区）和国家级淮安经济技术开发区、淮安工业园区、淮安生态文旅区、淮安苏淮高新区，面积1.01万km^2。淮安水系发达，是名副其实的“洪水走廊”，80%面积土地在设计防洪水位线以下。境内河湖众多，水网密布，洪泽湖、白马湖、宝应湖、高邮湖等镶嵌其中，大运河、里运河、古淮河、盐河穿城而过。

2. 社会经济概况

淮安市下辖淮阴、淮安、清江浦、洪泽四个区，2016年末常住人口为489万人。2016年全年实现地区生产总值3048.00亿元。全年规模以上工业总产值6951.32亿元。

3. 工程概况

（1）河道工程。淮安市西南侧紧邻洪泽湖，规划区内有苏北灌溉总渠、淮河入海水道、京杭运河、里运河、废黄河和二河等6条流域性河道，市区堤防总长357km，防洪堤长度212km。其中，苏北灌溉总渠、淮河入海水道、废黄河和二河是行洪分洪河道，京杭运河、里运河属防洪河道；盐河无防洪任务，是一条区域性通航、排涝、灌溉河道。即主要依靠二河、淮河入海水道、大运河、里运河堤防及有关闸群作为市区的主要防洪屏障。淮安市主城区内河网密布，城区主要排涝河道总长约为320.8km。

（2）闸站工程。淮安主城区除淮阴区外，其余均属于抽排区，因此城区内泵站和控制建筑物众多，另外，自排皆通过内部河道经入海水道北堤的穿堤涵闸排入入海水道。淮安市城区主要排涝涵闸共有26座；排涝泵站59座，排涝能力508.7m^3/s，装机台数331台。

（3）水文代表站点。

洪泽湖蒋坝站：警戒水位13.5m，中华人民共和国成立后最高水位15.23m。

苏北灌溉总渠运东闸上：警戒水位10.00m，历史最高水位10.51m。

二河段杨庄闸上：无警戒水位，历史最高水位14.72m。

白马湖山阳站：警戒水位7.5m，历史最高水位8.16m。

2.3.8.2 城市防洪排涝现状

淮安市属Ⅱ型大城市、流域重要防洪城市，主要防御对象为淮河洪水及本地雨涝，城市防洪主要依靠洪泽湖、二河、淮沭河、淮河入海水道、苏北灌溉总渠、大运河、里运河、废黄河堤防作为防洪屏障；涝水分片自排入盐河、废黄河、淮河入海水道及花河，辅以抽排；入海水道排水区在其行洪时以抽排为主。现状防洪标准基本达到50～100年一遇，治涝标准不足20年一遇。

1. 城市防洪现状

淮安城区防洪主要依靠洪泽湖大堤、二河、淮沭河、苏北灌溉总渠、淮河入海水道、大运河、里运河、古（废）黄河堤防及相关挡洪闸作为防洪屏障，城区防洪堤长230km。2003年淮河入海水道一期工程建成后，洪泽湖防洪标准为100年一遇，规划远期提高到300年一遇。城市防洪标准规划为100年一遇。

2. 城市排涝现状

淮安市市区雨水主要外排通道是入海水道、大运河、里运河、废黄河和盐河。淮阴区为自排区，涝水排入盐河和废黄河，淮安盐化工新材料区涝水自排入花河，汇入白马湖，其他区域均自排入淮河入海水道，现状情况下，淮安市渠北地区在入海水道不行洪时，按城区20年一遇，农区10年一遇标准，产流量为1137.2m^3/s，而现状沿入海水道沿线自排口门总流量为676m^3/s，另有分散布置的泵站排涝能力（包括临时机口）为595.6m^3/s。

2.3.9 盐城市

2.3.9.1 基本情况

1. 自然概况

盐城市地处苏北沿海中部，长三角辐射区的北缘，淮河流域尾闾，黄海之滨。地理位置为：北纬32°34′～34°28′、东经119°27′～120°54′，总面积约16972km^2，总人口约823.77万人。盐城市处于北亚热带向南暖温带过渡区，季风气候明显，兼有海洋性气候特征，四季分明，降水时空分布不均，最大年降水量1463mm（1965年），最小年降水量498.5mm（1978年），多年平均降雨量为1048mm。

2. 社会经济概况

盐城市区作为盐城的政治、经济、文化中心，由亭湖区（含盐城经济技术开发区）、盐都区（含城南新区、盐城高新技术开发区）组成，2016年末常住人口为723.50万人。2016年全年实现地区生产总值4576.08亿元。全年规模以上工业总产值9180.84亿元。

3. 工程概况

（1）河道工程。现有城市防洪排涝规划防洪区内共有河道1113条、2719.2km，其中规划外围行洪河道共计22条，总长263.01km。其中，蟒蛇河—新越河—新洋港、斗龙港为排泄里下河地区区域洪水的入海通道；冈沟河、东涡河、西冈河、皮岔河、潭洋河、仁智河汇集上游客水经新洋港、斗龙港入海；通榆河为南北向调水河道，调度南部高水经四大港入海；西潮河为西潮河地区排涝干河，相机为里下河腹部代排涝水。

（2）闸站工程。现有城市防洪排涝规划防洪区外围现有圩口总数545个，其中，已建防洪建筑515座，排涝泵站118座，合计排涝流量814.5m^3/s。主要包括串场河闸站、串场河防洪闸（24m）、蟒蛇河防洪闸（24m）、东洋湾河防洪闸（8m）、南洋中心河防洪闸（8m）、大新河闸站、东伏河闸站、南洋中心河泵站、胜利河东闸站、胜利河西闸站、步凤河闸站等骨干工程。

（3）水文代表站点。新洋港盐城站为盐城市区水文代表站点，其特征水位：正常水位0.8～1.0m，警戒水位1.70m，中华人民共和国成立后最高水位2.67m（2006年）。

2.3.9.2 城市防洪排涝现状

根据市区水系情况，对城市防洪采取分区设防、分别建站排涝的方式，其中第Ⅰ防洪区、第Ⅱ防洪区防洪标准20年一遇左右、排涝标准不足10年一遇；第Ⅲ防洪区（市区核心区），防洪已基本达到100年一遇标准，排涝流量约为208m^3/s，接近20年一遇标准；第Ⅳ防洪区（城东新区）防洪标准达到50年一遇标准，排涝流量为226.95m^3/s，接近20年一遇标准。目前，第Ⅰ防洪区、第Ⅱ防洪区防洪标准20年一遇左右、排涝标准不足10年一遇；第Ⅲ防洪区，防洪已基本达到100年一遇标准，排涝流量约为208m。

2.3.10 扬州市

2.3.10.1 基本情况

1. 自然概况

西南部与南京市相连；西部与安徽省滁州市交界；西北部与淮安市接壤，市域总面积6634km^2。

扬州市下辖江都区、广陵区、邗江区3个区，和扬州经济技术开发区、市蜀冈—瘦西湖风景名胜区、生态科技新城等3个功能区，总面积2358km^2。

2. 社会经济概况

扬州是上海经济圈和南京都市圈的节点城市，向南接纳苏南、上海等地区经济辐射，向北作为开发苏北的前沿阵地和传导区域，素有“苏北门户”之称。2016年末常住人口为449.14万人。2016年全年实现地区生产总值4449.38亿元。全年规模以上工业总产值9661.65亿元。

3. 工程概况

（1）河道工程。

1）古运河仪扬河水系：位于江淮分水岭、蜀冈脊线以南，流域面积632km^2。流域总体地形北高南低，山、平、圩分界明显。位于城区范围内的丘陵山区，主要分布有沿山河、友谊河流域，排水汇入平原区的乌塔沟、仪扬河；沿山河以南的平原圩区，以古运河、仪扬河、乌塔沟、润扬河为干河，排水以瓜洲闸、润扬河闸、泗源沟闸入江为主，以扬州闸相机入淮为辅。

东起京杭运河，蜿蜒穿过城区，南至瓜洲入江，全长29.3km。仪扬河西起龙河，东至三汊河，全长13.73km，是承泄仪扬山洪汇流入江的重要通道，向西经泗源沟闸、向南经润扬河闸汇入长江。沿山河是扬州主城区西北部重要的截洪河道，是丘陵区与平原圩区的高低分隔河道。河道东起扬子江北路，西至乌塔沟，全长9.80km，汇水面积14.6km^2。乌塔沟北起牌楼脚，与友谊河相连，南通仪扬河，全长7.83km。润扬河北接仪扬河，南通长江，全长8.24km。

2）槐泗河水系。槐泗河位于中心城区西北部，西起甘泉，东至京杭运河，是淮河流域丘陵山区的主要通湖涧河，全长16km，流域面积75.5km^2。

3）通扬运河水系。通扬运河扬州段起于江都邵仙闸洞，止于泰州引江河，长34.2km，是江都淮水利用的主要输送通道，也是通北高地西片向南排水的连接河道。通北高地西片的小涵河、顾圩河，汇一般暴雨涝水进入老通扬运河，经宜陵地涵排入通南地区；通南地区由与其平交的红旗河、白塔河等汇通南涝水南排入江。

（2）闸站工程。

扬州闸：位于广陵区境内东北部京杭运河西侧的古运河口，由北侧节制闸和南侧套闸组成，其中北侧节制闸宽 20m，设计引水流量 $40m^3/s$；南侧套闸净宽 12m，闸室长 87m。

瓜洲水利枢纽：位于邗江区境内西南 15km 的瓜洲镇古运河入江口，包括节制闸、套闸、抽水站等，是一项防洪、灌溉、除涝、航运和供水等综合利用的小型水利枢纽工程。其中节制闸为 3 孔闸，设计排涝流量 $361m^3/s$，自引流量 $155m^3/s$；抽水站装机 14 台套，设计流量 $21m^3/s$。

泗源沟套闸：位于仪扬河上，距长江 3km，是扬州西大门的防洪屏障和仪扬河通江重要控制的工程之一。套闸共 5 孔，每孔净宽 6m，总净宽 30m。

润扬河闸：位于扬州经济技术开发区朴席镇境内主江堤以南约 200m 处，是扬州市区西部仪扬山洪下泄入江的主要口门。为三孔上下扉门闸，总净宽 24m，中孔净宽 10m，两侧边孔单孔净宽 7m，闸设计流量 $260m^3/s$。

仪扬河闸：位于润扬河与仪扬河交汇处东侧 1.2km 的仪扬河上，是控制仪扬山洪倒灌扬州主城区的控制性工程，具有挡洪、换水、引水、通航等多重功能，单孔 22m，设计行洪流量 $120m^3/s$，引水流量 $40m^3/s$。

扬州市中心城区现有流域、区域骨干河道 139 条，总长 913km；现有排涝泵站 120 座，设计流量 $307m^3/s$，排涝模数 $0.90m^3/s \cdot km^2$。

（3）水文代表站点。

扬州市水位代表站：高邮（高）警戒水位 8.50m，六闸警戒水位 7.75m，三江营警戒水位 5.32m，瓜洲闸（闸下）警戒水位 5.69m，泗源沟闸（闸下）警戒水位 6.36m。

2.3.10.2 城市防洪排涝现状

经多年水系治理，加之 2011 年行政区划调整后，将分属苏北沿江仪六、苏北沿江通南和淮河白马湖、高宝湖片区的扬州市区分隔为 5 块相对独立、洪涝威胁类型、地形特点各异的防洪保护圈和排水区域，形成主城区、北洲区、生态科技新区、江都区、槐泗区等 5 个防洪治涝分区。

1. 城市防洪现状

主城区：北为江淮分水岭、蜀冈脊线，南部以京杭运河西堤、长江北堤，乌塔沟—润扬河东堤为防洪屏障，除乌塔沟东堤挡洪标准不足 20 年一遇外，其余堤防基本达到 50 年一遇。双墩、丁洼、赵庄等在册小（2）型水库的防洪标准达到规范要求。

北洲区、生态科技新区：归江控制线以北的“七河八岛”，地势较高，基本满足入江水道下段挡洪标准；控制线以南的北洲区和杭集区，以京杭运河、廖家沟、芒稻河、夹江、长江等流域性堤防构筑的防洪圈已经形成，除局部凹段外，基本达到 50 年一遇。

江都区：以长江（三江营—立新涵）北堤、夹江北堤、芒稻河东堤、高水河东西堤、里运河东西堤为防洪屏障，保护里下河及江都通南地区安全，现状防洪标准达到 50 年一遇以上。

槐泗区：以山洪防治为主。现状槐泗河及其支流防洪标准不足10年一遇。

2. 城市排涝现状

主城区治涝能力基本5～10年一遇标准，其中古运河以东，横沟河以北、邗江河以南区域和古运河以西，新城河以东以北区域基本达到10年一遇标准；仪扬河以北、新城河—古运河以西、乌塔沟以东区域基本达到5年一遇；瓜洲片区、蒋王汊河西片和邗江河以北的经济开发区不足5年一遇标准。控制线以北的"七河八岛"区达到10年一遇标准。控制线以南除迎春河以北的排区基本达到10年一遇标准外，其余区域仅有5年一遇。通南地区现状排水出路不足，整体排水能力仅为5年一遇；通南沿江圩区排涝能力不足5年一遇；通北高地西片排涝能力基本达到10年一遇标准。

2.3.11 镇江市

2.3.11.1 基本情况

1. 自然概况

镇江市位于东经118°58′～119°58′，北纬31°37′～32°19′。镇江西邻南京，东南接常州，北滨长江，与扬州、泰州隔江相望，总面积$3840km^2$。

镇江市城区地形呈南高北低，西高东低，海拔为4.0～5.0m（吴淞基面，下同）市区总面积$1088km^2$。市区北面临江，南部为低山丘陵。主城区内有金山、云台山、北固山、焦山、京砚山、象山、汝山等相对孤立的山区，形成了一水横陈、三面连岗的独特地貌。

2. 社会经济概况

镇江市城区包括京口区、润州区、丹徒区、镇江新区，2016年末常住人口为318.13万人。2016年全年实现地区生产总值3833.84亿元。全年规模以上工业总产值8722.84亿元。

3. 工程概况

（1）河道工程。

镇江市河网发达，城区范围内共有87条河道，27座在册水库，32处重要水体。城区水系以南部宁镇山脉为分水岭，河道流向以南北向为主。

镇江市主城区主要水系为"一湖七河"，"一湖"指金山湖，"七河"指贯穿主城东西的运粮河、古运河与贯穿城区南北的御桥港、四明河、周家河、团结河、江南运河。主城区河道均以长江为受纳水体。其中古运河长16.92km，底宽8.0m；运粮河长9.95km，底宽8.0m；御桥港长6km，底宽4.0m。

城市西翼位于宁镇山脉以北，水系呈篦齿状分布，主要河道有高资港、马步桥港、黄泥桥港等，均直接通江，城市西翼河道均以长江为受纳水体。其中高资港长4km，底宽10～20m。

城市东翼位于江南运河以东，地形和水系均以捆山河为界。捆山河东部为沿江低洼圩区，主要河道有沙腰河、北沙腰河、五房河、姚桥港等；捆山河以西有孩溪河、太平河、捆山河，构成反"Y"结构，分别向北、向南排水入长江和扬中夹江。

宁镇山脉以南为上党、谷阳等新市镇，属发展中新城区，主要水系为中心河及其支河胜利河、小金河、莱金沟、幸福河、延湖河等，上游有西麓、凌塘、张寺库、海燕水及西湾等水库，该片区以江南运河为受纳水体，并通过谏壁闸和九曲河闸最终排入长江。

（2）闸站工程。

城区建有多座控制建筑物工程，包括引航道闸站、运粮河闸站、焦南闸、京口闸、丹徒闸、丹徒南闸、谏壁水利枢纽等。

京口闸为闸站合一结构，节制闸1孔×8m；抽水站设计流量为6m^3/s，总装机2台套310kW。

丹徒闸位于京口区丹徒镇，为古运河的另一出江口。共1孔，净宽8m；同时在古运河上建丹徒南闸，规模同丹徒闸，与丹徒闸呈L形布置。

虹桥港闸站为闸站合一结构节制闸共1孔，净宽4m，设计排涝流量50m^3/s，另设排涝站设计流量为6m^3/s，2台套310kW。

谏壁水利枢纽位于江南运河与长江交汇处谏壁镇，包括节制闸、船闸和双向流道抽水站。节制闸最大设计引水流量400m^3/s，排水流量600m^3/s，闸孔尺寸8.60m×8.0m，共7孔；船闸为复线；谏壁抽水站设计流量160m^3/s，总装机6台套，10800kW。

引航道闸站枢纽工程是在250m河口宽度的引航道上建有9孔闸室，其中通航净高3.5m；双向运行泵站设计流量为30m^3/s，总装机4台套560kW。

焦南闸位于老焦南闸以北280m处，共3孔，每孔净宽8.0m，设计排水流量为200m^3/s。

运粮河闸位于御桥港出口以东150m处运粮河上，闸下游与金山湖相连，上游运粮河在江小圩龙门港与长江相通。共1孔，净宽12m，设计过闸流量210m^3/s；双向运行泵站设计流量为6.0m^3/s，总装机2台套370kW。

江南桥闸站工程位于原试办引河江南桥以东100m河槽内，共1孔，净宽10m；建双向流道泵站一座，设计流量2.9m^3/s，总装机容量180kW。

（3）水文站点。

镇江城市北依长江镇扬河段，以位于镇扬汽渡处的镇江（二）站为水位代表站点，警戒水位7.0m，防御“长流规”洪水设计水位8.85m；100年一遇设计洪水位为9.24m。

2.3.11.2 城市防洪排涝现状

1. 防洪工程现状

镇江市属中等城市，流域重要防洪城市，城市防洪受长江洪水、南部山洪的威胁，城市排水受江潮顶托。城市防洪依托长江堤防作为防洪屏障。现状主城防洪能力基本达到50～100年一遇。金山湖片区、高资片区、中心河片区、江南运河片区、捆山河以西片区、捆山河以东片区等区域河道防洪标准10～20年一遇，水库基本达到设计洪水标准。

2. 治涝工程现状

城市大部分地区以自排为主，仅部分低洼地段靠泵站抽排，其中金山湖片区靠泵站抽排的低洼地区主要包括金山大圩、象山圩和22处局部低洼片区。其中金山大圩、象山圩排涝标准不足20年一遇，22处局部低洼片区排涝能力3～5年一遇，部分低洼片区抽排能力不足3年一遇；高资片区靠降雨抽排低洼圩区面积共5.58km^2。现有排涝泵站4座，合计抽排能力13.57m^3/s，4个沿江农业圩现有排涝能力2.7m^3/s，李长荣石化、金海宏业园区与农业圩排涝标准均不足20年一遇；捆山河以东为大路姚桥低洼圩区，总面积

$84km^2$，地面高程4～6m，降雨主要由泵站抽排入江。圩内河网密布，主要河道有沙腰河、北沙腰河、五房河等，圩区沿江建有6座排涝泵站，现有排涝能力总计$47.74m^3/s$，排涝能力不足20年一遇。

2.3.12 泰州市

2.3.12.1 基本情况

1. 自然概况

泰州地处江苏中部，地理坐标为东经119°38′～120°32′、北纬31°02′～32°11′，市域总面积$5787.26km^2$。泰州市区由海陵区、医药高新区、高港区、农业开发区、姜堰区组成，总面积$1567.13km^2$，境内地势中间高，南北低，大致以老328国道为界，路北为里下河碟形洼地的南部边缘，属淮河水系，路南为通南地区属长江水系，高港区、医药高新区各有一部分属于沿江圩区。

2. 社会经济概况

泰州市城区包括海陵区、高港区、姜堰区、医药高新区和农业开发区，2016年末常住人口为464.58万人。2016年全年实现地区生产总值4101.78亿元，全年规模以上工业总产值12170.8亿元。

3. 工程概况

（1）河道工程。

沿江圩区建有江堤、里下河地区建有圩堤。城区段长江堤防分布在医药高新区和高港区，总长31.86km；新通扬运河以北地区属于里下河地区，涉及海陵区部分、姜堰区部分和泰州农业开发区全部，主要防洪工程是建立了200个圩口，每个圩口作为一个独立的防洪阵地，配备相应的圩口闸和排涝站，圩堤总长1112km，圩口闸953座，固定排涝站582座，排涝流量$436.22m^3/s$，装机容量21627kW。

泰州引水河道自南向北主要有南官河、周山河、老通扬运河等。排水河道自西向东主要有九里沟河、五叉河、卤汀河、老西河、稻河、草河、冠带河、智堡河、老东河、宫涵河、五里河、七里河等。内部河道通南水系有凤凰河、刘西河、向阳河、翻身河、扬子港、海蜇沟、城南河（含莲花二号、三号小区内河）、中子河（含莲花四号小区内河）等，里下河水系有森南河、沈家河、大兴河等，原城墙内古城区有东玉带河、南玉带河、西玉带河、中市河、周桥河等。

（2）闸站工程。

新通扬运河南侧阻挡里下河高水位闸站工程为引江河老通东闸、九里沟河闸、郑家庄闸站、森南河闸、五叉港闸、五叉河闸站、泰州老船闸、老西河涵闸、稻河涵闸、草河北闸、花园庄闸、智堡河闸站、老东河闸站、任庄河闸、七里河闸、许郑庄闸站、九里河北闸、周家墩闸站等。

中心城区实行独立水系，沿周山河北侧和328国道南北一线，阻挡大通南地区高水位洪水，兼枯水季节和干旱年份生态保水蓄水的闸站工程主要有明珠水利枢纽、南官河水利枢纽、刘西河闸、凤凰河闸、翻身河闸、老通扬运河闸等。

（3）水文代表站点。

中心城区通南片，以泰州（通）水位为代表，位于老通扬运河净因寺东侧，正常景观水位控制 2.60～2.80m，警戒水位 3.80m，中华人民共和国成立后历史最高水位 4.91m。

里下河片，以泰州（泰）水位站为代表，位于新通扬运河与泰东河接口附近，正常控制水位在 1.40～1.60m，警戒水位 2.00m，中华人民共和国成立后历史最高水位 3.33m。

长江泰州市区段一线，以口岸闸下潮位站为代表，警戒潮水位 5.23m，中华人民共和国成立后历史最高潮位 6.17m。

2.3.12.2 城市防洪排涝现状

泰州市属中等城市，主要防御对象是长江洪水、区域高水位及本地雨涝，城区防洪主要依靠长江江堤和主城区 86km^2 范围封闭控制工程、里下河圩堤、328 国道沿线上（通南高沙土长江水系）下（里下河淮河水系）河控制工程、江平公路（312 省道）控制线作为防洪屏障，以 328 国道为界，路南通南地区高地自排为主、沿江圩区自排与抽排相结合，路北里下河区立足抽排。现状防洪标准基本达到 50 年一遇，治涝标准 10 年一遇左右。

2.3.13 宿迁市

2.3.13.1 基本情况

1. 自然概况

宿迁市城区地处江苏省西北部腹地，沂沭泗流域下游，位于东经 118°10′～118°24′，北纬 33°52′～34°07′，是苏、鲁、豫、皖四省之通衢，属于陇海经济带、沿海经济带、沿江经济带交叉辐射区和“长三角”腹地区。受季风影响，降水量季节性变化显著，冬季雨水稀少，夏季雨水集中，春秋两季雨水量基本相当。城区地势较为平坦，自西北向东南和缓倾斜，市区范围以废黄河、中运河为界，分为运东区、老城区、河西区三部分，城区面积约 70%在洪水位以下，境内行洪骨干河道较多，是历史有名的洪水走廊。

2. 社会经济概况

宿迁市城区包括宿豫区、宿城区、经济技术开发区、湖滨新区、苏宿园区和洋河新区，2016 年末常住人口为 487.94 万人。2016 年全年实现地区生产总值 2351.12 亿元。全年规模以上工业总产值 4096.7 亿元。

3. 工程概况

（1）河道工程。

中运河：宿迁市境内长 112km，其中城区段 22km 中运河是宿迁老城区的主要排水河道。

废黄河：废黄河宿迁境内长 114.3km，是宿迁城市的主要防洪排涝河道之一，承担市区上游滩地来水以及城区 12.6km^2 的涝水排入。

西民便河：西民便河是洪泽湖周边的一条区域性骨干排涝河道，排泄废黄河以西、西沙河以东地区的涝水。河道全长 69.58km，其中市区段长 19km，市区段主要支流为东沙河。

总六塘河：总六塘河起于骆马湖洋河滩闸，穿淮沭河后与南北六塘河等河道汇入灌河，流入黄海。河道全长 80km，流域面积 691km^2，其中宿豫境内长 36.9km。

古山河：古山河位于宿城区及洋河新城境内，北起洋河东，途经洋河镇、仓集镇、屠园乡、中扬镇，南入洪泽湖，全长 23.0km，流域面积约 101km^2。古山河是洋河、仓集、屠园、中扬等乡镇重要的灌排结合河道，无外来客水，汛期以排涝为主，灌溉期关闸蓄水提水灌溉。河道现状底宽4～13m，河底高程16～9.5m。

马陵河：马陵河为老城片主要排涝河道，是一条人工开挖排水河道，全长4.8km，集水面积5.7km^2。自北向南于城南排涝涵洞入中运河，也可启动位于河南端的城南一站、二站将马陵河水排入中运河。

（2）闸站工程。

宿迁节制闸：共6孔，设计闸上水位25.0m，设计流量600m^3/s，1974年实际最大泄量1040m^3/s。

洋河滩闸：共3孔，设计流量500m^3/s，1974年8月15日实测最大流量784m^3/s，1974年8月17日上游最高水位25.47m。

皂河闸：共7孔，设计行洪流量1000m^3/s，1974年8月15日实测最大流量1240m^3/s，1974年8月16日上游最高水位25.46m。

皂河抽水站：共36孔，设计闸上水位25.10m，过闸流量8000m^3/s；校核闸上水位26.0m，过闸流量10000m^3/s，实际最大泄洪流量5760m^3/s。皂河抽水站为南水北调东线第六梯级站，淮水北调第三梯级站，主要担负向骆马湖补水和黄墩湖地区排涝任务。该站装机2台套，总装机容量14000kW，设计扬程6m，设计流量195m^3/s；皂河抽水二站工程是南水北调东线第一期工程的第六梯级泵站之一，与皂河一站并列布置，作为皂河一站的备机泵站，设计抽水流量75m^3/s。该站装机3台套，单台流量25m^3/s，配套电机功率2000kW，总装机容量6000kW。

（3）水文代表站点。

城区代表水文站点及警戒水位：洋河滩闸23.5m，刘桥站17.2m，浦东路19.6m。

2.3.13.2 城市防洪排涝现状

宿迁市属中等城市、流域重要防洪城市，主要防御骆马湖、中运河、废黄河洪水及本地雨涝。城市防洪以骆马湖、中运河、废黄河堤防作为外围防洪屏障，分片治涝，高地自排、洼地抽排。现状防洪标准50年一遇左右，治涝标准10年一遇左右。

1. 城市防洪现状

经多年治理，宿迁市城市防洪以骆马湖宿迁大控制、新沂河、中运河、废黄河堤防作为外围挡洪屏障，形成了宿迁市城市防洪工程体系。目前，骆马湖宿迁大控制线、新沂河南堤防洪标准已达50年一遇；城区段中运河堤防七号桥以北段防洪标准基本达到50年一遇，以南段局部堤防防洪标准不足50年一遇；城区段废黄河基本依靠子堤挡洪，南海路桥以上段防洪标准基本达到50年一遇，以下段防洪标准不足50年一遇。

2. 城市排涝现状

宿迁市现状排水体系以中运河、废黄河、总六塘河、东沙河为界划分为五大排水区，分别为湖滨新城、运东、老城、河西及洋河排水区。湖滨新城区地面高程大多为23.0～50.0m，全区大部分雨水可自排；运东区涝水主要通过马河、总六塘河外排，部分地区需辅以泵站强排，现有抽排能力23.6m^3/s，不到10年一遇；老城区为自排抽排结合区，主要排水河道为马陵河，排涝能力已达到20年一遇。现有抽排能力为22.91m^3/s，排涝标准不到10年一遇；河西区排涝标准低于10年一遇；洋河排水区地面高程21.0～17.5m，以自排为主，古山河为洋河片区骨干排涝河道，河道长 23km，排水面积约为 $101km^2$，现状排涝能力不足 20 年一遇。

2.4 挡潮保滩工程

2.4.1 地理概况

江苏省海岸带北起苏鲁交界的绣针河口，南抵长江北口江海交界的东南元陀，与上海市隔江相望，标准海岸线全长 954km。其中淮河流域海岸带北自绣针河口，南至如泰运河，位于北纬 31°42′～35°04′，东经 119°18′～121°21′，海岸线长约 842km；长江流域海岸带北自如泰运河，南至东南元陀，位于北纬 31°38′～31°42′，东经 121°21′～121°58′，海岸线长约 112km。

挡潮保滩工程主要为海堤，海堤的保护区范围西界大致是：新沂河以北为 204 国道，新沂河以南为通榆河，保护区南北长约 390km，东西宽约 10～60km，总面积约 1.9 万 km^2。如泰运河以北为淮河流域，海堤保护区面积约 1.6 万 km^2；如泰运河以南为长江流域，海堤保护区面积约 0.3 万 km^2。

2.4.2 气象水文条件

2.4.2.1 气象

江苏沿海地区处于北亚热带向暖温带过渡地区，属海洋性气候，具有明显的季风特性，冬干旱，夏湿热，四季分明，雨量充沛。年平均气温 13～15℃，年降雨量 900～1050mm，南部多于北部，年季变化较大，年内降雨的 60%～70%集中在汛期 6—9 月，在 6—7 月，冷暖气团遭遇，形成阴雨连绵的梅雨期，7—9 月受台风影响，常伴有来势迅猛的特大暴雨。

2.4.2.2 水文

年平均水面蒸发量在 1200mm 以上，自北向南递减，北部地区达 1500mm 左右。全年平均风速，近海陆地约 4～5m/s，愈向外海风速愈大；风向夏季东偏南，冬季东偏北。风速最大月份为 4 月，最小月份海上为 6—7 月，陆上为 9—10 月。主要灾害性天气有台风、暴雨、冰雹、龙卷风、寒潮等。

2.4.2.3 河流水系

江苏地处江淮沂沭泗诸河下游，归海河流众多，分属三大水系，废黄河以北属沂沭泗水系，其面积占沿海地区总面积的 28%；废黄河以南至 328 国道、如泰运河为淮河下游区，占 47%；如泰运河以南属长江流域，占 25%。全区已形成以新沭河、新沂河、灌河、废黄河、苏北灌溉总渠、淮河入海水道、射阳河、黄沙港、新洋港、斗龙港、大丰干河、王港河、川东港、东台河、三仓河、栟茶运河、如泰运河、通吕运河、通启运河等几十条流域或区域骨干河道组成的排水入海体系，除灌河及赣榆境内部分山区河道外，其余河口均建闸控制，各河多年平均径流量约 150 亿 m^3。

2.4.3 工程地质条件

2.4.3.1 海岸带的形成与演变

江苏省海岸带的沧桑变迁与黄河和长江归海径流带来的丰富泥沙关系密切。在过去相当长的时间内，海岸线稳定在赣榆、板浦、阜宁、盐城至海安一线，在海岸线附近形成了数条沿岸堤。以1194年、1855年黄河两次改道为界，江苏省海岸线出现了剧烈的变迁。从1194—1855年的近700年间，黄河在江苏北部入海，与南部的长江一道，带来的大量泥沙，形成了广阔的苏北黄河三角洲、长江三角洲及其间的滨海平原；1855年黄河北徙后，黄河巨量泥沙来源断绝，废黄河出海口及水下三角洲由淤转蚀，冲蚀的泥沙继续塑造苏北平原，盐城市射阳河口以南继续淤涨，但强度逐年减弱，同时侵蚀范围不断南扩。南通附近的海岸线则更多地受长江径流的影响，随着长江主泓南移，河口逐渐向外延伸，沙洲依次并入北岸，陆地向东南方向推移。

2.4.3.2 *海岸带地貌*

全省海岸带除北部苏鲁边界有小面积低山、丘陵外，其余为冲积平原。其中南部成陆时间较晚，由长江、黄河泥沙经洋流、海潮作用堆积而成，地势平坦，地面高程多在2～5m，南北向间，废黄河滩地最高7～8m，两端及中间较低，射阳河附近最低在1m左右；西高东低，微微东倾。海岸带沿岸陆地部分可分为六个地貌区，即海州湾北部剥蚀海积平原、海州湾淤泥质海积平原、云台山变质岩山地、废黄河三角洲平原、中部海积平原、长江三角洲平原。全省954km的海岸线，淤涨型海岸占59.8%，主要集中在射阳河口以南地区，侵蚀型海岸占25.8%，主要集中在废黄河口两侧，稳定型海岸带占14.4%。

2.4.4 海堤工程情况

江苏沿海地势平坦，作为防潮的主要屏障，海堤的建设自古以来十分重视。淮北海堤始建于南北朝，淮南堤始建于唐朝，经历代不断兴筑、修缮、延伸，至清末全线已基本形成，民国年间局部又东移推进，其时海堤标准均较低。中华人民共和国成立后，经过60多年的建设，江苏沿海已形成了较完善的海口挡潮工程体系。

从1998年开始实施的历次海堤达标建设工程标准：工程级别为Ⅱ等，相应海堤为2级堤防，灌河堤防工程级别为3级，堤顶高程按照50年一遇高潮位加10级风浪爬高和安全超高确定；海堤沿线建筑物为2级水工建筑物，其中大中型建筑物挡潮按100年一遇高潮位设计，200～300年一遇高潮位校核，小型建筑物挡潮按50年一遇设计，100年一遇高潮位校核。

经过多年的达标建设，江苏省基本形成以海堤为主体的抗台防潮封闭圈，成功抵御了历年来多次强台风和天文大潮的袭击，为保障江苏省沿海地区安全和稳定、促进沿海经济社会发展发挥了显著的防灾减灾效益。

2.4.4.1 *历次整治与建设*

1.1998年之前海堤建设情况

海堤的高标准、大规模建设出现在中华人民共和国成立后。1949—1956年是全省海堤建设的高潮期。连云港境内，1954年春，东辛、五图、淮海等国营农场修筑了新沂河以北段海堤，1956年青口、台北、台南、徐圩、灌西、灌东等盐场陆续修建了沿海州湾海堤，使灌河以北海堤基本连贯成线。盐城段海堤自1949—1957年结合滩涂围垦和骨干河口挡潮建筑物的建设修筑完善，连贯成线。南通海堤从1949—1952年进行了全面培厚。约至1956年，江苏沿海已形成了较完善的海口挡潮工程体系。其后，在20世纪六七十年代，沿海堤防分段陆续进行加高培厚，并局部改线，使海堤达到现有的标准，骨干河道河口挡潮建筑物也陆续建成，几次特大风暴潮后海堤也进行了加固整修。

1956年后，大多结合滩涂围垦开发进行海堤大规模建设。1956—1957年建新滩、灌东、射阳盐场。1963年以后，特别是20世纪70年代开始，在总渠以南的广大淤涨岸段开始大规模的围垦，使一线海堤东移，盐城境内建设了夸套北、夸套南、丫头港、大喇叭、斗龙、斗南、海丰、王港、竹港、竹川、梁垛三角区、新东、弶港、鱼舍等垦区，使盐城境内约110km岸线上的一线海堤东移2～6km；南通境内建设了新北凌、栟北、洋口、环港、环东、王家潭、新北坎、东凌、如东新盐场、掘东、东元、黄海盐场、兴垦、海防垦区等，使南通境内约100km岸线上的一线海堤东移2～5km。1995年，开始实施“百万亩滩涂”开发工程，计划新围滩涂54万亩，至1999年上半年，已实施了罩网尖、东沙港、海北、大丰港、东川、笆斗、三仓、东台无名川、凌洋、兴海等垦区，围垦面积约40万亩，又使约75km岸线上的一线海堤东移1～4km。

2. 第一轮海堤达标

1997年11号台风和天文大潮造成110km海堤严重破坏，江苏省人民政府印发《关于加强江海堤防达标建设工作的通知》（苏政发〔1997〕136号），决定从1998年起，用3～5年时间基本完成全省江堤和海堤重点地段堤防达标建设任务。海堤达标建设的工程内容包括堤防土方工程、冲刷地段的防护工程、病险建筑物加固改建工程、堤顶公路建设工程、管理设施的更新改造，以及险段保坍应急工程。截至2005年年底，海堤达标建设累计完成堤防加固400km，完成重点堤岸防护163km，大中型涵闸改造37座，小型涵闸改造68座，完成工程总投资13.8亿元。

3. 第二轮海堤达标

从2006年开始，用3年时间全面完成海堤重点堤段达标建设任务。第二轮海堤达标建设工程设计标准与第一轮一致。主要建设内容包括海堤防护工程91.45km、保滩工程38.16km、大中型涵闸26座、小型涵闸84座，概算总投资15.61亿元。

4. 海堤达标近期年度应急工程

2010年至今又实施了海堤达标年度应急工程，除涵闸、道路外，主要为水毁修复工程。主要建设内容计有海堤防护工程29.486km，其中新建9.867km，拆建0.88km，维修18.739km；保滩工程12.989km，其中新建4.844km，维修8.145km；大中型涵闸1座、小型涵闸2座；防汛道路41.92km，其中维修11.0km，新建30.92km；挡浪墙5.22km，其中拆建50m，新建5170m；丁坝3座，顺坝80m。概算总投资5.835亿元。

2.4.4.2 相关规划情况

根据《淮河流域综合规划（2012—2030年）》，江苏省主海堤设计防潮标准为：连云港连云区、赣榆县城段主海堤防潮标准为100年一遇，其他段主海堤及灌河堤河口段防潮标准为50年一遇；主海堤堤线结合江苏沿海地区发展规划，对堤线适当调整，堤线总长788.7 km（含灌河堤80.0 km），其中新匡围区新建堤防201.2 km，加固堤防118.2 km，利用达标堤防469.3 km（含灌河堤80.0 km）。

2.5 蓄滞洪区及滞涝圩区

2.5.1 洪泽湖周边（含鲍集圩）滞洪区

2.5.1.1 概况

洪泽湖周边滞洪区位于洪泽湖大堤以西，废黄河以南，宿迁市泗洪县西南高地以东，以及淮安市盱眙县的沿湖、沿淮地区，涉及宿迁、淮安两市的泗洪、泗阳、宿城、盱眙、洪泽、淮阴六个县（区）及省属洪泽湖、三河两个农场，共 84 万人，滞洪区总面积 1515km^2，耕地面积 80.8hm^2，沿湖高程 12.5m（废黄河基面，下同）以上已有圩区 291 个。当洪泽湖蒋坝水位达到 14.5m 且继续上涨时破圩滞洪，至洪泽湖设计洪水位 16.0m 时滞洪库容 30.07 亿 m^3，占整个洪泽湖库容的 30%以上，平均蓄水深度 1.87m。

鲍集圩行洪区位于淮河中游末端，江苏省淮安市盱眙县境内西北部，北临洪泽湖，西、南、东侧为淮河干流，涉及鲍集、肖嘴、铁佛、兴隆、仁集 5 个乡镇 4.73 万人。鲍集圩行洪区南北长约 12～25km，东西宽 24～26km，地势西南低、东北高，区内最高地面高程 18.0m，最低高程 11.5m，面积 153.4 km^2，耕地面积 1.03 万 hm^2。行洪时淹没水深 1～6m。在淮河干流河槽中有腰滩、哈滩、城根滩三个洲滩，面积 40.76km^2，18 个行政村，1.87 万人。

江苏省洪泽湖周边（含鲍集圩）滞洪区控制运用办法由国家防总制定，省防指和市县防汛部门根据流域防洪总体要求，结合行蓄洪区特点，分别制定了行蓄洪区运用和撤退转移预案。

2.5.1.2 防洪调度

洪泽湖周边滞洪区是淮河流域防洪体系的重要组成部分。2007 年 5 月国务院批复的《淮河防御洪水方案》（国函〔2007〕48 号）指出："洪泽湖水位达到 14.5m 且继续上涨时，滨湖圩区破圩滞洪。"洪泽湖周边滞洪区是在现状下游出路严重不足的情况下流域防洪规划及流域洪水调度方案规定明确的设计标准内的滞洪区。作为防洪设计标准之内的滞洪区，保护洪泽湖大堤及下游 2000 多万人口，3000 多万亩耕地以及扬州、泰州、盐城等重要城市的防洪安全。

鲍集圩行洪区的主要作用是在淮河干流河道泄流能力不足时扩大河道的泄洪断面，增加泄洪能力。2016 年 7 月国家防总批复的《淮河洪水调度方案》（国汛〔2016〕14 号）明确，浮山水位达 18.10m 时鲍集圩行洪，设计行洪流量 3510m^3/s，占淮干浮山以下河道过流能力的 27%。鲍集圩行洪区对淮河流域防洪作用突出，启用标准低、淹没水深大、淹没历时长。2009 年 3 月，国务院批复的《淮河流域防洪规划》（国函〔2009〕37 号）明确，鲍集圩是淮河流域现有行洪区，行洪区调整规划完成后，鲍集圩纳入洪泽湖周边滞洪圩区。

2.5.1.3 防洪工程设施

1. 堤防工程

迎湖挡洪堤：洪泽湖滨湖岸线长约 380km，已筑挡洪堤约 290.59km（不含鲍集圩堤防），迎湖挡洪堤是按挡洪泽湖滞洪前 14.5m 水位设计的，堤顶高程为 15.0～17.5m，顶宽3～6m，内外坡比1∶2.5～1∶3，绝大部分圩堤未达到设计标准，目前有护砌的仅有36.05km。迎湖挡洪堤是滨湖圩区一般洪水及大洪水滞洪前的御洪屏障，1955年实施洪泽湖蓄垦工程修筑，形成主体，后逐年汛期抢险加高修筑，形成目前状况。由于原设计标准低，堤身单薄矮小，前无防浪林台，后无戗台，自1955年建成以后国家只在2003年灾后重建安排过少部分加固工程，加上风浪淘蚀严重，尤其是湖面开阔、吹程远、迎风顶浪的堤段，经常出险，使得很多堤段均不达标准。

保庄圩堤：洪泽湖周边滞洪区2003年灾后重建为安置灾民修建了6座保庄圩，共筑保庄圩堤26.17km，按防洪泽湖设计水位16.0m设计，堤顶高程17.5m，顶宽6m，边坡1∶3，除临淮保庄圩有少量挡洪墙外，其余均为土堤，只有少部分迎湖堤段有块石护坡，大多没有护砌。

2. 圩区排涝工程

洪泽湖周边滞洪区共有圩区389个，面积1102.29 km^2，现状已建排涝站动力电站43289kW，机站9217马力，虽然通过历次治理，排涝能力有了很大提高，但电站的设备老化现象严重，仍能发挥作用的机组平均排涝模数不足0.35$m^3/s \cdot km^2$，远低于5年一遇排涝标准0.57$m^3/s \cdot km^2$。

3. 进退洪建筑物及分隔堤工程

洪泽湖周边滞洪区滞洪面积大，人口多，涉及问题多解决难度大且复杂，目前尚未形成上下统一的正式滞洪区规划，因此尚未实施过进退洪建筑物，也没有进行过分区运用方案研究。现状可以用来进退水的建筑物主要有通湖河道节制闸和圩区排涝涵洞，但这些建筑物均不能直接用来进洪，需进行反向消能防冲加固改造。

4. 控制涵闸

老汴河闸：位于泗洪县老汴河二河口，为平板钢闸门，设计5孔（其中1孔通航），设计流量236.7m^3/s，设计水位上游13.50m，下游10.50m。

濉河闸：位于泗洪县濉河洪安，为钢平板门，设计5孔（其中2孔通航），设计流量386.8m^3/s，设计水位上游13.65m，下游13.50m。

安东河闸：位于泗洪县安东河顾勒，为钢丝网水泥波形门，设计5孔（其中1孔通航），设计流量223.0m^3/s。设计双向水位，正向：安东河水位13.70m，洪泽湖水位11.00m；反向：安东河水位12.50m，洪泽湖水位16.00m。

古山河闸：位于宿城区古山河滑圩，为钢平板门，设计3孔，设计流量117.0m^3/s。设计双向水位，正向：古山河水位13.70m，洪泽湖水位10.50m；反向：安东河水位14.00m，洪泽湖水位15.50m。

高松河闸：位于泗阳县高松河曹咀，为钢平板门，设计5孔（其中1孔通航），设计流量115.0m^3/s。设计水位上游13.50m，下游11.00m。

西民便河闸：位于宿城区西民便河曹庙，为钢平板直升门，设计5孔，设计流量272.3m^3/s。设计水位上游13.50m，洪泽湖水位14.8m。

鲍集圩行洪区淮河北堤从下草湾至淮河镇黄岗圩，主堤全长37.8km，堤顶高程19.2～17.5m，堤顶宽6m，背水坡1∶2.5，迎水坡1∶3。设计防洪水位17.58～16.1m。行洪区进洪口门分别设在淮河北堤新迁村、河洪村境内；上口门底高程17.3m，下口门底高程 16.8m，各长 1km。

2.5.1.4 安全及预警设施

洪泽湖周边滞洪区安全建设基本未启动，安全建设工程只是 2003 年安置灾民进行了部分移民安置和建设了 6 座保庄圩工程，保庄圩面积共 9.62km²。共安置 43390 人，其中迁移 33220 人，保庄圩内原有 10170 人。洪泽湖周边滞洪区未进行过满足滞洪需要的撤退道路建设，只是交通部门根据交通需要建设了一些道路，可用作撤退道路使用，现状共有道路 545km，干线 303.8km，其中省道 63.5km，县乡道路 240.3km；其余为支线道路，共 241.2km。

鲍集圩行洪区自 1991 年以来，共兴建撤退道路近 90km，以及部分应急通信预警系统，至 2000 年底累计投资 761 万元。2003 年淮河流域发生大洪水后，国家、江苏省投资实施灾后重建应急工程，主要有洪花、铁杨、大寨路防汛撤退道路 3 条 35.5km，淮河北堤累计护坡 21.3km，拆建河洪闸、龙窝涵洞、杨滩站等穿堤建筑物 9 座，兴建杨咀、马咀、小滩 3 个保庄圩，安置人口 5353 户 16814 人。

2.5.1.5 洪水风险评价

洪泽湖周边滞洪区滞洪时，主要通过通湖河道及开口门的方式进行滞洪。洪泽湖周边滞洪区内地面高程一般为 12.5～16.0m，多为坡地圩区，自四周向湖区倾斜，滞洪时低洼地区水深可达 3.5m 左右。

鲍集圩行洪区既没有进洪闸，也没有退洪闸。进洪时完全靠口门爆破实施，进洪口门无保护设施，一旦启用将给保护堤防安全带来很大困难。

一旦洪泽湖周边滞洪区（含鲍集圩）滞洪，留给区内群众的准备时间较短，人员安全转移风险较大。滞洪后，除保庄圩、部分高地外，其他区域将迅速被水淹没，尤其是低洼圩区及行洪通道范围内，考虑到淹没水深、流速等因素影响，属高风险区。

2.5.1.6 历史运用情况

洪泽湖周边（含鲍集圩）滞洪区历史上尚未运用过。

2.5.2 黄墩湖滞洪区

2.5.2.1 概况

黄墩湖滞洪区地处淮河流域的沂沭泗水系，位于江苏省骆马湖西侧，为防御沂沭泗洪水的滞洪区。其范围北以房亭河南堤为界，南至废黄河北堤，东至中运河西堤，西至徐洪河东堤，滞洪区内地势呈东南低、西北高，区内地面高程一般为 21.0m（废黄河基面，下同），最低处 19.0m，总面积 229.93km²。历史上黄墩湖、骆马湖均为湖泊洼地，京杭运河开挖后，将这片洼地一分为二，河东为现在的骆马湖，河西就是现在的黄墩湖，黄河夺淮后，黄墩湖就成为非常洪水的临时滞洪区。黄墩湖滞洪以骆马湖洋河滩水文站为滞洪代表站，其警戒水位为 23.5m。

黄墩湖滞洪闸由江苏省骆运水利工程管理处管理，滞洪区内部分预警设施也由其管理，区内安全设施主要由乡镇管理。

2.5.2.2 防洪调度

黄墩湖滞洪区是东调南下沂沭泗河洪水防洪工程体系中的一个重要组成部分，在防御超标准洪水和保障流域防洪安全方面，具有十分重要的作用。据统计，骆马湖保护区面积

$10826km^2$，耕地面积68万hm^2，人口792万人。其中，骆马湖下游重要城市宿迁市，与骆马湖相距仅6km，城区总人口约22万人。根据《水利水电枢纽工程等级划分及设计标准》，骆马湖远景防洪设计标准为100～300年一遇，而骆马湖的现状防洪标准仅为50年一遇，当骆马湖以上洪水超过其现状设计洪水时，为确保骆马湖防洪安全，保护骆马湖下游人民生命财产的安全，将洪灾的损失降至最低，就必须考虑超标准洪水的出路，开辟黄墩湖作为骆马湖非常洪水的滞洪区。因此，黄墩湖滞洪区作为沂沭泗流域非常洪水的滞洪区，其地位和作用是非常明显的。

根据国家防总《关于沂沭泗河洪水调度方案的批复》（国汛〔2005〕8号）规定："如预报骆马湖水位超过26.0m，当骆马湖水位达到25.5m时，启用黄墩湖滞洪区滞洪，确保宿迁大控制安全"。

黄墩湖滞洪区的运用由淮河防汛抗旱总指挥部商江苏省提出意见，报国家防汛抗旱总指挥部决定。

黄墩湖滞洪闸的控制运用，由江苏省防汛抗旱指挥部通知江苏省骆运水利工程管理处执行。爆破口门的运用由驻地部队执行。

2.5.2.3 防洪工程设施

黄墩湖滞洪区东侧为中运河堤和骆马湖二线大堤上段，自房亭河口至皂河镇长约30km，堤顶高程28.0m，顶宽6m；北侧为房亭河南堤，堤顶宽6m，顶高程28.0m，从刘集地涵至中运河口约6km；西侧为徐洪河，东堤顶高程为28.0m，顶宽10m，长约30km，北起刘集地涵，南至废黄河。滞洪区南侧为废黄河高滩地，滩地高程31.0m左右。

黄墩湖滞洪闸于1998年建成，位于中运河与民便河交汇口处，12孔，每孔净宽10m，闸底板高程20.5m，门顶高程26.5m，弧形钢闸门配2/10T绳鼓启闭机，设计进洪流量$2000m^3/s$，投资4473万元。

黄墩湖滞洪区爆破口门位于中运河西堤宿豫区曹甸村和邳州市双河桥村两处，两口门各长300m，预埋混凝土管爆破井308眼。其中曹甸段143眼，双河桥段165眼，直径0.8m，埋深4m。

新邳洪河闸位于邳洪河、黄墩湖小河交汇处，东与皂河复线船闸相连，西与骆马湖二线大堤相接，8孔（其中1孔为通航孔，净宽6.6m，其余每孔净宽7.0m），底板高程14.5m，平面直升钢闸门，设计流量$310m^3/s$。担负着控制邳洪河水位、排除黄墩湖内涝、滞洪后退水的任务，骆马湖防洪退守宿迁大控制时关闸挡洪。

沙集闸位于徐洪河沙集枢纽抽水站两侧，6孔，每孔净宽6m，设计流量$200m^3/s$，校核流量$400m^3/s$，底板高程15.0m，平面钢闸门。在黄墩湖滞洪区滞洪运用后退水期间，可通过调度黄河北闸、沙集闸向洪泽湖退水。

黄河北闸位于徐洪河穿越废黄河处，两侧边孔每孔净宽12m，升卧式闸门，兼有通航功能，中间2孔为排水孔，每孔净宽8m。闸底板高程15m，门顶高程26.5m，滞洪时闸门视水情全部关闭。

2.5.2.4 安全与预警设施

黄墩湖滞洪区的安全设施主要由撤退道路、撤退桥梁、避洪楼、通信报警设施等组成。

黄墩湖滞洪区的安全建设始于1986年，经数次规划，先后实施了一批安全建设工程，特别是1991年大水后，国务院及时做出关于进一步治理淮河和太湖的决定，明确提出加快行滞洪区安全建设，并将淮河流域行蓄洪区安全建设工程作为淮河流域19项防洪除涝骨干工程之一，列入国家治淮建设计划。1993年水利部对《淮河流域行蓄洪区安全建设修订规划》批复后，国家对行蓄洪区安全建设投入逐步增加。自20世纪80年代至2011年，黄墩湖滞洪区共建有撤退道路308km，避洪楼2135座，以及通信报警等设施。

预警系统由电动音响警报器组成。在滞洪区内按离分洪口门近和人口密集的乡村进行安装的原则，共选取了宿迁市的宿豫区、徐州市的邳州市和睢宁县13个点安装了警报器。同时为保证供电，为每个站点配备了一台5kW柴油发电机组作为备用电源。另外还配备了备用警报器和移动式警报器各一台。20世纪90年代后期，由江苏省防指牵头，在通信部门支持配合下，利用滞洪区内已装程控电话线路并增设移动通信基站，无线与有线结合，必要时向通信公司无偿借用一定数量手机，以满足滞洪时通信联络的需要。

2.5.2.5 洪水风险评价

黄墩湖滞洪区滞洪时，洪水首先从中运河西堤上的黄墩湖滞洪闸进入滞洪区内，必要时还要启用两个爆破口门。在进洪口门附近约3.0km^2范围内，水深流急，毁坏性最大，爆破滞洪瞬时最大流量可达15000m^3/s，开闸进洪流量可达2000m^3/s，流速1.87～3.35m/s，最大水深6.0～7.0m，为极危险区。在离安全区2.5km左右的范围，一般地面高程在22.0m上下，滞洪水深4.0m左右，靠边缘流速较小，为边缘重灾区。在极危险区与边缘重灾区之间的腹部区域，处在行洪范围内，水深达4.0～7.0m，危险程度较大，为腹部危险区和行洪危险区。处在民便河与徐洪河交汇处约2.0km^2范围内，地势较低，亦属于极危险区。

2.5.2.6 历史运用情况

黄墩湖滞洪区曾于1957年被迫滞洪一次，以后再尚未滞洪运用过。1957年7月6—26日，沂沭泗流域连续出现暴雨，一般累计雨量500～600mm，暴雨中心区累计雨量700～800mm。沂河临沂站出现6次洪峰，最大洪峰流量达15400m^3/s，山东省分沂入沭水道最大分洪流量3180m^3/s，江风口闸5次分洪，最大分洪流量3380m^3/s，徐州境内华沂站最大流量6420m^3/s（不包括老沂河）。沭河同期连续出现8次洪峰，大官庄站最大流量4910m^3/s，经新沭河分洪后老沭河新安镇站最大流量2820m^3/s。南四湖最大入湖流量约10000m^3/s，南阳湖最高水位达36.48m，微山湖最高水位36.28m。蔺家坝束水坝被冲垮，最大下泄流量达845m^3/s。随着沂河、中运河洪水涌入，7月16日起骆马湖水位超过22.7m，17日凌晨黄墩湖分洪。两湖最高水位23.15m，滞蓄水量6亿m^3，经济损失约1亿元。

2.5.3 蒿子圩滞洪区

2.5.3.1 概况

无常住人口，内有精养鱼池166.67hm^2。滞洪区平均地面高程7.5m（吴淞基面，下同）。以滁河晓桥水文站为滞洪代表站，其警戒水位9.5m。蒿子圩滞洪区由南京市浦口区永宁镇政府具体做好滞管理及其他有关工作。

2.5.3.2 防洪调度

根据国家防总《关于滁河洪水调度方案（试行）的批复》（国汛〔1993〕30号），蒿子圩滞洪区作为滁河四个分蓄洪区之一，主要分蓄襄河口—汊河集超额洪水，是滁河流域防洪体系的重要组成部分，对保障津浦铁路安全具有十分重要的作用。

当滁河晓桥水位达到12.50m，并预报水位继续上涨时，根据上级命令启用蒿子圩滞洪区。

2.5.3.3 防洪工程设施

蒿子圩滞洪区位于滁河流域，滞洪区主河堤3.4km，堤顶高程14m、顶宽5m，内有一级平台宽8m。总面积2.5km^2，滞洪后水深约达3m，滞洪水位10m时蓄洪量约为500万m^3。

1. 蒿子圩分洪闸

1992年在蒿子圩南埂兴建滞洪闸1座，5孔，每孔净宽3m，闸底板高程9.5m，门顶高程12.8m，钢筋混凝土闸门配10T螺杆式手、电两用启闭器，启闭机房1间，设计进洪流量为125m^3/s。

2. 蒿子圩排洪涵洞

为解决蒿子圩排水与挡洪的矛盾，1987年在蒿子圩南埂东侧兴建挡洪涵洞1座1m×0.8m，按照20年一遇洪水要求设计孔径。底板高程为5.5m。

3. 蒿子圩场部山涵

为了解决蒿子圩抗旱挡洪的矛盾，1983年在蒿子圩养殖场上方兴建了1座1m×1.2m单孔放水涵，底板高程8.5m。

4. 蒿子圩排涝站

为了解决汛期排涝矛盾，1983年在蒿子圩养殖场上方建排涝站1座设计为2台40kW、12寸抽水泵，排涝流量为0.44m^3/s。

5. 防洪大堤

滞洪区东侧为张家圩西埂堤防，顶宽4～5m，高程13.5m，滞洪区另外三面主河堤长3.4km，顶宽5m，内有平台一级高程10m，宽度8m。

2.5.3.4 安全及预警设施

设施需满足指挥、通信、联络的需要。

2.5.3.5 洪水风险评价

蒿子圩滞洪区无常住人口，滞洪后水深约达3m，无人员伤亡风险。

2.5.3.6 历史运用情况

1991年7月8—13日，滁河流域出现连续暴雨，滁河晓桥出现3次洪峰，最大洪峰流量达220m^3/s、滁河晓桥最高水位达12.63m。在接到上级防指滞洪命令后3个小时内撤出滞洪区内人员，7月11日在滁河晓桥水位达到12.67m时，蒿子圩破堤分洪，滞洪半个月，损失成品鱼150万kg。

2003年7月2—6日，滁河流域出现连续暴雨，滁河晓桥出现2次洪峰，最大洪峰流量达240m^3/s、滁河晓桥最高水位达12.46m。在接到上级防指滞洪命令后3个小时内撤出滞洪区内人员，7月5日蒿子圩开闸分洪，滞洪一个星期，损失成品鱼160万kg。

2008年7月31日—8月2日，滁河流域出现了百年一遇的强降雨，永宁地区36小时降雨量达452.77mm，滁河晓桥最高水位达12.62m。为了滁河流域的安全，蒿子圩8月3日晚及时开闸分洪，滞洪近一个月，给圩内养殖户造成了经济损失。

2.5.4 里下河滞涝圩区

2.5.4.1 概况

里下河滞涝圩区位于江苏省里下河腹部低洼地区，东经119°20′～120°05′，北纬32°30′～33°33′，为浅水湖泊。湖泊湖荡面积695km²，由约40个零散湖荡组成，主要有射阳湖、大纵湖、蜈蚣湖、郭正湖、得胜湖、广洋湖、平旺湖、官垛荡、乌巾荡、癞子荡、南荡等。荡滩高程一般为0.70～0.90m（废黄河高程，下同），湖底高程一般为0.00m左右。里下河湖区与里下河地区骨干河网相串连。湖泊湖荡部分已圈圩建有进退水闸、滚水坝等进退水口门设施。里下河滞涝圩区主要功能有调蓄水量和引水排水，具有依次滞蓄、双向引排等功能。

里下河滞涝圩区开发利用以养殖为主，已建副业圩294个，面积432.5km²；农业副业混合圩64个，面积135.6km²；单一品种的农业圩16个，面积28.8km²；还有部分水域围网养殖。另有建湖九龙口风景旅游区、盐都大纵湖风景旅游区、兴化乌巾荡风景区等。

根据省政府《关于批转省水利厅关于里下河腹部地区滞涝、清障实施意见的通知》（苏政发〔1992〕44号）和《里下河地区水利规划》，里下河滞涝圩区保护范围为应保留的湖泊湖荡216km²及三批滞洪圩479km²，包括湖泊湖荡水体、湖盆、荡滩和在此范围内的行水通道、圩堤。

排涝标准内的控制滞涝面积216km²。已筑圩堤的共157.8km²，其中已获批准筑圩的28.9km²，应降低圩堤标高，滚水堰顶高程不得高于2.00m，圩内不得建格埂，不住人、不修建房屋和其他永久性建筑物；其余应先行清障，连通圩外水域，改为网圩养殖，逐步实施退田（渔）还湖，恢复湖荡自然状态，改善生态环境。

防洪标准内增加的控制滞洪面积479km²，分三批滞洪。第一批滞洪圩配套进退水闸和滚水堰，闸门及堰顶高程不高于2.50m，圩内应退田还水，经营结构调整为水生作物和水产养殖，不住人，不设外排站、不修建房屋和其他永久性建筑物。第二批滞洪圩配套进退水闸和滚水堰，闸门及堰顶高程不高于3.00m，圩内逐步退田还水，经营项目以水生作物和水产养殖为主，现有人员要尽量疏散，不形成村庄。第三批滞洪圩配套进退水闸，闸门顶高程不高于3.50m，现状圩内以农田为主，有村庄、设施，应控制人口增长，对人口集中的村庄可圈隔堤建成保庄圩，或有计划组织外迁，堤防高程可按20年一遇防洪标准修筑；圩内应扩大水生作物面积，逐步退田还水，不得建小城镇、中型以上的企业。在远期实现外排能力目标基础上，可考虑在50年一遇以下洪水时解脱第三批滞洪圩，遇超50年一遇标准洪水仍需滞蓄。

2.5.4.2 防洪调度

里下河滞涝圩区调度运行依据《里下河地区洪涝调度方案》（苏防〔2017〕21号）和《批转省水利厅关于里下河腹部地区滞涝清障实施意见的通知》（苏政发〔1992〕44号）执行。全区水情调度主要以兴化站水位为代表。

里下河地区的防汛抗洪实行省防指统一指挥，各市联防，分级分部门负责制。洪涝灾害发生后，沿海各闸及高港、江都、宝应等泵站及时排水；当兴化水位达到警戒水位2.00m时，周边地区涝水不能排入里下河地区，滞蓄控制线范围的湖泊湖荡及时调蓄；当兴化水位达到2.50m时，第一批滞洪圩开放滞蓄，当兴化水位达到3.00m时，第二批滞洪圩开放滞蓄，当兴化水位超过3.00m，并有继续上涨趋势时，第三批滞洪圩开放滞蓄。

2.5.5 赤山湖及白水荡

2.5.5.1 赤山湖

赤山湖位于句容河中部，是秦淮河流域中部滞洪湖泊，洪水期承担调蓄洪水任务。赤山湖三面岗地，西北一面地势平坦，下游通句容河，赤山湖实施“退渔还湖”后，内湖5座渔场全部变为湖面，现状赤山湖环湖面积2.3km^2，内湖水面面积为4.0km^2，陆面面积1.5km^2，内湖堤防为20年一遇防洪标准，堤顶高程14.0m，外湖大堤现状堤顶高程基本在15.0m左右。

赤山湖正常蓄水位9.0m，相应容积1433万m^3（其中内湖1038万m^3）；警戒水位11.0m，相应容积2758万m^3（其中内湖1812万m^3）；设计洪水位13.34m，相应容积4476万m^3（其中内湖2748万m^3）；校核洪水位14.42m，相应容积5261万m^3（其中内湖3187万m^3）；历史最高水位13.88m（2015年6月27日）。

2.5.5.2 白水荡

白水荡为赤山湖蓄滞洪区的一部分，位于赤山湖西侧，面积2.5km^2，目前正在建设。水位13.0m时，相应滞洪容积1500万m^3。

2.5.5.3 泗庄圩和西万亩圩

泗庄圩位于句容河上游左岸，为农业圩，圩区高程6.0～9.0m，圩区面积为1.33km^2；水位13.0m时，相应滞洪容积798万m^3。西万亩大圩位于白水荡南侧，赤山湖以西，圩内以农田为主，圩区高程7.0～10.0m，圩区面积为4.0km^2；水位13.0m时，相应滞洪容积2400万m^3。泗庄圩和西万亩圩可应急发挥蓄滞洪作用。

2.5.6 升平、三塔、南渡荡

2.5.6.1 概况

溧阳南渡以西地区，南北均有山丘为界，中间为南河，流经升平、三塔、南渡等三个湖荡。南渡以西地区总面积843.1km^2，其中山丘区面积536km^2，约占64%；平原和半山半圩面积257km^2，约占30%；低洼圩区面积27km^2，约占3.3%；湖荡面积23.1km^2，约占2.7%。

本地区地形复杂，山丘区面积比例大，山前直接为山前平原，山丘区与平原间无过渡地带，山洪直接进入平原，峰高水急。历史上南渡以西地区洪水主要通过升平、三塔、南渡等三个湖荡调蓄，减缓下游地区防洪压力。但自1962年以来，三个湖荡逐渐被围垦，下游洪水压力明显增加，洪涝灾害加剧。为恢复三荡滞洪功能，1985年江苏省防汛抗旱指挥部组织有关单位进行实地调研及征求有关方面意见后，以“苏防〔85〕48号文”提出了《关于溧阳县南渡以西湖荡围垦区实行滞洪防汛的意见》，文件中明确了三荡性质、启用水位、启用顺序及防洪基金筹措等。

2.5.6.2 滞洪方案

南渡以西地区山区汇流面积较大，河水暴涨暴落，完全靠河道工程解决防洪问题工程量很大，对下游的压力也较大。当河口水位超过 6.70m 时向滞洪区分洪。10 年一遇降雨，若不滞洪，1982 年型河口最高水位达 8.12m，1987 年型河口最高水位 7.27m；启用滞洪区滞洪后，相应河口最高水位分别为 7.16m 和 6.74m。20 年一遇降雨，不滞洪时，1982 年型河口最高水位达 8.94m，1957 年型河口最高水位 7.04m；滞洪后，相应河口最高水位分别为 7.39m 和 6.73m。可见滞洪区的滞洪效果相当显著。

3 供水工程体系

3.1 江水北调及南水北调东线一期工程

3.1.1 供水区域概况

江水北调供水范围是省内淮河流域，该流域地处淮河、沂沭泗诸河下游，东临黄海，地势低平，流域面积 6.40 万 km^2，又分淮河和沂沭泗两大水系，其中淮河水系 3.86 万 km^2，涉及淮安、宿迁、徐州、扬州、泰州、盐城、南通 7 个市，沂沭泗水系 2.54 万 km^2，涉及徐州、宿迁、连云港、盐城、淮安 5 个市。历史上，该地区用水主要是依赖当地降雨径流，以及洪泽湖、骆马湖、微山湖等湖库拦蓄的淮沂沭泗上中游来水，水源可用不可靠。

3.1.2 工程建设缘由及历程

江苏省淮北地区水资源紧缺，旱灾经常发生。20 世纪 50 年代起，随着淮沂沭泗上游地区水资源开发程度的提高，上游来水不断减少，且本地降水明显偏少，而淮水可用却不可靠，人口数量又不断增加，水资源紧缺的矛盾更趋突出，已经成为制约整个苏北地区经济社会发展的重要因素。

为了改变上述状况，在 20 世纪 50 年代对淮河洪水进行初步治理后，省水利厅于 1957 年编制了淮水北调规划，于 1958 年又提出了扎根长江、淮水北调、引江济淮的规划。其主要内容是向北送水和向东送水。向北送水，是将原用淮水灌溉的里下河灌区改为抽引江水灌溉，把腾出的淮水与抽引的江水尽量北送，以解决淮北水资源紧缺的问题。向东送水，是江水经新通扬运河送入里下河地区，并补给渠北地区和沿海垦区。向北送水和向东送水总称江水北调东引工程，供水范围达 4500 万亩。从 1961 年起，江苏省开始兴建以江都抽水站为龙头、京杭运河为输水干线、逐级抽水的江水北调工程体系。经过几十年不懈的建设，建成了串联洪泽湖、骆马湖、微山湖等大湖，沟通了长江、淮河、沂沭泗“三大水系”，实现江、淮、沂沭泗水源互济互调的调水工程体系，在苏北地区形成了跨流域的水资源调配网络。

2002—2013 年兴建的南水北调东线一期工程是在江苏省江水北调工程的基础上扩大规模，向北延伸。南水北调新建工程与原有江水北调工程共同组成更为完善的江水北调供水工程体系。

3.1.3 主要调水工程

江水北调工程是江苏省境内跨流域引水、多水源互济，集供水、航运和排涝等功能于一体的水资源供给系统。输水干线以江都站为起点、京杭运河为输水骨干河道，经过洪泽湖、骆马湖调蓄，可将江水送到微山湖。输水干线全长452km，沿线已建成江都、淮安、淮阴、泗阳、刘老涧、皂河、刘山、解台、沿湖等9个梯级17座泵站，总抽水能力达1600m^3/s左右，总装机容量17万kW。

南水北调东线一期工程新建、改扩建14座泵站，加固改造4座泵站。扩建了三阳河，开挖了潼河，整治了淮安四站输水河道和金宝航道。

江水北调和南水北调东线一期工程共9个梯级29座泵站，总抽水流量超过2400m^3/s，可把江水从2～3m高程（废黄河基面）提高到32m高程。

洪泽湖以上，另有两条输水支线，共建7个泵站：一条是徐洪河、房亭河线，沿线已建沙集、刘集、单集、大庙等抽水站，与京杭运河并行向省内西北部地区送水；另一条是淮沭新河线，向省内东北部地区送水，沿线建有房山、芝麻、石梁河等抽水站。洪泽湖以下，运西有输水支线，建有石港站、蒋坝站，其中石港站可抽引里运河水源向入江水道金湖段供水。

3.1.3.1 河道工程

1. 原有江水北调主要输水河道

京杭运河：京杭运河史称大运河，1958年进行全面治理时称京杭运河。周敬王三十四年（公元前486年）开凿邗沟（即今里运河），后经历代开挖、扩建、改建成大运河，是中国开凿较早、路线最长的人工运河。

京杭运河苏北段一般指自徐州蔺家坝至扬州六圩，由不牢河、中运河和里运河三段组成，长404km，中华人民共和国成立后曾多期整治，1982—1987年又进行了全面整治，成为江水北调的骨干输水通道。

京杭运河苏北段现状工程已达到以下标准：中运河骆马湖以北段大王庙至骆马湖二湾段可泄洪6500～6700m^3/s，相应运河镇水位为26.50m，骆马湖以南段为可强迫行洪1000m^3/s；里运河堤防抗御高邮湖设计水位9.50m；其中江都站—南运西闸、南运西闸—运西闸、运西闸—运西分水闸输水能力分别为400m^3/s、350m^3/s、250m^3/s。河底宽度，杨庄以上70m（其中邳宿交界—大王庙段，按三级航道疏浚，底宽50m），以下为45～70m，基本上达到二级航道标准。

依照江苏省江水北调规划，经过多年建设，目前江水北调京杭运河输水线的现状是：以江都站为起点、京杭运河为输水骨干河道，经过洪泽湖、骆马湖调蓄，可将江水送到微山湖。沿线又被分为高水河、里运河、骆马湖以南中运河。其中高水河位于江都区境内，自江都抽水站至邵伯轮船码头，全长15.2km。南承江都站引河，北接里运河，是江都站向北送水入里运河的输水河道，也是沟通里运河与芒稻河的通航河道。高水河南段，同时又是淮河入江水道一条泄洪通道，承泄运盐河来水；里运河南接高水河，北至杨庄二河，隔河与中运河相接，长159.7km。两岸堤防总长314.66km，河底高程−1.0～−3.0m。里运河邵伯节制闸至南运西闸段设计输水流量400m^3/s，南运西闸至运西闸段350m^3/s，运西闸至淮安站段250m^3/s，相应输水水位分别8.5m、7.6m、6.43m和6.0m；淮安站至淮阴二站段设计输水流量 $80m^3/s$，相应输水水位为 9.1m 和 9.0m；骆马湖以南中运河南起淮阴闸，北至皂河闸，全长约 116.7km，是一条调水、防洪、航运综合利用河道，该河段也是南水北调东线工程的主要输水干线。有三级梯级泵站控制向北抽水，自南向北分别为泗阳、刘老涧和皂河抽水泵站。骆南中运河也是黄墩湖和洪河地区排涝干河，必要时相机参与排泄骆马湖洪水。淮阴闸至泗阳站段输水流量 $230m^3/s$，相应输水水位 11.5m 和 10.5m；泗阳站至刘老涧站段输水流量 $230m^3/s$，相应输水水位 16.5m 和 16.0m；刘老涧站至皂河站段输水流量 $230\sim175m^3/s$，相应输水水位 19.5m 和 18.5m。

徐洪河：徐洪河输水线是江苏省江水及淮水北调的一条支线，南自洪泽湖的顾勒河口，沿安河旧道经金锁镇、大口子、七嘴、沙集，穿过废黄河，至刘集接通房亭河，再循房亭河向西北至徐州的荆山桥入不牢河（京杭运河），全长 187km，其中徐洪河 120km，房亭河 67km。沿线涉及泗洪、宿城、睢宁、邳州等县（市、区），是一条调水、灌溉、防洪、排涝、航运综合利用河道。徐洪河设计输水 $200m^3/s$，防洪标准 20 年一遇，排涝标准 5 年一遇，并结合五级航道要求设计；2012—2013 年进行了航道扩挖，全线河道基本达到三级航道要求。排水面积 $2316km^2$。主要作用是，利用沙集、刘集、单集、大庙等抽水站，将洪泽湖水源包括江都等泵站三级抽引入湖的江水，向省内西北部地区供水。南水北调在沿线新建了泗洪站、睢宁站、邳州站，洪泽湖至泗洪站输水流量 $120m^3/s$，相应输水水位为 11.9m 和 11.5m；泗洪站至睢宁站输水流量为 $110m^3/s$，相应输水水位为 14.5m 和 13.5m；睢宁站至邳州站输水流量为 $100m^3/s$，相应输水水位为 21.6m 和 20.5m。

骆马湖以北中运河：骆马湖以北中运河南起二湾，北至苏鲁省界，全长 54.1km，该段中运河是南四湖、邳苍分洪道洪水南下及区间 $6800km^2$ 来水的行洪通道，同时也是南水北调东线的主要输水干线，兼有通航、灌溉等功能。皂河站至大王庙段河道现状输水能力为 $320\sim360m^3/s$，相应输水水位 21.7m 和 21.41m。

不牢河：东起中运河大王庙，西至蔺家坝，全长 71.7km，是一条集调水、灌溉、防洪、排涝、航运综合利用河道。河道沿线共分三级控制。上游蔺家坝控制是徐州市区防御南四湖洪水的控制工程，下游刘山闸控制航运水位并防止中运河洪水倒灌，解台枢纽为中间控制工程，分级控制水位，便于闸上引水灌溉。大王庙至刘山站段现状输水能力为 $200m^3/s$，相应输水水位 21.41m 和 21.27m；刘山站至解台站段现状输水能力为 $200m^3/s$，相应输水水位 27.0m 和 26.0m；解台站至蔺家坝站段现状输水能力为 $300m^3/s$，相应输水水位 31.84m 和 31.5m。

淮沭新河：淮沭新河输水线是江苏省江水及淮水北调的支线之一，主要作用是将江都等抽水站三级抽引的江水，或者将洪泽湖水源，向省内东北部地区供水，沿线建有房山、芝麻、石梁河等抽水泵站。

淮沭新河自洪泽湖二河闸起，至沭阳西关与新沂河交汇后经沭新闸入沭新河，北上入蔷薇河，送水至连云港市区，由二河、淮沭河、沭新河三段组成，全长 172.9km，是一条防洪、排涝、调水、灌溉、航运综合利用的人工河道，其中二河段 31.5km，淮沭河段 66.1km，沭新河段 75.3km。设计输水能力、按洪泽湖蒋坝水位 11.5m，二河送水

750m^3/s，供沿程用水并向废黄河、盐河送水，再由淮沭河东西偏泓输水 440m^3/s，供淮沭河沿程用水及新沂河南偏泓送水，向沂北地区送水 250m^3/s，沭新河设计输水能力 100m^3/s。沿线节点灌溉水位分别为：二河闸下 10.99m，淮阴闸下 10.5m，沭阳闸下 8.6m，与新沂河交汇口 8.5m。

2. 南水北调东线一期工程新扩挖输水河道

三阳河—潼河：三阳河、潼河地处里下河地区中西部，是里下河地区的主要引水、排涝河道。三阳河南起新通扬运河宜陵北闸，北至杜巷与潼河相连，长 66.5km，其中宜陵—三垛段为老河道，建成于 20 世纪 70 年代。设计输水规模 300～150m^3/s，三垛—杜巷段为南水北调一期工程扩挖河道，长 29.95km，设计输水规模 100m^3/s。潼河为南水北调一期工程新开河道，东接三阳河，西至里运河，长 15.5km，设计输水规模 100m^3/s。全河段节点设计水位为宜陵 1.92m、三垛镇 1.38m、杜巷 0.79m、宝应站下 0.17m。

淮安四站输水河道：自北运西闸至淮安四站闸下，全长 29.8km，分为运西河、白马湖湖区及新河三段。其中，运西河长约 7.47km，白马湖穿湖段长 2.3km，新河段长 20.03km。淮安四站输水河道设计输水规模 100m^3/s，相应输水水位为：里运河 6.43m、运西河入湖口 6.15m、出湖口 6.11m、镇湖闸下 5.55m、新河北闸闸上 5.2m、站下引河 5.10m。

金宝航道工程：金宝航道是一条通航、调水、灌溉、排涝综合利用河道，东起里运河，西至三河拦河坝下，全长 30.88km（裁弯取直后全长 28.40km）。设计输水规模 150m^3/s，相应节点输水水位为：南运西闸闸下 6.5m、涂沟 5.9m、金湖站下 5.7m、洪泽站下 7.5m。一期工程对张鼓墩—涂沟段河道裁弯取直，裁弯取直段采用双线输水。

3.1.3.2 泵站工程

泵站工程包括江水北调泵站工程及输水干线、输水支线和南水北调新建泵站工程。

1. 第一梯级泵站——江都站、宝应站

江都站地处扬州市江都区境内，位于新通扬运河和淮河入江尾闾芒稻河的交汇处，为江水北调和南水北调东线一期工程的龙头。有 4 座电力抽水站，共 33 台机组，总装机容量 53000kW，设计流量 400m^3/s，总抽水能力为 508m^3/s。宝应站为南水北调东线一期工程新建泵站，位于江苏省宝应县氾水镇东南约 5km 处的里运河东侧。江都枢纽与宝应站构成南水北调东线第一梯级泵站，江都站、宝应站均具有排涝功能，可抽排里下河地区涝水。

江都一站、江都二站：两站的设计流量、装机容量和站身结构均相同。一站于 1961 年 12 月开工，1963 年 3 月完成。二站于 1963 年 7 月开工，1964 年 8 月建成。每站有 8 台机组，总容量 6400kW，抽水流量 64m^3/s。1994—1997 年、1998—2001 年江都一站、二站分别进行了加固改造，抽水能力均提高到 80m^3/s。

江都三站：该站于 1967 年 7 月开工建设，1969 年 10 月建成，共 10 台机组，总装机容量为 16000kW，抽水流量为 135m^3/s，同时可反向利用淮河余水发电 3000kW。南水北调工程建设期间对该站进行了更新改造。

江都四站：该站于 1975 年 11 月开工建设，1977 年 3 月建成。共 7 台机组，总装机容量 21000kW。抽水流量为 210m^3/s。

宝应站：共 4 台机组（含备机 1 台），总装机容量 13600kW，单机流量 $33.4m^3/s$，设计流量 $100m^3/s$，抽水能力 $135m^3/s$。

两股来水在里运河会合后，一股顺里运河向北到淮安枢纽，另一股向西经过南运西闸沿金宝航道到金湖站下。

2. 第二梯级泵站——淮安站、金湖站

淮安站为江水北调京杭运河输水线上的第二梯级枢纽，坐落在淮安市淮安区南郊，共有 4 座电力抽水站。淮安梯级泵站设计流量 $300m^3/s$。金湖站为南水北调东线一期工程新建泵站，位于金宝航道上，地处江苏省金湖县银集镇境内。淮安站与金湖站共同构成南水北调东线工程第二梯级泵站。

淮安一站：该站位于苏北灌溉总渠与京杭运河交汇处的西侧，于 1972 年 12 月开工，1974 年 3 月建成。共 8 台机组，总装机容量 6400kW，抽水流量 $64m^3/s$。淮安一站于 2003 年完成加固改造后抽水能力增加到 $89.6m^3/s$。

淮安二站：该站位于一站以西，两站中心距离 220m，于 1975 年 1 月开工建设，1979 年 2 月建成，共 2 台机组，总装机容量 10000kW，抽水流量 $120m^3/s$。

淮安三站：位于一站之东南，苏北灌溉总渠与京杭运河交汇处的南侧，建成于 1997 年 6 月，共 2 台机组，总装机容量 3400kW，设计流量 $66m^3/s$。三站是淮安枢纽四个抽水站中唯一可以利用淮河余水反向发电的抽水站。2015 年进行了加固改造，总装机容量 4360kW。

淮安四站：为南水北调东线一期工程新建泵站，位于淮安二站西侧，4 台机组（含备机 1 台），总装机容量 8960kW，单机流量 $33.4m^3/s$，设计流量为 $100m^3/s$，抽水能力 $135m^3/s$。

金湖站：5 台机组（含备机 1 台），总装机容量 12500kW，单机流量为 $37.5m^3/s$，设计流量为 $150m^3/s$，抽水能力 $187.5m^3/s$。

淮安一站、二站、四站和金湖站均具有排涝功能，前三座泵站可抽排白马湖地区涝水，后者可抽排宝应湖地区涝水。

3. 第三梯级泵站——淮阴站、洪泽站

淮阴站为江水北调京杭运河输水线上的第三梯级枢纽，坐落在淮安市清江浦区，共 3 座电力抽水站。淮阴梯级泵站设计流量 $300m^3/s$。洪泽站为南水北调东线一期工程新建泵站，位于江苏省洪泽区蒋坝镇以北约 1km 处，介于洪金洞和三河船闸之间的洪泽湖大堤外侧，接力金湖站抽水补入洪泽湖。淮阴站与洪泽站共同构成南水北调东线工程第三梯级泵站。

淮阴站：位于高良涧闸下游的灌溉总渠北堤后，共有 4 台机组，总装机容量 8000kW，设计流量 $120m^3/s$。

淮阴二站：位于头河与二河交汇处，共 3 台可逆式机组，总装机容量 9000kW，设计流量为 $100m^3/s$。

淮阴三站：为南水北调东线一期工程新建泵站，位于江苏省淮安市清浦区和平镇境内，在淮阴一站南侧，与淮阴一站并列，该站共 4 台机组（含备机 1 台），总装机容量为 8960kW，设计流量为 $100m^3/s$。

洪泽站：共 5 台机组（含备机 1 台）。总装机容量为 17500kW，设计抽水流量为 $150m^3/s$，该站还具有排涝功能，可抽排洪泽湖东侧及白马湖部分地区涝水。

4. 第四梯级泵站——泗阳站、泗洪站

泗阳站为江水北调京杭运河输水线上的第四梯级枢纽，同时也是淮水北调第一梯级枢纽，可抽引二河闸调引的洪泽湖水源或淮阴等站接力抽引的长江水。共有泗阳一站、二站两座泵站。泗阳梯级设计流量为 $230m^3/s$。泗洪站为南水北调东线一期工程新建泵站，位于徐洪河上。泗阳站与泗洪站共同构成南水北调东线工程第四梯级泵站。

泗阳一站：位于泗阳县城南中运河原古运河河床内，建成于 1983 年 4 月，共 20 台机组，总装机容量 10000kW，设计流量 $100m^3/s$。按照南水北调泗阳泵站初步设计，2009 年 12 月开始实施改建泗阳一站，并扩大流量，共 6 台机组，其中含备机 1 台，总装机容量 18000kW，设计流量为 $164m^3/s$，其中的 $100m^3/s$ 替代原泗阳一站抽水能力。

泗阳二站：位于泗阳县城南中运河原古运河河床内，建成于 1996 年 12 月，共 2 台机组，总装机容量 5600kW，设计流量为 $66m^3/s$。

泗洪站：5 台机组（含备机 1 台），总装机容量为 11200kW，单机流量 $30m^3/s$，设计抽水流量 $120m^3/s$。

5. 第五梯级泵站——刘老涧站、睢宁站

刘老涧站为江水北调京杭运河输水线上的第五梯级枢纽，同时也是淮水北调第二梯级枢纽，位于宿迁市仰化乡刘涧村境内的中运河上，共有刘老涧一站、二站两座泵站。刘老涧梯级设计流量 $230m^3/s$。睢宁枢纽泵站包括沙集站、睢宁二站，位于徐洪河上。刘老涧站与睢宁站共同构成南水北调东线工程第五梯级泵站。

刘老涧一站：建成于 1996 年 6 月，共 4 台机组，总装机容量 8800kW，设计流量 $150m^3/s$。

刘老涧二站：为南水北调东线一期工程新建泵站，共 4 台机组，其中含备机 1 台，总装机容量 8000kW，设计流量为 $80m^3/s$，单机流量 $29.4m^3/s$，总装机流量 $117.5m^3/s$。

睢宁站：按照南水北调工程规划，徐洪河睢宁梯级泵站设计规模 $110m^3/s$。江水北调沙集站共有 5 台机组，沙集站设计流量为 $50m^3/s$，装机容量 8000kW；睢宁二站为南水北调东线一期工程新建泵站，共 4 台机组，装机容量 12800kW，设计流量为 $60m^3/s$。

6. 第六梯级泵站——皂河站、邳州站

皂河站为江水北调京杭运河输水线上的第六梯级枢纽，同时也是淮水北调第三梯级枢纽。枢纽工程位于骆马湖与中运河交汇处，有皂河一站、皂河二站等两座泵站。皂河梯级泵站设计流量 $175m^3/s$，皂河一站 1 台机组作为备机。邳州站为南水北调东线一期工程新建泵站，位于邳州市八路镇刘集村徐洪河与房亭河交汇处，属运西输水线。皂河站与邳州站共同构成南水北调东线工程第六梯级泵站。

皂河一站：位于宿豫区皂河镇北 5km 处，建成于 1987 年 3 月，共 2 台机组，总装机容量 14000kW，设计流量为 $195m^3/s$。

皂河二站：为南水北调东线一期工程新建泵站，位于皂河一站以南 300m 处，共 3 台机组，总装机容量 8000kW，设计流量为 $75m^3/s$。

邳州站：共 4 台机组（含备机 1 台），总装机容量 8960kW，设计流量为 $100m^3/s$。

7. 第七梯级泵站——刘山站、刘山南站

刘山站为江水北调京杭运河输水线上的第七梯级枢纽，同时也是淮水北调第四梯级枢纽。主要包括刘山北站、刘山南站等两座泵站。另外，新建的南水北调刘山站位于不牢河上，为南水北调东线一期工程第七梯级泵站。

刘山北站：位于邳州市宿羊乡不牢河北岸，建成于1984年4月，共22台套，设计流量为$50m^3/s$。

刘山南站：位于刘山闸东南，共有机泵6台套，装机容量2700kW，设计流量为$30m^3/s$。

新建的南水北调刘山站：共5台机组（含备机1台），总装机容量14000kW，设计流量为$125m^3/s$，其中$50m^3/s$替代江水北调刘山北站抽水能力。

8. 第八梯级泵站——解台站

解台站为江水北调京杭运河输水线上的第八梯级枢纽，同时也是淮水北调第五梯级枢纽。另外，新建的南水北调解台站位于不牢河上，为南水北调东线工程第八梯级泵站。

江水北调解台站位于解台闸下660m京杭运河南岸，利用运南灌渠，该站于1984年1月建成，共22台机组，总装机容量6160kW，设计流量为$50m^3/s$。

新建的南水北调解台站：共5台机组（含备机1台），总装机容量14000kW，设计流量为$125m^3/s$，其中$50m^3/s$替代江水北调解台站抽水能力。

9. 第九梯级泵站——沿湖站、蔺家坝站

沿湖站为江水北调京杭运河输水线上的第九梯级枢纽，同时也是淮水北调第六梯级枢纽。新建的南水北调蔺家坝站位于下级湖湖西大堤上，为南水北调东线工程第九梯级泵站。

沿湖站：位于微山湖以西铜山区境内的郑集河与顺堤河交汇处，由沿湖站和郑集地涵站两个小站组成。共20台机组，总装机容量2100kW，设计流量为$30m^3/s$。该站抽顺堤河的低水至郑集河，向东可向微山湖补水，向西供郑集站抽水灌溉。

蔺家坝站：共4台机组（含备机1台），总装机容量5000kW，设计流量为$75m^3/s$，为省界泵站。

3.1.4 工程效益

江水北调工程建成后，其工程效益非常显著，实现了江淮沂沭泗水源互调互济，为江苏省苏北地区特别是淮北地区城乡居民生活用水、工农业生产、交通航运、水环境等用水提供了水源保障，对苏北地区国民经济和社会事业的健康、持续发展发挥了极其重要的作用。据统计，江水北调龙头工程江都抽水站建站以来，至2016年底，共抽江水北送1379亿m^3，特别是江都四站建成后的36年间，年均抽水30.5亿m^3，其中年抽江水北送60亿m^3以上的有1978年、1995年、1999年、2001年和2013年5年，年抽江水北送50亿～60亿m^3的有1992年、1994年和2011年3年，最大抽江水量为69.6亿m^3（2013年），相当于两个洪泽湖的正常蓄水量。

1. 促进了农业耕作制度的变革，保证了农业长期稳产高产

江苏省苏北地区耕地面积有4000多万亩。由于有洪泽湖、骆马湖、微山湖等湖库及淮水北调、江水北调提供水源，有效灌溉面积稳步增加，目前已达3800万亩，特别是里

下河地区的沤改旱、淮北地区的旱改水成功更是与江水北调、江水东引调水工程体系分不开，保证了江苏省淮河流域农业长期稳产高产，成为国家商品粮的重要基地和经济作物的重要产区。

里下河地区的沤改旱情况：该地区原有400余万亩沤田，年景好时也只能一年种植一季，产量低且很难保证。在20世纪50年代中期试点、60年代大发展、70年代初全部完成沤改旱，其成功的主要原因是江都枢纽自流引江补给水源，该地区沿里运河、灌溉总渠灌区依靠江水北调水源及淮水，加上里下河地区其他水利工程的兴建，明显地改善了该地区的灌溉条件，有效灌溉面积达到总耕地的90%以上。1999年建成的泰州引江河工程更是提高了里下河地区灌溉水源的保证率。

淮北地区的旱改水情况：历史上淮北地区以种旱谷为主，产量低，特别是夏季常常难以收到。为了提高淮北地区粮食产量，解决人民群众吃饭问题，于20世纪50年代开始试验改制种植水稻。随着淮水北调、江水北调工程逐步扩大和配套，调向淮北地区的水量增加，水稻种植面积逐步扩大，至20世纪90年代基本稳定在1000万亩左右。

在20世纪七八十年代大范围实施“旱改水”以后，江水北调工程供水面积达3000多万亩，使农业增产、农民增收。淮北地区1949年粮食总产量仅为36亿斤，至1999年，粮食总产量达到290亿斤，是五十年前的整整8倍。旱改水已成为淮北地区提高粮食产量、摆脱贫困的主要途径之一，从而使该地区摆脱了贫困落后的面貌，昔日是缺粮的重灾区，而今已成为江苏的商品粮基地。

2. 促进了淮北地区城市、工业、港口的发展

淮北地区主要城市的生活、工业、发电用水大部分依赖地面水源，仅靠当地水源远远不能满足需要。如徐州是江苏省最大的产煤区，发展电力有得天独厚的优势，但电力生产对供水保证率要求很高，水源问题约束了电力发展；城市有数十万人生活用水须由地面水厂供应。连云港市作为欧亚大陆桥的东方桥头堡，其水资源也是极端贫乏，20世纪五六十年代用水紧张时不得不动用火车、汽车从外地运水救急，城市、工矿企业、农业、港口的发展受到严重制约。

江水北调、淮水北调工程建成以后，极大地改善了徐州、连云港两市水资源供给状况，当当地水源不足时，能够及时向两市提供可靠的江水、淮水，基本解决了徐州、连云港两市城市生活、电厂发电及其他工矿企业、港口用水，有力地促进了城市建设、电厂、港口发展，也支持了国家海防建设。

3. 提高了里下河地区的除涝标准

里下河地区历史上是十年九涝，江水北调工程特别是江都水利枢纽建成后，使得该地区做到遇涝能排，遇旱能引，使过去“大雨大灾，小雨小灾”的“锅底洼”，变成了一个旱涝保收的米粮仓。

4. 改善了航运条件

过去，京杭运河在枯水季节特别是干旱年份经常断航或船舶减载。中华人民共和国成立以来江苏省淮北地区大搞水利建设，开挖了大量河道，这些河道绝大部分一河多用，发展了淮北地区的航运，对搞活发展淮北地区经济起到了很大作用。江水北调、淮水北调工程的兴建加上京杭运河整治工程等措施，使苏北运河成为通航保证率极高的二级航道，成

为贯穿南北的一条重要“黄金水道”，目前年货运量达3.1亿t，相当于5～6条沪宁铁路的年货运量，保障了煤炭等重要物资的运输畅通，促进了全省国民经济的快速健康发展。即使在枯水季节、干旱年份，也能基本解决断航问题，可维持千吨级船队正常航行。

5. 改善了生态环境

过去淮北部分地区，特别是里下河地区，渍害严重，盐碱遍地。多年来，通过发展水浇地，结合植树造林，有效改善了生态环境，过去的盐碱地现在已是处处绿洲，生机盎然。

伴随着工农业生产及城镇化的发展，20世纪90年代以来，水污染也日益严重，严重影响了淮北部分地区人民群众生产生活。当发生水污染事故时，紧急启用江水北调工程投入运行，调引长江或淮河清洁水源，发挥应急冲污、稀释的作用，尽量减轻水污染事故可能造成的不利影响及损失，保障人民群众生产、生活用水。

2002年，南四湖地区发生百年一遇严重干旱，部分地区200年一遇，上级湖、下级湖濒临干涸，湖区生态环境遭到严重破坏。根据国务院领导指示，国家防总于2002年12月8日启动应急生态补水，利用江水北调工程调引长江水入南四湖，历时约50天，共向南四湖下级湖补水1.1亿m^3，入上级湖0.5亿m^3，使下级湖水位始终维持在生态水位31.05m（此水位低于死水位0.45m）以上，维持了最低的生态用水需求，保障了湖区物种延续。

2014年，南四湖遭遇严重干旱，南四湖水位下降至2003年以来同期最低值。根据国家防总的指令和省领导有关指示精神，8月5—24日，江苏省组织实施了为期20天向南四湖生态应急调水工作，利用江苏省江水北调工程和南水北调东线一期工程联合运行调引长江水，经沿线各梯级泵站逐级北送抽水入南四湖下级湖。累计向南四湖下级湖补水8069万m^3，下级湖水位提升至31.21m，湖区水面面积较调水前增加约99km^2，圆满完成了国家防总下达的向南四湖下级湖补水8000万m^3、将下级湖水位提升至31.05m生态水位的应急调水任务。

此外，南水北调东线一期工程自2013年通水以来，已累计向省外调水约19亿m^3（截至2016—2017年度调度计划），有效缓解了受水地区缺水矛盾，促进了受水地区经济社会发展。

3.2 江水东引工程

3.2.1 供水区域概况

江水东引供水范围主要是里下河地区。该地区地处入海尾闾、江苏省中东部地区，主要涉及盐城、泰州、淮安、扬州四市，北至苏北灌溉总渠，南迄江淮分水线，西抵里运河，东临黄海，总面积约22440km^2。随着经济社会发展，先后兴建了大套一站、二站和废黄河立交工程，东引供水范围向北延伸到灌河以南。现状江水东引供水总面积2.04万km^2，耕地10.667万hm^2。2012年通榆河北延工程建成，可通过本区相机补水给连云港东部沿海地区。

本供水区的工农业用水、水环境改善及冲淤保港水源除本地降雨外，主要依靠自流引江供水；当淮水较丰时，也可调引淮水解决部分地区用水，但淮水可用不可靠。

3.2.2 工程建设缘由及历程

江水东引工程与江苏省苏北地区经济社会发展密切相关。该地区本地水资源比较紧缺，旱灾经常发生。为了改变这一状况，省水利厅于1957年编制了淮水北调规划，于1958年又提出了扎根长江、淮水北调、引江济淮的规划。其主要内容是向北送水和向东送水。向北送水，是将原用淮水灌溉的里下河灌区改为自引、抽引江水灌溉，把腾出的淮水与抽引的江水尽量北送，以解决淮北水资源紧缺的问题。向东送水，是江水经新通扬运河送入里下河地区，并补给渠北地区和沿海垦区。

根据1957年编制的淮水北调规划要求，江苏省对里下河灌溉水源进行了调整，逐步兴建了江都水利枢纽、新通扬运河、泰州引江河、高港枢纽以及通榆河和大套站、泰东河等工程。目前，里下河地区灌区被划分为北调和东引两大灌区，北调灌区由江都站抽水入里运河，供里运河和灌溉总渠沿岸灌溉，东引灌区由新通扬运河和泰州引江河自流引江水入里下河腹部河网，供里下河腹部和沿海垦区灌溉以及沿海冲淤保港。因此，里下河地区的供水除本地降雨外，外来水水源由原来的淮水为主逐步调整为现在的自流引长江水为主，水量输送由原来的沿运河由西向东和沿灌溉总渠由北向南送水，逐步转为扎根长江由南向北输送。

南水北调东线工程的兴建是解决我国山东、北京等北方地区水资源严重短缺的重大战略性举措，也是关系到我国经济社会可持续发展的特大型基础设施，它是利用江苏省江水北调工程进行扩大和延伸。2002年12月国务院批复的《南水北调工程总体规划》中提出“为了使江都泵站的抽水能力尽量用于向北调水，需要对里下河地区部分灌溉面积的供水水源进行调整”。根据国务院批复的规划，江苏省对沿运、沿总渠原来由江都站抽水供给或补给灌溉面积（35.42万hm^2）实施调整，共22.84万hm^2灌溉面积调整至东引灌区，其中11.57万hm^2仅需调整水源，11.27万hm^2需要实施灌区调整工程。为实现上述目标，需要建设水源工程和灌区调整工程。水源工程实施骨干河道卤汀河、大三王河，其中卤汀河总长55.9km，灌区调整工程为在原灌区尾部疏浚引河，集中或分散设站，调整工程措施主要为：集中建$30m^3/s$的阜宁泵站，改建$50m^3/s$的北坍泵站，分散建0.5～$10.5m^3/s$流量不等的提水泵站33座，共疏浚引水河、渠23条，相应建涵、闸、桥等小型影响配套建筑物工程。

通榆河北延送水工程是江苏省实施沿海开发国家战略、促进东部沿海水运事业发展而开辟的战略性水资源工程。工程利用已建成的通榆河中段，结合实施连云港疏港航道，通过增做部分调水工程，形成一条向连云港市相机供水的新通道。

3.2.3 主要调水工程

江水东引供水区现状水源除本地降雨径流和里下河腹部地区河网拦蓄的地表水资源及回归水外，主要来源于江水东引水源，以江都枢纽、高港枢纽为引江起点，分别通过新通扬运河、泰州引江河引入腹部地区河网，也可通过通榆河北延送水工程向连云港市相机供水。

现状供水体系按照两河引水、三线送水规划布局建设。两河引水是指利用江都枢纽和高港枢纽自流引江，通过新通扬运河和泰州引江河输水。三线送水是指在里下河腹部开辟了西、中、东输水干线：西线由三阳河、大三王河、蔷薇河、戛粮河接射阳河组成，供水范围是沿运、沿总渠至灌区尾部和盐城北部，三阳河、潼河同时还承担向南水北调宝应站供水的任务；中线由卤汀河、下官河，接黄沙港组成，是里下河腹部提升全区河网水位的主要河流，兼有引排航综合利用功能；东线由泰东河、通榆河组成，供水范围是沿海垦区和渠北滨海、响水，并相机向灌南、灌云、赣榆、连云港市区供水。

通榆河北延送水线路：自滨海抽水站抽水，利用已建成的通榆河中段输水至响水引水闸，经新开的送水河至灌河地涵；由灌北泵站二级抽水入灌南县境内 6.4km 长的新开送水河，在灌南县长茂大沟以西穿新沂河南堤涵洞，进入新沂河南偏泓，利用新沂河段南偏泓接连云港疏港航道，送水线再穿新沂河北堤涵洞后在灌云境内向北利用疏港航道送水；由善后河南泵站三级抽水后，经善后河地涵接善北段盐河送水至八一河闸，由八一河、引水河经蔷薇河南堤涵洞送水至蔷薇河入连云港市区。送水线自蔷薇河向北，利用现有乌龙河调度闸通过沭南、沭北航道，再经过青龙大沟，由大温庄泵站抽水至龙北干渠，送水至赣榆县柘汪工业园。

新通扬运河江都枢纽、泰州引江河高港枢纽现状自流引江能力分别为 $550m^3/s$、$600m^3/s$。由于里下河腹部地区现状河网淤积严重、阻水障碍物多，水流不畅，遇到偏旱年份，往往出现兴化水位正常，而北部河网水位明显偏低的情况。

3.2.3.1 河道工程

1. 新通扬运河

新通扬运河是江水东引灌区两大引水口门之一，具有引水、灌溉、排涝、航运等综合功能。从江都枢纽之江都西、东闸引进的江水和从泰州引江河高港枢纽引进的江水，在新通扬运河进行再分配。江水可经宜陵北闸入三阳河、里下河腹部地区，并为南水北调东线工程宝应站提供翻水水源，也可通过泰东河入通榆河、卤汀河，向里下河腹部、沿海垦区供水。

通扬运河始凿于西汉。1952 年编制苏北灌溉总渠规划时，曾规划将通扬运河定为南干渠作灌溉之用。后综合比选后决定改在宜陵向东原通扬运河北面，平行开挖一条新河，西起芒稻河，经宜陵、姜堰至海安，长 90.1km，定名为新通扬运河。1958 年 11 月全线开工，历经 1958—1961 年、1963—1964 年（与江都一站、二站相适应）、1967—1969 年（与江都三站相适应）三期工程，达到输水 $250m^3/s$ 的要求。1977 年 3 月江都四站建成后，江都四座泵站设计流量增至 $400m^3/s$，为此 1978 年对新通扬运河按江都西闸灌溉期枯水位 2.13m、三阳河口水位 1.89m、自流引江 $550m^3/s$ 的要求，拓宽了自江都东闸至宜陵三阳河口长 10.6km 河道，于 1980 年完成。

2. 泰州引江河

泰州引江河是江水东引灌区两大引水口门之一，具有引水、灌溉、排涝、航运等综合功能。高港枢纽引长江水通过泰州引江河入里下河腹部地区，再通过河网及相关闸、泵站等工程，分别输送至东部沿海地区和淮北地区，同时可结合里下河地区排涝和长江至里下河至通榆河的航运。泰州引江河位于高港至泰州一线西侧约 3km，南端沟通长江，北端衔接新通扬运河，全长 24km。该河道是一条平地开挖的河道，设计总规模为引江 $600m^3/s$，一期工程河道按引江 $300m^3/s$ 规模开挖，于 1999 年 10 月完成。

随着江苏省沿海地区经济社会的发展，里下河及沿海地区水资源供给不足的问题日益突出，特别是实施泰东河、卤汀河拓浚和通榆河北延工程以后，现有新通扬运河、泰州引江河的水源供给能力已不能满足里下河及沿海地区用水需求。为适应沿海开发战略的实施，满足沿海中部地区城镇、产业、滩涂开发用水，稳定通榆河向北部沿海地区供水，提高里下河地区农业用水保证率，改善水生态环境，2012 年 12 月开始实施泰州引江河二期工程，以扩大自流引江达到 600m^3/s 的最终规模，同时兴建高港枢纽二线船闸，满足地区航运发展的要求。建设内容主要包括河道工程、高港枢纽二线船闸工程及相应的移民、环保、水保和水文基础设施工程。2015 年已完成全部建设内容。

3. 三阳河、潼河

三阳河位于江苏省扬州市的江都、高邮和宝应三区（市、县）境内，南起新通扬运河宜陵北闸，北至杜巷与潼河相连，全长 68km。该河道不仅为里下河地区扬州境内的排涝河道，同时也是自流引江输水河道，江都枢纽和高港枢纽引进的江水先进入新通扬河运河，再通过宜陵北闸进入三阳河，解决沿线用水，同时还可输水送至南水北调东线工程宝应站下，为宝应站向北方调水提供水源。

三阳河于 1973 年 11 月实施第一期工程。后经多年建设，至 1982 年工程结束。樊川以南河道输水能力为 300m^3/s，樊川至三垛河段输水能力为 150m^3/s。2002 年南水北调东线一期工程开工后，三阳河再次列入工程建设范围，工程起点为三垛镇，向北经杜巷，至终点潼河宝应站下引河，河道总长 44.25km，其中三阳河段长 29.95km，潼河段长 14.3km，河道输水能力为 100m^3/s。南水北调东线二期工程实施后，樊川以北段输水能力将达到 200m^3/s。

4. 泰东河

泰东河位于里下河腹部东南部，西起新通扬运河泰东河口，东至东台市通榆河，全长 56.3km，具有排涝、输水和航运等主要功能，流经泰州市的海陵区、姜堰区、兴化市及盐城市的东台市，与通榆河相接。新通扬运河泰州引江河口—泰东河口 6.38km 为一期工程，于 2000 年动工，2003 年完工；二期工程拓浚泰东河海陵段 3.56km，于 2004 年初开工，2005 年 10 月完成；三期工程疏浚河道 22.7km，于 2013 年 5 月开工建设，2015 年 6 月完成。工程完成后，与已先期完成的泰州引江河、通榆河中段工程相配套，将泰州引江河所引江水输送到里下河地区东南部，并向通榆河供水 100m^3/s，为沿海垦区、滩涂开发及渠北盐城地区的滨海、阜宁、响水及连云港等地区提供水源，同时可结合区域排涝，并为里下河东部沿海构筑了一条贯穿南北、沟通江海的水上大通道。

5. 通榆河

通榆河南起南通，北至赣榆，全长 415km，是苏北东部沿海地区综合开发的基础设施工程，也是江水东引北调工程的一部分。通榆河分南、中、北三段，根据统一规划和分期实施的原则，于 1992—1995 年先行实施了中段工程，长 245km，南起海安县老通扬运河，北至灌南县北六塘河，设计输水能力 100m^3/s，沿线穿苏北灌溉总渠、淮河入海水道、废黄河处均建有立交工程，以利通榆河输水。

连云港市水资源紧缺，境内供水水源主要经淮沭河、蔷薇河引用江淮水，水源单一，又时有污染事故发生，存在较大的供水安全风险。为了提高连云港市水资源的供给保证率和安全性，保障连云港市城市供水，按通榆河工程规划，于 2007 年兴建了通榆河北延送水工程，即利用已建成的通榆河中段，结合实施连云港疏港航道。

3.2.3.2 主要建筑物工程

1. 江都水利枢纽

江都枢纽位于新通扬运河西端，作为江水北调第一梯级，通过里运河向北送水，同时也可为里下河地区抽排涝水或向里下河地区自流引长江水。

该枢纽由4座大型电力抽水站、8座大中型水闸、5座船闸、2座涵洞及输变电工程、引排河道组成，是一个集泄洪、灌溉、排涝、引水、通航、发电、改善生态环境等多项功能于一体的大型水利枢纽。主要建筑物是4座大型抽水站，配套的主要输水河道有新通扬运河、高水河以及三阳河等河道。主要配套输水建筑物有江都西闸、江都东闸、芒稻闸、邵仙枢纽、运盐闸、宜陵闸、宜北闸等工程。

江都西闸、江都东闸均位于扬州市江都区新通扬运河段。江都西闸于1964年5月建成，共9孔，每孔净宽10m，设计流量为505m^3/s，江都西闸为南水北调江都站抽引江水的渠首工程，长期处于超标准状态运行，根据南水北调东线第一期工程规划，于2006年2月实施江都西闸除险加固工程，2008年12月竣工，设计流量为950m^3/s。

江都东闸于1978年3月建成，共13孔，每孔净宽6m，设计流量550m^3/s；该闸原设计标准偏低且老化严重，为消除安全隐患，发挥工程效益，根据2005年省水利厅苏水建〔2005〕22号批复文件，2005年7月开始实施江都东闸除险加固工程，于2007年4月完成。

2. 高港枢纽

高港枢纽工程位于泰州市高港区口岸镇西北约3km，主要作用是通过高港枢纽（节制闸及泵站下层流道），利用长江高潮位引长江水向里下河地区送水；当自流引江不能满足该地区用水时，可开启高港站抽长江水补给里下河地区；当需要向通南地区调水时，可开启高港站1～3号机组或水情允许时启用1～3号机组的下层流道，联合运用调度闸、送水闸，向通南地区送水。同时也可为里下河及通南地区抽排涝水。

高港枢纽包括泵站、节制闸、调度闸、送水闸、船闸、二线船闸等工程，于1999年10月竣工。

高港站：装有9台立式开敞式轴流泵，单机流量34m^3/s，配2000kW立式同步电机（9台共18000kW），每台机组的上下游进出水流道共设置4扇平面钢闸门，通过闸门调节，可正反抽水300m^3/s；还可通过下层流道，自引江水160m^3/s，与节制闸同时开启可引水600m^3/s。

高港节制闸：紧邻泵站，共5孔，设计流量440m^3/s。

高港调度闸：共4孔，设计流量100m^3/s。

高港送水闸：共3孔，设计流量100m^3/s。

3. 北坍站

位于滨海县北坍乡苏北灌溉总渠南岸民便河的下游，是“引射济黄”的第一级抽水站。该站经民便河抽引射阳河水补给灌溉总渠，通过姚湾进水洞供给大套站的水源，同时结合抽排民便河两岸的涝水。该站原为临时性抽水站，后经改建成永久站，于1978年11月开工，1979年4月完成。后经几次拆、改建，1983年将全站50台套4135型柴油机全部改为一机双泵，增加流量10m^3/s，达到64.8m^3/s。2010年，国家批准建设南水北调东线第一期工程里下河水源调整工程，目的就是置换现江都站部分抽水量用于北调，北坍站拆建工程列为建设内容之一，该工程于 2011 年 8 月开工，2012 年 11 月底完工，总装机功率 4480kW，设计流量为 $50m^3/s$。

4. 大套一站、二站

大套一站：位于滨海县大套乡套坎河北岸，是“引射济黄”第二级抽水站。该站既可以直接抽引通榆河水源，也可以通过姚湾进水洞从灌溉总渠引水、翻水进入废黄河，解决中山河灌区水源；还可结合抽排渠北洼地涝水。该站于 1978 年 11 月先兴建临时站，共安装柴油机 229 台套，总装机容量 6578kW，抽水流量 $50m^3/s$。1983 年改建为电力抽水站，安装每台 260kW 电动机泵 17 台套，总装机容量 4420kW，抽水流量 $50m^3/s$，于 1985 年 12 月底竣工。

大套二站：位于滨海县大套乡通榆河侧，该站可抽引里下河水源到大套船闸以北通榆河，解决中山河灌区水源，还可结合抽排渠北洼地涝水。该站装机 6 台套，总容量 4800kW，抽水流量 $60m^3/s$，于 1997 年 4 月建成。

5. 通榆河北延送水工程

通榆河北延送水工程自滨海县境内的滨海抽水站引水北送，沿线经盐城市滨海、响水县和连云港市的灌南、灌云、海州、赣榆等四县（区）及连云港市区，全长 190km，输水规模为 $50\sim30m^3/s$。该工程于 2007 年 12 月正式开工建设，2010 年底全面完工，工程起点为滨海县大套乡，终点为赣榆区柘汪工业园。沿线主要建筑物共 22 座，其中新建泵站 3 座、改造老泵站 1 座、新建穿河地涵 2 座、新建穿堤涵洞 3 座、新建水闸 8 座、加固改造老闸 4 座，迁建滚水闸坝 1 座。其作用是将从泰州引江河引入的长江水，经过 4 级泵站抽水送往连云港市赣榆区柘汪工业园，同时还为苏北沿海地区再辟一条航道。

通榆河北延河道送水规模：新沂河以南为 $50m^3/s$，进蔷薇河流量为 $30m^3/s$，向赣榆区相机送水 $30\sim6m^3/s$。河道沿线主要节点设计流量及水位见表 3.1。

表 3.1　　通榆河北延送水工程主要节点设计流量及水位表

节点	设计流量 /(m^3/s)	设计水位 /m	备注
滨海抽水站	50	−0.50/3.20	站下/站上
响水引水闸	50	2.00/1.95	上游/下游
灌河地涵	50	1.70/1.30	上游/下游
灌河北泵站	50	1.30/2.86	站下/站上
新沂河南堤涵洞	50	2.55/2.40	上游/下游
新沂河北堤涵洞	60	2.05/1.90	上游/下游
善后河南泵站	30	1.45/2.95	站下/站上
善后河地涵	30	2.95/2.80	上游/下游
八一河闸	30	2.73/2.63	上游/下游
蔷薇河南堤涵洞	30	2.35/2.20	上游/下游
青口河引水闸	30	2.0/1.95	上游/下游
大温庄抽水站	6.6	2.0/12.5	上游/下游

3.2.4 工程效益

江水东引工程建成以来，其工程效益非常显著，为江苏省沿海地区国民经济和社会事业的健康发展做出了巨大的贡献。

1. 保证区域供水水源

江苏里下河地区及东部沿海地区除利用本地降雨径流和里下河腹部地区河网拦蓄的地表水资源及回归水外，主要是通过江都东闸、高港节制闸自流引江，保证了该地区城乡生活、工农业生产及交通航运等用水需求。

据统计，江都东闸自1978年建闸以来至2016年累计引江达928亿m^3，其中年引水量在40亿m^3以上的有1978年、1981年和1982年3年；年引水量在30亿～40亿m^3的有1979年、1980年、1983年、1994年、1996年、1997年、2012年和2013年8年。1978年苏北地区发生特大干旱，里下河地区代表站兴化最低水位为0.61m，当年引水达48.7亿m^3，为该闸历年之最；1982年大旱时，5月26日江都西闸出现1478m^3/s的最大瞬时流量，全年引水达44.70亿m^3；1994年发生大旱，江都西闸超标准运行，当年引水31.4亿m^3；继1994年大旱，1995年继续出现干旱，又引水28.6亿m^3，保持兴化最低水位不低于0.82m；2012年干旱，经过除险加固的江都西闸以崭新的面貌投入自流引江，当年引水32.6亿m^3，为缓解里下河地区旱情做出了重大贡献。

高港节制闸自1999年建闸以来至2016年，累计引江达379亿m^3；年引水量在20亿m^3以上的有2001年、2004年、2005年、2006年、2007年、2008年、2009年、2010年、2012—2016年，共13年；最大年引水量为2015年的30.5亿m^3。

江都东闸、高港节制闸自建闸以来合计引江水量达1307亿m^3。

2. 提供沿海港闸冲淤保港水源

里下河地区沿海入海河口港道地处海相来沙淤积型海岸，加上建闸改变了原港道泥沙冲淤平衡，导致闸下河道普遍出现淤积，排涝能力较原设计标准大幅度减小。为了维持闸下河道断面，需通过水力冲刷减少港道泥沙淤积。由于里下河地区降雨丰枯不均，年内分配不均，河网、湖荡调蓄能力弱，需通过调引外来水增加冲淤水源。通过江都东闸、高港节制闸自流引江向里下河送水，不仅保证了地区生活、工农业生产等用水，也为沿海港闸提供了冲淤水源。

3. 改善区域水环境

长期以来，里下河地区一直是江苏省重要的粮棉产区。农作物生长过程中施用大量的化肥和农药，其中未消耗的氮、磷及有毒有机物等随降水、灌溉回归水流入河道，导致水质恶化。加上当地水环境保护的资金投入不足，污废水处理率和处理水平较低，大量未达标污水直接排入河道，从而严重影响河道、湖荡水质。另外，里下河地区水系相对封闭和独立，虽水网密布，但河道比降小，挡潮闸经常关闭，水体流速缓慢，自然水体自净能力很低，导致水质较差。通过调度江都东闸、高港闸自流引江向里下河送水，同期沿海港闸适时排水，边引边排，促进里下河地区河网水体流动，增加了地区水环境容量和自净能力，有效改善了地区水环境，保证了该地区水厂供水安全。

4. 保证南水北调水源

宝应站是南水北调东线新增的水源工程，其主要作用是与江都站共同组成第一级抽水站，以满足南水北调规划确定的东线一期工程抽江水 500m^3/s 北送的要求。2013 年南水北调正式通水以来，历年向省外调水时，除 2014—2015 年度抽引淮水外，主要利用宝应站抽引江水。特别是 2014 年 7 月中下旬，由于长期干旱少雨，南四湖下级湖水位降至生态水位以下，面临严重的生态危机。根据国家防总要求，8 月 5—24 日，江苏省积极组织实施向南四湖生态应急调水工作，利用江苏省江水北调工程和南水北调东线一期工程联合运行调引长江水，经沿线各梯级泵站逐级抽水北送入南四湖下级湖。其间，省防指及时调度江都东闸加大引江流量，以保证宝应站抽水北送，江都东闸最大日均引江流量达 208m^3/s，宝应站最大日均抽水流量 106m^3/s，连续运行 18 天，累计抽水 1.20 亿 m^3，为应对南四湖生态危机发挥了重要的作用。

当启用宝应站向北调水时，江都东闸引长江水通过三阳河、潼河，送至宝应站下，保证宝应站抽水入里运河，再逐级北送出江苏省。

5. 提高了连云港地区的供水保障率

连云港地区位于江苏省江淮水供水末梢，境内供水水源主要通过淮沭河、蔷薇河引江淮水解决，水源单一，又时有水污染事故发生，存在较大的供水安全风险。随着沿海开发战略的实施，连云港市加快发展工业化、城市化和港口经济，水资源不足对经济社会发展的制约愈加突出。通榆河北延送水工程为向连云港地区供水增辟了一条新的供水通道，提高了连云港市水资源的供给保证率。

3.3 引江济太工程

3.3.1 供水区域概况

太湖流域位于长江三角洲南缘，北抵长江，南濒钱塘江，东临东海，西以天目山、茅山为界，地跨江苏、浙江、上海三省市，面积 3.69 万 km^2。江苏省太湖地区主要涉及镇江、常州、无锡、苏州等 4 个市。

太湖流域湖泊众多，河网密布。河道总长 12 万 km，超过 0.5km^2 的大小湖泊有 189 个。太湖位于流域中心，水面积 2338km^2，南北长 68.5km，东西宽 34km，正常水位下水深 1.89m，库容 44.3 亿 m^3，换水周期约 310 天，是一个典型的平原浅水型湖泊。

太湖流域多年平均降雨量 1181mm，年降水总量 414 亿 m^3，陆面蒸发量为 764mm，水面蒸发量为 842mm，当地多年平均水资源量为 162 亿 m^3，其中地表水资源量为 137 亿 m^3。降雨年际、年内分布不均，年内降雨主要集中在汛期。

太湖流域濒临长江，过境水量丰沛。多年来，江苏省在太湖流域沿长江一线兴建了许多引排工程。该地区用水除了依赖当地降雨径流以及湖库拦蓄的雨洪资源，还利用沿江引排工程，从长江引水。目前苏南地区一般从长江年净引水 45 亿 m^3 左右。

3.3.2 工程建设缘由及历程

3.3.2.1 工程建设缘由

1991 年大水后，通过十年建设，治太工程基本建成，太湖调蓄能力加强，并已基本形成太湖调蓄、北排长江、东出黄浦江、南排杭州湾的流域防洪和水资源调度骨干工程体系框架，洪涝、干旱威胁在很大程度上得到缓解。

随着经济社会的发展，太湖地区面临新的问题。一是太湖地区河湖调蓄能力减弱。由于盲目围垦湖泊、城镇化发展占用水面、河道设障、地下水超采导致地面长期沉降等原因，区域河湖调蓄能力衰减。二是水污染形势日趋严峻。苏锡常地区工业发达，人口密度大，工业和城乡生活污水量居高不下，面源污染等处理水平也较低，致使区域河湖水质长期超标，水质型缺水问题严重。目前，全流域工业和生活污水量已达 50 亿 m^3/年，污染物排放量以 CODcr 计为 113.7 万 t/年。由于太湖整体富营养化，夏季经常出现蓝藻暴发现象。

利用常熟枢纽、望虞河、望亭立交等现有水利工程，实施引江济太可以在一定程度上缓解区域河湖调蓄能力降低的问题，也可以在一定程度上发挥护水控藻的功能，缓解区域水污染问题、改善区域水环境，保障太湖水源地供水安全。通过沿江常熟枢纽引水、望虞河清水通道、望亭立交入湖，把长江水引入太湖和太湖下游地区以及沿望虞河地区，通过梅梁湖泵站和大渲河泵站抽太湖水入大运河，带动太湖水体流动，共同构成了引江济太工程体系。

引江济太水情调度控制站点为太湖平均水位和望虞河张桥站水位，以及沿线相关控制断面的水质指标。调度控制原则：当太湖平均水位低于调水限制水位时，可根据当时的雨、水情和工情状况，适时启动“引江济太”调水。调水期间，启用常熟水利枢纽调引长江水，一般控制望虞河张桥水位不超过 3.80m。

由于目前望虞河西岸缺少控制性工程，该片区域涝水、污水在望虞河调水期间可能顺流进入太湖，造成引江济太入湖水质的超标。另外，望虞河东岸口门承担区域供水及城市水环境用水保障等功能，引江济太期间可能出现争水现象。应合理控制引江及入湖的时机，避免西岸污水影响引江济太水质，同时也应加强用水管理，合理控制东岸分水流量。

3.3.2.2 工程建设历程

2001 年 12 月，水利部以水规计〔2001〕574 号文批复了《引江济太调水试验工程实施方案》。为加强领导，确保引江济太调水试验工作顺利开展，水利部太湖流域管理局（简称太湖局）于 2001 年 12 月会同江苏、浙江、上海两省一市水行政主管部门于 2002 年 1 月成立了“太湖流域引江济太领导小组”。2002 年 1 月，引江济太调水试验工程正式启动。

2004 年 1 月，水利部召开部长专题办公会议，研究引江济太试验工程有关问题。会议决定，引江济太在 2004 年继续试验一年的基础上，今后作为一项常规任务。

2004 年 7 月，水利部以水规计〔2004〕448 号文批复了《扩大引江济太调水试验工程实施方案》，对引江济太调水试验进行了延伸和深化，扩大了引江济太调水范围。

2007 年 4 月以后，太湖流域高温少雨，梅梁湖等湖湾出现大规模蓝藻现象，无锡市太湖饮用水水源地受到严重威胁。5 月 16 日，梅梁湖水色变黑；22 日，小湾里水厂停止供水；28 日，贡湖水厂水源地水质严重恶化，水源恶臭，水色发黑，溶解氧下降到 0mg/L，氨氮指标上升到 5mg/L，居民自来水臭味严重。为应对太湖蓝藻暴发造成的无锡市供水危机，从 5 月 6 日起紧急启用常熟水利枢纽泵站从长江实施应急调水。5 月 30 日，根据时任水利部部长陈雷的要求，太湖局与江苏省防汛抗旱指挥部、无锡市人民政府紧急会商，及时采取措施，最大限度地加大望虞河引江入湖水量，长江引水流量从 160m^3/s 增

加到 $220m^3/s$，入太湖流量从 $100m^3/s$ 增加到 $150m^3/s$。同时，严格控制环湖口门运行，适时减少太浦闸泄量。通过引江济太，直接受水的太湖贡湖水域水质明显好转，承担着无锡市 20%居民供水的锡东水厂水质保持了稳定。

2009 年，水利部正式批复《太湖流域引江济太调度方案（试行）》，该方案成为实施引江济太科学调度的重要依据，也为规范引江济太长效运行工作打下了重要基础。2011 年 8 月，在试行的基础上，国家防总批复《太湖流域洪水与水量调度方案》，替代原水利部批复的《太湖流域引江济太调度方案》，这一方案是目前太湖流域防汛抗旱、引江济太的调度依据。

分别于 2012 年、2015 年开始建设的新沟河拓浚工程、新孟河拓浚工程，不仅提高流域和区域防洪排涝标准，而且增强了水资源配置能力。

3.3.3 主要调水工程

3.3.3.1 望虞河

望虞河工程是太湖流域综合治理骨干工程之一，其主要任务为排洪、除涝、引水和通航。遇 1954 年型洪水，可承泄太湖洪水 23.1 亿 m^3，兼排澄锡虞地区部分涝水；遇 1971 年旱情时，可引入长江水量 28 亿 m^3。望虞河全长 60.3km，沿线两岸支河、浜口众多，约有 125 个口门，其中已建配套建筑物 92 座，其中无锡市境内 29 座，苏州市境内 61 座，两市交界处 2 座。

3.3.3.2 常熟水利枢纽

常熟水利枢纽工程是望虞河连接长江的控制性水工建筑物，位于常熟市海虞镇，距望虞河入江口约 1.6km，距太湖约 60.3km，由泵站、节制闸、船闸等组成，具有排水、引水、挡潮、通航等综合功能。

2002 年起，考虑到流域、区域水环境要求，开始实施“引江济太”调水试验工程，改善了太湖及下游地区水环境，保证了太湖地区供水安全。由此，常熟水利枢纽泵站引水任务由应对极端干旱，转化为以常态化的改善流域水环境为主，运行工况发生了较大变化。2009 年，针对望虞河、常熟水利枢纽引江常态化的工作需要，以及泵站工程原设计主要为排涝的工况实际，对泵站工程实施了以抽引江水为重要目的的泵站改造工作，2011 年 3 月完成改造。改造后泵站共有 9 台机组，单机设计流量 $20m^3/s$。此外泵站还可以通过双向进水流道闸门控制实现自流引排水，设计流量为 $125m^3/s$；节制闸共 6 孔，分布在泵站两侧，每侧 3 孔，每孔净宽 8m，总净宽 48m，设计流量为 $375m^3/s$，校核流量 $750m^3/s$。

3.3.3.3 望亭立交

望亭水利枢纽（又称望亭立交工程）是望虞河穿越京杭运河的交叉建筑物，位于江苏省苏州市相城区望亭镇以西，望虞河与京杭运河交汇处，上游距离望虞河入太湖口 2.2km、距沙墩港大桥 1.0km，下游距沪宁铁路桥 1.2km。该工程是环太湖大堤重要口门控制工程，为 2 级水工建筑物。设计流量为 $400m^3/s$，最大过闸流量为 $523m^3/s$（1999 年）。望亭立交自 1994 年投入运行以来，在流域防洪和调水工作中，特别是在抗御 1999 年流域特大洪水和应对 2007 年太湖蓝藻暴发引起的无锡供水危机中，发挥了骨干作用，社会效益非常显著。

3.3.3.4 梅梁湖泵站和大渲河泵站

梅梁湖泵站和大渲河泵站为促进太湖梅梁湖区域水体流动、改善水环境而兴建。

梅梁湖泵站工程位于无锡市区以西的太湖风景区，地处梅梁湖、梁溪河与五里湖的交界处，西侧紧靠犊山水利枢纽梁溪河控制闸和船闸，南侧为五里湖控制闸，北侧为环湖公路，为大（2）型Ⅱ等工程，整个工程建筑物包括一座 $50m^3/s$ 泵站（5 台机泵，单机流量 $10m^3/s$）、四座 16m 净宽（双孔 2×8m）节制闸及输水河道等相关配套建筑物组成，于 2004 年 10 月竣工。

大渲河泵站工程位于无锡市滨湖区荣巷街道梅园社区大渲河和梁溪河汇合处，建有排水泵站和节制闸各一座。大渲河泵站装机流量 $30m^3/s$，水泵数量 3 台，大渲河节制闸闸孔 1 孔，闸孔净宽 8m，过闸流量 $30m^3/s$，于 2009 年 8 月竣工。

3.3.3.5 新孟河

新孟河延伸拓浚工程位于太湖流域湖西区，北起长江，南入太湖，自长江大夹江向南新开河道至原小河闸北 1.58km 处接老新孟河，沿老新孟河拓浚至京杭运河，立交过京杭运河后新开河道向南延伸至北干河，拓浚北干河连接洮湖、滆湖，拓浚太滆运河和漕桥河入太湖，全长 116.69km。该工程是国务院批复的《太湖流域水环境综合整治总体方案》确定的六项引排工程之一、《太湖流域防洪规划》确定的流域洪水北排长江主要防洪工程之一，也是《太湖流域水资源综合规划》确定的重要引水河道，主要任务是改善太湖和湖西地区的水环境，提高流域和区域的防洪排涝标准，增强流域和区域的水资源配置能力，兼顾地区航运等，设计平水年增加引江入湖水量 25.2 亿 m^3。工程治理标准为：河道规模按照流域 100 年一遇洪水标准确定；河道堤防和沿线低洼支河口门建筑物、水系调整主要控制建筑物工程的防洪标准为防御区域 50 年一遇洪水；长江边界牌枢纽防洪（潮）标准为 100 年一遇。建设内容包括河道拓浚、新（扩）建枢纽、口门控制、跨河桥梁和水系调整及影响处理工程等。工程已于 2015 年开工建设，总工期 4～5 年。

河道工程：拓浚延伸河道总长 116.47km。各分段河道规模为：界牌水利枢纽—京杭运河段河道长度 22.17km，其中新开河道 3.64km、拓浚河道 18.53km，底高－3.0m，底宽 80m；京杭运河—夏溪河段长度 19.8km，底高－3.0m，底宽 70m；夏溪河—湟里河段新开河道长度 7.53km，底高－3.0m，底宽 60m；湟里河—北干河段新开河道长度 4.02km，底高程－3.0m，底宽 50m；北干河拓浚长度 16.37km，西段底高－2.0m，底宽 40m，东段底高程－2.0m，底宽 45m；太滆运河段（滆湖—分水镇）拓浚河道长 22.17km，底高－2.0m，底宽 25m；漕桥河（滆湖—分水镇）整治河道长 20.04km，其中拓浚河道长 16.54km、新开河道 3.5km，底高－2.0m，底宽 15m；分水镇—太湖段拓浚河道长 2.36km，底高－2.0m，底宽 55m。

主要建筑物工程：长江边以及新孟河与京杭运河交叉处分设界牌水利枢纽、奔牛水利枢纽等。界牌水利枢纽由节制闸、船闸和泵站组成；闸站布置在东岸，船闸布置在西侧，泵站设计流量 $300m^3/s$，装机 9 台；节制闸 5 孔，总净宽 80m；船闸为Ⅵ级，闸室长 180m，宽 16m，节制闸引、排最大瞬时流量均为 $745m^3/s$，最大日均流量分别为 $320m^3/s$ 和 $626m^3/s$。奔牛水利枢纽由立交地涵、节制闸和船闸组成；立交地涵总长 93m，共 12

孔，单孔断面 8m×6.5m，船闸为Ⅵ级，闸室长 135m、宽 16m；节制闸净宽 12m；引、排最大瞬时流量分别为 565m^3/s 和 498m^3/s，最大日均流量分别为 207m^3/s 和 404m^3/s。

跨河桥梁与配套建筑物：沿线拆建桥梁 55 座，新建桥梁 26 座，接长改造桥梁 6 座，加固处理 18 座；沿线两侧 279 处口门，其中支河 125 处拟保留敞口 81 处、封堵 11 处、维持现有控制 10 处、新设控制 22 处（含牛塘水利枢纽和前黄水利枢纽）、加高加固 1 处；断头浜 154 处拟保持敞开 145 处（含拆除 1 处）、封堵 2 处、维持现有控制 2 处、新设控制 3 处、加高加固 2 处。

3.3.3.6 新沟河

新沟河位于太湖流域武澄锡虞区的无锡、常州市结合部，从长江沿着现有新沟河拓浚至石堰后分成东、西两支，东支接漕河—五牧河，西支接三山港，过京杭运河后，东支在规划锡溧漕河（北直湖港）西侧平地开河（西直湖港）与南直湖港相接，疏浚南直湖港与太湖相连；西支疏浚武进港至太湖，全长 97.47km。该工程是国务院批复的《太湖流域水环境综合治理总体方案》确定的近期治理引排工程项目之一，也是《太湖流域防洪规划》确定的流域洪水北排长江的骨干工程之一。主要任务是对直武地区入湖口门进行控制，提高区域洪涝水北排长江的能力，减少进入梅梁湖的污染负荷；配合引江济太等其他工程的运用，促进太湖水体有序流动，提高梅梁湖的水环境容量。同时具备应急引长江水进入梅梁湖，应对突发水污染事件的能力。

工程治理标准为：京杭运河以北新沟河、三山港、漕河、五牧河等河道规模按照流域 100 年一遇洪水标准确定，以南河道规模按照直武地区 5 年一遇涝水确定；河道堤防工程的防洪标准，以及西直湖港北、西直湖港闸站、遥观南、遥观北、采菱港节制闸、石堰节制闸等建筑物和沿线支河口门控制建筑物工程的防洪标准为防御区域 50 年一遇洪水；江边枢纽防洪（潮）标准为 100 年一遇。按直武地区水位不超过 4.5m 时，控制地区涝水不排入太湖，相应涝水由南排入太湖改为北排入长江的治涝标准为区域 5 年一遇。建设内容包括河道拓浚、新（扩）建枢纽、口门控制、跨河桥梁和水系调整及影响处理工程等。工程已于 2012 年底开工建设，预计 2018 年实施完成。

河道工程：拓浚延伸河道总长 97.47km。其中新沟河（长江—石堰）段河道长度 11.41km，底高－1.0m，底宽 60m；漕河—五牧河（石堰—京杭运河）段长度 21.41km，底高－1.0m，底宽 30m；三山港（石堰—京杭运河）段长度 15.06km，底高 0.0m，底宽 30m；直湖港（京杭运河—太湖）段长度 20.35km，底高－1.0m，底宽 20～30m；武进港（京杭运河—太湖）段长度 29.24km，底高 0.0m，底宽维持现状（15～20m）。

主要建筑物工程包括江边枢纽、西直湖港北枢纽、遥观南枢纽等。江边枢纽由节制闸、船闸和泵站组成；节制闸总净宽 48m，16m×180m×3m 船闸（五级航道标准）、180m^3/s 泵站（其中 90m^3/s 是双向引排，其余为单向排水）和 2m×55m 鱼道各一座。西直湖港北枢纽为过水断面 75m^2 立交地涵一座（穿京沪铁路和京杭运河）；西直湖港闸站枢纽包括 24m 节制闸、90m^3/s 排水泵站各一座；西直湖港南枢纽包括 15m 节制闸、12m×160m×3.1m 船闸（四级航道标准）、过水断面 67m^2 立交地涵各一座。遥观南枢纽包括 12m 节制闸、16m×130m×3m 船闸（五级航道标准）、60m^3/s 泵站各一座；遥观北枢纽包括 24m 节制闸、80m^3/s 泵站各一座；采菱港 16m 节制闸一座以及石堰 24m 节制闸。

跨河桥梁与配套建筑物：沿线拆建桥梁41座，新建桥梁3座，接长改造桥梁3座；沿线两侧128个支河口门拟保留敞口97处、封堵6处、维持现有控制3处、新设控制22处。水系调整及影响处理工程，包括利港疏浚、澡港河东支拓浚及江边泵站扩容。

3.3.3.7 走马塘

走马塘位于太湖流域武澄锡虞区高片，南起京杭运河，沿沈渎港、走马塘、锡北运河，与张家港河立交后经七干河入长江，长66.5km，河底高0～－1.0m，底宽15～40m。工程是太湖引排工程规划先行实施项目。主要任务是配合望虞河西岸控制工程，解决“引江济太”期间望虞河西岸地区的排水出路，消除西岸地区排水对望虞河水质的影响，建设望虞河清水通道，保证引江调水水质，增加调水入湖水量，改善地区河网排涝条件和水生态环境。配合望虞河西岸控制工程，在“引江济太”期间，望虞河西岸地区遭遇5年一遇设计暴雨时，西岸地区的水不入望虞河，改由走马塘拓浚延伸工程北排长江。河道设计排涝流量6.2～95.2m^3/s。主要控制建筑物有张家港枢纽和江边枢纽，张家港枢纽由立交地涵、节制闸、泵站和退水闸组成，泵站设计流量50m^3/s；江边枢纽由节制闸、船闸和鱼道组成。工程已于2013年7月建成。

3.3.4 工程效益

引江济太是保障流域供水安全的有效措施。2007年太湖蓝藻暴发引发无锡供水危机以来，引江济太年度引水时间、引供水水量呈明显的增长趋势，对增加流域水资源量、改善主要水源地水质及受水地区水环境的作用也日益彰显。

1. 有效增加了流域水资源供给

目前，太湖流域年均总用水量约360亿m^3，是本地水资源总量的2倍。每年流域需通过沿江口门调引长江水约100亿m^3，以改善水资源供给条件。2005年以来，引江济太年均通过望虞河调引长江水约20亿m^3，引水入湖约9亿m^3，通过太浦闸向下游地区增加供水约14亿m^3，有效增加了太湖地区的水资源量。在太湖流域出现高温、干旱年份，引江济太及时补充优质水资源的作用尤为明显。

2011年上半年，太湖流域发生近60年来同期最严重气象干旱。通过实施引江济太，累计从常熟水利枢纽调引长江水22.7亿m^3，入太湖12.4亿m^3，相当于太湖0.53m的蓄水量，有效减缓了太湖及地区河网水位下降趋势，改善了太湖及周边河网水质，基本满足了太湖周边地区用水需求。

2013年出梅后沿江苏南地区持续高温少雨，遭遇有气象记录以来高温天数最多、部分地区气温创历史新高的夏季。面对异常气象干旱，常熟水利枢纽连续68天实施闸泵联合调度持续全力引水，引水入湖效率接近70%。由于引江济太措施及时得力，出梅后至汛期最低水位期间（7月7日—8月25日），太湖水位降幅仅0.04m，远低于同时段降雨量接近的1971年同期0.75m的降幅。即使在8月旱情最严峻的时期，太湖水位也始终维持在3.05m以上，为周边地区用水创造了有利条件；太湖下游杭嘉湖区、阳澄淀泖区水位基本维持在多年平均水位以上，满足了区域用水需求。

2. 明显改善了太湖及河网水质

引江济太供水范围涵盖太湖、太浦河及黄浦江上游主要饮用水水源地，保障人口超过

2000 万人。其中，直接供水规模 745 万 m^3/d。此外，上海市松浦原水厂作为市区备用水源的取水量规模为 500 万 m^3/d。引江济太期间无锡锡东水厂、贡湖水厂、苏州金墅湾水厂等主要取水口水域的水质保持优良，蓝藻密度有所减轻。通过太浦河常年向下游地区供水，基本满足了下游浙江省嘉善、平湖和上海青浦用水需求，有效改善了上海市黄浦江上游水源地水质。

同时，引江济太增加了流域优质水资源量，平原河网、湖泊水质也得到不同程度的改善。据初步分析，受益区水体水质优于Ⅲ类水标准的监测断面比例上升了 20%，改善范围也随着引水量的增加而增加。望虞河干流改善了 1～3 个类别，入湖水质保持在Ⅲ类以上；太浦河出湖水质稳定在Ⅰ～Ⅱ类；松浦大桥氨氮水质指标有逐年改善的趋势；杭嘉湖地区河网Ⅴ类及劣Ⅴ类水体减少约 30%；阳澄地区水质较引江济太前改善 1～2 个类别。

3. 有力促进了河湖水体有序流动

引江济太使太湖枯水期水位下降幅度趋缓，并改善了地区河网的水动力条件，加快了太湖和引供水骨干河道优质水向周边地区扩散的速度，加速了太湖水体的置换，置换周期从原来的 300 天缩短至 250 天以下，也使受益地区河网水体流速明显加快。

引江济太流域调度带动了区域调度，湖西区、武澄锡虞区和阳澄淀泖区通过沿江引排闸站、运河水系、环太湖河道等工程，进一步加大沿江引水，加速河网水体流动。苏州古城区自流活水工程以望虞河和阳澄湖为优质水源，通过水利工程的联合调度实现了城区全面活水，提高了河水降解能力，基本消除了河道黑臭现象。

4. 成功应对了多起突发水污染事件

为应对流域内突发水污染事件，保障重要社会活动等，通过实施引江济太应急调度，有效缓解了污染事件影响，为重大社会活动提供了富有成效的供水保障。

在应对 2007 年 5 月无锡供水危机事件中，通过加大调引长江水入太湖流量，最大限度地改善并稳定了无锡市太湖贡湖水源地水质，成效显著，受到了水利部和地方党委、政府的好评。2013 年 1 月，上海市朱泾水污染事件发生后，紧急开启太浦河泵站，按 $200m^3/s$ 向下游供水，4 天累计供水 0.8 亿 m^3，对抑制污染物随潮水上溯、增大水体稀释能力、推进污染物下移起到了积极的作用。

2010 年上海世博会期间，结合雨洪资源利用，通过太浦闸向下游地区供水 18.9 亿 m^3，平均流量达 $120m^3/s$，其中增加供水 14.8 亿 m^3，黄浦江松浦大桥水源地氨氮指标从Ⅴ类降低至Ⅲ类，为保障世博会期间供水安全、创造世博园区良好水环境做出了重要贡献。在 2006 年上海合作组织峰会、2010 年上海市青草沙水源地原水切换等重大社会活动期间，引江济太也发挥了重要的供水保障作用。

3.4 区域供水体系

3.4.1 南四湖湖西区

江苏省南四湖湖西地区地势高亢，干旱少雨，且无大中型蓄水工程，地表径流可利用量较少。

3.4.1.1 供水水源

现状地表水供水水源主要为上级湖和下级湖。两湖水源不足时，通过不牢河刘山站、解台站、沿湖站、郑集站等多梯级抽引骆马湖水源向湖西地区供水。现状农业供水保证率为50%～60%。

3.4.1.2 供水工程体系

1. 主要供水河湖（供水线路）

主要供水河湖有上级湖、下级湖、复新河、大沙河、郑集河等。

大沙河形成“五级控制、六级水面”调蓄格局。第一级控制建筑物为李庄闸，第二级控制建筑物为鸳楼闸，第三级控制建筑物为华山闸，第四级控制建筑物为夹河闸站，第五级控制建筑物为阚楼闸站。

大沙河以西地区复新河流域形成“四级控制、五级水面”梯级河网体系。第一级控制建筑物包括复新河李楼闸站、西营子河袁堂闸站、苏北堤河袁庄闸站、西支河闸；第二级控制建筑物包括复新河丰城闸站、西支河王梨园闸站、太行堤河赵庄闸站、白衣河韩庄闸站、西营子河阎庄闸；第三级控制建筑物包括复新河黄楼闸、子午河王岗集闸站、苗城河苗河闸站、白衣河黄庄闸站；第四级控制建筑物为子午河宋楼闸站。

大沙河以东地区形成“三级控制、四级水面”梯级河网体系。第一级控制建筑物包括沿河沛城闸站、鹿口河苗洼闸站、郑集河郑集闸站、桃园河范山闸；第二级控制建筑物包括杨屯河灌婴站、沿河邹庄闸站、鹿口河李庙闸站、郑集南支河范楼闸站、郑集北支河侯阁闸站、桃园河桃园闸；第三级控制建筑物包括郑集南支河梁寨闸站、北支河黄刘庄闸、鹿口河高楼闸（原称“满庄闸”）。

目前调水入丰县的线路有两条：一是通过郑集河、郑集南支河经郑集、范楼、梁寨三个梯级翻水站翻引下级湖水至大沙河，再经丰徐河、子沙调度沟进入复新河丰城闸上；复新河丰城闸以上沿线有子午河王岗集闸站、复新河上游黄楼闸站、苗城河苗河闸站等闸站引水供两岸农业用水。二是通过复新河，经李楼站翻引上级湖水进入丰城闸下。

沛县地表水主要通过姚楼河、大沙河、杨屯河、沿河、鹿口河等调引上、下级湖水源。其中姚楼河、大沙河、杨屯河属于上级湖支流，沿河、鹿口河属于下级湖支流。沛县主要通过灌婴站、邹庄站、桑庄站以及小型泵站抽引经杨屯河引入徐沛河的上级湖水源；在下级湖水位偏低时，通过沿湖韩坝站、鹿口站、五段闸站、七段闸站抽引下级湖水源入顺堤河，另外通过鹿口站抽引下级湖水源入鹿口河。

铜山区主要通过郑集河、桃园河调引下级湖和不牢河水源，再通过沿河小型泵站抽引进行灌溉。

2. 主要供水闸站

抽引上级湖水源的复新河李楼站设计抽水流量 $18m^3/s$；现状抽取顺堤河水源的沿湖站、沿湖地涵站设计抽水流量均为 $15m^3/s$；抽引下级湖水源的翻水站，郑集河郑集站抽水能力为 $50m^3/s$，沿湖五段站、鹿口站、韩坝站设计抽水流量分别为 $20m^3/s$、$10m^3/s$、$10m^3/s$。

3.4.2 骆马湖以上中运河两岸地区

骆马湖以上中运河两岸地区地形复杂，既有丘陵山区，又有平原洼地，地面高程从

177.0～20.4m，特殊的地理地貌环境使得该地区易旱易涝。

3.4.2.1 供水水源

区域供水水源主要为骆马湖水源以及江淮水北调水源。徐州市骆马湖以上中运河两岸地区现状农业供水保证率可达 70%，宿迁市骆马湖以上中运河两岸地区现状农业供水保证率可达 75%～80%。

3.4.2.2 供水工程体系

1. 主要供水河湖（供水线路）

主要供水河湖有骆马湖、运河、不牢河、房亭河、徐洪河、城河、西泇河、新戴运河、大墩干渠、沂北干渠等。骆马湖水源不足时，可利用徐洪河、房亭河为输水河道，通过泗洪、睢宁、邳州三个梯级泵站抽调洪泽湖水源补入骆马湖；也可利用二河、中运河为输水河道，通过泗阳、刘老涧、皂河三个梯级泵站抽调洪泽湖水源补入骆马湖。

（1）徐州市。

徐州市运西地区不牢河片区水源主要通过不牢河沿线刘山站、解台站抽引骆马湖水源解决；当下级湖水位高于 32.5m 时，刘山闸以上不牢河供水还可引用下级湖水源解决。

房亭河片区用水主要通过房亭河沿线刘集站、单集站、大庙站翻水解决。

黄墩湖片区用水视骆马湖、洪泽湖水位，通过房亭河沿线涵洞引水或沙集站翻水解决。

小新河片区及贾汪北部用水以拦蓄本地径流为主，必要时架设临时机组从不牢河调水解决。

徐州市运东地区地面高程 26.5m 以下地区一般建有灌排两用泵站，分别从骆马湖、沂河和中运河翻水解决。邳州北部及新沂市马陵山高亢地区，主要通过邳城站、岔河站、新戴河站、大墩站抽引骆马湖水源，另外经北坝涵洞自引骆马湖水源通过沂北干渠向新沂市沂北灌区供水。

（2）宿迁市。

宿迁市抗旱供水主要通过提引或自引骆马湖水源和泗阳等多级泵站抽引的江淮水源供给，少量由沙集等站抽引洪泽湖水源，通过徐洪河、民便河供给。

2. 主要供水闸站

抽水入骆马湖的江水北调皂河站以及南水北调皂河二站、邳州站，设计抽水能力合计 275m^3/s；刘山北站、刘山南站，以及南水北调刘山泵站（其中 50m^3/s 替代原刘山北站抽水能力），实际抽水能力合计 205m^3/s；解台站和南水北调解台泵站（其中 50m^3/s 替代原解台站抽水能力），实际抽水能力合计 175m^3/s。

徐洪河江水北调沙集站和南水北调睢宁二站设计抽水能力合计 110m^3/s，中运河沿线泗阳站、泗阳二站设计抽水能力合计 230m^3/s，江水北调刘老涧站和南水北调刘老涧二站设计抽水能力合计 230m^3/s。

房亭河沿线刘集站设计抽水流量 33m^3/s，单集、大庙站设计抽水流量均为 20m^3/s，通过邳城河抽取中运河水源的邳城站设计抽水流量 16m^3/s，自引骆马湖水源的北坝涵洞设计流量 27.8m^3/s。

宿迁市骆马湖以上中运河两岸地区有刘口电灌站、金南泵站等 15 个电灌泵站，实际抽水能力合计56.7m^3/s，受益乡镇涉及皂河、黄墩两镇。

3.4.3 沂北地区

沂北地区历来水源严重短缺，发生干旱概率高，为典型的十年九旱地区，属重旱地区。

3.4.3.1 供水水源

沂北地区供水水源主要来自当地河湖、水库蓄水，以及跨流域调引的江、淮水、跨区域调引的骆马湖水源。

3.4.3.2 供水工程体系

1. 主要供水河道、水库（供水线路）

主要供水河道、水库有：沂北干渠、沭新河、新沂河、蔷薇河、盐河、通榆河、沭青河等河道，石梁河、安峰山、小塔山等3座大型水库，阿湖、高塘、横沟等10座中型水库，以及众多的小型水库。

（1）徐州市。

徐州新沂市通过沂北干渠调引骆马湖水源，黄墩河、二七干渠调引沭河水源，淋头河调引阿湖水库蓄水，大沙河调引高塘水库蓄水。

（2）连云港市。

连云港市区用水主要依赖江淮水源补给的沭新渠、蔷薇河和烧香河供水。利用二河、淮沭河、沭新河等输水河道，向连云港蔷薇河地区送水，当供水不足或供水遭遇突发性水污染事故时，还可利用通榆河北延送水工程应急调引南水，通过房山、芝麻、石梁河等泵站多级翻水向石梁河水库补水。

东海县主要依靠石梁河水库、沭新河两大灌溉水源，供水线路有四条，分别是石安河、龙梁河以及沭新河、沭新渠。经淮阴闸调引江淮水，通过淮沭新河、沭新闸及小吴场枢纽蔷薇河地涵调水入沭新渠供东海县沭新渠灌区用水、县城生活和市区居民生活用水；通过小吴场枢纽沭新退水闸、桑墟电站入蔷薇河，再经蔷北进水闸进入东海境内的沭新河，供沭新河沿线用水、东海县县城生活用水及房山站翻水。

赣榆区有石梁河、小塔山两座大型灌区。水源主要依靠72座大中小型水库，以及北调的江淮水源，通榆河北延工程北段（蔷薇河以北）是该区调引南水的主要通道。当小塔山水库水源紧张时，通过通榆河调引南水，经一级、二级、三级翻水站逐级翻水到小塔山水库。调用江淮水源，通过淮沭新河、沭新闸、小吴场枢纽的桑墟电站和沭新退水闸调入蔷薇河，从蔷薇河通过乌龙河调度闸、沭南闸、沭北闸、沭青河向赣榆区调水。

灌云县处于供水水源下游，本地无水库，为防止可能出现的旱情，利用河网应尽可能多地储备抗旱水源。但仅靠河道蓄水根本满足不了用水需求，需通过二河、淮沭河、新沂河南偏泓等输水河道，调引江淮水源，再通过叮当河涵洞、盐河北闸、新沂河北堤涵洞分别向灌云县内河调水。

连云港市沂北区还可利用通榆河北延工程应急供水，其供水线路为：自滨海抽水站抽水，利用已建成的通榆河中段输水至响水引水闸，经新开的送水河至灌河地涵；由灌北泵站二级抽水入新开的送水河，在灌南县长茂大沟以西穿新沂河南堤涵洞，进入新沂河南偏泓，利用新沂河段南偏泓接连云港疏港航道，送水线再穿新沂河北堤涵洞后在灌云境内向北利用疏港航道送水；由善后河南泵站三级抽水后，经善后河地涵接善北段盐河送水至八一河闸，由八一河、引水河经蔷薇河南堤涵洞送水至蔷薇河入连云港市区。送水线自蔷薇河向北，利用现有乌龙河调度闸通过沭南、沭北航道，再经过青龙大沟，由大温庄泵站抽水至龙北干渠，送水至赣榆县柘汪工业园。

（3）宿迁市。

宿迁市沂北区供水线路主要为沭新河、岔流新开河。沭新河沿线经元兴闸调水进入古泊干渠并众多乡管口门引水，沂北闸从岔流新开河引水进入沂北干渠，沙河闸从岔流新开河引水进入各引水河道。

2. 主要供水闸站

省向沂北地区供水的主要控制口门：沭新闸设计流量 $100m^3/s$，沭新退水闸（桑墟电站）设计流量 $50m^3/s$，蔷薇河地涵设计流量 $65m^3/s$，新沂河南偏泓闸设计流量 $390m^3/s$。通榆河北延工程送水工程，引水进盐河灌云段的新沂河北堤涵洞设计流量 $50m^3/s$，引水进蔷薇河的蔷薇河南堤涵洞设计流量 $30m^3/s$，向赣榆区相机送水 $30\sim6m^3/s$。

徐州新沂市沂北干渠、二七干渠、大沙河、淋头河、黄墩河、虞姬沟、泥墩沟等河道的总输水能力约 $114m^3/s$；主要引水涵闸 1 座，引水流量 $15m^3/s$；主要电灌泵站有胜利站、塔山东站、小蒋翻水站等 3 座，泵引能力 $17.5m^3/s$；另有高塘、阿湖两座中型水库供水。

连云港市：市区输水河道主要通过电厂闸（设计流量 $100m^3/s$）调引蔷薇河水进入市区，有蔷薇河地涵、叮当河涵洞等 6 座引水涵闸，引水流量约 $375m^3/s$；房山站、芝麻站、石梁河站等 5 座抽水站，泵引能力 $91.4m^3/s$；赣榆区有石梁河、小塔山两座大型灌区、72 座大中小型水库，水库总库容达到 3.62 亿 m^3（不包括石梁河水库），通榆河北延工程北段（蔷薇河以北）是该区调引南水的主要通道；东海县有沭南、沭新渠两个大型灌区，以及其他水库灌区，主要依靠石梁河水库、沭新河两大灌溉水源，8 座大中型水库，45 座小型水库，总蓄水量约 3.3 亿 m^3；灌云县有叮当河、盐河、善后河、五灌河、界圩河、车轴河 6 条骨干输水河道及若干大中沟，河网密布，形成“三级控制、三级水面”梯级河网水系，自西向东三级水位正常控制为 2.0m 左右、1.8～2.0m、1.4～1.5m。

宿迁沭阳县主要有沂北闸、元兴闸、沙河闸、朱庄闸等 15 座引水涵闸，引水流量约 $275.8m^3/s$；主要电灌泵站有朱贵电站、汉沟东站等 26 座，泵引能力 $55m^3/s$。

3.4.4 沂南地区

沂南地区西北为高亢地带，又地处灌区灌溉渠道末端，易发生干旱。

3.4.4.1 供水水源

沂南地区供水水源一是本地河网水源，二是洪泽湖（淮水）及江水北调、江水东引水源。淮沭河以西、以东现状农业供水保证率分别为 80%、75%。

3.4.4.2 供水工程体系

1. 主要供水河道（供水线路）

主要供水河道有骆马湖、中运河、淮沭新河、新沂河、总六塘河、盐河、柴米河、北六塘河、废黄河、通榆河等。

向连云港市灌南县供水有多条调水线路调引江淮水源。一是经二河闸、淮阴闸调引江淮水源，通过淮沭河，再经柴米闸及钱集闸调水入灌南县；二是经二河闸、淮阴闸调引江淮水源，通过淮沭河、新沂河南偏泓，再经小潮河涵洞、新沂河南堤涵洞、东友涵洞调水入灌南县东北五乡镇（又称“灌北片”）；三是经二河闸、盐河闸调引江淮水源，通过淮沭河二河段进盐河，再经朱码闸或朱码闸电站入灌南县。此外，灌北片还通过灌河沿线水闸纳潮引水，泵站抽水；还可通过省江都枢纽、高港枢纽自引长江水，经里下河地区后，通过已建成的通榆河北延工程及新建的滨海站向北调入。

淮安市调水线路主要有：经二河闸、淮阴闸调引江淮水源供二河、中运河、淮沭河沿线淮阴区用水；分别经盐河闸及盐河水电站、杨庄闸及杨庄水电站，通过盐河、废黄河向涟水县供水；经淮涟闸，通过淮涟干渠向淮阴区、涟水县供水。

盐城市废黄河灌区（沂南区）以引洪泽湖水源为主；干旱年份淮水不足时，以通榆河等南北河道及大套一站、二站抽引里下河水源（江水东引补给）北济废黄河灌区。

宿迁市沂南地区抗旱水源主要有骆马湖、中运河、淮沭河等水源地。调水线路包括运东井头站、骆马湖嶂山电灌站、淮沭河柴塘闸等引水口门及下游输水河道，涉及沭阳、泗阳、宿豫、湖滨新区等县（区）。

2. 主要供水闸站

省供水主要控制口门：淮阴闸设计灌溉流量 440m³/s；盐河闸、盐河水电站设计流量分别为 276m³/s、45m³/s；朱码闸设计流量 218m³/s，朱码闸水电站最大发电放水流量 33m³/s；淮涟闸设计流量 110m³/s；杨庄闸、杨庄水电站设计流量分别为 500m³/s、60m³/s；淮沭河沿线钱集闸、柴米闸设计流量分别为 300m³/s、352m³/s。

连云港灌南县可以自引新沂河南偏泓水源的小潮河涵洞设计流量分别为 17.5m³/s，新沂河南堤涵洞引通榆河灌南段水源进南偏泓的设计流量 50m³/s，也可反向调引南偏泓水源进通榆河灌南段。

淮安市沂南地区利用二河、中运河、淮沭河沿线口门自流引水；河道水位低时可利用竹络坝渠首泵站、盐西林码闸站、徐溜翻水站等 67 个电灌泵站抽引中运河、淮沭河、盐河等 10 余条河道水源，实际抽水能力合计 146.5m³/s。

盐城市废黄河灌区有 17 座引水涵闸，实际引水能力 411.8m³/s，向沂南地区、渠北地区供水，涉及响水全县以及阜宁、滨海两县的部分；废黄河水位低时，通过抽引里下河水源北济废黄河灌区的提水泵站有大套一站、二站，设计流量合计 100m³/s。

宿迁市沂南地区抽引中运河水源的井头站设计抽水流量 80m³/s；抽引骆马湖水源的嶂山电灌站实际抽水能力 11.83m³/s；另外，抽引柴塘干渠、柴南河、柴米河、总六塘河等 10 余条河道及骆马湖水源的电灌泵站还有徐码翻水站、沈集电灌站、徐冲河站、新华电灌站等 32 座，实际抽水能力合计 66.4m³/s。

3.4.5 废黄河地区

废黄河地区地势高亢，水系相对独立，从高亢区以外引水十分困难，杨庄闸以上水资源主要依靠中泓梯级控制拦蓄自身地表径流，沿线提水泵站补水。由于中泓不畅通，河槽库容偏小，以及现有梯级控制不完善等原因，地表水拦蓄能力偏低，加之补水泵站及输水河道补水能力不足，水资源匮乏，已成为地区经济社会可持续发展的制约因素。

3.4.5.1 供水水源

黄河故道沿线用水主要为农业、生活及河道生态用水，还有少量工业用水。黄河故道地区可用水资源主要有降雨、拦蓄地表水、人工补水和地下水等，降雨、沿线梯级控制和水库拦蓄的地表水是主要水源，也可利用闸站抽引微山湖、骆马湖、洪泽湖等水源以及江水北调水源，浅层地下水也可作为农业灌溉应急用水。由于水资源匮乏，杨庄以上高亢地区灌溉保证率不足75%；杨庄以下段沿线灌溉保证率达到75%以上。

3.4.5.2 供水工程体系

1. 主要供水河道（供水线路）

主要供水河道有废黄河、郑集河、不牢河、丁万河、房亭河、徐洪河、中运河、通榆河等，还有微山湖、骆马湖、洪泽湖、崔贺庄水库等湖库。

徐州市境内向废黄河地区调水线路有4条：丰县阚楼闸以上区域，水源除利用阚楼闸拦蓄地表径流外，还可通过郑集河、郑集南支河、梁西河，经沿线郑集站、范楼站、夹河站、阚楼站等多级泵站抽提不牢河、下级湖水源补入阚楼闸上；市区及铜山区段，通过不牢河、丁万河，经天齐庙站、大孤山站两级翻水不牢河水源，为市区废黄河冲污和云龙湖补水；铜山区段经王庄南站、王庄北站抽引不牢河、房亭河水源，通过官庄引河补到废黄河中泓，给铜山区最大提水灌区内的7座水库及大中沟补水；睢宁县段，经古邳抽水站抽引徐洪河水源，通过民便河进废黄河，再补入庆安水库，并沿废黄河向西补水。

宿迁市境内向废黄河地区较大的调水线路有2条，分别经皂河电灌站、船行电灌站（一站、二站）抽引中运河水源进废黄河地区。

淮安市、盐城市废黄河地区沿线用水以及翻身河地区用水主要从废黄河引水，通过杨庄闸、杨庄水电站调引江淮水源补给；盐城市还可通过大套站（一站、二站）抽通榆河（里下河）水源补给。

2. 主要供水闸站

（1）杨庄以上。

杨庄以上主要依靠中泓梯级控制拦蓄自身地表径流，沿线提水泵站进行补水。自上而下已建的梯级控制分别为徐州境内的腰里王闸、付庄闸、周庄闸、丁楼闸、李庄闸、城头橡胶坝、温庄闸、峰山闸、古邳黄河闸和宿迁境内的皂河地涵、船行枢纽、古黄河橡胶坝、仓集闸、陈圩闸、大兴闸、泗阳橡胶坝、李口闸、新袁闸，以及安徽境内的萧县三大家闸（现改名为园艺场闸）。

沿线补水泵站（涵）有徐州境内的范楼站、大孤山站、王山站、古邳站和宿迁境内的皂河电灌站、七堡枢纽黄河站、船行站、张圩站、大碾站、郑楼站、金湖站、张渡站、运南北渠首，总设计流量为152m^3/s。

黄河故道沿线已建设13座水库，其中2座中型水库全部位于徐州市境内，水库兴利库容为1.15亿m^3。

（2）杨庄以下。

省供水主要口门：杨庄闸及杨庄水电站设计流量合计560m^3/s，其中电站放水流量60m^3/s；通过大套站抽通榆河水进行补给的盐城大套一站、二站，实际抽水流量合计100m^3/s。在涟水县城以东3km处的古黄河节制闸，可增加蓄水量，改善水环境。

3.4.6 洪泽湖周边及以上地区

洪泽湖周边及以上地区根据地形和水系特点，分为环洪泽湖周边地区、盱眙山丘区、奎濉河地区、徐洪河地区四片。洪泽湖蓄水情况直接影响到该地区水源供给，其中盱眙山丘区易发生旱灾。

3.4.6.1 供水水源

洪泽湖周边及以上地区供水水源主要有洪泽湖、骆马湖、中运河、徐洪河以及水库等水源地。洪泽湖蓄水可通过江水北调工程及南水北调新建工程三梯级抽引江水补给；在骆马湖来水丰沛时，可实施引沂济淮，通过中运河、徐洪河补给。本区域徐州市、宿迁市现状农业供水保证率为70%～80%，淮安市为75%以上。

3.4.6.2 供水工程体系

1. 主要供水河道（供水线路）

主要供水河道有淮河、洪泽湖、徐洪河、中运河、怀洪新河、新汴河、濉河、老濉河等。

（1）徐州市洪泽湖周边及以上地区有调水线路3条。奎濉河片区用水除各河道天然径流调蓄外，主要外调水源为王山站抽引房亭河水入废黄河，经废黄河沿线六堡、杨洼、水口、下洪、吴湾5座小型水库调蓄后，放水进入灌溉河道。安河片区（徐洪河）以徐洪河或洪泽湖为水源，骨干引水河道为徐沙河、新龙河，通过睢宁县沙集站和凌城站提水灌溉；徐洪河沙集闸上段用水由省管沙集站抽引洪泽湖水源或经刘集地涵放骆马湖水源解决。另外，庆安水库向其下游地区睢宁县供水。

（2）宿迁市洪泽湖周边及以上地区有调水线路12条，以洪泽湖、中运河、徐洪河等为水源，如经皂河电灌站抽引中运河水源，通过皂河干渠供水。

（3）淮安市洪泽湖周边及以上地区有调水线路8条，以洪泽湖、淮河为水源，其中6条在盱眙县境内。另外，洪泽湖西南部盱眙山丘区抗旱灌溉还依靠众多中小型水库供给。

2. 主要供水闸站

徐洪河省管沙集站设计抽水流量50m^3/s。

徐州睢宁县沙集站、凌城站设计抽水能力分别为10m^3/s、32m^3/s。

宿迁市运南灌区调引中运河、成子河、洪泽湖、黄码河、高松河水源的总抽引能力为39.65m^3/s；龙河灌区调引徐洪河水源的总抽水能力7.5m^3/s；蔡圩灌区及其他地区抽引洪泽湖水源的总抽水能力410.27m^3/s。

淮安市盱眙县6条调水线路第一级泵站抽水能力合计42.86m^3/s。

3.4.7 渠北地区

3.4.7.1 供水水源

渠北地区供水水源主要来自洪泽湖以及江水北调、江水东引等水源。淮安市、盐城市渠北地区现状农田供水保证率分别为75%以上、60%～75%。

3.4.7.2 供水工程体系

1. 主要供水河道（供水线路）

供水河道主要有灌溉总渠、里运河、二河、废黄河、通榆河等。

淮安市渠北地区有2条调水线路：一是二河线，经二河闸调引淮水或淮阴站接力抽引的江水进二河段，再经二河沿线蛇家坝洞、顺河洞等口门进渠北地区河渠；二是里运河线，经高良涧闸及高良涧电站调引淮水或淮安站接力抽引的江水进里运河淮安船闸上段，再经沿线板闸洞、乌沙洞等口门进渠北地区河渠。

盐城市渠北地区主要有2条调水线路：一是废黄河线，经杨庄闸、杨庄水电站调引江淮水源或利用大套站抽引通榆河（里下河水源）进废黄河，再经废黄河南堤引水涵洞进渠北地区河渠；二是灌溉总渠线，经运东闸、运东水电站调引淮水或淮安引江闸调引江水补给总渠盐城段，偏干旱或用水紧张时，还可利用北坍站、阜宁站抽引里下河水源进总渠，再经总渠北堤引水涵洞进渠北地区河渠。

2. 主要供水闸站

灌溉总渠沿线各梯级工程：高良涧闸设计流量 $800m^3/s$，高良涧水电站设计流量 $160m^3/s$；运东闸设计流量 $800m^3/s$，运东水电站设计流量 $110m^3/s$；阜宁腰闸设计流量 $800m^3/s$，腰闸水电站设计流量 $74m^3/s$；淮安引江闸设计流量 $208m^3/s$。

废黄河沿线：杨庄闸及杨庄水电站设计流量合计 $560m^3/s$。

抽取里下河水源的北坍站、阜宁站设计流量分别为 $50m^3/s$、$30m^3/s$；抽取通榆河（里下河）水源补入废黄河的大套一站、大套二站设计流量均为 $50m^3/s$。

淮安市二河沿线蛇家坝洞、顺河洞、三闸洞、二河洞4个引水涵洞总引水能力为 $62m^3/s$，里运河沿线板闸洞、乌沙洞、耳洞3个引水涵洞总引水能力为 $74.1m^3/s$。

盐城市废黄河南堤沿线以及总渠北堤沿线引水进渠北地区的涵洞总引水能力为 $417.5m^3/s$。

3.4.8 白马湖高宝湖地区

3.4.8.1 供水水源

该地区主要水源为洪泽湖、白马湖、宝应湖、高邮湖、邵伯湖、夹江、芒稻河，并可引用里运河、总渠等江淮水源；丘陵山区水源依靠化农、红旗等中小型水库。现状农业供水保证率75%。

3.4.8.2 供水工程体系

1. 主要供水河湖（供水线路）

主要供水河湖有里运河、淮河入江水道、洪金干渠、周桥干渠、洪泽湖、白马湖、宝应湖等。

江苏省通过运西北闸、运西南闸分别向白马湖、宝应湖及金宝航道调水，通过三河闸向入江水道调水。

淮安市供水线路多，供水水源有四处：一是通过洪金洞、周桥洞、堆头涵洞引洪泽湖水源，供给洪泽区、金湖县、盱眙县有关区域；二是经黄集洞、薛桥洞、新河洞、永济洞、张码洞等涵洞引总渠水源向洪泽区、淮安区供水；三是经金湖淮北闸、丰收闸等引淮河入江水道水向金湖入江水道两岸沿线地区供水；四是经东、西中心河闸引宝应湖水源，经闵桥闸等引高邮湖水源向金湖县入江水道以东区域供水。

扬州市供水水源、供水线路均较多，主要有：一是经中港河调引里运河水源向宝应县运西区域供水；二是引高邮湖水源向高邮市运西区域供水；三是引邵伯湖水源向邗江区、瘦西湖景区等供水；四是经红星电灌站等引古运河、京杭运河水源向邗江区、广陵区供水；五是经大汪塘站等引芒稻河、廖家沟、夹江水源向江都区、广陵区、扬州生态科技新城供水。

此外，当邵伯湖水位较低时，除通过高邮湖补水，还可通过万福闸引纳江水，以及利用扬州市施桥站抽引江水经京杭运河补入。

2. 主要供水闸站

沿灌溉总渠主要控制口门：高良涧闸设计流量 800m^3/s，高良涧水电站设计流量 160m^3/s；运西分水闸设计流量 300m^3/s，运西水电站设计流量 100m^3/s。

沿里运河主要控制口门：北运西闸反向引水流量 100m^3/s，南运西闸反向引水设计流量 225m^3/s。

淮安市洪金洞、周桥洞、堆头引水涵洞设计引水流量分别为 40m^3/s、28m^3/s、32m^3/s。扬州市施桥抽水站设计流量 25m^3/s。

3.4.9 里下河地区

有关里下河地区主要供水体系已在第 3 章“江水东引工程”中作了详细介绍，此处重点介绍该区域沿里运河、沿总渠灌区供水工程情况。

据统计，里下河地区沿里运河、沿总渠南灌区现状面积合计 332.86 万 hm^2。其中：扬州市里下河地区通过里运河供水的有江都区昭关灌区，高邮市高邮灌区，以及宝应县永丰、临城、庆丰、泾河灌区，总面积 9.12 万 hm^2，另外，宝应县还通过白马湖地涵调引运西白马湖地区水源给白马湖下游引河沿线约 0.07 万 hm^2 农田灌溉用水；淮安市里下河地区通过里运河及灌溉总渠供水的有淮安区渠南灌区，总面积 3.53 万 hm^2（其中 0.67 万 hm^2 利用里运河水源）；盐城市里下河地区通过灌溉总渠供水的有阜宁县潮中灌区、西南灌区、阜沙灌区，滨海县三层灌区，射阳县五岸灌区，总面积 9.54 万 hm^2。

南水北调东线一期工程中将原由江都站抽水供给或补给的沿运河、沿总渠灌区可利用里下河河网或湖荡水源灌溉的范围（具体为地面高程 2.5m 以下的灌区面积），全部调整到江水东引供水范围。调整到江水东引供水范围内的灌区，通过配置水源工程和低扬程抽水泵站，保证现有供水保证率。

3.4.9.1 供水水源

沿总渠、里运河灌区水源，主要通过引水口门调引里运河、总渠江淮水源补给；用水紧张时，利用灌区尾部的提水站抽引里下河河网水源（江水东引补给）补充。里下河其他地区供水水源，部分为当地河网与湖荡水源，另外需要通过江都枢纽和高港枢纽自引江水补给区域河网。现状农业供水保证率基本达到 75%。

3.4.9.2 供水工程体系

1. 主要供水河道（供水线路）

主要供水河道为里运河、灌溉总渠。

2. 主要供水闸站

（1）里运河沿线。

江都站共 33 台机组，总装机容量 53000kW，设计流量 400m^3/s，总抽水能力为 508m^3/s。运西分水闸设计流量 300m^3/s，运西水电站设计流量 100m^3/s。北运西闸设计流量 307m^3/s，南运西闸设计流量 200m^3/s。

扬州市昭关灌区昭关闸设计流量 34.5m^3/s，高邮灌区车逻洞、车逻闸、八里松洞、南关洞、头闸、周山洞、界首小闸、子婴闸等总设计流量 150m^3/s，永丰灌区永安洞、总渠进水洞、胡成洞、张成洞、丰收洞等总设计流量 43.5m^3/s，临城灌区大兴洞现为城区活水引水口门设计流量 8m^3/s，庆丰灌区新民洞、朱马洞、郎儿洞等总设计流量 36m^3/s，泾河灌区小涵洞、泾河洞、八浅洞等总设计流量 40m^3/s。另外，白马湖下游引河沿线有少量农田通过白马湖地涵调引运西水源解决。

淮安市渠南灌区平桥洞、平桥闸、岔溪洞、大兴洞等总设计流量 42.27m^3/s。

(2) 灌溉总渠沿线。

高良涧闸设计流量 800m^3/s，高良涧水电站设计流量 160m^3/s；运东闸设计流量 800m^3/s，运东水电站设计流量 110m^3/s；阜宁腰闸设计流量 800m^3/s，腰闸水电站设计流量 74m^3/s。淮安引江闸设计流量 208m^3/s。

阜宁泵站共 5 台机组，设计流量 30m^3/s；北坍站共 4 台机组，设计流量 50m^3/s。

淮安市渠南灌区头闸、涧河洞、市河洞、新市河洞、渔市洞、复兴洞等总设计流量 145.67m^3/s。

盐城市阜东灌区苏嘴洞、恒河洞、薛梨洞、三乡洞、跃进洞、马河洞、小中洞、东沙港洞、阜沙洞、天沟洞等总设计流量 146.6m^3/s，三层灌区钱小圩洞、阜坎洞、刘大庄洞、三层洞、王圩洞、十八层洞、射北洞等总设计流量 66.42m^3/s，五岸灌区五岸西洞、五岸东洞总设计流量 74.8m^3/s。

3.4.10 苏北沿江地区

苏北沿江地区根据地形、水系特点及引排水格局，划分为仪六片、通南扬州区、通南泰州区、通南南通区四片。

3.4.10.1 供水水源

该区域通南地区水源主要依靠引江解决；仪六片的丘陵山区通过水库塘坝蓄水、重点补水线以及邵伯湖水源调配工程，形成蓄引结合的供水体系解决。大部分地区现状农业供水保证率在 80%以上，最高为通南泰州区沿江圩区达 95%，仪扬片山丘区及通南南通区滩涂开发区均低于 75%。

3.4.10.2 供水工程体系

1. 主要供水河道（供水线路）

仪六片主要供水河道有仪扬河、胥浦河、乌塔沟等，区域还有邵伯湖等湖泊，月塘、塔山、风岭等中小型水库作为供水水源；通南扬州片主要供水河道有红旗河、白塔河等；通南泰州片主要供水河道有夏仕港、上六圩港、下六圩港等；通南南通片主要供水河道有焦港、如皋港、碾砣港、九圩港等。

2. 主要供水闸站

扬州市沿江主要有瓜洲、土桥、十二圩、施桥等翻水站，在沿江涵闸不能自流引江的情况下，抽江水向邵伯湖补水，确保丘陵山区抗旱水源。扬州市沿江口门设计泵引能力合计约 107.5m^3/s。

泰州市沿江主要有高港站、姜堰翻水站、马甸枢纽泵站等翻水站。在沿江涵闸引水能力不足时，启用高港站抽引江水（100m^3/s）通过送水闸补给通南部分地区用水。泰州市沿江口门设计泵引能力合计约 235m^3/s（高港 100m^3/s、姜堰 15m^3/s、马甸 120m^3/s）。

南通市在现有引江供水工程的基础上，构建了西水东调、南北共济的供给格局，主要有焦港、如皋港、碾砣港、九圩港闸、南通节制闸、营船港闸等口门引水，在长江潮位较低、自流引江能力不足时，辅以机电泵站提水，充分利用现有河网容蓄能力，以满足南通市的用水需求。南通市沿江口门设计泵引能力合计约 15m^3/s；受潮位及内河水位组合影响，沿江各节制闸最大引水能力合计约 4684m^3/s。

3.4.11 滁河地区

3.4.11.1 供水水源

该区域水源主要有长江干流、滁河、八百河、皂河、新篁河、新禹河等河道，以及三岔、金牛湖等水库蓄水。通过调水保证区域内农田、灌区、城乡居民生活等用水需求。现状大部分农田达到 75%的供水保证率。

3.4.11.2 供水工程体系

1. 主要供水河道（供水线路）

浦口区主要供水线路有石碛河、驷马山河 2 条；六合区供水线路有金牛山翻水线、山沟李翻水线、西凌河翻水线、耿跳翻水线、徐庄翻水线、肖庄翻水线等 6 条。其他水源地包括浦口区三岔水库、滁河、六合八百河、皂河等。

2. 主要供水闸站

滁河地区沿江主要有红山窑枢纽、划子口闸、朱家山河闸等闸站，其中红山窑枢纽泵站设计引水能力 50m^3/s；滁河地区丘陵山区主要有金牛（老）抽水站、尖山抽水站等抽水站，设计泵引能力约 7.5m^3/s。

滁河地区 1m^3/s 以上的电灌站有 58 座，实际抽水能力合计 166.44m^3/s，其中浦口区 28 座，实际抽水能力 65.61m^3/s；六合区 30 座，实际抽水能力 100.83m^3/s。浦口区通过泵站提引水源的供水灌区有三岔、侯家坝 2 个灌区，引水能力合计 21m^3/s；六合区有新禹河、新集圩、山湖、金牛山 4 个灌区，引水能力合计 168m^3/s。

3.4.12 秦淮河地区

3.4.12.1 供水水源

区域沿江依靠秦淮新河闸站、武定门闸站和其他口门引江供水，其他区域依靠水库塘坝蓄水。现状供水保证率达到 75%。

3.4.12.2 供水工程体系

1. 主要供水河道（供水线路）

沿江地区主要供水河道有秦淮新河、秦淮河、金川河、九乡河等，其他区域供水水源还包括北山、句容、二圣桥、茅山等水库。

2. 主要供水闸站

区域主要供水闸站有秦淮新河枢纽、武定门枢纽等沿江枢纽工程，其中秦淮新河枢纽泵站、武定门枢纽泵站设计引水能力各为 50m^3/s；北山、句容、二圣桥等 8 座中型水库蓄水工程，总兴利库容 1.18 亿 m^3。

此外，石臼湖水源与秦淮河地区通过天生桥河互相连通，通过天生桥闸控制，历史最大过闸流量 144m^3/s。

3.4.13 石臼湖固城湖地区

3.4.13.1 供水水源

该地区供水水源包括石臼湖、固城湖、中小型水库以及水阳江等；干旱严重时，可通过秦淮新河站、秦淮河调引长江水源。现状农业供水保证率达到80%。

3.4.13.2 供水工程体系

1. 主要供水河道（供水线路）

区域主要供水河道包括水阳江、天生桥河、运粮河等，以及石臼湖、固城湖、姚家水库等湖库。

2. 主要供水闸站

该区域有相国圩上坝、无想寺、乌飞塘、王家圩、秋湖等10个灌区，涵闸引水能力217m^3/s。该区电灌站有蛇山站、团结圩一站等6个电站，实际抽水能力50m^3/s，从石臼湖、胥河、运粮河抽水。

该区域沿湖沿河圩区通过涵洞和泵站从河湖引水。此外，还利用天生桥闸实现石臼湖和秦淮河水源互补。

3.4.14 太湖湖西区

3.4.14.1 供水水源

太湖湖西地区供水水源主要来自当地河湖、水库以及调引的江水。当水源不足或水位偏低时，通过谏壁枢纽、九曲河枢纽、小河闸、魏村枢纽等沿江口门自引抽引长江水源补充，并改善区域水环境。湖西区现状大部分农田达到75%以上的供水保证率。

3.4.14.2 供水工程体系

1. 主要供水河湖（供水线路）

镇江市湖西区调水线路有12条，涉及丹阳、句容、丹徒3市（区）的7个镇。常州市湖西区输水调水线路有浦河、新孟河、德胜河、剩银河、澡港河、舜河、苏南运河、丹金溧漕河、武进港、雅浦港等，以及长江—苏南运河—丹金溧漕河1条跨市调水线路。区域主要调蓄湖泊有洮湖、滆湖等。

2. 主要供水闸站

镇江市湖西区利用谏壁枢纽、九曲河枢纽等引长江水，通过江南运河和九曲河等提供区域河网用水。沿江主要闸站设计最大自流引水能力650m^3/s，泵引能力240m^3/s。有区域电灌泵站10座，总动力0.29万kW，灌溉流量18.9m^3/s。有横塘湖、三叉河、前湖、洋湖、澄湘湖、长山、仑山水库7个灌区，灌溉面积计0.5万hm^2左右，涉及丹阳、句容、丹徒等区（市）。

常州湖西区共有灌溉泵站505座，装机965台套，其中抗旱提水站26个，设计流量44.4m^3/s。灌区有茅东、湟里河、大溪、沙河、前宋、塘马、浦河、新孟河、安宁河9个，灌溉面积计1.63万hm^2左右，引水能力约40m^3/s，涉及金坛、溧阳、新北等区（市）。

无锡市湖西区建有灌溉泵站1670多座，总动力2.9万kW，灌溉流量达349m^3/s，基本保障了抗旱灌溉的需要。2011年大旱，抗旱调水线路为长江—苏南运河—丹金溧漕河—南河—西氿。

3.4.15 武澄锡虞区

3.4.15.1 供水水源

武澄锡虞区各市主要利用沿江口门和闸站引长江水以及环太湖口门引太湖水，补充内河河网水源，改善区域水环境，维持河网水位。农田供水保证率基本达到100%。

3.4.15.2 供水工程体系

1. 主要供水河道（供水线路）

主要供水河道有：常州的新孟河、德胜河、澡港河，无锡的锡澄运河、白屈港，苏州的张家港、五节桥港、十字港、三干河、四干河等。

2. 主要供水闸站

常州市武澄锡虞区主要利用魏村枢纽、澡港枢纽、小河闸等引长江水，通过德胜河、澡港河等河道进入江南运河。沿江主要闸站设计最大自流引水能力665m^3/s，泵引能力100m^3/s。

无锡市锡澄地区依托长江水资源优势，遇到旱情利用长江高潮位引水，或白屈港抽水站动力引水，保持内河正常水位，提供区内河网工农业用水。沿江目前建有节制闸13座、套闸2座，抽水站3座（新沟河泵站在建），主要控制建筑物按100年一遇洪水标准设计，设计最大自流引水能力840m^3/s，泵引能力100m^3/s+90m^3/s（新沟河泵站）。

苏州市澄锡虞区主要利用沿江涵闸的西引东排实现区域供水和水环境改善。供水线路和排涝线路一致，有12条线路；引水涵闸43座，引水能力计2320.6m^3/s，供水灌溉面积3.3万hm^2。

3.4.16 阳澄淀泖区

3.4.16.1 供水水源

阳澄淀泖区水源来自当地河湖、调引的长江水及太湖水等。阳澄淀泖区河湖众多，相互贯通，加之可以调引长江水，水资源丰沛，除滨湖区少数丘陵山地外，极少发生干旱缺水现象。

3.4.16.2 供水工程体系

1. 主要供水河道（供水线路）

阳澄淀泖区河湖众多，相互贯通，且可以调引长江水，水资源丰沛，除滨湖区少数丘陵山地外，极少发生干旱缺水现象。抗旱引江供水路线与区域排涝入江路线相同，包括常浒河、白茆塘、七浦塘、杨林塘、浏河等，计17条；主要调蓄湖泊有阳澄湖、淀山湖等。供水区域包括常熟市、太仓市、昆山市、吴江区、苏州市区。环太湖、望虞河东岸口门在水情允许情况下可作为引水口门。

2. 主要供水闸站

沿江涵闸引水能力合计3171m^3/s，其中常熟市境内2164m^3/s，太仓市境内1007m^3/s；沿江泵站引水能力合计150m^3/s，其中常熟市新海洋泾枢纽泵站30m^3/s，太仓市境内七浦塘江边枢纽泵站120m^3/s。

3.4.17 浦南区

浦南区湖荡密布、河港纵横，地势低洼、平坦，总体地势南高北低，分为东部的湖荡平原和滨湖相对地势较低的圩田平原，区内大部分属湖荡平原，地面高程普遍为3.2～

4.0m，最高5.5m，最低2.2m；滨湖圩田平原地面高程2.2～3.5m，该区是湖东低洼地之一。

浦南区水资源丰沛，众多提水工程，保证了区域农田灌溉等用水，据统计，浦南区提水泵站共108座（部分为灌排站），提水流量合计100m^3/s。浦南区基本不存在旱情。

3.5 山丘区水源工程

3.5.1 概况

3.5.1.1 建设历程

中华人民共和国成立以来，为解决低山丘陵地区的农业灌溉问题，江苏省逐步兴建了大量的水库、塘坝、大口井、机井等山区水源工程。水库、塘坝等工程主要兴建于20世纪50—60年代，同时兴建了部分灌区配套工程；其他塘坝、大口井、机井等工程大多兴建于20世纪60—90年代。

在连云港市，1956年开始兴建小型水库，总库容达4866万m^3；20世纪60—70年代，修建石梁河至小塔山水库古城送水渠，一级、二级、三级翻水站送水渠，石梁河北干渠、环岭干渠、龙北干渠、阚岭干渠等多条干渠，全长120多km；20世纪70年代实施"上截、中改、下调尾"工程，修建了一级、二级、环岭等多条截洪沟；20世纪80年代开挖青龙大沟，实施南水北调工程，基本实现上下串联，长藤结瓜；2015年实施塔山泵站更新改造工程（包括古城、阚岭、一级、二级、三级翻水站共5个翻水站）；2014—2016年实施石梁河至小塔山、小塔山至八条路水库库库连通工程，为抗旱调水创造条件。在苏南的南京市，1958年大旱，当时的六合县已经在滁河瓜埠老虎头筑坝翻提江水补滁，实施"江水补滁"。1959年特大干旱，又在滁河瓜埠老虎头、程桥大王庙、六城冶浦桥筑坝，多级翻提江水，实施"江水上山"。1965年大旱时，境内东、中、西三条抗旱翻水线已经基本形成。1978年六合遭遇了历史上罕见的特大干旱，从抗旱实践深知，要解决丘陵山区抗旱水源问题，必须扎根长江建设重点抗旱翻水线工程，才能从根本上解决丘陵山区的抗旱水源。20世纪80年代初期，先后建成金牛山、尖山、山沟李、肖庄、西凌河、耿跳、徐庄6条骨干翻水线，实现了"江水上山"，有效缓解了北部山区灌溉难、用水难的问题。

3.5.1.2 工程分布

江苏省山区水源工程主要包括蓄水工程、调水工程，分布于西南部宁镇扬、宜溧低山丘陵区和洪泽湖西南部及北部铜邳、新东赣地区的低山丘陵区。涉及连云港、徐州、宿迁、淮安、扬州、南京、镇江、常州、无锡9个省辖市，200多个乡镇，近700万人口。其中，山区水源工程涉及的主要县（市、区）有赣榆、东海、灌云、新沂、邳州、铜山、贾汪、泗洪、盱眙、金湖、浦口、六合、江宁、溧水、高淳、丹徒、句容、丹阳、仪征、邗江、金坛、溧阳、宜兴、滨湖等，约占全省县（市、区）总数的1/4。

3.5.1.3 供水保证率

全省丘陵山区现状生活供水保证率约为95％，农业供水保证率为50％～75％，工业供水保证率：西部和北部丘陵山区为80％～90％、南部山区部分可达95％。

3.5.2 供水原则

江苏省在合理安排产业结构、加强节水管理的情况下，结合易旱地区实际用水情况，通过现有水库、塘坝、水井及梯级翻水线等蓄、引、提、调水工程，扎根主要河湖水源，利用山丘区长藤结瓜供水系统，分期控制库塘水位，以保障居民生活、工农业生产、生态用水等抗旱用水需要。

3.5.3 蓄水及调水工程

3.5.3.1 蓄水工程

山区蓄水工程主要包括各类水库、塘坝、大口井及机井。其中江苏省丘陵山区有大中小型水库901座，兴利库容17.20亿m^3左右，实际灌溉面积27.9万hm^2；塘坝约26万面，蓄水库容17亿m^3左右，实际灌溉面积约17.33万hm^2；大口井、机井5900眼左右，实际灌溉面积2.16万hm^2；拥有机电灌溉动力30.2万kW，引提流量1560m^3/s。

北部丘陵山区。主要包括徐州、连云港两市的赣榆、东海、灌云、新沂、邳州、铜山、贾汪7个县（市、区），有各类水库215座，其中大中型16座，小型199座，总库容15.7亿m^3，兴利库容7.7亿m^3。

西部丘陵山区。主要包括宿迁、淮安两市的泗洪、盱眙、金湖3个县（市、区），共有各类水库165座，其中中型5座，小型160座，总库容3.9亿m^3，兴利库容2.1亿m^3；塘坝6156面，蓄水0.8亿m^3。

南部丘陵山区。主要包括南京、镇江、扬州、常州、无锡5市的江宁、六合、江浦等15个县（市、区），共有各类水库521座，其中大中型28座，小型493座，总库容14.7亿m^3，兴利库容7.4亿m^3；塘坝约25万面，蓄水16.3亿m^3。

江苏省水库基本情况见表3.2。

表3.2　江苏省水库基本情况表

地区	大中型水库/座	小型水库/座	总库容/亿m^3	兴利库容/亿m^3
连云港市	11	132	12.38	5.98
徐州市	5	67	3.28	1.73
宿迁市	0	39	0.46	0.22
淮安市	5	121	3.51	1.86
扬州市	1	61	0.79	0.34
南京市	13	238	5.74	2.96
镇江市	7	93	3.36	1.62
常州市	5	84	3.40	1.63
无锡市	2	17	1.62	0.86
合计	49	852	34.54	17.20

3.5.3.2 调水工程

江苏省丘陵山区一般以岗岭坡地为主，地面多受流水切割、地势起伏不定、地面落差大，难以自然形成常年存水的河湖。当地降雨也大多形成地面径流流入水库、塘坝等。另外，山丘区土地大多存在耕作层浅薄、土壤肥力低、水土易流失、灌溉条件差等问题。独特的地形条件，决定了山丘区水源除依托本地水库、塘坝蓄水外，还要依托水源较为稳定的长江、洪泽湖、江水北调等主要河湖及调水干线，采取多级翻水、长藤结瓜、以点线延伸至面的形式，解决重点丘陵山区的水源保障问题。目前，江苏省山丘区调水工程主要包括调水线路上布设的水库、水闸、泵站、渠道、管线等，调水的方式主要是机电动力提水。江苏省丘陵山区调水工程数量众多，近年来由于各方面的原因，部分调水工程被废弃。目前仍能正常发挥效益的部分重点地区多级翻水工程情况见表 3.3。

表 3.3　江苏省主要调水抗旱工程情况统计表

地区	翻水线路长度/km	装机功率/kW	翻水流量/(m^3/s)	沿线灌溉面积/万 hm^2
常州市	17.8	727	6.74	0.14
连云港市	255.1	14060	94.6	6.59
南京市	238.87	11169	66.53	6.70
镇江市	70.45	10990	24.34	2.29
宿迁市	26.2	1265	9.66	0.21
淮安市	60.1	8925	31	3.35
扬州市	141.03	14282	72.21	1.87
徐州市	536.65	46631	203.74	14.42
合计	1346.2	108049	508.82	35.57

3.5.4 部分调水线路及工程简介

3.5.4.1 淮安市盱眙县清水坝电灌站

清水坝电灌站为三级提水电灌站，水源为淮河干流，担负着龙王山、桂五水库和山洪、化农干渠的补水任务。一级站 5 台机组装机容量 4000kW，提水流量 12.6m^3/s；二级站 9 台机组装机容量 2835kW，提水流量 12.6m^3/s，三级站 5 台机组装机容量 2800kW，提水流量 8m^3/s。

3.5.4.2 淮安市盱眙县东灌区

该灌区为三级提水灌区，水源为洪泽湖，一级站 8 台机组装机容量 4045kW，提水流量 14.4m^3/s；二级站 8 台机组装机容量 1440kW，提水流量 8.0m^3/s；朱庄三级站 7 台机组装机容量 990kW，提水流量 5.4m^3/s；杨庄三级站 4 台机组装机容量 440kW，提水流量 2.4m^3/s。灌区设计灌溉面积 1.49 万 hm^2。2016 年实施抗旱应急水源工程后，洪泽湖水源可以 2.0m^3/s 的补库流量为红旗水库补充水源，可为灌区范围内 17 座中小型水库实施补库。

3.5.4.3 南京市六合区金牛山翻水线

该翻水线为 4 级提水灌区，可从长江补水，一级站红山窑站建成于 1973 年，安装有 5 台总装机容量 3150kW 的水泵，泵站设计提水流量 50.0m^3/s；二级站金牛（老）抽水站建成于 1974 年，安装有 3 台总装机容量 1110kW 的水泵，泵站设计提水流量 4.0m^3/s，设计扬程 12m；三级站尖山抽水站建成于 1980 年，安装有 7 台总装机容量 1540kW 的水泵，泵站设计提水流量 3.5m^3/s，设计扬程 26m。

3.5.4.4 淮北石梁河供水线路

中华人民共和国成立后，连云港市兴建了石梁河、小塔山、安峰山三座大型水库和贺庄、八条路等 11 座中型水库及数量众多的小型水库、塘坝、大口井及机井等水利工程。石梁河供水线路以大中型水库以及淮沭新河、蔷薇河等来自洪泽湖的淮水为水源，主要工程包括房山翻水站、芝麻翻水站、石梁河翻水站、磨山翻水站、羽山翻水站和古城翻水站等，总设计流量 107m^3/s。

经多年建设，目前，依托洪泽湖水源，经省防指调度，淮河流域的优质水源可经由二河、淮沭新河、沭新河以及房山、芝麻、石梁河三座翻水站，供应东海县、赣榆县丘陵山丘的用水需求，形成较为完备的区域供水体系，基本保障了两县人民群众的生活、生产用水。

4 调度运行

4.1 淮河流域洪水调度

4.1.1 淮河洪水调度

4.1.1.1 调度依据

调度依据主要包括国家防总印发的《淮河洪水调度方案》(国汛〔2016〕14号)、江苏省防指印发的《淮河入海水道调度运用方案》(苏防〔2010〕6号)等。

4.1.1.2 调度原则

(1) 坚持以人为本、依法防洪、科学调度的原则。

(2) 遵循蓄泄兼筹、上下游兼顾、团结协作和局部利益服从全局利益的原则。

(3) 当发生设计标准及以下洪水时,合理运用水库拦洪、削峰、错峰,充分利用河道泄洪,适时运用行洪区、蓄洪区、分洪河道和临淮岗洪水控制工程,确保防洪工程安全。

(4) 当发生超标准洪水时,利用河道强迫行洪。充分发挥临淮岗洪水控制工程的拦洪作用,并采取弃守一般堤防等非常措施,确保蚌埠和淮南城市圈堤、淮北大堤重要堤段、洪泽湖大堤、里运河大堤等重要堤防安全。

(5) 统筹处理好防洪与排涝的关系,充分发挥防洪工程的防洪排涝减灾综合效益。

(6) 在确保防洪安全和不影响排涝的前提下,兼顾洪水资源利用。

(7) 对重要防洪控制工程调度运用,由国家防汛抗旱总指挥部或淮河防汛抗旱总指挥部决定;其他防洪工程的调度,分别由有关省负责,报国家防汛抗旱总指挥部和淮河防汛抗旱总指挥部备案。

4.1.1.3 防汛特征水位

1. 淮河上中游洪泽湖以上

淮河干流洪水调度代表站从上游到下游主要有息县站、王家坝站、润河集站、鲁台子站、蚌埠闸站、吴家渡站等,淮河干流沿线代表站主要特征水位见表4.1;淮北区间有怀洪新河、新汴河、濉河、老濉河、徐洪河,洪水调度代表站分别为双沟、宿县闸、泗洪(濉河)、泗洪(老濉河)、金锁镇;淮南区间支流为池河,洪水调度代表站为明光。洪泽湖总入湖流量为淮河干流、淮北5条支流、淮南1条支流洪水代表站的流量总和。

表 4.1 淮河干流沿线代表站主要特征水位表

站点	警戒水位 /m	保证水位 /m	历史最高水位 /m	历史最大流量 /(m^3/s)
息　县	41.5	43.0	45.29（1968年）	15000（1968年）
王家坝	27.5	29.0	30.35（1968年）	17600（1968年）
润河集	24.3	27.1	27.75（1982年）	8300（1954年）
鲁台子	24.0	25.93	25.97（1982年）	12770（1950年）
吴家渡	20.3	22.6	22.18（1954年）	11600（1954年）

2. 洪泽湖

洪泽湖水位代表站为蒋坝站，湖平均水位为老子山、蒋坝、尚嘴、高良涧四个站水位的平均值。

蒋坝站汛限水位 12.5m，警戒水位 13.5m，设计洪水位 16.0m，校核洪水位 17.0m，历史最高水位 16.25m（1931 年），中华人民共和国成立以来最高水位 15.23m（1954 年）。

3. 洪泽湖下游泄洪河道

淮河上中游洪水先汇入洪泽湖，经洪泽湖调蓄后，经过淮河入江水道、苏北灌溉总渠、淮河入海水道、废黄河、分淮入沂等行洪河道入江入海。

（1）淮河入江水道。淮河入江水道设计行洪流量 12000m^3/s，对应的各站点设计洪水位见表 4.2。

表 4.2 淮河入江水道各站点设计洪水位表

站点	警戒水位 /m	行洪 12000m^3/s 对应的设计洪水位/m	历史最高水位 /m	历史最大流量 /(m^3/s)
三河闸下		14.40	13.69（1954年）	10700（1954年）
金湖	10.50	12.14	11.98（2003年）	
高邮湖	8.50	9.50	9.52（2003年）	
邵伯湖	7.75	8.50	8.76（1954年）	
三江营	5.32	5.66	6.27	

（2）苏北灌溉总渠。苏北灌溉总渠设计行洪流量 800m^3/s，对应的各站点设计洪水位见表 4.3。

表 4.3 苏北灌溉总渠各站点设计洪水位表

站点	行洪 800m^3/s 对应的设计洪水位/m	历史最高水位（闸上/闸下）/m	历史最大流量 /(m^3/s)
高良涧闸	11.45	15.24（1954年）/11.90（1969年）	1083（1975年）
运东闸		10.51（1961年）/10.02（1954年）	848（1965年）

续表

站点	行洪 $800m^3/s$ 对应的设计洪水位/m	历史最高水位（闸上/闸下）/m	历史最大流量 $/(m^3/s)$
阜宁腰闸		7.35（1967年）/6.17（2003年）	933（1967年）
六垛南闸	4.35	4.67（1956年）/3.68（2003年）	933（1960年）

（3）淮河入海水道。已于2003年建成的淮河入海水道近期工程设计行洪流量 $2270m^3/s$，对应的各站点设计洪水位见表4.4。

表4.4　淮河入海水道各站点设计洪水位表

站　点	行洪 $2270m^3/s$ 对应的设计洪水位（闸上/闸下）/m	历史最高水位（闸上/闸下）/m	历史最大流量 $/(m^3/s)$
二河新闸	14.11/13.81	13.22（2007年）/13.07（2007年）	2080（2007年）
淮安立交地涵	11.53/10.87		
滨海枢纽地涵	7.17/6.67		
海口南、北闸	3.80/3.60		

（4）废黄河。废黄河目前承担分泄淮河洪水 $200m^3/s$ 的任务。杨庄闸、滨海闸历史最大泄洪流量分别为 $681m^3/s$（1958年）、$936m^3/s$（1960年）。

（5）分淮入沂。设计相机分泄淮河洪水 $3000m^3/s$ 入新沂河，对应的各站点设计洪水位见表4.5。

表4.5　分淮入沂各站点设计洪水位表

站点	行洪 $3000m^3/s$ 对应的设计洪水位（闸上/闸下）/m	历史最高水位（闸上/闸下）/m	历史最大流量 $/(m^3/s)$
二河闸	/15.06	14.33（2003年）/13.80（1965年）	3250（2003年）
淮阴闸	/14.23	13.80（1965年）/13.38（2003年）	1440（2003年）
沭阳闸	/11.86	12.07（2003年）/11.81（1974年）	1250（2003年）
分淮入沂与新沂河交汇口	11.75		

4.1.1.4　调度思路

淮河流域的洪水调度，在江苏省主要体现在洪泽湖的控制运用和洪水出路安排上。重点在于洪泽湖来水的预报、洪泽湖水位的预降、各行洪通道运用的顺序及流量量级安排、洪涝关系的统筹协调等方面。

洪水预报是根据流域发生的暴雨或河流上游的来水，经过雨水情信息采集、传输、存储、处理和一系列的科学计算，最终预测在某一控制断面将发生的洪水过程。淮河洪水预报调度是江苏省淮河流域防汛抗旱工作中一项重要的非工程性措施，是防汛抗旱决策部署的重要依据。通过预测预报淮河上中游的洪水量及洪水过程，省防汛部门可以提前研究，合理安排洪泽湖的洪水出路，并落实相关防御措施，最大限度地减少灾害损失。

基本思路为：在洪水到来前，提前预降洪泽湖水位，腾出调洪库容；洪水入湖过程中，科学合理的安排各行洪通道运用顺序及流量量级，兼顾地方排涝；若洪泽湖水位超过警戒水位，则排涝服从防洪调度；后期注意洪水资源利用。

4.1.1.5 调度内容

1. 洪泽湖洪水调度

（1）洪泽湖汛限水位为 12.5m。当预报淮河上中游发生较大洪水时，洪泽湖应提前预泄，尽可能降低湖水位。

（2）当洪泽湖水位达到 13.5m 时，充分利用入江水道、苏北灌溉总渠及废黄河泄洪；淮、沂洪水不遭遇时，利用淮沭河分洪。洪泽湖水位达到 13.5～14.0m，启用入海水道泄洪。

（3）当预报洪泽湖水位将达到 14.5m 时，三河闸全开敞泄，入海水道充分泄洪，在淮、沂洪水不遭遇时淮沭河充分分洪。

（4）当洪泽湖水位达到 14.5m 且继续上涨时，滨湖圩区破圩滞洪。

（5）当洪泽湖水位超过 15.0m 时，三河闸控泄 12000m^3/s。如三河闸以下区间来水大且高邮水位达 9.5m，或遇台风影响威胁里运河大堤安全时，三河闸可适当减少下泄流量，确保洪泽湖大堤、里运河大堤安全。

（6）当洪泽湖水位超过 16.0m 时，入江水道、入海水道、淮沭河、苏北灌溉总渠等适当利用堤防超高强迫行洪，加强防守，控制洪泽湖蒋坝水位不超过 17.0m。

（7）当洪泽湖蒋坝水位达到 17.0m，且仍有上涨趋势时，利用入海水道北侧、废黄河南侧的夹道地区泄洪入海，以确保洪泽湖大堤的安全。

2. 洪泽湖洪水资源利用

在不影响防洪和排涝的前提下，洪泽湖可在后汛期根据雨水情适时拦蓄尾水，逐步由汛限水位抬高至汛末蓄水位 13.0m，充分利用洪水资源。

4.1.1.6 调度权限

（1）上中游有关行蓄洪区的运用，由所在省商淮河防汛抗旱总指挥部决定，报国家防汛抗旱总指挥部备案。

（2）怀洪新河分洪运用由淮河防汛抗旱总指挥部决定。

（3）蒋坝站水位低于 14.5m，洪泽湖的调度运用由江苏省负责。遇特殊情况，由淮河防汛抗旱总指挥部调度；蒋坝站水位达到或超过 14.5m 时，洪泽湖的调度运用由淮河防汛抗旱总指挥部商有关省提出意见，报国家防汛抗旱总指挥部决定。

（4）入海水道的运用由淮河防汛抗旱总指挥部决定。

（5）洪泽湖周边圩区的运用由淮河防汛抗旱总指挥部商有关省提出意见，报国家防汛抗旱总指挥部决定。

（6）利用入海水道北侧、废黄河南侧的夹道地区泄洪，由淮河防汛抗旱总指挥部商有关省提出意见，经国家防汛抗旱总指挥部审核同意后，报国务院决定。

4.1.1.7 调度的重点和难点

1. 调度的重点

经过多年坚持不懈的治淮建设，江苏省淮河流域防洪标准有了较大提高，防灾减灾能力得到加强。对照防范多发性、突发性和极端性水旱灾害的要求，淮河流域防汛抗旱工作仍然存在不少薄弱环节。调度需关注的重点如下：

（1）上中游水库及蓄滞洪区的调度运用。淮河水系涉及河南、安徽、江苏三省，由于江苏地处淮河下游，淮河上中游洪水经洪泽湖调蓄后，全部在江苏境内入江入海。当淮河发生较大洪水时，洪水集中下泄入江苏省境内，增加了洪泽湖周边地区及江苏省淮河下游地区防洪压力。因此在淮河行洪期间，河南、安徽、江苏三省要本着上下游兼顾、团结协作的精神，服从国家防总和淮河防总统一调度，适时运用上中游水库、行洪区、蓄洪区、分洪河道和临淮岗洪水控制工程对淮河洪水进行拦洪、削峰、错峰，以减轻江苏省沿淮、洪泽湖周边及淮河下游地区防洪压力。

（2）统筹洪涝调度，防洪排涝兼顾。江苏省地处淮河下游，是淮河洪水的走廊，淮河洪水经洪泽湖调蓄后，通过淮河入江水道、苏北灌溉总渠、废黄河、淮河入海水道、分淮入沂等流域性骨干行洪河道入江入海。这些行洪河道为流域防洪安全做出了贡献，但在河道行洪期间，沿线地区农田涝水因外河行洪水位高涨顶托以致无法自排，只能通过开启沿河排涝泵站或架设临时泵站抽排，以减轻涝灾损失，大大地增加了农业生产成本。据不完全统计，仅淮河入江水道两岸地区，近几年年排涝费用就超过 1600 万元。尽管江苏省从 20 世纪 90 年代开始，由省财政对洪泽湖周边农业生产等给予排涝降渍补助，2008 年起将淮河入江水道沿线等地区也纳入了补助范围。但因淮河入江水道沿线地区因洪致涝问题突出，防汛任务重，排涝费用高，实际发生的排涝费用明显超过省补助经费。因此，在淮河洪水调度上应充分考虑区域排涝问题，尽量为区域排涝留出时间和空间。尤其在上中游洪水到来前以及洪水后期，更是要科学安排，合理调度，在确保防洪安全的前提下为区域排涝创造条件。

（3）上中游污水随着洪水下泄。江苏省淮河水系地区地处淮河下游，随着上游经济社会的发展，淮河上中游地区污水排放量不断增加，突发性水污染事故时有发生，造成巨大损失，严重危及下游城乡居民生活、水产养殖、工农业生产以及生态等用水。另外，在水上运输过程中有害物质泄漏污染水体、化工厂集中向水体偷排污染物等造成的污染事故也时有发生。因此，如遇洪水和污水一同出现，为减少污染造成的损失，可在加强水量、水质监测工作的基础上，充分运用现有水利工程的排、拦、引、抽等功能，排除、稀释污水，应急改善水体水质和水环境，并严格防止污水扩散影响供水水源地。

2. 调度的难点

（1）洪泽湖周边圩区滞洪启用难度大。虽然《淮河洪水调度方案》明确了洪泽湖周边圩区作为滞洪区，并规定了其启用时机，但滞洪区内安全建设基本未实施，一旦淮河水系发生大洪水需要启用该滞洪区时，安全撤退难度很大。

（2）应对洪泽湖超校核标准洪水的非常措施，落实难度更大。根据《淮河洪水调度方案》，当洪泽湖遭遇超校核标准洪水时，需要利用入海水道北侧、废黄河南侧的夹道地区泄洪，这一措施涉及淮安、滨海两个城区，启用难度将非常大。

4.1.2 沂沭泗河洪水调度

4.1.2.1 调度依据

现行调度方案为国家防汛抗旱总指挥部2012年6月26日印发的《关于沂沭泗河洪水调度方案的批复》(国汛〔2012〕8号)。

4.1.2.2 调度原则

(1) 以人为本，依法防洪，科学调度。

(2) 统筹兼顾，蓄泄兼筹，团结协作，局部利益服从全局利益。

(3) 沂河、沭河洪水尽可能东调，预留骆马湖部分蓄洪容积和新沂河部分行洪能力接纳南四湖及邳苍地区洪水。当中运河及骆马湖水位较低时，南四湖洪水尽可能下泄；当中运河及骆马湖水位较高时，南四湖洪水控制下泄。骆马湖洪水应尽可能下泄。必要时启用南四湖湖东滞洪区及黄墩湖滞洪区滞洪。

(4) 遇标准内洪水，合理利用水库、水闸、河道、湖泊等，确保防洪工程安全。遇超标准洪水，除利用水闸、河道强迫行洪外，并相机利用滞洪区和采取应急措施处理超额洪水，地方政府组织防守，全力抢险，确保南四湖湖西大堤、骆马湖宿迁大控制、新沂河大堤等重要堤防和济宁、临沂、徐州、宿迁、连云港等重要城市城区的防洪安全，尽量减轻灾害损失。

(5) 在确保防洪安全的前提下，兼顾洪水资源利用。

4.1.2.3 防汛特征水位

1. 主要湖库防汛特征水位

骆马湖、上级湖、下级湖水位代表站分别为洋河滩站、南阳站、微山岛站。其主要湖库防汛特征水位见表4.6。

表4.6　主要湖库防汛特征水位

主要湖库	汛限水位/m	警戒水位/m	设计洪水位/m	校核洪水位/m	历史最高水位/m
骆马湖	22.5	23.5	25.0	26.0	25.47
上级湖	34.2	35.0	37.0		36.48
下级湖	32.5	35.0	36.5		36.28
石梁河水库	23.5		26.81	28.0	26.82

2. 主要河道行洪流量及防汛特征水位

江苏省沂沭泗地区主要河道有沂河、沭河、新沭河、中运河、新沂河。设计行洪流量及防汛特征水位分述如下：

(1) 沂河江苏段。设计行洪流量8000m^3/s，对应的控制点洪水位：省界37.86m，港上36.17m，陇海铁路桥29.70m，苗圩25.26m。代表站港上站警戒水位34.5m，历史最高水位35.59m (1974年)，最大流量7800m^3/s (华沂站，1960年)。

(2) 沭河。省界至塔山闸、塔山闸以下设计行洪流量分别为2500m^3/s、3000m^3/s，对应的控制点水位：省界32.61m，塔山闸上28.15m，口头16.56m。代表站新安站警戒水位28.5m，历史最高水位30.94m（1950年），最大流量3320m^3/s（1974年）。

（3）新沭河。石梁河水库至太平庄闸、太平庄闸至海口段设计行洪流量分别为6000m^3/s、6400m^3/s，对应的控制点水位：石梁河闸下15.47m，蒋庄闸上11.9m，墩尚桥上8.91m，朱圈桥上7.74m，太平庄闸上6.59m，海口3.72m（20年一遇潮位）。石梁河水库历史最大泄洪流量3510m^3/s（1974年）。

（4）中运河。省界至大王庙、大王庙至房亭河口、房亭河口至骆马湖二湾段设计行洪流量分别为5600m^3/s、6500m^3/s、6700m^3/s，对应的控制点水位：省界29.37m，运河镇26.50m，二湾25.0m。代表站运河镇站警戒水位25.5m，历史最高水位26.42m，历史最大流量3790m^3/s，均发生在1974年。

（5）新沂河。嶂山闸至口头、口头至海口段设计行洪流量分别为7500m^3/s、7800m^3/s，对应的控制点水位：嶂山闸下（300m）22.56m，口头16.7m，沭阳水文站11.4m，盐河7.56m，小潮河6.56m，东友涵洞6.06m，老挡潮坝5.12m，挡潮闸4.39m，海口4.0m。代表站沭阳站警戒水位9.0m，历史最高水位10.76m，历史最大流量6900m^3/s，均发生在1974年。

4.1.2.4 调度思路

沂沭泗水系的洪水调度，在江苏省主要体现在南四湖、骆马湖、石梁河水库的控制工程运用和洪水出路安排上。重点在于湖库来水的预报、湖库水位的预降，沂沭河洪水“东调”与南四湖洪水“南下”关系的处理，各行洪通道运用的顺序及流量量级安排、洪涝关系的统筹协调等方面。

有关洪水预报的内容及作用，基本同淮河水系，请参见相关章节。

基本思路为：在洪水到来前，提前预降南四湖、骆马湖、石梁河水库水位，腾出调洪库容。洪水发生过程中，沂河、沭河洪水尽可能东调，预留骆马湖部分蓄洪容积和新沂河部分行洪能力，接纳南四湖及邳苍地区洪水。当中运河及骆马湖水位较低时，南四湖洪水尽可能下泄；当中运河及骆马湖水位较高时，南四湖洪水控制下泄。骆马湖洪水应尽可能下泄。必要时启用南四湖湖东滞洪区及黄墩湖滞洪区滞洪。后期注意洪水资源利用。

4.1.2.5 调度内容

1. 沂河洪水调度

（1）预报沂河临沂站洪峰流量小于3000m^3/s时，沂河上游来水原则上通过刘家道口闸向南下泄；如骆马湖以上南四湖及邳苍地区来水较大，或骆马湖及新沂河汛情紧张，彭道口闸分洪。

（2）预报沂河临沂站洪峰流量为3000～9500m^3/s，彭道口闸尽量分洪，控制沂河江风口以下流量不超过7000m^3/s。

（3）预报沂河临沂站洪峰流量为9500～12000m^3/s，彭道口闸分洪流量不超过4000m^3/s，当刘家道口闸下泄流量超过8000m^3/s或江风口闸闸前水位达58.5m时，开启江风口闸分洪，控制沂河江风口以下流量不超过8000m^3/s。

（4）预报沂河临沂站洪峰流量为12000～16000m^3/s，彭道口闸分洪流量不超过4000m^3/s，控制刘家道口闸下泄流量不超过12000m^3/s。江风口闸分洪流量不超过4000m^3/s，沂河江风口以下流量不超过8000m^3/s。

(5) 预报沂河临沂站洪峰流量超过 16000m^3/s 时，彭道口闸分洪流量 4000～4500m^3/s，控制刘家道口闸下泄流量 12000m^3/s。江风口闸分洪流量 4000m^3/s，沂河江风口以下流量 8000m^3/s。当采取上述措施仍不能满足要求时，超额洪水在分沂入沭以北地区采取应急措施处理。

2. 沭河洪水调度

(1) 预报沭河大官庄枢纽洪峰流量（沭河干流洪水加分沂入沭来水，下同）小于 3000m^3/s 时，人民胜利堰闸（含灌溉孔）下泄流量不超过 1000m^3/s，余额洪水由新沭河闸下泄。预报石梁河水库水位将超过汛限水位时，水库预泄接纳上游来水。若石梁河水库需控制下泄流量，控制库水位不超过 24.5m，并于洪峰过后尽快降至汛限水位。

(2) 预报沭河大官庄枢纽洪峰流量为 3000～7500m^3/s，来水尽量东调。视新沂河、老沭河洪水，人民胜利堰闸下泄流量不超过 2500m^3/s，新沭河闸下泄流量不超过 5000m^3/s；石梁河水库提前预泄腾库接纳上游来水，水库泄洪控制库水位不超过 25.0m，并于洪峰过后尽快降至汛限水位。

(3) 预报沭河大官庄枢纽洪峰流量为 7500～8500m^3/s，来水尽量东调。视新沂河、老沭河洪水，人民胜利堰闸下泄流量不超过 2500m^3/s，新沭河闸下泄流量不超过 6000m^3/s；石梁河水库提前预泄腾库接纳上游来水，水库泄洪控制库水位不超过 26.0m，并于洪峰过后尽快降至汛限水位。

(4) 预报沭河大官庄枢纽洪峰流量超过 8500m^3/s，来水尽量东调，控制新沭河闸下泄流量不超过 6500m^3/s；视新沂河、老沭河洪水，人民胜利堰闸下泄流量不超过 3000m^3/s。当采取上述措施仍不能满足要求时，超额洪水在大官庄枢纽上游地区采取应急措施处理。石梁河水库要提前预泄接纳上游来水，尽量加大下泄流量，必要时保坝泄洪。洪峰过后水库尽快降至汛限水位。

3. 南四湖洪水调度

(1) 当上级湖南阳站水位达到 34.2m 并继续上涨时，二级坝枢纽开闸泄洪，视水情上级湖洪水尽量下泄。预报南阳站水位超过 37.0m，二级坝枢纽敞泄。当南阳站水位超过 37.0m 时，启用南四湖湖东滞洪区白马片和界漷片滞洪。

(2) 当下级湖微山站水位达到 32.5m 并继续上涨时，韩庄枢纽开闸泄洪，视南四湖、中运河、骆马湖水情，下级湖洪水尽量下泄。如预报微山站水位不超过 36.5m，当中运河运河站水位达到 26.5m 或骆马湖水位达到 25.0m 时，韩庄枢纽控制下泄。

(3) 微山站水位超过 36.5m，韩庄枢纽尽量泄洪，尽可能控制中运河运河站流量不超过 6500m^3/s。

(4) 当微山站水位超过 36.5m 时，启用南四湖湖东滞洪区蒋集片滞洪，韩庄枢纽敞泄；在不影响徐州城市、工矿安全的前提下，蔺家坝闸参加泄洪。

4. 骆马湖洪水调度

(1) 当骆马湖水位达到 22.5m 并继续上涨时，嶂山闸泄洪，或相机利用皂河闸、宿迁闸泄洪；如预报骆马湖水位不超过 23.5m，照顾黄墩湖地区排涝。

(2) 预报骆马湖水位超过 23.5m，骆马湖提前预泄。预报骆马湖水位不超过 24.5m，嶂山闸泄洪控制新沂河沭阳站洪峰流量不超过 5000m^3/s，同时相机利用皂河闸、宿迁闸泄洪。

（3）预报骆马湖水位超过 24.5m，嶂山闸泄洪控制新沂河沭阳站洪峰流量不超过 $6000m^3/s$；同时相机利用皂河闸、宿迁闸泄洪。

（4）当骆马湖水位超过 24.5m 并预报继续上涨时，退守宿迁大控制；嶂山闸泄洪控制新沂河沭阳站洪峰流量不超过 $7800m^3/s$；视下游水情，控制宿迁闸泄洪不超过 $1000m^3/s$；徐洪河相机分洪。

（5）如预报骆马湖水位超过 26.0m，当骆马湖水位达到 25.5m 时，启用黄墩湖滞洪区滞洪，确保宿迁大控制安全。

5. 大型水库

沂沭泗河大型水库防洪调度要严格按照批准的汛期调度运用计划实施。当预报沂沭河汛情紧张并可能危及干流堤防安全时，跋山、岸堤、许家崖、青峰岭、陡山等大型水库在确保水库工程安全的前提下，尽量为下游河道错峰。

4.1.2.6 调度权限

（1）沂沭泗河洪水调度由淮委沂沭泗水利管理局按调度方案提出调度意见，报淮河防汛抗旱总指挥部同意后，由山东省防汛抗旱总指挥部、江苏省防汛抗旱指挥部和沂沭泗水利管理局按照管理权限分别组织实施。

（2）黄墩湖滞洪区的运用由淮河防汛抗旱总指挥部商江苏省人民政府决定，报国家防汛抗旱总指挥部备案，江苏省防汛抗旱指挥部负责组织实施。南四湖湖东滞洪区的运用由淮河防汛抗旱总指挥部商山东省人民政府决定，报国家防汛抗旱总指挥部备案，山东省防汛抗旱总指挥部负责组织实施。

（3）沂河、沭河超额洪水应急措施处理由淮河防汛抗旱总指挥部提出意见，报国家防汛抗旱总指挥部决定，山东省防汛抗旱总指挥部负责组织实施。

（4）遇特殊情况，淮河防汛抗旱总指挥部可按照调度方案的原则灵活调度，并报国家防汛抗旱总指挥部备案。重大问题由国家防汛抗旱总指挥部决定。

（5）沂沭泗河大型水库的常规防洪调度由所在省防汛抗旱指挥部负责。石梁河水库配合沂沭泗流域洪水调度，由江苏省防汛抗旱指挥部负责；跋山、岸堤、许家崖、青峰岭、陡山等大型水库为沂沭河干流洪水错峰的调度，由山东省防汛抗旱总指挥部提出意见报淮河防汛抗旱总指挥部同意后实施。

（6）沂沭泗河河道内各省管理的拦河闸坝，其调度运用由各省防汛抗旱指挥部负责，调度前通知淮委沂沭泗水利管理局和下游地区：预报上游有来水时，各拦河闸坝须提前预泄，服从沂沭泗河洪水总体安排。

（7）洪水资源由淮委沂沭泗水利管理局统一调度，报淮河防汛抗旱总指挥部备案。

4.1.2.7 调度的重点和难点

1. 调度的重点

沂沭泗水系江苏省洪水调度需关注的重点，主要是沂沭河洪水“东调”及南四湖洪水“南下”的出路安排，包括分沂入沭彭道口闸、沂河干流刘家道口闸、邳苍分洪道江风口闸，沭河大官庄枢纽，以及南四湖二级坝枢纽、韩庄枢纽等控制工程的调度运用。这些工程的调度运用，直接影响到江苏省该地区的洪水调度及其他防御措施的运用。

同时应关注“统筹洪涝调度，防洪排涝兼顾”“上中游污水下泄”等。

2. 调度的难点

沂沭泗水系是江苏省洪水调度难点，主要是黄墩湖滞洪区的运用以及邳苍分洪道的分洪。

虽然江苏省黄墩湖滞洪区的社会经济发展较快，安全工程建设有所加强，但滞洪区安全设施仍不完善，许多桥涵配套建筑物老化失修，与大规模人员撤退避险要求还有较大差距，滞洪区启用难度比较大。目前，黄墩湖滞洪区调整与建设工程的前期工作基本完成，计划在2017年开工实施。工程建设完成后，将改善黄墩湖滞洪区滞洪安全设施状况。

邳苍分洪道内由于历史及管理等原因，阻水树木及设施农业开发项目较多，实施分洪有一定难度，且分洪效果预计在初期不佳。

4.2 长江流域洪水调度

4.2.1 长江洪水调度

4.2.1.1 调度依据

长江洪水调度主要依据国家防汛抗旱总指挥部印发的《长江洪水调度方案》，该调度方案主要涉及长江上中游水库群、蓄滞洪区的调度。由于长江江苏段干流上无节制工程，江苏省无法对长江洪水直接实施调度，主要采取合理加高加固堤防、整治河道等工程措施，与其他防洪非工程措施相结合，构成综合防洪体系，确保防洪安全。

4.2.1.2 调度原则

长江上中游洪水调度，主要是合理利用水库群及三峡水库的调蓄作用，积极拦蓄上中游洪水，为洞庭湖、鄱阳湖两湖地区洪水错峰，控制中下游干流水位的上涨幅度及高水位持续时间，确保安全。

4.2.1.3 防汛特征水位

江苏省长江干流堤防，近期工程按照全面落实防御1954年型洪水的《长江流域综合利用规划》规划标准，进一步巩固、完善；重点城市和开发区段，以补充分析的100年一遇洪潮水位作为设计水位。江苏长江干流代表站设计洪潮水位见表4.7。长江干流主要代表站洪水特征值见表4.8。

表4.7　江苏长江干流代表站设计洪潮水位表

站名	警戒水位/m	《长江流域综合利用规划》设计水位		洪潮和台风增水综合分析水位		
		无台风/m	有台风/m	100年一遇洪潮水位/m	200年一遇洪潮水位/m	300年一遇洪潮水位/m
南京	8.5	10.6	11.1	11.07	11.35	11.52
镇江	7.0	8.85	9.5	9.24	9.48	9.61
江阴	5.5	7.25	8.04	7.56	7.81	7.96
天生港	5.2	6.73		7.18	7.44	7.59

表 4.8　　长江干流主要代表站洪水特征值表

站名	警戒水位/m	保证水位/m	历史最大值			
			最高水位/（m）	出现日期	最大流量/(m^3/s)	出现日期
宜昌	53.0		55.92	1896-09-04	71100	1896-09-04
汉口	27.3	29.73	29.73	1954-08-18	76100	1954-08-14
大通	14.5	17.1	16.64	1954-08-01	92600	1954-08-01
南京	8.5	10.22	10.22	1954-08-17		
镇江	7.0	8.59	8.59	1996-08-01		
江阴	5.5	7.22	7.22	1997-08-19		
天生港	5.2	7.08	7.08	1997-08-19		

4.2.2　太湖洪水调度

4.2.2.1　调度依据

太湖洪水调度主要依据国家防总批准的《太湖流域洪水与水量调度方案》（国汛〔2011〕17号），以及江苏省防汛抗旱指挥部印发的《苏南运河沿线地区洪涝联合调度方案（试行）》（苏防〔2016〕22号）等。

4.2.2.2　调度原则

（1）当太湖发生标准及标准以内洪水时，确保环湖大堤安全。当太湖发生超标准洪水时，采取必要措施，重点保护城市以及其他重要城镇和重要基础设施的安全，减轻灾害损失。

（2）坚持流域调度与区域调度相结合、洪水调度与水量调度相结合、汛期调度与非汛期调度相结合，强化水利工程的联合运用，充分发挥现有河道、湖泊、水库、闸泵等工程作用，保障流域防洪与供水安全。

4.2.2.3　防汛特征水位

太湖水位以环湖五站（小梅口、夹浦、大浦口、望亭、西山）算术平均水位来代表，其中小梅口、夹浦两站位于浙江省境内，大浦口、望亭、西山三站位于江苏省境内。

目前，太湖警戒水位3.80m，50年一遇设计洪水位4.65m，1991年、1999年、2016年大洪水最高水位分别为4.79m（4.81m）、4.97m（5.08m）和（4.87m）（括弧中数据为当年报汛水位）。

望虞河泄洪以琳桥站为代表站点，琳桥站警戒水位3.80m，历史最高水位4.71m（2016年报汛）。

太浦河泄洪以平望站为代表站点，平望站警戒水位3.70m，历史最高水位4.52m。

苏南运河沿线主要控制站点有丹阳站、常州站、无锡站、苏州站，其特征水位见表4.9。

4.2.2.4　调度思路

太湖流域洪水外排能力受江海潮位限制，对河湖调蓄的依赖性大，且流域洪水下泄与区域涝水外排交织。太湖洪水调度方案规定了不同阶段的太湖排、蓄控制水位，太浦河、望虞河的下泄流量根据太湖不同水位、太浦河平望水位、望虞河琳桥水位进行控制，以及超标准洪水对策等。

表 4.9　　苏南运河主要控制站防汛特征水位表

站　名	警戒水位/m	保证水位/m	历史最高水位/m	出现日期
丹阳	5.60	7.20	7.47	1972-07-03
常州	4.30	4.80	6.43	2015-06-27
无锡	3.90	4.53	5.32	2017-09-24
苏州	3.80	4.20	4.80	2016-07-02

太湖流域洪水调度根据国家防总批准的《太湖流域洪水与水量调度方案》进行，通过对太湖及下游地区的防洪工程状况与防洪除涝形势进行较深入的分析，雨洪之前提前预降河湖水位，腾出部分调蓄库容；雨洪发生后，当地区涝水较严重而太湖水位距设计洪水位尚有一定空间时，充分发挥太湖调蓄作用，以减轻下游地区防洪排涝压力，同时要求沿江口门及泵站全力排水；当地区河网水位回落时，及时抓住天文低潮的有利时机，开启望亭水利枢纽和太浦闸泄洪，尽快把太湖水位降至安全水平，以防范新一轮洪水侵袭。

4.2.2.5 调度内容

目前，太湖流域已初步形成北通长江、东出黄浦江、南排杭州湾的骨干水利工程体系，基本达到防御1954年降雨典型的洪水标准。《太湖流域洪水与水量调度方案》中与江苏省相关的主要内容包括：

1. 太湖调度控制水位

(1) 4月1日至6月15日，防洪控制水位3.10m，调水限制水位3.00m。

(2) 6月16日至7月20日，防洪控制水位按3.10～3.50m直线递增，调水限制水位按3.00～3.30m直线递增。

(3) 7月21日至次年3月15日，防洪控制水位3.50m，调水限制水位3.30m。

(4) 3月16日至3月31日，防洪控制水位按3.50～3.10m直线递减，调水限制水位按3.30～3.00m直线递减。

2. 标准以内洪水调度

当太湖水位高于防洪控制水位且低于4.65m时，实施洪水调度，并按下列情形执行：

(1) 太浦河工程。

当太湖水位不超过3.50m时，太浦闸泄水按平望水位不超过3.30m控制；当太湖水位不超过3.80m时，太浦闸泄水按平望水位不超过3.45m控制；当太湖水位不超过4.20m时，太浦闸泄水按平望水位不超过3.60m控制；当太湖水位不超过4.40m时，太浦闸泄水按平望水位不超过3.75m控制；当太湖水位不超过4.65m时，太浦闸泄水按平望水位不超过3.90m控制。当预报太浦闸下游地区遭受地区性大暴雨袭击或预报米市渡水位超过3.70m（佘山吴淞基面）时，太浦闸可提前适当减少泄量。

(2) 望虞河工程。

1) 望亭水利枢纽。当太湖水位不超过4.20m时，望亭水利枢纽泄水按琳桥水位不超过4.15m控制；当太湖水位不超过4.40m时，望亭水利枢纽泄水按琳桥水位不超过4.30m控制；当太湖水位不超过4.65m时，望亭水利枢纽泄水按琳桥水位不超过4.40m控制。当预报望虞河下游地区遭受风暴潮或地区性大暴雨袭击时，望亭水利枢纽提前适当减少泄量。

2）常熟水利枢纽。当太湖水位高于防洪控制水位时，望虞河常熟水利枢纽泄水；当太湖水位超过3.80m，并预测流域有持续强降雨时开泵排水。

3. 当太湖水位超过4.65m时的非常措施

当太湖水位超过4.65m时，要进一步加强流域统一指挥调度，局部服从全局，重点保护环湖大堤和大中城市等重要保护对象安全；应尽可能加大太浦河、望虞河的泄洪流量，充分发挥沿长江各口门以及杭嘉湖南排工程的排水能力，加大东苕溪导流东岸各闸泄洪流量，打开东太湖沿岸及流域下游地区各排水通道。环湖大堤临湖一侧围湖区破口蓄洪，并视水情发展采取一切可能的分滞洪措施。流域内各重要城镇采取自保应急措施。

4.2.2.6 调度权限

水利部太湖流域管理局负责太浦闸、太浦河泵站、望亭水利枢纽、常熟水利枢纽的运用调度。苏、浙、沪三地防汛（抗旱）指挥部负责各自行政区域内其他水利工程调度，并将相关大型水库、沿长江、杭州湾、东导流等重要区域性工程和重要城市防洪工程的调度指令报太湖流域防汛抗旱总指挥部备案。

当太湖发生超标准洪水或遇其他紧急情况时，由太湖流域防汛抗旱总指挥部商苏、浙、沪三地防汛（抗旱）指挥部后提出应急处理方案，报国家防汛抗旱总指挥部批准后执行。

当太湖水位超过调水限制水位并发生突发水污染事件、水质恶化等严重影响流域供水安全的情况以及流域省（市）有其他特殊需求时，由有关省（市）防汛（抗旱）指挥部提出书面申请，太湖流域防汛抗旱总指挥部商苏、浙、沪三地防汛（抗旱）指挥部提出应急处理方案，报国家防汛抗旱总指挥部批准后执行。

4.2.2.7 调度的重点和难点

1. 调度的重点

太湖洪水调度是流域防御洪水的关键。一方面要利用太湖库容适时拦蓄洪水，减轻洪水对下游地区，特别是对一些重要城市的压力；另一方面在下游水情允许时，又要及时下泄洪水以免太湖水位过高，危及环湖大堤安全，甚至造成更大的灾害。因此，太湖洪水调度关注的重点，一是太湖可能的来水情况，望虞河、太浦河两河的泄洪能力以及太湖可能的最高水位；二是区域河湖可能达到的最高水位以及其对城市、重要基础设施等防洪保护对象的可能危害程度。

2. 调度难点

(1) 防洪与供水安全的矛盾。江苏省太湖地区汛期也是蓝藻易暴发的时段，确保防洪、供水双安全，协调防洪排涝和引江调水的关系，成为调度工作中需解决的主要问题。近年来，从细化调度方案、优化调度措施入手，统筹协调，取得了较好的效果。2007年后太湖再也没有发生因蓝藻引发的供水危机。

（2）地区之间防洪除涝矛盾。各地社会经济发展水平不一，水利工程规划、建设进度、标准有差异，区内防汛工程建设程度差异大，上下游、左右岸之间在防洪除涝方面会出现新的情况和矛盾，需要协调研究解决。

（3）工情不断变化，提出新的要求。近年来，太湖地区走马塘工程全面完工，新沟河工程正稳步推进，江边枢纽、遥观北枢纽等八项枢纽工程已基本建成；新孟河工程也已开工建设；望虞河除险加固工程2016年汛后已经开工；苏、锡、常三市城市防洪排涝工程体系基本形成；望虞河西岸控制工程也已开工建设。不断变化的工情对调度工作提出新的要求，各级防指将结合近年来流域区域工程进展和流域下垫面条件变化，加强研究与分析，及时补充完善现有调度方案，更好地发挥水利工程体系减灾效益。

4.3 跨流域供水调度

4.3.1 江水北调供水调度

4.3.1.1 调度依据

依据主要包括国家防总、水利部、淮河防总、省防指印发的相关工程供水调度方案，干旱年份省防指编制的抗旱水源应急调度计划及多年防汛抗旱调度实践中积累的经验。具体方案包括《南水北调东线一期工程水量调度方案（试行）》（水资源〔2013〕466号）、《淮河干流水量应急调度预案》（国汛〔2015〕18号）、《淮河防汛抗旱总指挥部防汛抗旱应急预案》（淮汛办〔2011〕5号）、《江苏省防汛防旱应急预案》（苏政办发〔2006〕78号）、《江苏省水利工程调度方案汇编》（1999年省防办编制）、《江苏省主要江河湖泊水库旱限水位（流量）确定技术报告》（2012年）等。

4.3.1.2 调度原则

江水北调供水区供水原则根据轻重缓急，首先全力保障城乡居民生活用水；二是保障大运河航运、电厂用水；三是重点工业用水；四是农业用水，其中重点是保障水稻栽插及生长用水；五是一般工业用水；六是环境及生态用水。

4.3.1.3 调度内容

1. 水源调度特征水位

洪泽湖死水位11.3m，旱限水位11.80m，汛限水位12.5m，正常蓄水位13.5m。骆马湖死水位20.5m，旱限水位21.3m，汛限水位22.5m，正常蓄水位23.0m。

2. 骆马湖水源调度

（1）骆马湖水源由省防指统一调度。

（2）皂河闸以下以及宿豫来龙灌区原则上由泗阳站抽引淮水、江水解决，但在电力、油料供应不及时以及用水高峰时，视骆马湖水情适当从骆马湖放水解决。用水紧张时，省防指确定总用水量，宿豫、宿城和泗阳三县（区）的用水由宿迁市负责分配安排，并确定井儿头、刘老涧两站的抽水流量。

（3）京杭运河不牢河段、中运河的水位，关系电厂发电和全省煤炭等重要物资的运输，对我省国民经济有着重大影响，因此徐州、宿迁两市要加强沿湖、沿运的用水管理。

（4）如宿豫、宿城用水高峰已过，也可根据交通部门提出的要求，酌情利用泗阳、刘老涧、井儿头等抽水站翻引江水、淮水，补给航运用水。同时皂河闸以上沿中运河和京杭运河不牢河段的各抽水站都要控制抽水。

（5）当中运河运河镇水位降至 21.0m 以前，交通部门要采取紧急措施，突击抢运积存煤炭。对一些主要物资也组织突击抢运，做好两手准备。当运河镇水位降至 20.5m，航运和农业用水发生严重矛盾时，农业和航运用水要兼顾，局部要服从全局。在旱情严重难以维持正常航运的时候，应减载或改用小船队运输。

3. 洪泽湖水源调度

（1）洪泽湖水位在 12.5m 以上时，水源由省防指统一调度。

（2）当洪泽湖水位在 12.5m 以下时，按省规定，经蔷北地涵和沭新退水闸（含桑墟电站），向连云港市送水 $50m^3/s$，废黄河送水 $15\sim20m^3/s$ 外，其余部分由省防指统一调度给淮阴区、宿迁市等使用。

（3）当洪泽湖水位降至 11.3m 时，由于二河闸出量不足，向连云港市及废黄河送水的流量将相应减少。但为了确保连云港港口和城市用水，根据大旱的 1992 年实况，在任何情况下，通过蔷北地涵和沭新退水闸向连云港送水不得少于 $30\sim40m^3/s$。当湖水位低于 11.0m 时杨庄闸（包括杨庄水电站）停止向废黄河送水。

灌云县用水由连云港市从盐东控制送"回归水"解决，省防指视水情情况调度宿迁市新沂河南偏泓闸等及时调给部分水源，一般情况下，力争灌溉期间伊山水位稳定在 1.6m。如遇到雨涝时，要根据天气的变化做好预降工作。

（4）当洪泽湖水位在 12.5m 以上，需沙集站引用江淮水源冬春向北调水以及在灌溉期向沙集站以上徐洪河补水时，由徐州市提出要求，由省防指统一调度。

4. 江水北调泵站工程调度

根据洪泽湖、骆马湖水情及当时用水形势、天气趋势，分析研判江水北调泵站工程投入运行时机。

（1）长江—洪泽湖段。

9 月至次年 5 月底，当洪泽湖水位低于 13.0m，上游来水流量低于 $500m^3/s$ 且继续减退时，如预报未来一段时间没有明显降雨过程，实施江水北调，江都站、淮安站、淮阴站开机，解决洪泽湖以下地区用水，多余水量补给洪泽湖，尽量使洪泽湖水位在大用水之前不低于 13.0m。

6—8 月，当洪泽湖水位在 12.5m（汛限水位）左右及以下，上游来水流量低于 $800m^3/s$ 且继续减退时，如预报未来一段时间没有明显降雨过程，实施江水北调，江都站开机，解决里运河（江都—淮安段）及总渠运东闸以东地区用水；如洪泽湖水位继续下降，上游来水低于 $500m^3/s$，增加江都站流量，开启淮安站，尽量使洪泽湖水位不低于 11.80m（旱限水位）。

当洪泽湖水位低于旱限水位，上游来水不足 $500m^3/s$ 时，如预报干旱还将持续一段时间，实施抗旱水源应急调度，江都、淮安、淮阴站开启；必要时启用南水北调泵站抗旱抽水，增加补给洪泽湖水量。

在江都站抽足的情况下，除保证淮安站抽水 $170\sim200m^3/s$ 外，经淮安引江闸送灌溉总渠 $50\sim70m^3/s$，其余水源由扬州、淮安两市调度；如遇特大干旱，需采用西线向洪泽湖补水时，沿运、沿总渠用水要相应减少。因长江潮位低或其他原因抽水不足，沿运、沿总渠用水也要相应减少。

为了保证江水北送，沿运、沿总渠已建的自流灌区砍尾提水站，在灌溉水源不足的情况下，要开机抽取里下河灌溉。

为保证京杭运河运东闸至淮阴闸段的通航和淮阴电厂用水，当运东闸上水位降到8.8m、淮阴闸上水位降到10.8m时，必须采取应急措施，农灌和航运要兼顾。

（2）洪泽湖—骆马湖段。

汛期大用水临近结束至9月、汛后至翌年5月份之前，当骆马湖水位低于22.5m（汛限水位），上游基本没有来水时，如预报未来一段时间没有明显降雨过程，实施江淮水北调补给骆马湖，启用泗阳、刘老涧、皂河等站翻水。必要时采取中运河、徐洪河双线补水。

5—6月大用水之前，当骆马湖水位低于23.0m（正常蓄水位），上游没有来水时，实施江淮水北调补给骆马湖。

当骆马湖水位低于21.30m（旱限水位），且上游没有来水时，如预报干旱还将持续一段时间，实施抗旱水源应急调度，泗阳等站全力抽水；必要时启用南水北调泵站抗旱抽水，增加补给骆马湖水量。

（3）骆马湖—微山湖。

当微山湖水位低于32.5m且上游没有来水时，如预报未来一段时间没有明显降雨，启用刘山、解台等站翻水解决不牢河沿线及徐州西部地区用水。

当微山湖水位接近32.0m左右，且湖西地区持续干旱，启用南水北调泵站增加抗旱调水流量。

当骆马湖水位低于21.00m，严格控制刘山梯级泵站抽水流量以及骆马湖周边引水流量；刘山、解台站开机流量重点保生活用水以及维持不牢河最低航运水位。

4.3.1.4 调度权限

洪泽湖、骆马湖水源、江水北调工程、南水北调东线江苏境内新建工程均由省防汛抗旱指挥部统一调度、下达调度指令，由省属各水利工程管理处、各有关市防汛抗旱指挥部、南水北调东线江苏水源公司等单位负责具体实施。

4.3.1.5 调度中存在的问题及对策

1. 干旱年份及或农业大用水期间水源供需矛盾突出

目前，在水情正常年份，通过利用河、湖、库蓄水及启用江水北调跨流域调水体系，基本能保障江苏省苏北地区供水。如遇干旱年份，水源供需矛盾依然十分突出，特别是6月份水稻栽插用水高峰期间，若本地无强降雨或上游无来水补充，江苏省淮北部分地区的水稻栽插将无水可用，并威胁到工业生产用水及大运河航运安全。主要表现在大用水期水量需求及峰值流量均超过工程可供水能力。在淮北地区“三湖一库”蓄水基本正常、江都枢纽正常翻水450m^3/s的情况下，若无本地强降雨或上游来水补充，江苏省6月的水稻栽插用水缺口在10亿m^3以上。近年来，随着农村劳动力的减少，以及生产集约化程度的提高，机插秧面积不断扩大，由于机插秧对小秧的生长期要求较高，季节性较强，导致水稻栽插用水需求比以往更加集中，加剧了用水高峰期供水调度的困难。

针对上述问题，主要通过提前在湖库储备水源、及时拦蓄利用本地降雨径流、强化用水管理、提高预测预报及优化调度等措施，来保障各类用水安全。

2. 航运水位保障加大了调水难度

江苏省江水北调输水河道不仅承担着向本省苏北地区及外省山东等地区送水的任务，同时还具有十分重要的交通运输功能。特别是江水北调输水干线苏北运河，为国家二级航道，是鲁、苏、浙三省的南北水道的主干道，担负着我国长江三角洲经济重地大宗物资及时中转集散及北煤南运战略任务，是一条集防洪、灌溉、排涝、航运为一体的综合性河道。近些年来，随着经济社会的发展，苏北运河等很多航道的船舶通过量和货物运输量快速增加。加上一些船只为了获取更大的利润，在利益的驱使下，铤而走险，严重超载且屡禁不止。因此在遇到干旱年份或农业夏栽用水高峰期，河道水位下降，河面变窄，难以保障通航水位，船舶船队很容易造成搁浅或堵航现象，通航将会受到很大影响。

降低河道水位从而限制取水能力、减少输水损耗是加强用水管理和计划用水的一项重要措施，但是在江水北调沿线，通航有着最低通航水位要求，水位一般不能低于限定值，否则通航就会受到严重影响。抗旱用水、农灌用水与通航的矛盾，给江水北调沿线的水源调度、用水管理带来了很大困难。

为了保证江苏省苏北地区城乡居民生活、工农业生产、航运等用水，交通部门应加强航道的航运管理工作，及时采取措施解决航运中遇到的问题。如加快河道整治，提高航道等级；加强航运管理执法工作，对超载等违规行为依法进行惩治，建立长效管理机制；在遇到大的干旱或农业夏栽用水高峰期，难以保证通航水位时，相关部门应及时启动排堵保畅的应急预案。

3. 突发性水污染可能影响到江水北调正常进行

江苏省“江水北调”输水干线，全长404km。调水线路长，沿线水利工程众多，水系复杂，众多河流与输水线路交汇，水体受到污染的可能性较大。沿线污染来源主要包括工业企业排放废水、生活污水、农业面源污染及运输等突发性水污染事故。调水期间，若某一输水河段发生水质污染，将影响其他调水河段水质，给水源地供水安全带来不利影响。

为改善江水北调沿线地区水环境，保证供水安全，最根本的措施是治理、控制工业、农业、生活等污染源，减少污染物的排放总量。目前控制污染源尚未得到根本解决，但通过加强水质监测，合理调度现有水利工程，可在一定程度上减轻水污染造成的损失。因此，调水期间环保、水文等相关部门应加强调水沿线控制断面的水质动态监测，增设水质监测断面，增加水质监测频次，及时、全面掌握水情水质情况，相应水质监测及预警信息应及时通报给防汛抗旱指挥部门，为实施水质水量联合调度提供决策依据。有关取水单位应按照预案要求提前做好防范水源污染的相关准备工作，一旦遇有异常情况，将相关信息第一时间报告同级政府和防汛抗旱指挥部门，以便及时调整相关工程调度，尽可能避免水污染事故的发生，减少水污染损失。

4.3.2 江水东引供水调度

4.3.2.1 调度依据

依据主要包括省防指印发的相关工程供水调度方案及多年防汛抗旱调度实践中积累的

经验。具体方案包括《里下河地区洪涝调度方案》（苏防〔2017〕21号）、《通榆河北延送水工程调度方案》（苏防〔2011〕19号）、《江苏省水利工程调度方案汇编》（省防办，1999年）等。

4.3.2.2 调度原则

首先利用江都枢纽、高港枢纽自流引江向里下河地区送水，当因长江潮位低引江流量不足以保证用水需求时，考虑启用江都站、高港站抽江水增加供水；用水顺序按照轻重缓急，首先全力保障城镇生活用水；二是保障重点工业用水；三是农业用水，其中重点是保障水稻栽插及生长用水；四是一般工业用水；五是环境及生态、冲淤保港用水。

4.3.2.3 调度内容

1. 里下河地区引江调度

入梅前插秧用水高峰阶段，调节引江水量，控制兴化水位在1.2m左右；梅雨即将来临前，控制兴化水位在1.1m左右；出梅后至9月底控制兴化水位在1.2m左右；10月至次年6月上旬控制兴化水位在1.3m左右。当江都东闸、高港闸全力引江的情况下兴化水位仍低于控制水位且严重影响里下河地区用水，考虑启用江都站、高港站向里下河地区调水，增加抗旱水源。里下河沿海线五大港闸视河网水位适当排水。

2. 通榆河北延送水工程调度

（1）正常供水调度。

1）启用条件。当连云港市蔷薇河临洪水位降至1.80m，而小吴场枢纽送水难以稳定抬高临洪水位时，向蔷薇河送水；或通榆河盐城境内有余水时，可向连云港市补充农业用水。如需要，向连云港港区（城乡生活、港口及临港产业、生态）供水。当赣榆县范河闸闸上水位降到1.8m，需要向赣榆县延伸供水。

2）控制运用原则。当通榆河阜宁水位高于0.5m时，大套一、二站、滨海抽水站可以同时运行，控制最大抽水流量不超过150m^3/s；在现状工情下，冬春期滨海抽水站抽水流量50m^3/s，灌溉高峰期6月、7月控制抽水流量不超过30m^3/s；在泰州引江河二期工程、泰东河及南水北调里下河水源调整工程实施完成后，滨海抽水站抽水流量不超过50m^3/s。当阜宁水位在0.2～0.5m，大套船闸水位高于−0.2m时，大套一、二站及滨海站需错峰运行，优先满足盐城渠北地区用水，当有余水时，可向连云港市供水，三个站控制最大抽水流量100m^3/s。当阜宁水位低于0.2m或大套船闸水位低于−0.2m时，滨海抽水站停止抽水北送。

3）工程运行程序。

一是当利用通榆河北延工程向蔷薇河补水或通榆河盐城境内有余水可以向连云港市补充农业用水时，控制运用所有与送水河道平交的口门建筑物；向蔷薇河补水时，关闭锦屏套闸；由南向北依次开启灌河地涵、新沂河南堤涵洞、新沂河北泓盐西节制闸、新沂河北堤涵洞、穿善后河地涵、八一河闸、蔷薇河涵洞的闸门；滨海抽水站开机抽水。根据通榆河水位和送水流量，局部或全部开启响水引水闸闸门，为保证大套船闸与响水船闸之间通榆河航运安全，响水引水闸上水位按不低于2.5m控制；灌北泵站和善南泵站开机抽水。

二是当向连云港港区送水时，控制灌北泵站至善南泵站区间与送水河道平交的口门建筑物闸门引水；由南向北依次开启灌河地涵、新沂河南堤涵洞、新沂河北泓盐西节制闸、新沂河北堤涵洞、善南套闸、云善套闸的闸门；滨海抽水站开机抽水；根据通榆河水位和送水流量局部或全部开启响水引水闸闸门；灌北泵站开机抽水。

三是当向赣榆县延伸送水时，关闭锦屏套闸（狮树闸）、电厂闸、太平庄闸、临洪闸、青口河控制闸等与送水河道平交的建筑物口门；根据供水量局部或全部开启乌龙河调度闸、沭南闸、沭北闸、青口河引水闸、青龙大沟进水闸等送水线路上控制性建筑物口门；如需向赣榆县柘汪工业园区供水，大温庄泵站开机抽水。

（2）应急调水。

1）启用条件。当蔷薇河向连云港市供水遭遇突发性水污染事故等特殊情况时，利用通榆河北延工程向连云港市应急调水。

2）控制运用原则。现状工情下，冬春期滨海抽水站抽水流量 $50m^3/s$，灌溉高峰期，当阜宁水位高于 0.2m，大套船闸水位高于－0.2m 时，滨海抽水站抽水流量 $50m^3/s$；当阜宁水位低于 0.2m 或大套船闸水位低于－0.2m 时，滨海抽水站开机应急调水，控制抽水流量不超过 $30m^3/s$。

3）工程运行程序。关闭灌云县城段和海州段截污导流建筑物闸门，控制运行所有与送水河道平交的口门建筑物闸门；由南向北依次开启灌河地涵、新沂河南堤涵洞、新沂河北泓盐西节制闸、新沂河北堤涵洞、穿善后河地涵、八一河闸、蔷薇河涵洞的闸门；滨海抽水站开机抽水；根据通榆河水位和送水流量局部或全部开启响水引水闸闸门；灌北泵站和善南泵站开机抽水。

（3）向疏港航道补水。当疏港航道灌云水位（沂北船闸闸前）接近最低通航水位 1.5m，且新沂河南偏泓供水困难时，为保证疏港航道通航水位，利用通榆河北延送水工程补水。其相关工程运行程序同向连云港港区送水时的运行程序。

（4）送水期间沿线水质保护。在新沂河上游污水漫溢及沂南小河污水排放时，关闭新沂河北堤涵洞，控制盐河南北套闸及盐河南北船闸；当仅有沂南小河排放污水时，控制盐河南套闸及盐河南船闸，加强工程运行调度管理，保护北送水质。依托本工程新建的截污导流工程、新布设的水质监测站点、巡测水质监测站点，地方水利部门加强与各县区环保部门及城建部门的协调，做好沿线水质监测、监督和管理工作，保证工程的送水水质。

（5）相关新开河道水位要求。为使通榆河工程能随时发挥向北送水的作用，枯水期连云港市境内沿线相关新开河道应保持与相邻河道同一水位。

（6）其他情况。送水期间如沿线发生强降雨以致需要排涝时，应视情暂停送水，照顾区间排涝，确保安全。当里下河地区发生内涝，视情启用滨海抽水站参与抽排里下河涝水。

4.3.2.4 调度权限

江水东引工程中的江都水利枢纽、高港水利枢纽，以及通榆河北延工程中的滨海站、大套一站、大套二站均由省防汛抗旱指挥部（省防办）统一调度、下达调度指令，由省属各水利工程管理处、各有关市防汛抗旱指挥部等单位负责具体实施。其他工程由所在地方市、县防指按照调度方案规定分别调度。

4.3.2.5 调度中存在的问题及对策

1. 干旱年份或遭遇长江枯水，自流引江能力不足

在泰州引江河二期工程建成以前，江都、高港枢纽非汛期日平均流量在200～300m^3/s，冬春季长江潮位低时引水流量不足150m^3/s，最少时只有20～30m^3/s，如2011年5月，三江营最高潮位5.12m，最低潮位0.02m，两枢纽引水流量仅20～30m^3/s，不得不利用江都站、高港站抽引江水供给里下河地区。里下河北部地区在农业生产大用水时期，因上游供水水源有限，加上面上农灌栽插用水高度集中，河道水位如阜宁站水位往往低于旱限水位（0.55m），2011年6月下旬最低水位为－0.23m，1997年更是下降至－0.85m，直接影响到工农业生产用水。

泰州引江江河二期工程建成，设计自流引江能力达600m^3/s。

2. 引江水能力不能完全满足区域水环境改善需求

在近年的日常调度工作中发现，3～7天不引水，里下河地区的高邮、宝应城区景观河道水质状况就会迅速恶化，夏季河水甚至会出现恶臭难闻的现象。区域内自西向东，污染物质随着沿途城镇的排放量增加不断汇集，污染物种类不清，随水体的流动扩散影响很快，水质状况不容乐观。另外，区域内发生水污染事故后，主要通过“沿海四大港”东排入海，经常会危及沿线水源地供水安全。由于地处水网地区，水体总量大、沟河纵横，水体交换慢，调水冲污、释污工作难度较大。

要从根本上解决水污染问题，需加大治污力度，加快调整产业结构，加强对严重污染行业及企业的治理，严格控制新上造纸、制革、酿造等高耗水、高污染项目。同时地方政府应加大投入污水处理设施的建设，尽早实现使里下河水源变清的目标。

3. 通榆河北延工程水量、水质均存在隐患

通榆河北延工程设计通过滨海站抽里下河地区的水源向连云港供水。存在三个问题：①在连云港市用水紧张时期，通常也是里下河地区用水紧张的时期，北调水量难以保障；②滨海站地处里下河地区供水的末梢，如其站下河道发生水质超标问题，难以通过调度措施快速解决（根据“里下河地区多水源水量水质联合调度研究”课题研究成果，江都、高港实施江水东引300m^3/s的正常情况下，里下河地区主要输水河道换水周期在1个月左右，在这一个月的换水时间中，区域面源污染还会使新换的江水水质自南向北逐步恶化）；③滨海站以北地区输水河道如盐河灌云段水质超标的问题，通过调度抽引里下河水源来解决难度大。2012年通榆河北延工程建设管理局，进行了北延工程联合调度试运行。通过清水稀释使灌云境内的河道水质达标要一周时间，之后才能向连云港市蔷薇河供水。受水质影响应急供水实施难度大。

4.3.3 引江济太供水调度

4.3.3.1 调度依据

依据主要依据是国家防汛抗旱总指挥部批准的《太湖流域洪水与水量调度方案》（国汛〔2011〕17号），以及相关地区的防汛抗旱预案、突发性水污染事故处置预案等。

4.3.3.2 调度原则

1. 引江济太服从流域防洪，兼顾供水、航运

引江济太调水工作须服从流域全局的防洪、排涝总体目标，同时兼顾流域供水、航运

等方面的要求。

2. 充分发挥现有水利工程作用

充分发挥流域内现有水利工程体系的作用，在满足防洪要求的前提下，优化水利工程调度运行方式，最大程度改善流域水环境状况。

3. 突出重点，统筹兼顾

引江济太重点目标是改善太湖水质，确保水源地供水安全，兼顾地区水环境改善；同时应当采取相关措施，减轻调水对望虞河西岸部分地区水环境潜在的负面影响。

4. 可操作性和动态适应性

在引江济太调水过程中，流域及相关区域的雨情、水情、工情变化有一定程度的随机性，因此在实施引江济太过程中，应根据实际条件实时动态调整。

4.3.3.3 调度内容

1. 太湖调度控制水位

（1）4月1日至6月15日，调水限制水位3.00m。

（2）6月16日至7月20日，调水限制水位按3.00～3.30m直线递增。

（3）7月21日至次年3月15日，调水限制水位3.30m。

（4）3月16—31日，调水限制水位按3.30～3.00m直线递减。

2. 水量调度

当太湖水位低于调水限制水位时，相机实施水量调度。

（1）常熟水利枢纽。当望虞河张桥水位不超过3.80m时，可启用常熟水利枢纽调引长江水；当预报望虞河下游地区将遭受风暴潮或地区性大暴雨袭击时，或望虞河张桥站水位超过3.80m时，或武澄锡虞区水位普遍超警戒时，常熟水利枢纽应暂停引水，必要时转为排水。

（2）望亭水利枢纽。当望亭水利枢纽闸下水质调度指标和参考指标均满足Ⅲ类标准时，望亭水利枢纽开闸向太湖输水；当望亭水利枢纽闸下水质调度指标满足Ⅲ类标准，水质调度参考指标为Ⅳ类标准时，如望虞河大桥角新桥水质调度参考指标满足Ⅲ类标准，望亭水利枢纽可控制向太湖输水。

（3）太浦河闸泵工程。为保障太湖下游地区供水安全，原则上太浦闸下泄流量不低于$50m^3/s$；当太湖下游地区发生饮用水水源地水质恶化或突发水污染事件时，可加大太浦闸供水流量，必要时启动太浦河泵站增加流量；当太湖下游地区遭遇台风暴潮或区域洪水时，可减小太浦闸供水流量，必要时关闭太浦闸。

（4）望虞河两岸水利工程。在实施水量调度期间，严格控制望虞河西岸支流闸门，避免西岸支流污水进入望虞河，严格控制九里河、伯渎港引水；对望虞河东岸口门实行控制运行，可开启冶长泾、寺泾港、尚湖、琳桥港等口门分水，分水比例不超过常熟水利枢纽引水量的30%，且分水总流量不超过$50m^3/s$。当遭遇突发水污染事件等特殊情况时，可临时加大东岸口门分水比例或关闭东岸分水口门；常熟水利枢纽泵站引水期间，虞山船闸严格按照套闸运用。

（5）望虞河两侧沿长江口门。在实施水量调度期间，加强望虞河两侧沿长江口门统一管理和调度，对望虞河西侧澄锡虞地区沿长江主要口门实行控制运用，适时加大排江流量，尽量降低地区河网水位，避免西岸支流污水进入望虞河；对望虞河东侧地区沿长江主要口门加大引水力度，以减少望虞河东岸地区从望虞河的取水量，保证入湖水量。

(6) 环太湖口门。对环太湖口门（不含太浦闸和望亭水利枢纽）实行控制运用，避免污水进入太湖，合理控制出湖水量。

3. 非常措施

当太湖水位低于 2.80m 时，要进一步加强引江河道的调度，充分利用沿江闸泵，增加引长江水量和入太湖水量，保证入太湖水质，适当降低流域河湖生态需水要求，加强环太湖口门和主要引供水河道两岸口门统一调度和运行监督，实行用水限制措施，必要时启用备用水源，最大限度满足流域基本用水需求。

当太湖水位超过调水限制水位时，若发生突发水污染事件、水质恶化等严重影响流域供水安全的情况以及流域省（市）有其他特殊需求时，在确保流域防洪安全的前提下，原则上可以实施水量应急调度。

4.3.3.4 调度权限

水利部太湖流域管理局负责太浦闸、太浦河泵站、望亭水利枢纽、常熟水利枢纽的运用调度。省、市防汛（抗旱）指挥部负责各自行政区域内其他水利工程调度。

4.3.3.5 调度存在的问题及对策

1. 引江济太工程能力不足

近年来，随着社会发展水平的不断提高，人民群众对喝上优质水、放心水的需求日益迫切，太湖周边和太浦河直接取水规模不断增加，上海市金泽水库工程、湖州市太湖取水工程等均已实施。各地利用引江济太开展区域调度、搞活水体、改善河网水功能区水质也已成为常态。但当前流域引江济太引水线路单一、工程引水能力不足，遇枯水年不能满足水资源需求；望虞河引水受西岸支流污水和东岸分流影响，引水入湖效率偏低。

2. 统筹防洪与供水安全难度较大

加强雨洪资源利用、增加引江济太调引长江水量是解决现阶段太湖流域水质型缺水的有效措施。7 月上旬出梅后至 8 月是流域用水高峰期，流域以晴热高温天气为主，也是太湖蓝藻大规模暴发的易发期，往往需要启动引江济太改善太湖水质，确保供水安全。但此时太湖水位往往超过引水控制水位，且同时正值台风频发期，调水的防洪风险较大；9—10 月是流域雨洪资源利用的关键时期，虽不是流域主汛期，但此时受到台风影响的可能性仍较大，防洪风险依然存在。因此，统筹兼顾好防洪与供水的关系，确保流域防洪与供水双安全，是当前引江济太调度面临的重要任务。

3. 预测预报等相关信息支撑能力有待加强

目前，流域尚缺乏可靠的中长期水文气象预报，3～7 天预报精度也不是很高，给准确分析预判流域防洪、供水形势和引江济太调度增加了难度。流域非汛期报汛尚不规范，部分测站难以按要求及时报送水雨情及工情信息，部分闸站仅报旬月引排数据，难以全面掌握流域引排水情况，不能满足引江济太实时调度需要。望虞河干流及东、西岸支流水量水质数据大多数仍依靠人工巡测获取，工作量大，时效性差，尚不能为引江济太调度提供实时支持。

4.4 区域洪涝调度

防洪调度与排涝调度应统筹兼顾，排涝调度服从防洪，防洪调度在可能的情况下尽可能照顾排涝需求。

区域洪水调度，涉及两个行政区域的调度，由上级防指负责和协调；仅在本行政区域的调度，由本级防指负责。大中型水库由省防指负责，具体调度委托地级市或县级防汛抗旱指挥机构，必要时由省防汛抗旱指挥部直接下达调度指令。

4.4.1 南四湖湖西地区

4.4.1.1 调度依据

依据《沂沭泗河洪水调度方案》（国汛〔2012〕8号）、徐州市水利工程调度方案等文件。

4.4.1.2 主要代表站防汛特征水位

上级湖代表站为南阳站，汛限水位34.2m，警戒水位35.0m，设计洪水位37.0m；历史最高洪水位36.48m（1957年）。

下级湖代表站为微山岛站，汛限水位32.5m，警戒水位35.0m，设计洪水位36.5m；历史最高洪水位36.28m（1957年）。

4.4.1.3 洪涝调度

大沙河主要承泄上游废黄河来水及滩面排水，湖西地区以大沙河为界分为大沙河以西和大沙河以东两个片区。

大沙河以西来水由苗城河、白衣河、太行堤河、罗河、西营子河、西支河、苏鲁界河、丰徐河、丰沛河、史南河、东营子河、义河、子午河等支河排入复新河，以复新河为排水干河排洪涝入上级湖。涝水以自排为主；丰县北部低洼圩区遇上级湖顶托，启用沿河机电排涝站实施分区机排。在复新河走足仍不能安全泄洪的情况下，为保证丰县城区安全，控制黄楼闸、苗河闸、王岗集闸的下泄流量，视情启用复新河东堤黄楼涵洞闸门、大沙河西堤草庙涵洞闸门，通过子复、子沙河分洪入大沙河，排入上级湖。沛县境内大沙河以西涝水经姚楼河自排入上级湖。

大沙河以东排涝主要通过杨屯河、沿河、鹿口河、郑集河、桃园河等干河分别排水入上级湖、下级湖和不牢河，另沛县境内大屯河、挖工庄河、韩坝港河、五段河通过穿堤涵闸直接排入下级湖。大沙河以东来水由徐沛河、苏北堤河、顺堤河等河道分片排水：即徐沛河以西37.0m高程以上的高水直接排水入各入湖河道或由徐沛河截流后排入各入湖河道；徐沛河与苏北堤河之间37.0～35.0m高程区间的涝水，通过苏北堤河汇入杨屯河、沿河、鹿口河、郑集河等入湖河道，湖水位高时需辅以抽排入河；苏北堤河与顺堤河之间35～32.5m区间部分涝水视湖水位高低，部分自排或抽排入湖，大部分由顺堤河南排不牢河蔺家坝闸下，顺堤河与各入湖河道相交处建地下涵洞呈立体交叉。

4.4.1.4 调度难点

如南四湖高水位持续时间长，湖西地区涝水无法自排问题将十分突出。

4.4.2 骆马湖以上中运河两岸地区

4.4.2.1 调度依据

调度依据《沂沭泗河洪水调度方案》(国汛〔2012〕8号)、《江苏省流域性、区域性水利工程调度方案》(苏防〔1998〕44号)、《关于房亭河刘集地涵工程初步设计的批复》(苏水基〔1990〕47号)、《张集地涵控制运用方法》(苏防〔1996〕95号),徐州、宿迁市水利工程调度方案等文件。

4.4.2.2 主要代表站防汛特征水位

骆马湖洋河滩站,警戒水位23.5m,设计洪水位25m,校核洪水位26m;历史最高洪水位25.47m(1974年)。

中运河运河站,警戒水位25.5m,设计行洪流量6500m^3/s对应洪水位26.5m;历史最高洪水位26.42m(1974年)。

沂河港上站,警戒水位34.5m,设计行洪流量8000m^3/s对应洪水位36.17m;历史最高洪水位35.59m(1974年)。

邳苍分洪道林子站,警戒水位28.5m;西泇河入邳苍分洪道处设计行洪流量5500m^3/s对应洪水位30.39m;历史最高洪水位29.64m(1974年)。

4.4.2.3 洪涝调度

1. 洪水调度

(1)南四湖、沂河、骆马湖洪水调度按照国家防总批复的《沂沭泗河洪水调度方案》(国汛〔2012〕8号)执行。

(2)刘集地涵洪水调度:当骆马湖水位较高,其他排水通道排水有困难时,刘集地涵视徐洪河水情、工情情况适当帮助排泄骆马湖部分来水。当骆马湖水位25.0m,为减轻骆马湖洪水压力,减少黄墩湖滞洪概率,刘集地涵上层闸门调泄骆马湖洪水200m^3/s;当骆马湖达25.5m时,刘集地涵上层闸门调泄骆马湖洪水400m^3/s,相应开启黄河北闸、沙集东闸,帮助泄洪。

2. 排涝调度

(1)运西地区。

运西地区涝水以自排为主。房亭河以北部分地区涝水在有自排机会时,由刘集地涵下层涵洞排入徐洪河,无自排机会时可由南水北调工程邳州站、邳州市刘集站抽排;彭河在有自排机会时,仍按原排水途径通过房亭河地涵下排入邳洪河,无自排机会时可通过丰产大沟由南水北调工程邳州站、邳州市刘集站抽排。

(2)黄墩湖地区排涝受皂河闸下中运河水位影响。

皂河闸下中运河水位在19.5m以下,主要利用境内中闫河、小闫河、黄墩小河、邳洪河等河道自排入中运河,必要时利用现有排涝站或皂河抽水站抢排。

如预报骆马湖水位不超过23.5m时,皂河闸下中运河照顾黄墩湖地区排涝。当骆马湖水位超过23.5m时,相机利用皂河闸泄洪,当皂河闸下水位超过19.5m时,关闭邳洪河闸黄墩小河侧的闸孔,由皂河一站抽排黄墩小河低片涝水;当皂河闸下水位超过20.0m时,皂河一站、二站均参与黄墩湖地区排涝,一站优先抽排黄墩小河低片涝水。

（3）徐洪河以西地区涝水调度。

在徐洪河水位允许时，张集地涵下层闸门关闭，徐洪河以西的小闫河涝水通过地涵上层闸门（天窗）自排入徐洪河。

当西部涝水不能自排入徐洪河时，分三种情况：①张集地涵在上游水位超过 21.0m、下游水位低于 20.0m 时，如徐洪河以西地区降雨较大而以东地区较小，则提前开下层闸门排涝；②张集地涵在上游水位低于 21.5m，下游高于 20.0m 时，如徐洪河以西地区降雨较小时，在下游水位降到 20.0m 后，开下层闸门排涝；③张集地涵在上游水位超过 21.5m 时，开下层闸门排涝。

骆马湖退守宿迁大控制后，在任何情况下，徐洪河以西地区涝水均不得进入黄墩湖地区，张集地涵必须关闭。

在开启张集地涵下层闸门排涝前，徐州市要及时向宿迁市通报。

（4）运东地区。

上游来水以自排为主，沿运河骆马湖周围 26.5m 等高线以下洼地圈圩抽排。

4.4.2.4 调度难点

该地区受沂河、中运河、徐洪河等河道行洪影响，易造成沿线涝水自排受阻；行洪河道如邳苍分洪道存在设施农业，形成行洪障碍。

4.4.3 沂北地区

4.4.3.1 调度依据

依据《沂沭泗河洪水调度方案》（国汛〔2012〕8 号），徐州、连云港、宿迁三市的水利工程调度方案等文件。

4.4.3.2 主要代表站防汛特征水位

新沂河沭阳站，警戒水位 9.0m，设计行洪流量 7800m^3/s 对应洪水位 11.4m；历史最高洪水位 10.76m（1974 年）。

新沭河石梁河水库站，汛限水位 23.5m，设计洪水位 26.81m，校核洪水位 28.0m；历史最高洪水位 26.82m（1974 年）。

老沭河新安站，警戒水位 28.5m；上游苏鲁省界、塔山闸上设计行洪流量 2500m^3/s 对应洪水位分别为 32.61m、28.15m；历史最高洪水位 30.94m（1950 年）。

蔷薇河临洪站，警戒水位 4.5m；历史最高洪水位 5.93m（1974 年）。

盐河伊山站，警戒水位 3.0m；历史最高洪水位 3.68m（1974 年）。

4.4.3.3 洪涝调度

1. 洪水调度

（1）新沂河、沭河、新沭河洪水调度。按照国家防指批复的《沂沭泗河洪水调度方案》（国汛〔2012〕8 号）执行。

（2）石梁河水库及其他大中型水库洪水调度。石梁河水库的洪水调度服从流域洪水调度，在满足水库防洪水位的条件下尽量使泄洪闸控制下泄流量不超过下游河道的设计与校核标准（新沭河 50 年一遇设计流量 6000～6400m^3/s，100 年一遇强迫行洪 7000m^3/s）。其他大中小型水库按水库汛期水情调度方案执行。

（3）沭河塔山闸调度。控制塔山闸上水位 26.5～27.5m。鉴于下游无水易冲刷，沭河需行洪时，闸上水位要提前预降至26.0m以下，尽可能减轻冲刷损害。

(4) 连云港市临洪枢纽洪水调度。连云港市蔷薇河临洪闸上水位非汛期一般按2.5m控制，遇干旱时可适当抬高；汛期一般控制在1.8～2.0m。在遇本地降暴雨或上游地区降大暴雨时，要根据水位情况，提前开闸预降闸上水位，以确保及时排涝泄洪。

新沭河行洪时，关闭沭南闸、沭北闸、大浦闸、临洪闸、东站自排闸、乌龙河调度闸，开启三洋港挡潮闸，将太平庄闸闸门提至水面线以上，当水位回落到2.30m时，逐步关闭闸门，直至水位回落至2.00m。

蔷薇河发生洪水时，关闭富安调度闸，当东站自排闸闸上水位高于2.50m时，开启闸门；当水位回落到2.50m时，关闭闸门。当东站自排闸无法自排且临洪东站站上水位高于3.00m时，开启临洪东站，开机流量为300m^3/s。

大浦河发生洪水时，当大浦闸闸上水位高于2.00m时，开启闸门，当水位回落到2.30m时，逐步关闭闸门，直至水位回落至2.00m。当大浦闸无法自排时，开启大浦一站、二站，开机流量80m^3/s。

(5) 沿海挡潮闸洪水调度。

赣榆县的范河闸、青口河闸和朱稽河闸非汛期闸上水位按2.8m控制，汛期水位按1.5～2.5m控制；兴庄河闸汛期按1.8～2.5m控制，官庄河闸和柘汪河闸汛期按2.5m控制。

省管善后河闸、车轴河闸和烧香河闸以及灌云县燕尾闸、五图闸、烧香河北闸、图西闸汛期闸上水位一般按1.2～1.4m控制。善后河、车轴河、烧香河三条河流水位偏高时，先开启车轴河闸和烧香河闸，最后开启善后新闸。

遇本地降大到暴雨时，所有沿海涵闸要根据水位情况提前开闸预降水位，确保防洪安全。

2. 排涝调度

徐州市沂北区在新沂市境内，其排水除通过黄墩河、二七干渠排入沭河外，其余向东排水至沭阳境内经新开河入新沂河。踢球山东坡来水汇入踢球干渠，踢球干渠向南最后进入沂北干渠；西坡来水进入二七干渠，二七干渠向西进入沭河；大沙河、淋头河排入新开河；马陵山东坡来水进入大沙河，大沙河与沂北干渠交汇，和淋头河汇合进入新开河；沭河东岸沂北干渠与虞姬沟交汇后进入新开河。

连云港市临洪东（西）站、大浦抽水站按市防办指令开机强排涝水。排淡河汛期大板跳闸上水位按1.2m控制，非汛期闸上水位控制在1.8～2.0m，平时涨潮关闸、落潮开闸。西盐河汛期水位控制在2.0m，新浦闸视西盐河水质情况开闸排水，遇市区降暴雨时，提前开闸预降。沿海涵闸排涝调度同前洪水调度。

宿迁市排涝河道主要有蔷薇河、岔流新开河、古泊善后河等，区域内地势西高东低，自然分成几个流域片区。北部片区主要排涝出路是通过新五河、友谊河排出涝水，汇入蔷薇河；中部片区通过万公河、新深陡沟、韩东河等县域河道排涝并汇入古泊善后河；西南部片区主要是通过沭新河、岔流新开河、虞姬沟等河道排涝，最终汇入新沂河。

4.4.3.4 调度难点

新沂河、新沭河行洪及阿湖、高塘两座中型水库泄洪对沿线河道排涝不利。

4.4.4 沂南地区

4.4.4.1 调度依据

依据《沂沭泗河洪水调度方案》（国汛〔2012〕8号），以及连云港、淮安、盐城、宿迁四市水利工程调度方案等文件。

4.4.4.2 主要代表站防汛特征水位

新沂河沭阳站，警戒水位9.0m，设计行洪流量7800m^3/s对应洪水位11.4m。灌河龙沟河闸站，正常控制水位2.0m，最高控制水位2.5m。

4.4.4.3 洪涝调度

1. 洪水调度

柴米闸、钱集闸在麦作期间帮助分泄骆马湖、沭河及洪泽湖洪水，再通过盐东控制（义泽河闸、龙沟河闸、北六塘河闸、武障河闸）东流经灌河入海。

2. 排涝调度

若预报未来几天有连续降水或有强降雨，首先做到预排预降，降低沟河水位。当内涝发生时，根据退水情况及时抢排，不具备自排条件的地方开机强排。六塘河地涵、柴米地涵、一帆河闸、唐响河闸等工程入汛后严格控制闸上蓄水位，并密切注意天气形势，进行必要的预排预降。

（1）淮沭河以西片。

淮泗河沿线，当淮沭河不分洪，在淮泗河挡洪闸上水位不高于10.15m和六塘河地下涵洞下游已超过7.8m时，全关调度闸闸门，淮泗河涝水由挡洪闸经总六塘河排入淮沭河；当挡洪闸上水位超过10.15m，而六塘河地涵下游水位又低于7.8m，允许临时使用淮泗调度闸，控制下泄涝水，辅助挡洪排涝。当淮沭河分洪，淮泗挡洪闸无法排水时，根据上下游兼顾的原则，通过淮泗调度闸调度下泄和其他措施，控制挡洪闸上游水位不超过11.88m。

大涧河沿线，首先考虑向淮沭河西偏泓排水，只要有机会，应全开淮柴闸尽快抢排。当西偏泓不能排涝或排水不畅时，转向大涧河排涝。

（2）淮沭河以东片。

盐东控制在汛期降大暴雨之前，预降上游水位，及时挡潮水，并控制其水位在2.5m以下，以利自排。盐城市以黄响河、张响河、坎响河、唐豫河、南潮河、民生河为骨干河道，排水入灌河。雨涝发生时，灌河沿线各闸适时大开大排入灌河。

4.4.4.4 调度难点

淮沭河、新沂河行洪期间，淮沭河以西地区排水受阻；盐东控制排水受下游高潮位顶托的不利影响。

4.4.5 废黄河地区

4.4.5.1 调度依据

依据《淮河洪水调度方案》（国汛〔2016〕14号），以及徐州、宿迁市水利工程调度方案等文件。

4.4.5.2 主要代表站防汛特征水位

废黄河滨海闸上历史最高水位 5.42m，正常控制水位为 3.0～3.5m。

4.4.5.3 洪涝调度

1. 废黄河二坝—徐洪河段

废黄河周庄闸、丁楼闸、李庄闸、温庄闸、峰山闸按其闸上规定水位调度运行。

郑集分洪道，其张集闸上水位按 40.5～41.5m 控制，分泄废黄河洪涝水入下级湖。

丁万河天齐庙闸上水位按 34.5～35.0m 控制，分泄废黄河洪涝水入不牢河。

魏工分洪道按魏工分洪闸上水位 26.0～26.5m 控制，分泄废黄河洪涝水入徐洪河。

调蓄废黄河洪水的中型水库有崔贺庄水库、庆安水库，调度废黄河洪水进两水库调蓄后，分别泄洪入帮房亭河、白塘河。两水库具体调度按其水情调度方案运行。

2. 废黄河徐洪河—二河段洪水调度

成子河通过成子河分洪闸分泄废黄河洪涝水入洪泽湖。

3. 废黄河杨庄闸以下

废黄河杨庄以下分泄淮河洪水不超过 200m^3/s。

4.4.5.4 调度难点

废黄河杨庄闸下河段行洪时，对渠北地区排涝及沿线滩地排涝不利。另外，杨庄闸上游一企业码头离闸门太近，泄洪时码头停靠船只风险较大。

4.4.6 洪泽湖周边及以上地区

4.4.6.1 调度依据

依据《淮河洪水调度方案》(国汛〔2016〕14 号),《江苏省流域性区域性水利工程调度方案》(苏防〔1998〕44 号)，以及徐州、淮安、宿迁市水利工程调度方案等文件。

4.4.6.2 主要代表站防汛特征水位

洪泽湖蒋坝站，警戒水位 13.5m，设计洪水位 16.0m，校核洪水位 17.0m，历史最高洪水位 16.25m (1931 年)。

淮河干流盱眙站，警戒水位 14.5m，历史最高洪水位 15.85m (2003 年)。

徐洪河金锁镇站，警戒水位 15.5m，历史最高洪水位 17.70m (1974 年)。

怀洪新河双沟（合）站，警戒水位 14.8m，历史最高洪水位 15.99m (2003 年)。

濉河泗洪（濉）站，警戒水位 15.66m，历史最高洪水位 17.08m (2003 年)。

老濉河泗洪（老）站，警戒水位 15.41m，历史最高洪水位 16.73m (2003 年)。

4.4.6.3 洪涝调度

1. 洪水调度

洪泽湖洪水调度按照国家防指批复的《淮河洪水调度方案》(国汛〔2016〕14 号) 执行。

当洪泽湖水位达到 14.5m 且继续上涨时，滨湖圩区破圩滞洪。当淮河浮山水位达到 18.1m 时，启用我省鲍集圩及安徽省潘村洼开口行洪。

2. 排涝调度

徐州市奎濉河片区现状排涝以自排为主，当市区遭遇强降雨，段庄西、黄河新村、黄茅岗、袁桥东站、袁桥西站等泵站开机抽排。

安河（徐洪河）片区以自排为主。睢宁县高集以上徐沙河上段和潼河流域腾空河道，新龙河和徐沙河预降水位，提高排涝能力；睢宁县西北部地势高差大，汇水时间快，降大暴雨时，可利用郭楼闸和胡滩闸向徐沙河分流，必要时可利用睢城闸、朱东闸向新龙河分流。

宿迁市西民便河沿线按“高低分排，统一调度”的原则和“上游错峰，下游抢排，照顾中游”的措施进行调度。汛期，控制西民便河汕头路桥水位不高于18.6m，便于涝水自排。当遇强降雨时，市区上游段清水沟、老民便河等支流沿线必须向南通过十支沟、十一支沟排水，经东沙河再排入西民便河，与市区及宿迁经济技术开发区错峰排水。

洪泽湖周边沿湖圩区和其他易涝地区排涝遵循高、低水分排的原则，尽最大可能争取自排；当圩外水位较高不能自排时，要及时关闭各圩口闸，开机进行抢排。

4.4.6.4 调度难点

洪泽湖周边滞洪区尚未具备安全滞洪条件，启用难度大；洪泽湖水位超过13.5m且低于14.5m时，周边大面积地区涝水难以自排。南水北调东线一期工程建成后，洪泽湖正常蓄水位抬高到13.5m，一旦遇到秋冬汛、春汛，蓄水与周边地区排涝矛盾协调难度大。

4.4.7 渠北地区

4.4.7.1 调度依据

依据《淮河洪水调度方案》（国汛〔2016〕14号），《淮河入海水道调度运用方案》（苏防〔2010〕6号），以及淮安、盐城市水利工程调度方案等文件。

4.4.7.2 主要代表站防汛特征水位

洪泽湖蒋坝站警戒水位13.5m，设计洪水位16.0m，校核洪水位17.0m，历史最高洪水位16.25m（1931年）。

淮河入海水道现状设计行洪流量2270m^3/s，沿线控制点水位：二河新闸、淮安立交地涵、滨海立交地涵上游分别为14.11m、11.53m、7.17m，下游设计洪水位分别为13.81m、10.87m、6.67m。

苏北灌溉总渠现状设计行洪流量800m^3/s，沿线控制点水位：沿线高良涧闸下游、六垛南闸上游分别为11.45m、4.35m。

4.4.7.3 洪涝调度

1. 洪水调度

淮河入海水道、洪泽湖超校核洪水时的渠北地区运用按照国家防指批复的《淮河洪水调度方案》（国汛〔2016〕14号）执行。

2. 排涝调度

渠北地区排涝调度分淮河入海水道非行洪期、行洪期两种情况。

（1）淮河入海水道非行洪期涝水除八滩区直接排水入海外，其余地区涝水主要排入入海水道。当渠北地区突降暴雨，超过设计排涝标准时，若灌溉总渠水情许可，可降低六垛南闸上游水位，启用东沙港闸分排入海水道南泓涝水。

（2）淮河入海水道行洪期，除八滩区外，渠北将完全失去自排入海出路。排水出路，一是利用和平北站、杨庙站、茭菱一、二站、北沙、周门、单港、大套等站抽排入二河、大运河、废黄河；二是通过和平南站、清安河、楚州城区、妇女河泵站、潮河站、穿里河站、芦扬泵站、张马站、大沙河站等抽排入入海水道，不足部分通过杨庙、新涧河、十四中沟、南支河、渔滨河5座临时机口，架临时机组抽排涝水入入海水道。

4.4.7.4 调度难点

淮河入海水道行洪期间，沿线地区涝水无法直接自排进入入海水道，只能依靠抽排；淮河入海水道行洪、排涝受到黄海高潮位顶托的不利影响。

4.4.8 白马湖、高宝湖地区

4.4.8.1 调度依据

依据《淮河洪水调度方案》（国汛〔2016〕14号），《白马湖区域性水利工程调度方案》（苏防〔2008〕32号），以及淮安、扬州市水利工程调度方案等文件。

4.4.8.2 主要代表站防汛特征水位

淮河入江水道现状设计行洪流量12000m³/s。淮河入江水道沿线防汛特征水位见表4.10。

表4.10 淮河入江水道沿线防汛特征水位表

站点	警戒水位/m	行洪12000m³/s对应的设计洪水位/m	历史最高水位/m	历史最大流量/(m³/s)
三河闸下		14.4	13.69（1954年）	10700（1954年）
金湖	10.5	12.14	11.98（2003年）	
高邮湖	8.5	9.5	9.52（2003年）	
邵伯湖	7.75	8.5	8.76（1954年）	
三江营	5.32	5.66	6.27（1996年）	

白马湖警戒水位7.50m，设计洪水位8.00m；历史最高洪水位8.16m（1991年）。

宝应湖警戒水位7.00m，设计洪水位7.50m；阮桥闸下历史最高洪水位7.90m（2006年）。

4.4.8.3 洪涝调度

1. 洪水调度

淮河入江水道、高邮湖的洪水调度按照国家防总批复的《淮河洪水调度方案》（国汛〔2016〕14号）执行。区域水库洪水调度按照水库汛期水情调度方案执行。

2. 排涝调度

（1）白马湖区域。

按照省防指印发的《白马湖区域性水利工程调度方案》，有关白马湖的调度方案如下：

当白马湖水位达到6.80m，且根据当时天气预报该地区将有较大降雨过程时，利用北运西闸向里运河自排涝水，或利用阮桥闸向宝应湖退水，预降白马湖水位；若不能自排或自排不及，根据当时降雨情况及天气趋势，预测白马湖水位将有可能上涨至7.20～7.50m，开启淮安一、二站抽排白马湖地区涝水，根据照顾新河地区排涝和湖区水位上涨情况确定抽排流量。

当预测白马湖水位有可能超过7.50m时，尽量自排，同时加大淮安一、二站抽排流量，必要时开启淮安四站帮助抽排白马湖地区涝水（开机流量不超过100m^3/s）。

抽排期间，为照顾新河地区排涝，当白马湖水位不超过7.50m时，控制镇湖闸下水位尽可能不超过6.0m。当白马湖水位达到或超过7.50m时，根据当时雨水情控制镇湖闸下水位尽可能不超过6.50m。镇湖闸流量视淮安一、二、四站抽排流量、上下游水位等进行调节。

当白马湖地区发生严重内涝，预测白马湖水位可能达到或超过8.0m时，周边花河等地方排涝泵站应全力开机排涝。

新河水位控制原则。若白马湖不需要抽排涝水，新河（镇湖闸下）水位一般控制在5.50m左右。当新河水位达到或超过6.0m时，视情况开启淮安一、二站降低新河水位。

白马湖穿运涵洞（白马地涵）控制运行原则。白马地涵排放新河以东、里运河以西低洼地区涝水。汛期当陆庄水位在2.5m以下时，白马地涵流量一般不超过20m^3/s；当陆庄水位达到或超过2.5m时，控制白马地涵流量一般不超过10m^3/s；当陆庄水位达到或超过2.7m且射阳镇水位达到2.0m时，白马地涵应全部关闭。麦作期为避免三麦受涝，白马地涵流量一般控制在6～8m^3/s。如遇特殊情况，需调整白马地涵流量，但淮安、扬州两市意见不一致时，由省防指协调。

（2）宝应湖区域。

当宝应湖水位超过6.00m时，根据当时汛情，及时开启南运西闸、宝应退水闸和涂沟闸相机向大运河、高邮湖退水。当高邮湖水位高于宝应湖水位，且宝应湖水位达7.00m时，石港抽水站及圩内小型泵站应开机向淮河入江水道全力抽排，同时适当降低大运河水位，增大南运西闸的外排流量；若南运西闸不能自排，且宝应湖水位还在上涨时，启用金湖抽水站参与排涝。

（3）入江水道及高邮湖、邵伯湖区域。

高邵区位于淮河入江水道沿线，分布沿湖圩区和平原坡水区，各排水片均有通河河道及外排泵站，入江水道水位低时自排，高水位时圩区抽排。

4.4.8.4 调度难点

淮河入江水道行洪期间，高邮湖高水位造成白马湖、宝应湖洪水向南自排受阻；里运河水位较高时，白马湖、宝应湖洪水难以自排入里运河，白马湖、宝应湖地区排涝出路只能依靠淮安一、二、四站、石港站、金湖站抽排；入江水道行洪往往造成沿线地区因洪致涝。

4.4.9 里下河地区

4.4.9.1 调度依据

依据《里下河地区洪涝调度方案》（苏防〔2017〕21号）、《白马湖区域性水利工程调度方案》（苏防〔2008〕32号）等文件。

4.4.9.2 主要代表站防汛特征水位

里下河地区主要代表站兴化站警戒水位2.00m，设计洪水位3.10m，历史最高洪水位3.35m（1991年）。

射阳湖射阳镇站警戒水位2.00m，设计洪水位3.0m，历史最高洪水位3.38m

（2003 年）。

新洋港盐城站警戒水位 1.70m，设计洪水位 2.50m，历史最高洪水位 2.67m（2006 年）。

黄沙港建湖站警戒水位 1.60m，设计洪水位 2.70m，历史最高洪水位 2.88m（2006 年）。

射阳河阜宁站警戒水位 1.30m，设计洪水位 2.40m，历史最高洪水位 2.52m（2006 年）。

4.4.9.3 洪涝调度

1. 调度原则

（1）坚持以人为本、依法防洪、科学调度的原则。

（2）遵循统筹下排、上抽、中滞，团结协作，局部利益服从全局利益的原则。

（3）根据预报降雨等级，在暴雨来临前及时预降区域河湖水位。

（4）当发生设计标准及以下洪水时，充分利用里下河沿海射阳河闸等五大港闸抢潮排水，及时开启江都站等泵站抽排，合理利用湖泊湖荡蓄洪滞涝，适时启用三批滞涝圩滞涝，确保防洪工程安全。

（5）当发生超标准洪水时，利用河道堤防超高强迫挡洪行洪，对圩区进行限制排涝，相机利用垦区与腹部联系的独立排水通道调度闸和通南控制线分洪入海入江，必要时采取弃守一般堤防等非常措施，确保盐城等重要城区防洪安全。

（6）统筹处理好防洪与排涝、防洪与改善水环境的关系，充分发挥水利工程的防洪排涝、改善水环境等综合效益。

（7）在确保防洪安全和不影响排涝的前提下，兼顾洪水资源利用；沿海闸下河港要因地制宜运用行之有效的冲淤保港措施，结合排水搞好冲淤保港，扩大外排能力。

2. 里下河腹部调度

入梅前插秧用水高峰阶段，调节引江水量，控制兴化水位在 1.2m 左右；梅雨即将来临前，控制兴化水位在 1.1m 左右；出梅后至 9 月底控制兴化水位在 1.2m 左右；10 月至次年 6 月上旬控制兴化水位在 1.3m 左右。具体调度时根据当时雨水情进行适当调整。

（1）沿海主要挡潮闸。当天气预报有较大降雨时，射阳河闸、黄沙港闸、新洋港闸、斗龙港闸、川东港闸应适时开闸，利用黄海潮位涨落规律抢排，在不影响供水、航运等安全前提下，预降内河水位。当兴化水位超过阶段防洪控制水位或建湖水位超过 0.8m，并有继续上涨趋势时，射阳河闸、黄沙港闸、新洋港闸、斗龙港闸、川东港闸开闸抢潮排水。

（2）泵站工程。当兴化水位达到 1.4m 且预报将超过 2.0m 时，江都站、高港站开机抽排。当射阳镇水位达到 1.6m 且预报将超过 2.0m 时，宝应站开机抽排。当阜宁水位达到 1.3m 且预报将超过 1.9m 时，大套一、二站、滨海站视废黄河、通榆河大套船闸以北段雨情、水情相机开机抽排；北坍站视苏北灌溉总渠水情相机开机抽排。当兴化水位达到 2.5m 且预报将超过 3.0m 时，通榆河沿线草堰站、东台站、安丰站、富安站以及贲家集水利枢纽泵站视所在垦区雨情、水情相机开机抽排。当阜宁水位达到 1.9m 且预报将超过 2.4m 时，阜宁泵站视苏北灌溉总渠水情相机开机抽排。

（3）湖泊湖荡及滞涝圩。根据 1992 年江苏省人民政府文件《批转省水利厅关于里下河腹部地区滞涝、清障实施意见的通知》（苏政发〔1992〕44 号）和 2006 年江苏省人民政府批复的《江苏省省管湖泊保护规划》（苏政发〔2006〕99 号）规定，保证约 216km²

湖泊湖荡滞涝面积；分三批启用滞涝圩，滞涝圩总面积约 479km^2。

当里下河地区发生洪涝时，湖泊湖荡应蓄洪滞涝。当兴化水位达到 2.5m 时，第一批滞涝圩滞涝；当兴化水位达到 3.0m 时，第二批滞涝圩滞涝；当兴化水位超过 3.0m，并有继续上涨趋势时，第三批滞涝圩滞涝。滞涝圩启用后退水应根据外河水位回落情况适时进行退水，一般应遵循错峰延后退水的原则，避免增加下游防洪压力。

（4）周边地区排水调度。通南、通榆河以东地区汛期涝水原则上不得排入里下河腹部地区。特殊情况需要相机向里下河腹部地区排水时，由所在市防指提出意见，报省防指同意，再由市防指负责组织实施。运西地区向里下河地区排涝调度按《白马湖区域性水利工程调度方案》执行。

（5）其他调度要求。里下河地区排涝期间，沿运和渠南自流灌区内已建有提水站的要坚决改提里下河水灌溉，减少自流灌区的回归水进入里下河腹部。

3. 沿海垦区调度

沿海垦区，为通榆河以东、苏北灌溉总渠以南之间的区域，排水自成系统，单独入黄海，以夸套河、八丈河、运粮河、运棉河、利民河、西潮河（南直河）等为主要骨干排水河道。雨涝发生时，沿海各闸适时大开大排；堤东垦区的涝水原则上独立东排入海，不得排入里下河腹部。南通市沿海垦区原则上自排入海。

4. 调度权限

射阳河闸、黄沙港闸、新洋港闸、斗龙港闸、川东港闸的排水调度运用由省防指（省防办）决定，盐城市防指负责组织实施。

江都站、高港站、宝应站、滨海站的调度运用由省防指（省防办）决定，相应工程管理单位负责组织实施；北坍站、大套一站、大套二站的调度运用由省防指（省防办）决定，盐城市防指负责组织实施；草堰站、东台站、安丰站、富安站、阜宁站的排涝调度运用由省防指决定，盐城市防指负责组织实施；贲家集水利枢纽泵站的排涝调度运用由省防指决定，南通市防指负责组织实施。

里下河滞涝圩的运用由省防指提出意见报省人民政府决定，所在市防指负责组织实施。

利用沿海垦区、通南地区有关工程的相机排水运用，由省防指决定，所在市防指负责组织实施；其他破圩滞洪等超标准洪水应急措施的运用由各县（市、区）防指提出意见，报同级人民政府决定后实施，并报省、市防指备案。

4.4.9.4 调度难点

调度过程中存在滞涝圩启用困难，外河水位上涨快，沿海港闸自排易受黄海高潮位、风暴潮顶托不利影响等问题。特别是随着社会经济的高速发展、城镇化的快速推进，原规划确定的第一、二、三批滞涝圩中，经济总量不断增加，一旦启用，经济损失很大，增加了调度决策的风险。

4.4.10 苏北沿江地区

4.4.10.1 调度依据

根据扬州、泰州、南通市及相关县、市（区）水利工程调度方案等。

4.4.10.2 主要代表站防汛特征水位

仪扬河泗源沟站，内河侧警戒水位5.9m，长江侧6.36m。

黄桥站，警戒水位3.8m，历史最高水位6.23m（1975年）。

长江江阴站，警戒水位5.5m，历史最高水位7.22m（1997年）。

长江天生港站，警戒水位5.2m，历史最高水位7.08m（1997年）。

4.4.10.3 洪涝调度

仪六片区域外围通过长江、京杭运河堤防防御长江及淮河流域洪水。内部涝水分别汇入仪扬河、潘家河、胥浦河等，最终经潘家河闸、泗源沟闸、胥浦河闸、润扬河闸自排或机排入江。

通南扬州片外围通过长江、夹江及芒稻河堤防防御江淮洪水。内部涝水主要通过通江闸、河口闸等自排入长江。高沙土区可通过老通扬运河西闸、浦头套闸等排水入泰州引江河及新通扬运河（里下河地区），通北高地西片涝水可经横沟套闸和小涵闸排入三阳河或新通扬运河（里下河地区）；沿江圩区通过反坎堤及沿线控制建筑物挡高沙土区高水，涝水主要通过泵站抽排入夹江、长江。

通南泰州片外围通过江港堤防御长江流域洪水。内部涝水高地自排为主，低地抽排为主、低潮抢排。高沙土区涝水经河网汇流调蓄后，主要通过口岸闸、夏仕港闸南排入江；沿江圩区通过江平公路控制线、靖泰界河及通江骨干河道堤防防御高沙土区高水。

通南南通片区域外围通过江堤、海堤防御长江流域洪水及高潮。高沙土区涝水经河网汇流调蓄后，最终通过焦港河闸、如皋港闸、碾砣港闸南排入江。九吕区内大部分地区涝水经河网汇流调蓄后，主要通过九圩港闸、南通节制闸西排入江，以及遥望港新闸、大洋港闸、东灶港闸、团结港闸东排入海。通启区根据地形条件，西部和中部涝水排入长江，东部涝水南排入江及东排入海。沿江圩区位于高沙土区南部，通过江平公路控制线及高水河道两侧的道路防御高沙土区高水，涝水以通江涵闸自排入江为主，局部低洼地区辅以泵站抽排。

该区域各类口门、涵闸、泵站基本按照地方水利工程调度方案进行调度。

4.4.10.4 调度难点

调度过程中，由于本区既是长江、淮河流域洪水走廊，又易受沿江、沿海高潮顶托影响，涝水不容易排出。

4.4.11 滁河地区

4.4.11.1 调度依据

根据《滁河洪水调度方案》（长防总〔2016〕49号）、《南京市水利工程调度方案》《南京市城市防洪预案》等。

4.4.11.2 主要代表站防汛特征水位

安徽襄河口闸上警戒水位11.00m，防洪设计水位13.78m。

江苏晓桥站警戒水位9.50m，防洪设计水位12.50m，历史最高水位12.63m（1991年）。

安徽汊河集闸上警戒水位10.00m，防洪设计水位12.30m。

江苏六合站警戒水位7.85m，防洪设计水位9.90m，历史最高水位10.47m（1991年）。

4.4.11.3 洪涝调度

1. 河道和分洪道

主汛期（6—8月）当晓桥水位低于9.5m时，滁河干流各节制闸按各自调度方案运行。当晓桥水位达到9.5m，并预报将继续上涨至10.0m以上时，滁河干流及分洪道节制闸应全部敞开泄洪，充分发挥干流河道和分洪道泄洪入江能力。

2. 水库

滁河支流上的黄栗树、沙河集、城西、屯仓、金牛山等大中型水库，在保证大坝安全的前提下，按照控制运用计划拦洪错峰，以减轻下游的防洪压力。

3. 滞洪区

当晓桥水位达到12.00m，且预报晓桥或汊河集闸上水位将继续上涨超过堤防设计水位时，做好蒿子圩、汪波东荡的分洪准备。晓桥水位达到12.50m，并预报将继续上涨，若汊河集闸上水位低于12.30m时，则首先运用蒿子圩分洪，若仍不能控制晓桥水位上涨，再运用汪波东荡分洪；若汊河集闸上水位达到12.30m时，并预报将继续上涨，则首先运用汪波东荡分洪，若仍不能控制汊河集闸上水位上涨，再运用蒿子圩分洪。

4. 圩区排涝控制

当滁河干流各控制点水位接近防洪设计水位，沿河两岸圩区应停止向滁河干流排涝，最大程度减轻滁河干流防洪压力。

5. 城区排涝调度

以排涝泵站为基准，以自然地形为依据，以"高水高排，低水低排"为原则，结合路网规划划分排水区域。浦口区水通过泵站机排入城南河、高旺河、七里河、朱家山河与长江；六合区涝水排入各支流河道，汇入滁河，最后通过滁河及其分洪道上的节制闸排入长江。

该区域主要河道、分洪道、流域性水利工程、蓄滞洪区的调度由长江防总按照《滁河洪水调度方案》进行调度。各区域防洪控制工程由南京市、浦口区、六合区按照相应水利工程调度方案、防洪预案进行调度。

4.4.11.4 调度难点

调度过程中存在洪水汇集快、预见期短、滁河洪水与长江洪水遭遇而受顶托，以及流域防洪与六合区城市防洪保安矛盾协调难度大、滞洪区运用损失大、涝区排水不畅等问题。

4.4.12 秦淮河地区

4.4.12.1 调度依据

依据根据《秦淮河洪水调度方案》（苏防〔2016〕20号）、《南京市城市防洪预案》等。

4.4.12.2 主要代表站防汛特征水位

秦淮河东山站，警戒水位8.50m，历史最高洪水位11.44m（2016年）。

赤山湖，警戒水位11.0m，历史最高洪水位13.96m（2016年）。

句容河赤山闸下，警戒水位9.5m，历史最高洪水位13.86m（2015年）。

4.4.12.3 洪涝调度

1. 入江枢纽工程

水位预降，当天气预报有较大降雨时，武定门闸、秦淮新河闸应适时开闸，充分利用长江潮位涨落规律抢排，预降东山水位到7.0m左右，当长江潮位较高，两闸自排受阻，必要时利用秦淮新河站抽排。

洪水期排洪，当东山水位超过防洪控制水位，武定门闸和秦淮新河闸视情开闸排水，武定门闸优先开启，控制东山水位不超过防洪控制水位；当东山水位继续上涨，且天气预报有暴雨或更大量级降雨时，武定门闸、秦淮新河闸应全力排洪，秦淮新河站视情开机抽排。

当内秦淮河东水关水位达6.5m时，武定门抽水站及时排除南京城区内涝，确保汛期的安全。

当长江潮位高于内河水位，且内河无引水要求时，武定门闸、秦淮新河闸应及时关闸，防止江水倒灌。

2. 赤山湖蓄滞洪区

当天气预报有较大降雨时，赤山闸应提前开闸，预降水位与下游句容河水位持平；内湖应适时开闸预降水位不超过8.5m。

当句容河发生洪水，赤山闸下水位达12.5m且继续上涨，而赤山闸上水位低于闸下时，赤山闸应开闸进洪，分泄句容河洪水，减轻句容河防洪压力。

当流域发生较大洪水，赤山闸下水位达到12.5m且继续上涨，同时赤山湖上游地区有来水需要赤山闸泄洪时，赤山闸应控制下泄流量不超过300m^3/s；当闸下水位达到13.0m且继续上涨，统筹考虑沿湖堤防安全及下游干流防洪压力，赤山闸应适时关闸错峰；当闸上水位超过13.5m，为保沿湖堤防安全，赤山闸应敞开泄洪。

当赤山湖环湖水位在12.0～12.5m且继续上涨时，白水荡、赤山湖内湖应适时开启分洪闸进洪。赤山湖蓄滞的洪水应根据句容河洪水位回落情况适时进行退水，一般应遵循错峰延后退水的原则，避免增加下游防洪压力。

3. 中型水库

水位预降，当预报水库水位超过汛限水位时，水库应根据自身情况提前预降水位至汛限水位以下，以腾空库容，保证防洪安全。

水库泄洪，水库泄洪应按照省防指批复的调度方案实施。错峰调度，当水库下游河道遭遇超标准洪水或者发生重大险情时，在确保水库自身安全的前提下，运用水库适时拦蓄洪水，为下游河道洪水错峰，减轻下游防洪压力。

4. 天生桥套闸

当秦淮河流域发生较大洪水而石臼湖水位较低、具备分泄秦淮河洪水条件时，应视两地区雨情、水情，相机启用天生桥套闸，帮助分泄秦淮河洪水。

5. 城区排涝调度

以雨水泵站为基准，以自然地形为依据，以“高水高排，低水低排”为原则，结合路网规划划分排水区域。城南防洪片区涝水通过自排或机排分别汇入护城河、秦淮河及运粮河；宁南防洪片区涝水基本通过自排汇入秦淮河；城北防洪片区涝水通过自排或机排分别汇入秦淮河和玄武湖；金川河水系涝水基本通过机排进入外金川河。沿江排水片涝水通过自排或机排汇入九乡河、七乡河和长江。

该区域各主要河道、流域性水利工程、蓄滞洪区的调度由省防指按照《秦淮河洪水调度方案》进行调度。各地方水利工程由南京市、镇江市及相关区县防指按照相应水利工程调度方案、防洪预案进行调度。

4.4.12.4 调度难点

一是本地区洪水汇集快、洪水预见期短，区域洪水入江常遭遇长江洪水及高潮位顶托，洪水出路不足；二是上游水库如何合理地为中下游地区防洪错峰；三是赤山湖滞洪区运用损失大，尚未形成正常的补偿机制，运用难度大。

4.4.13 石臼湖固城湖地区

4.4.13.1 调度依据

依据《水阳江洪水调度方案》、南京市及相关区水利工程调度方案等。

4.4.13.2 主要代表站防汛特征水位

石臼湖、固城湖警戒水位均为10.0m，保证水位分别为12.68m、13.07m，历史最高水位分别为13.02m（2016年）、13.21m（2016年）。

水碧桥站警戒水位10.0m，保证水位12.5m，历史最高水位13.8m（1999年）。

4.4.13.3 洪涝调度

（1）宣城以上河段。充分利用港口湾水库的拦蓄错峰，保证下游宁国市、宣城市等重要城市的防洪安全。港口湾水库汛期的防洪调度按照安徽省人民政府批复的年度汛期调度运用计划执行。

（2）宣城至新河庄河段。通过合理调度南漪湖控制工程的马山埠闸、双桥河闸，充分发挥南漪湖的调蓄作用。

（3）新河庄以下河段。新河庄以下河段重点要加强堤防守护和抢险。该区域各主要河道、分洪道、流域性水利工程、蓄滞洪区的调度由长江防总按照《水阳江洪水调度方案》进行调度。当流域内发生一般洪水时，苏皖两省各地区防指各自按照相应防洪预案进行调度；当流域发生特大洪水，危及重要城市、重要圩区安全时，由长江防总会商苏皖两省提出调度意见，报长江防总批准后由两省防指执行；港口湾水库由宣城防指、长江防总根据新河庄水位分别负责调度；天生桥套闸由南京市防指根据防洪预案进行调度。

4.4.13.4 调度难点

（1）上游洪水为山区性洪水，洪水汇集快、预见期短，下游入江口易受长江洪水及高潮顶托影响。

（2）上游主要水库港口湾、南漪湖均在安徽省境内，错峰调度协调难度大。

4.4.14 太湖湖西区

4.4.14.1 调度依据

太湖湖西区有关工程调度，根据国家防汛抗旱总指挥部批准的《太湖流域洪水与水量调度方案》（国汛〔2011〕17号）、江苏省防汛抗旱指挥部印发的《苏南运河区域洪涝联合调度方案（试行）》（苏防〔2016〕22号）执行。

4.4.14.2 主要代表站防汛特征水位

苏南运河丹阳、常州（三）站，警戒水位分别为5.60m、4.30m，保证水位7.2m、4.8m，50年一遇防洪设计水位7.47m、5.65m，常州（三）站100、200年一遇防洪设计水位分别为5.8m、5.95m。

丹金溧漕河金坛站，警戒水位为5.0m，保证水位6.0m，50年一遇防洪设计水位6.60m。

洮湖王母观、滆湖坊前站，警戒水位分别为4.60m、4.1m，保证水位分别为5.60m、4.50m。

南河（南溪河）溧阳、宜兴，警戒水位分别为5.0m、4.20m，保证水位分别为5.50m、5.20m，50年一遇防洪设计水位分别为6.50m、5.30m。

4.4.14.3 洪涝调度

上游依靠大中型水库拦蓄，中部依靠洮湖、滆湖调蓄，下游通过入江、入湖河道和沿江闸站排水。

1. 圩区排涝调度

圩区排涝根据涵闸关闭水位和排涝站开机水位，实时排涝。当圩内水位高于排涝控制水位且高于外河水位时，开闸排水；当圩内水位高于排涝控制水位且低于外河水位时，开泵排水。沿运等圩区排涝要考虑江南运河江苏段等外河水位，必要时采取限排措施。具体调度要求见调度方案中“沿运圩区限排”。其他圩区根据控制水位，实时调度涵闸、排涝泵站运行。

2. 镇江市排涝调度

镇江湖西区域的涝水主要是通过九曲河北排入长江、经大运河东排常州下泄入太湖，经丹金溧漕河南排金坛入洮湖。当常州新闸、钟楼闸、丹金枢纽及丹金船闸关闭，丹阳区域的洪水不能下泄排洪时，通过九曲河北排入长江。圩区在外江（河）洪水可能压境，并有暴雨预报，内河未达控制水位时，要有重点地实施圩内干河水位预降；圩内水位超控制水位并遭受强降雨时，全面开机排涝。

3. 常州市排涝调度

常州湖西区域的涝水主要三个出路：沿江的区域通过新孟河、德胜河、澡港河等通江河道北排入长江；沿苏南运河区域靠河道或是泵站抽排入运河东泄；南部地区排入丹金溧漕河、南河、中河等，通过洮湖、滆湖调蓄，最终通过太滆运河、漕桥河、烧香港、东氿、西氿等排入太湖。圩区在外江（河）洪水可能压境，并有暴雨预报，内河未达控制水位时，要有重点地实施圩内干河水位预降；圩内水位超控制水位并遭受强降雨时，全面开机排涝。

谏壁泵站、钟楼闸、丹金闸枢纽、武进港闸、雅浦港闸等由省防指（省防办）调度；其他沿江、沿湖、城市除涝泵站等由所属各市防指（市防办）调度，如遇特殊情况，服从省防指（省防办）调度。

4.4.14.4 调度难点

（1）目前区域防洪标准总体上仍不足20年一遇，区域防洪排涝水平较低。

（2）湖西区中部洪水出路不足，只能依靠洮湖、滆湖调蓄；武进港、雅浦港等入太湖河道因水质问题，近年来向太湖排水受到严格限制。

（3）区域内城市防洪大包围排水、圩区排水与区域防洪矛盾较多，防洪调度与水环境改善需求相冲突，协调难度大。

4.4.15 武澄锡虞区

4.4.15.1 调度依据

武澄锡虞区有关工程的洪水调度，根据国家防总批准的《太湖流域洪水与水量调度方案》（国汛〔2011〕17号）、省防指印发的《苏南运河区域洪涝联合调度方案（试行）》（苏防〔2016〕22号）执行。

4.4.15.2 主要代表站防汛特征水位

苏南运河常州（三）站、洛社站、无锡（大）站的警戒水位分别为4.30m、4.0m、3.90m，保证水位分别为4.80m、4.85m、4.53m；常州（三）站、无锡（大）站200年一遇设计防洪水位分别为5.95m、5.15m。

望虞河琳桥站、甘露站的警戒水位均为3.80m，保证水位4.20m。

锡澄运河青阳站警戒水位4.0m，保证水位4.85m。

大塘河（无锡锡山区）陈墅站的警戒水位3.90m，保证水位4.50m。

4.4.15.3 洪涝调度

充分利用沿长江口门北排，高潮挡水，低潮排水；利用太湖控制线防止太湖洪水倒灌，在发生严重洪涝时，经批准可视情向太湖应急排水；利用武澄锡西控线防止湖西高片水入侵本区域。

1. 常州市排涝调度

按《常州市运北片城市防洪大包围节点工程运行调度方案（试行）》（苏防〔2014〕6号）执行。

（1）沿江枢纽调度。当常州（三）站水位高于4.0m时，沿江魏村、澡港等枢纽开闸排水；当常州（三）站水位高于5.0m时，沿江枢纽开泵抽排。

（2）城市防洪工程调度。常规调度，当大运河常州站水位达到4.30m时并且有明显上涨趋势时，运北片城市防洪大包围节点工程关闸挡水，当大运河常州站水位上涨至4.5m并且有上涨趋势时，节点工程泵站开机排水。

当常州（三）站水位不超过5.8m，当常州（三堡街）站水位超过4.3m时，启动大包围，开机排水。

当常州（三）站水位在5.8～5.95m之间，常州（三堡街）站水位低于4.6m时，沿运河泵站停机，包围圈内其他泵站根据排涝要求进行调度；常州（三堡街）水位高于4.6m时，沿运河泵站开机排水。

当常州（三）站水位超过5.95m或无锡（大）站水位超过5.15m时，沿运河泵站原则上不得向运河排水。

2. 无锡市排涝调度

（1）沿江枢纽调度。汛期，当锡澄地区河网水位（青阳站）超过3.50m时，充分利用长江低潮开启沿江14座节制闸向长江排水，以降低内部河网水位。当长江潮位高于内河水位时，则关闸挡潮。当青阳水位超过4.50m时，沿江白屈港套闸、新夏港套闸服从排涝，在长江潮位低于4.50m时，有控制地开闸排水。当江阴青阳水位超过4.50m、而沿江水闸不能自排时，启动新夏港抽水站和白屈港泵站向长江抽排涝水。根据苏防〔2016〕22号有关原则，新夏港、白屈港泵站可提前开机。

（2）无锡市城市防洪工程水情调度。无锡城市防洪工程自2003年开工以来，目前城市运东大包围八大枢纽已全部完成。

城市防洪工程运行启用水位为3.80m，当无锡（南门）水位接近3.80m，并有继续上涨趋势时，启用城市运东大包围控制圈工程。关闭控制圈周围所有的闸门，开启控制圈泵站，全力排涝。启用运东大包围控制圈过程中，当圈内南门水位低于3.20m时，停止排涝，闸门继续关闭；当圈内水位高于圈外水位时，停止排涝，闸门敞开。当无锡（南门）水位低于3.80m时，大包围停止运行。

当天气预报有暴雨、大暴雨或特大暴雨时，启动城市防洪工程提前预降水位，水位必须预降至3.00m；当遭遇大暴雨或特大暴雨时，城市防洪工程各大枢纽泵站应全力开机排涝，最大限度地降低大包围水位。

3. 苏州市排涝调度

苏州市排涝区域主要包含张家港市、常熟部分地区，北部由沿江涵闸及泵站排涝入江，东部涝水主要通过望虞河排入长江。

（1）张家港市。全市分西中东三大区域，张家港河以东、太字圩港以西的区域为西部区域，太字圩港以东，二干河以西区域为中部区域（含中部南片、中部北片），二干河以东区域为东部区域（含东北片、东南片、东沙片、农场片）。各分区域各自从沿江闸门引排水，基本遵循西引东排的规律，形成三大体系。

（2）常熟市。遇大雨或连续阴雨天气且内河水位偏高时，福山闸开闸全力排水，望虞河福山船闸、走马塘芦浦闸等配合调度运行，以加快福山片区域排水。望虞河常熟枢纽排水时，大义、冶塘区域涝水自张家港、锡北运河汇入望虞河，排入长江。

钟楼闸、新沟河江边枢纽、走马塘张家港枢纽、常熟枢纽等闸站由省防指（省防办）调度；其他沿江、沿湖、城市除涝泵站等由所属各市防指（市防办）调度，如遇特殊情况，服从省防指（省防办）调度。

4.4.15.4 调度难点

武澄锡虞区地势总体呈四周高、腹部低的“锅底”形态，除受东西两侧高片洪水侵袭外，北部受长江潮汐影响，南侧受太湖高水位制约，区域洪涝水的外排能力受到严重限制。近年来，水环境问题越来越重视，沿湖口门向太湖排水通道受阻，不利于区域涝水外排。区域内城市化水平较高，各市中心城区建有城市大包围，各圩区建有大量排涝泵站，遭遇强降雨时，都往苏南运河中排水，使苏南运河沿线高水位频繁发生，苏南运河水位易涨难消，增加了调度难度。

4.4.16 阳澄淀泖区

4.4.16.1 调度依据

阳澄淀泖区有关工程的洪水调度，按照国家防总批准的《太湖流域洪水与水量调度方案》（国汛〔2011〕17号）、江苏省防指印发的《苏南运河区域洪涝联合调度方案（试行）》（苏防〔2016〕22号）执行。

4.4.16.2 主要站点防汛特征水位

江南运河苏州（枫桥）站警戒水位 3.80m，保证水位 4.20m，200 年一遇设计防洪水位 5.0～5.2m。

阳澄湖湘城、淀山湖陈墓站警戒水位 3.70m、3.60m，保证水位均为 4.00m。

4.4.16.3 洪涝调度

充分利用沿长江口门北排，高潮挡水，低潮排水；利用环太湖口门防止太湖洪水倒灌；利用望虞河东岸口门、太浦河北岸控制线以及淀山湖控制线等防洪屏障挡洪或排水。

1. 区域排涝调度

（1）沿江工程。按照国家防总批准的《太湖流域洪水与水量调度方案》（国汛〔2011〕17 号）、江苏省防指印发的《苏南运河区域洪涝联合调度方案（试行）》（苏防〔2016〕22 号）执行。

（2）环太湖口门。在枫桥水位高于 3.8m 时视河道水质情况允许，适当向太湖排水。

（3）望虞河东岸口门。张桥以下在防洪标准内不参与分洪，两岸口门可相机向望虞河排涝。具体水位调度控制根据《苏州市阳澄淀泖区防洪规划》和区域实际防洪情况，当湘城水位超过 3.2m 时，能从望虞河东岸口门排出则排；当湘城水位低于 3.2m，关闸。

（4）太浦河北岸口门。太浦河两岸各闸向太浦河排涝，按相关地区的排涝需求及其与太浦河的水位关系调度。具体水位调度规则根据《苏州市阳澄淀泖区防洪规划》和区域实际调度情况，当陈墓水位超过 3.2m 时，太浦河北岸口门能排则排；当陈墓水位低于 3.2m 时，关闸。

2. 苏州城市中心区防洪口门调度

城市中心区防洪口门在汛期当苏州（枫桥）水位超过 3.5m 时，关闸防洪；当内河水位高于外河水位时，开闸抢排。其中，排涝泵站在关闸挡洪期间，若内河水位高于 3.0m 则开泵抽排。

3. 圩区排涝调度

具体调度要求同“太湖湖西区”相关内容。

望亭立交、太浦闸由水利部太湖流域管理局调度；常熟枢纽等闸站由省防指（省防办）调度；其他沿江、沿湖、城市除涝泵站等由所属各市防指（市防办）调度，如遇特殊情况，服从省防指（省防办）调度。

4.4.16.4 调度难点

阳澄淀泖区地势低平，是太湖流域的洼地之一，长江、太湖同时高水位时，区域涝水外排不易，极易出现内涝。区域内城市化水平高，圩区排涝动力强，城市大包围及圩区外排与外河排水协调难度大。

4.4.17 浦南区

4.4.17.1 调度依据

按照国家防总批准的《太湖流域洪水与水量调度方案》（国汛〔2011〕17 号）及有关水利规划执行。

4.4.17.2 主要站点防汛特征水位

江南运河平望警戒水位 3.70m，保证水位 4.0m。

4.4.17.3 洪涝调度

排涝调度以圩区泵站排水为主力，遵循“高水高排，低水低排”的原则，兼顾太浦河下游上海黄浦江防洪压力。

浦南区以联圩为主，占总面积的84%以上，其排涝调度以圩区泵站排水为主力，遵循“高水高排，低水低排”的原则，兼顾太浦河下游上海黄浦江防洪压力。

根据圩区地面高程等具体情况，确定各圩区的开泵水位、最高及最低控制水位等。农业圩区圩内水位控制在1.1～3.6m，雨前预降水位0.5m；城镇型圩区圩内水位控制在2.0～3.0m，雨前预降水位0.5m。

当圩内水位高于控制水位且高于外河水位时，开闸排水；当圩内水位高于控制水位且低于外河水位时，开泵排水。

圩区排涝泵站等由所属市防指（市防办）调度，如遇特殊情况，服从省防指（省防办）调度。

4.4.17.4 调度难点

浦南区是杭嘉湖北部地区涝水排入太浦河的必经之地，1991年治太工程实施后，杭嘉湖北排通道实施疏浚整治，1998年以来区域内加强了骨干河道整治，加快了浦南区本地涝水及浙西、浙北杭嘉湖片区部分涝水北排入太浦河。但一旦太浦河行洪、河道持续高水位，将影响区域涝水外排。

4.5 区域供水调度

区域供水调度应遵循以下原则：

（1）供水调度应按照城乡居民生活、电厂发电及重点工业、大运河航运、农业及生态等用水顺序。

（2）高水高用，低水低用，避免高水低调。

（3）在确保防洪安全的前提下，充分利用洪水资源。

（4）上下游统筹兼顾，团结协作，局部利益服从全局利益。

（5）服从统一调度和指令，不得各行其是。

4.5.1 南四湖湖西区

4.5.1.1 调度依据

该区域供水调度依据主要有徐州市水利工程调度方案。

4.5.1.2 调度内容

（1）丰县、沛县应尽可能多引上级湖水源；徐州市管郑集站尽力翻水供丰、沛、铜三县（区）部分地区用水。当郑集站下水位低于最低抽水位30.0m时，原则上新、老站停止开机。

（2）郑集河郑集闸：控制闸上水位34.0～34.5m；灌溉期及往丰、沛县送水时，控制闸上水位34.5～35.0m；上下游水位差最大不超过5.0m。

（3）郑集河（含南、北支河）沿线用水及丰县范楼站、沛县侯阁站开机翻水，需由郑集站开机（微山湖水位较低，郑集站开机困难时，沿湖站亦开机）供水时，铜山、丰县、沛县防指要事先提出计划，报徐州市防指批准后，由市防指调度实施。

4.5.1.3 调度中存在问题及对策

南四湖湖西地区干旱概率高，上、下级湖蓄水经常不足，不能满足区域用水需要，尤其是农业用水高峰期，往往需要依靠江水北调增加供水。而该区域又处于江水北调供水末端，供水量受江水北调沿线其他地区用水影响，水源供需矛盾突出。该地区用水紧张时，易造成不牢河水位偏低影响航运。对策是加强供水沿线用水管理，计划用水，节约用水，用水高峰期实施错峰灌溉措施；加强用水形势分析，提前启用江水北调刘山站、解台站向徐州湖西地区补水，增加河道、水库蓄水量；必要时，在江水北调刘山站、解台站开足的基础上，启用南水北调刘山泵站、解台泵站，增加调水规模；紧急情况下架机抽引下级湖水源。

4.5.2 骆马湖以上中运河两岸地区

4.5.2.1 调度依据

该区域供水调度依据主要包括《江苏省流域性、区域性水利工程调度方案》（苏防〔1998〕44号）以及徐州、宿迁市水利工程调度方案等。

4.5.2.2 调度内容

1. 骆马湖水源调度

（1）骆马湖水源由省防指统一调度。

（2）京杭运河不牢河段、中运河的水位，关系电厂发电和全省煤炭等重要物资的运输，对江苏省国民经济有着重大影响，因此徐州、宿迁两市要加强沿湖、沿运的用水管理。

（3）如宿迁市宿豫区用水高峰已过，可根据交通部门提出的要求，酌情利用泗阳、刘老涧、皂河等抽水站翻引江水、淮水，补给皂河闸上航运用水。同时皂河站以上沿中运河和京杭运河不牢河段的各抽水站都要控制抽水。

（4）当中运河运河镇水位降至21.0m以前，交通部门要采用紧急措施，突击抢运积存煤炭。对一些主要物资也要组织突击抢运，做好两手准备。当运河镇水位降至20.5m，航运和农灌用水发生严重矛盾时，农业和航运用水要兼顾，局部要服从全局。在旱情严重难以维持正常航运的时候，应减载或改用小船队运输。

2. 徐州市骆马湖、中运河、不牢河沿线水源调度

（1）徐州市运西地区不牢河片区水源主要通过不牢河沿线刘山站、解台站抽引骆马湖水源解决。当骆马湖水位低于旱限水位，省防指调度皂河站全力开机向骆马湖补水，中运河运河镇水位仍低于20.5m时，严格控制沿线农灌用水，邳州刘集船闸、睢宁民便河船闸停止通航，市管刘山南站停止抽水。

（2）不牢河沿线。主要引水口门浮体闸、青黄引河闸、瓦庄涵洞、阚口涵洞、刘楼涵洞、小坊涵洞、三八户涵洞的开启必须经徐州市防指批准。当下级湖水位高于32.5m时，刘山闸以上不牢河供水可引用下级湖水源；当下级湖水位低于32.5m时，刘山北站视上、下游水情开机翻水。市管小坊、三八户涵洞、邳州车辐山刘楼涵洞、贾汪区阚口涵洞严格控制用水，当刘山闸上水位低于25.2m时，沿线引水涵洞全部关闭；当解台闸上水位低于31.0m、高于29.5m时，沿线铜山区浮体闸、贾汪区青黄引河闸、瓦庄涵洞要严格控

制用水量；当解台闸上水位低于29.5m时，以上涵闸关闭不得引水，丁万河大孤山、天齐站停止抽水，解台船闸关闭不通航，以保电厂及沿运工业生产用水。

（3）房亭河沿线。房亭河沿线用水主要通过刘集站、单集站、大庙站翻水解决。当骆马湖水位在20.5～21.0m时，启用邳州市刘集站向刘集闸以上房亭河补水；当骆马湖水位低于20.5m时，刘集站停止抽水。

（4）黄墩湖片区用水视骆马湖、洪泽湖水位，通过房亭河沿线涵洞引水或沙集站翻水解决。

（5）小新河片区及贾汪北部用水以拦蓄本地径流为主，必要时架设临时机组从不牢河调水解决。

3. 徐州市运东地区水源调度

地面高程26.5m以下地区主要通过邳城站、岔河站、新戴河站、大墩站抽引骆马湖水源，当骆马湖水位低于20.5m时，以上各站停止抽水。

4. 宿迁市水源调度

主要通过提引或自引骆马湖水源和泗阳等多级泵站抽引的江淮水源供给，少量由沙集等站抽引洪泽湖水源，通过徐洪河、民便河供给。

4.5.2.3 调度中存在问题及对策

近年来，随着水稻栽插面积增加，农业大用水期间，仅靠骆马湖蓄水难以满足该地区用水。若骆马湖蓄水不足，需要实施江淮水北调补充该地区用水，而江淮水北调沿线其他地区同样处在用水高峰期，用水量均较大，难以有多余水量补给骆马湖。抗旱用水紧张时期，用水矛盾突出，也难以保证该地区中运河、不牢河等河道水位，若水位过低还会影响航运。对策是加强骆马湖周边、中运河、不牢河等沿线用水管理，计划用水，节约用水，用水高峰期实施错峰灌溉，推行回归水灌溉等措施；当骆马湖蓄水不足时，在农业大用水前实施江淮水北调补给骆马湖。

4.5.3 沂北地区

4.5.3.1 调度依据

该区域供水调度依据主要包括《江苏省流域性、区域性水利工程调度方案》（苏防〔1998〕44号）、《通榆河北延送水工程调度方案（试行）》（苏防〔2011〕19号）以及徐州、连云港、宿迁市水利工程调度方案等。

4.5.3.2 调度内容

1. 江淮水源调度

当洪泽湖水位在12.5m以下时，按省规定，经蔷北地涵和沭新退水闸（含桑墟水电站），向连云港市送水50m^3/s；当洪泽湖水位降至11.3m时，为了确保连云港港口和城市用水，任何情况下，通过蔷北地涵和沭新退水闸向连云港送水不得少于30～40m^3/s。

灌云县用水除由连云港市从盐东控制送“回归水”解决，省防指视水情情况调度新沂河南偏泓闸等及时调给部分水源，一般情况下，力争灌溉期伊山水位稳定在1.6m。

2. 通榆河北延送水工程供水调度

（1）正常供水调度启用条件。当连云港市蔷薇河临洪水位降至1.80m，而小吴场枢纽送水难以稳定抬高临洪水位时，向蔷薇河送水；或通榆河盐城境内有余水时，可向连云港市补充农业用水；当需要向连云港港区（城乡生活、港口及临港产业、生态）供水；当赣榆县范河闸闸上水位降到1.8m，需要向赣榆县延伸供水。

(2) 应急调水启用条件。当蔷薇河向连云港市供水遭遇突发性水污染事故等特殊情况时，利用通榆河北延工程向连云港市应急调水。

(3) 向疏港航道补水。当疏港航道灌云水位（沂北船闸闸前）接近最低通航水位1.5m，且新沂河南偏泓供水困难时，为保证疏港航道通航水位，利用通榆河北延送水工程补水。

4.5.3.3 调度中存在问题及对策

农业大用水期间，抗旱用水紧张时，由于淮沭河、沭新河等调水河道沿线用水量过大，易出现向沂北地区特别是连云港市小吴场枢纽以下供水流量达不到供水计划的问题。措施是加强调水河道沿线引水口门的用水管理，强化错峰灌溉措施。

通过二河、淮沭河、沭新河调用洪泽湖淮水或江水时，汛期降雨淮沭河西片涝水排入淮沭河，往往影响淮沭河水质；同样沭新河、新沂河南偏泓供水时水质往往还受到沭河行洪以及沭新河西片河道排涝影响。措施是做好预测预报工作，做好水污染应急调度。当预报沭河有来水进新沂河或供水河道沿线有强降雨，可能会影响供水河道水质时，一是提前增供送水水量，为防范可能发生的水质污染而暂停供水时备足水源；二是为防止劣质水污染供水水源，提前调度相关水利工程暂停供水。如沭河来水排入新沂河可能影响水质时，根据水质情况及时提前调度关闭沭新闸、叮当河涵洞，必要时关闭沭阳闸，暂停向沂北地区供水，将上游来水通过南偏泓东流入海，待水质达标后再开闸恢复正常供水。

通榆河北延送水工程，因送水河道沿线口门未全部控制，与之平交的河道水质差，易造成送水时水质不达标。措施是做好水源地沿线水质保护相关工作。一是开展实施截污导流工程，防止污水直排供水河道；二是地方水利部门加强与各县区环保部门及城建部门的协调，做好水源地相关河道沿线水质监测、监督和管理工作，保证供水河道的送水水质；三是加强供水河道沿线排水口门的运行管理，避免劣质涝水集中性突然排放。

4.5.4 沂南地区及废黄河地区杨庄以下片

4.5.4.1 调度依据

该区域供水调度依据主要包括《江苏省流域性、区域性水利工程调度方案》（苏防〔1998〕44号），《通榆河北延送水工程调度方案（试行）》（苏防〔2011〕19号），以及淮安、盐城、连云港、宿迁市水利工程调度方案等。

4.5.4.2 调度内容

沂南地区供水水源主要依靠洪泽湖、骆马湖等水源，部分依靠回归水、里下河水源，少量需要潮引的灌河水。当洪泽湖、骆马湖蓄水不足时，通过江水北调多级泵站翻水提供水源。

1. 骆马湖以南中运河供水调度

皂河闸以下以及宿豫区来龙灌区原则上由泗阳站抽引淮水、江水解决，但在电力、油料供应不及时以及用水高峰时，视骆马湖水情适当从骆马湖放水解决。用水紧张时，省防指确定总用水量，宿豫和泗阳两县区的用水由宿迁市负责分配安排，并确定井儿头、刘老洞两站的抽水流量。

2. 洪泽湖水源供水调度

(1) 当洪泽湖水位降至12.5m以下时，杨庄闸（含活动坝水电站）向盐城送水15～20m^3/s外，其余由省统一调度给淮安市、宿迁市使用。

(2) 当洪泽湖水位降至11.3m时，由于二河闸出量不足，向连云港和盐城市送水流量将相应减少。当湖水位低于11.0m，杨庄闸（含活动坝水电站）停止向废黄河送水。

3. 连云港市抗旱供水调度

盐河水源是灌南县抗旱用水的主要水源，盐河水位降至2.2m时，商请上级防指从柴米闸、钱集闸调引江淮水源补充盐东水利工程蓄水，以抬高水位；若遇特殊干旱，除盐东工程全力保水外，必要时采取断航措施，应急时由盐东工程反向运行纳潮抬高水位。

4. 淮安市抗旱供水调度

主要依靠江淮水源。凡有回归水可以利用的地区，大力拦蓄回归水，涟中、涟西、涟东等自流灌区的尾部地区充分提用盐东控制工程、一帆河闸、唐响河闸拦蓄的回归水，低洼圩区首先提用圩内水灌溉，以提高圩区的滞蓄抗涝能力，避免因灌致涝。

5. 盐城市抗旱供水调度

洪泽湖水位12.5m以上时，控制废黄河滨海闸上水位不低于3.0m。洪泽湖水位12.5m以下时，杨庄闸只向废黄河供水15～20m^3/s，大套一、二站视情开机抽取里下河水源；洪泽湖水位低于11.0m时，停止向废黄河供水；废黄河灌区所需水源不足部分，由大套一、二站抽取里下河水源提供，控制滨海闸上水位不低于2.5m。

4.5.4.3 调度中存在问题及对策

通过二河、淮沭河调用洪泽湖淮水或江水时，汛期降雨时淮沭河西片涝水排入淮沭河，往往会影响淮沭河水质，容易造成水污染事件。对策是调度关闭淮阴闸、沭阳闸暂停供水，将涝水通过钱集闸、柴米闸下泄，待水质达标后再开闸恢复正常供水。

区域东北部，如涟水、响水等县的自流灌区尾部，用水高峰期容易出现供水不足问题。措施是大力拦蓄、利用回归水，必要时架机抽水。

4.5.5 渠北区

4.5.5.1 调度依据

该区域供水调度依据主要包括《江苏省流域性、区域性水利工程调度方案》（苏防〔1998〕44号）以及淮安、盐城市水利工程调度方案等。

4.5.5.2 调度内容

运东闸上水位控制不低于9.2～9.3m，二河段水位控制不低于10.8m。

洪泽湖水位12.5m以上时，由省防指统一调度供水，控制总渠腰闸上水位不低于4.5m，腰闸下水位不低于3.0m，六垛南闸上水位不低于2.5m，废黄河滨海闸上水位不低于3.0m。

洪泽湖水位12.5m以下时，洪泽湖停止向总渠供水，改由淮安引江闸供江水；杨庄闸只向废黄河供水15～20m^3/s。

洪泽湖水位低于11.0m时，停止向废黄河供水。废黄河灌区所需水源由大套一、二站抽取里下河水源补足，控制滨海闸上水位不低于2.5m。

洪泽湖停止向总渠供水时，由淮安引江闸引江向总渠供水 50～70m³/s（盐城市可用 35～55m³/s），尽可能满足高亢地区及无水源地区提水水源；腰闸以下用水不足时，北坍站开机抽取里下河水源。当引江供水进一步减少直至停供时，灌区用水全部依靠阜宁泵站和北坍站抽取里下河水源。

4.5.5.3 调度中存在问题及对策

用水高峰期，特别是干旱年份，洪泽湖蓄水量不足，需启用江都等泵站实施江水北调。为保障淮北地区用水，以及里运河沿线用水量大、保航运要求，通过淮安引江闸向总渠运东闸下的供水有限，不能满足用水要求。对策是加强供水沿线用水管理（调水沿线里运河用水管理），计划用水，节约用水，用水高峰期实施错峰灌溉措施；用水高峰期，若里下河地区河网水位较好，调度阜宁、北坍站抽取里下河水源补充总渠；启用里下河沿运、沿总渠自流灌区尾部提水站，以相对增加向渠北地区供水量。

4.5.6 白马湖高宝湖区

4.5.6.1 调度依据

该区域供水调度依据主要包括《江苏省流域性、区域性水利工程调度方案》（苏防〔1998〕44 号）以及淮安、扬州市水利工程调度方案等。

4.5.6.2 调度内容

（1）淮河流域发生干旱，入江水道水位偏低可能影响工农业生产和生活供水时，省防指调度石港站抽取江水或三河闸适量放淮水补给入江水道。

（2）白马湖、宝应湖水位低于正常水位，分别启用北运西闸、南运西闸开闸引里运河水源。

（3）总渠沿线口门要根据运东闸上游水位不低于 9.2m 控制引水流量。

（4）沿湖的盱眙、洪泽、金湖等县（区）充分提用湖荡水，低洼圩区首先提用圩内水灌溉。

（5）扬州市高邮湖周边地区应充分利用高邮湖水源，保证抗旱用水，视情况从里运河向高邮湖调度适当水源，确保高邮湖、邵伯湖生态用水。

（6）大栽插时，邵伯湖水位要尽力维持在 3.8m 以上，除有条件引江外，沿江翻水站要做好翻水前准备。电源供应请市工业和信息化局统筹安排，翻水费用和引水河道疏浚由所在县市解决。

（7）高邮湖水位在 4.8m 以上，由扬州市统一调度运用；水位降至 4.8m 时，高邮湖控制线各闸关闭，由高邮市自用。如邵伯湖水位接近 3.8m 时，由市组织有关县（区、市）共同研究补水措施。

4.5.6.3 调度中存在问题及对策

农业大用水时期或区域内湖泊水位低影响生态时，需要从里运河补水。里运河作为江水北调输水河道，承担着向淮北送水任务，向该区补水会影响里运河向北送水，用水量大还会降低里运河水位，从而影响航运。对策是加强里运河沿线用水管理，计划用水，节约用水，用水高峰期实施错峰灌溉措施；干旱年份农业灌溉高峰期，架设泵机充分提抽湖荡底水补充周边地区用水，低洼圩区要首先提用圩内水灌溉。待用水高峰期后再引江水北调水源补湖。

4.5.7 里下河地区

4.5.7.1 调度依据

该区域供水调度依据主要包括《里下河地区洪涝调度方案》（苏防〔2017〕21 号）、《通榆河北延送水工程调度方案（试行）》（苏防〔2011〕19 号）以及淮安、盐城、扬州、泰州市水利工程调度方案等。

4.5.7.2 调度内容

（1）入梅前插秧用水高峰阶段，调节引江水量，控制兴化水位在 1.2m 左右。

（2）沿运、沿总渠口门自引里运河总渠的江淮水源。里运河高邮水位一般控制在 6.5m 左右。灌溉总渠阜宁腰闸闸上一般控制在 5.5m 左右。灌溉总渠六垛南闸闸上水位灌溉期控制在 2.0～3.5m，并防止海潮倒灌；为照顾航运，应尽可能保持闸上水位不低于 1.5m。

（3）里下河地区地面 2.5m 等高线以下灌区尽量利用补水站抽引里下河河网水源解决用水。凡有回归水可以利用的地区，充分提用回归水，沿湖沿荡的要充分提用湖荡水，低洼圩区要首先提用圩内水灌溉，以提高圩区的滞蓄抗涝能力，避免因灌致涝。

（4）射阳河、黄沙港、新洋港、斗龙港等沿海四港闸统筹控制里下河地区抗旱和冲淤保港水源，灌溉期，四大港闸上水位分别低于 0.8m、0.85m、0.9m、1.0m 时，关闸保水抗旱；高于上述水位时，可兼顾冲淤保港。

（5）干旱时，沿海垦区可适时关闭海口各闸，并引提里下河水源抗旱。

4.5.7.3 调度中存在问题及对策

根据南水北调东线一期工程里下河地区水源调整方案，里运河沿线、灌溉总渠沿线的部分地面高程 2.5m 以下的灌区面积本应调整至江水东引供水范围，通过低扬程泵站抽水解决。但在用水高峰期，因与自流灌溉相比，存在泵站抽水运行费用负担问题，还有部分泵站配套工程未到位，以致没有发挥里下河水源调整工程预期效益，加上夏收夏种机械化程度高、用水高度集中等因素，致使里运河、总渠沿线用水峰量、水量仍然偏大，不仅影响江水北调向淮北地区送水，还容易造成里运河、总渠部分河段因水位过低而影响通航。对策是加强供水沿线用水管理，继续开展市、县际断面测流，强化市、县用水考核，计划用水，节约用水；用水高峰期实施错峰灌溉措施；在用水高峰期前，提前补充江淮水，适当抬高里运河、灌溉总渠及灌区内河渠的水位，储备水源；充分发挥里下河水源调整工程的作用。

4.5.8 苏北沿江地区、滁河地区

4.5.8.1 调度依据

根据各市制定的水利工程调度方案，以及通南泰州片生态补水还依据泰州市水利局与省泰州引江河管理处签订的《通南地区生态环境供水协议》。

4.5.8.2 调度内容

苏北沿江地区通南片供水水源主要依靠引江，仪六地区的丘陵山地通过重点补水线、蓄水工程以及邵伯湖水源调配工程，形成蓄引结合的供水体系解决。滁河地区引水主要依靠长江干流及其支流，以及金牛湖等水库蓄水。

各水利分区根据各区域水位代表站水位及用水需求进行供水调度。

1. 苏北沿江地区

扬州市的沿江各闸抢潮引水，引水不足时，及时开启机泵翻水。在不能自流引江的情况下，瓜洲、土桥、十二圩、施桥等翻水站抽江水向邵伯湖补水，确保丘陵山区抗旱水源。

泰州市沿江各闸抢潮引水，引水不足时，调度高港站抽引江水，通过送水闸补给通南部分地区用水。

南通市根据水资源供给特点，在现有引江供水工程的基础上，突出“引江供水、动力提水、分线输水、应急备水”，构建了西水东调、南北共济的“引、提、蓄、备”兼顾的供给格局，利用焦港、如皋港、碾砣港、九圩港闸、南通节制闸、营船港闸等口门引水，在长江潮位较低、自流引江能力不足时，辅以机电泵站提水，充分利用现有河网容蓄能力，以满足用水需求。

2. 滁河地区

浦口区出现轻度干旱时，开启农村提水泵站进行提水；出现大面积严重旱情时，启动石桥一级站与侯家坝翻水站，分别从驷马山河和石碛河引水到三岔灌区和侯家坝灌区。同时，开启朱家山河闸和天河口闸，分别从长江和马汊河引水到泰山、沿江和盘城街道。

六合区，在每年3—5月、6—8月的农业灌溉用水高峰期易出现用水紧张局面，当滁河六合水位低于6.5m时，各支汊河道末端引水泵站将出现困难。及时启动红山窑泵站提引江水补入滁河，并保持滁河六合水位在7.0m以上，满足灌溉需要。

该区域各类口门、涵闸、泵站引水目前基本由市、县（区）防指按照用水需求自行调度，特殊情况下需服从省防指（省防办）统一调度。其中高港站向通南补水由省防指直接调度。

4.5.8.3 调度中存在的问题及对策

仪六地区水库塘坝蓄水需求与防洪保安存在矛盾。仪六地区是典型的丘陵山区，水资源匮乏，上游水库、塘坝在水资源利用与防洪保安上存在一定矛盾；通南地区水环境水生态用水需求日益增加。冬春枯水期因长江潮位低，通南地区无法自流引水，内河水位低，水生态环境恶化。当前，城市化进程加快，环境用水需求增加、水质考核断面增加，增加了调水难度。对策是尽快完善区域调水引流方案，统筹水环境、水生态与生产生活、交通航运等用水需求；同时地方上已在规划建设马甸站等新建工程，扩大沿江引水能力。

4.5.9 秦淮河地区、石臼湖固城湖地区

4.5.9.1 调度依据

根据各市制定的水利工程调度方案，秦淮河地区引水还依据《秦淮河洪水调度方案》的有关规定以及南京市与省秦淮河水利工程管理处签订的《外秦淮河引江换水协议》。

4.5.9.2 调度内容

秦淮河地区主要靠秦淮新河闸站、武定门闸站和其他口门引江供水，部分区域依靠水库塘坝蓄水。石臼湖固城湖地区主要依靠石臼湖、固城湖、中型水库供水，必要时可以从长江、秦淮河应急调水。

各水利分区根据各区域水位代表站水位及用水需求进行供水调度。

1. 秦淮河地区

9月中旬起，秦淮新河闸、武定门闸视实时雨水情及天气预报，拦蓄洪水资源，逐步抬高东山水位且不超过8.0m；汛后10—11月及汛前3—4月，东山水位按不超过8.0m控制；汛后12月至次年2月，东山水位按不超过8.1m控制。后汛期，在保证水库防洪安全的前提下，各水库应充分利用兴利库容拦蓄洪水资源。

2. 石臼湖固城湖地区

区域供水以中型水库、石臼湖、固城湖和水阳江为主要水源，特别干旱年份，控制中型水库供水，保证水库上游用水，沿湖沿河圩区通过涵洞和泵站从河湖引水，启动湫湖泵站及翻水线从河湖提水入库、入塘，为农业、生态提供水源。必要时利用天生桥闸实现石臼湖和秦淮河水源互补。

秦淮新河水利枢纽、武定门水利枢纽由省防指进行调度；其他各地方水利工程由南京市、镇江市及相关区县防指按照相应方案及用水需求进行调度，特殊情况下需服从省防指（省防办）统一调度。

4.5.9.3 调度中存在的问题及对策

水资源综合利用与防洪保安存在矛盾。秦淮河流域、石臼湖固城湖地区城市化进程快，水环境水污染问题日益突出，水生态景观用水需求日益增加。当前，因水环境需求、景观需求、水质断面考核等原因，引水调度与防洪保安存在一定的矛盾，需统筹调度；水库塘坝蓄水需求与防洪保安存在矛盾。秦淮河流域属典型的丘陵山区，水资源匮乏，上游水库及赤山湖在水资源利用与防洪保安上存在一定矛盾。对策一是需统筹供水调度与防洪调度，除害与兴利并举；二是规划扩大秦淮新河枢纽的引江能力，同时结合秦淮东河工程的新建，在沿江增加新的引江口门，进一步提高引水能力。

4.5.10 太湖湖西区、武澄锡虞区、阳澄淀泖区

4.5.10.1 调度依据

根据国家防汛抗旱总指挥部批复的《太湖洪水与水量调度方案》，省防指制定的《江苏省流域性、区域性水利工程调度方案》《关于九曲河枢纽控制运用原则的批复等调度方案和文件。

4.5.10.2 调度内容

由于太湖湖西区、武澄锡虞区、阳澄淀泖区主要引排口门分布在长江沿岸，长江该段潮型为非正规半日浅海潮，河段内的水位在潮汐的作用下，每日两涨两落。各市需要用水时，利用沿江口门抢高潮引水；当自流引江水量不足时，利用泵站抽引江水。

各水利分区根据各区域水位代表站水位、主要口门引江水量等进行供水调度。

1. 湖西区

当沿江谏壁闸、九曲河闸、圩塘闸、魏村闸等四闸每天自流引江水量不足1000万m^3，同时运河丹阳水位低于3.5m时，由省防指调度，确定谏壁站、九曲河站翻水流量。

2. 武澄锡虞区

（1）常州市以新孟河、德胜河、澡港河为骨干的引排河道，自北向南平行贯穿运河北部平原区，并向运河输送引江水。在调度上以控制沿江涵闸引水量、维持内河合理水位为主。

（2）无锡市武澄锡虞区和常州市类似，供水抗旱调度一般是在干旱期间和农业灌溉集中用水期间，当青阳站水位低于3.20m时，利用长江高潮位引水，或白屈港抽水站动力引水，保持内河正常水位。工农业用水通过自备取水设备，满足自身用水需要。

（3）苏州市张家港西部区域由张家港、五节桥港、十字港引水后通过护漕港、太字圩港排出；中部通过朝东圩港、一干河引水，二干河、新沙河南端控制排出；东部通过三干河、四干河引水，通过五干河、六干河、走马塘排出。平时内河水位西部、中部控制在3.5m，东部控制3.2m。为改善水环境，兼顾农业灌溉需要，一般引水闸每天引水一至二潮。常熟市有用水需要时，自行调度福山闸引江水，或商请省防办开启望虞闸引水或常熟泵站翻水。

3. 阳澄淀泖区

（1）5月中旬—下旬，当太湖水位低于2.80m时，沿江中型以上水闸应开闸引水，补充内河水量，尽力维持湘城水位在2.75m以上，由苏州市防汛抗旱指挥部视情做出具体调度；沿江其他水闸由所在县级市防汛抗旱指挥部根据当地水位及用水、需水情况做具体调度。

（2）6月水稻泡田、灌溉用水高峰期间，当太湖水位继续下降且气象预报为持续干旱少雨时，由苏州市防汛抗旱指挥部调度沿江所有水闸开闸全力引水，保证农灌水源，尽最大可能控制湘城水位不低于2.70m。

（3）7—8月，如继续晴热少雨，有可能出现伏旱时，由苏州市防汛抗旱指挥部调度沿江所有水闸开闸引水，尽可能控制湘城水位不低于2.60m。

（4）在沿江水闸必须全力引水时，如通航与引水发生矛盾，通航应服从引水。

谏壁泵站、常熟水利枢纽、新沟河江边枢纽由省防指（省防办）调度；其他沿江闸站由所属各市防指（市防办）调度，特殊情况下必须服从省防指（省防办）统一调度。

4.5.10.3 调度中存在问题及对策

区域供水与流域调水的矛盾。在"引江济太"期间，如果望虞河西岸沿江口门引水，会抬高望虞河西岸区域水位，在目前内河水质没有长江水质好的情况下，增加西岸劣质水源进入望虞河，影响"引江济太"期间望虞河水质；供水水源单一，主要依靠自流引长江水。对策是控制望虞河西岸沿江口门引水，如因水环境需求、水质断面考核等原因，确实需要引水的，尽量按最小流量控制。

太湖湖西区、武澄锡虞区、阳澄淀泖区这三个区域，区域供水主要依靠从长江引水，一旦长江来水偏少、长江水位偏低，自引不具备条件，就必须启用泵站抽引长江水。对策是在相关的流域、区域水利规划建设中，考虑增加沿江引水的能力，尤其是泵站引水的能力，目前在建的新沟河、新孟河等工程，在江边枢纽均建有较大流量的双向引排泵站。

区域供水与防洪排涝的矛盾。上述三个区域大多为平原水网区，地势低平，洪涝风险较大。对策是在进行供水调度时，密切关注天气趋势，加强水情分析预判，严格控制内河水位在规定范围之内，及时转换引水、排水调度模式，确保供水、防洪双安全。

4.5.11 浦南片

浦南区河港交织、湖荡棋布，水资源丰沛。另外，众多提水工程，保证了区域农田灌溉等用水，据统计，浦南区提水泵站共108座（部分为灌排站），提水流量合计100.1m^3/s。浦南区基本不存在旱情。

5 防汛抗旱管理

5.1 组织体系及抢险能力

防汛抗旱管理工作包括制定预案、指挥调度、组织社会力量开展防汛抢险、灾后重建等重要内容，需要全社会、各部门密切配合、通力合作。必须建立起强有力的组织机构，发挥统一指挥、科学决策、统一行动、有机配合的防汛抗旱互动机制。

5.1.1 指挥机构及职责

5.1.1.1 防汛抗旱组织

《中华人民共和国防洪法》《中华人民共和国防汛条例》《中华人民共和国抗旱条例》规定，防汛抗洪、抗旱工作实行各级人民政府行政首长负责制，实行统一指挥，分级分部门负责，各有关部门实行防汛岗位责任制。国务院设立国家防汛抗旱总指挥部，负责组织领导全国的防汛抗旱工作，其办事机构设在国务院水行政主管部门。在国家确定的重要江河、湖泊可以设立由有关省、自治区、直辖市人民政府和该江河、湖泊的流域管理机构负责人等组成的防汛抗旱指挥机构，指挥所管辖范围内的防汛抗洪工作，其办事机构设在流域管理机构。

结合江苏省的情况，省、市、县（市、区）人民政府分别设立了由有关部门、当地驻军、人民武装部负责人等组成的防汛抗旱指挥部，在上级防汛指挥机构和本级人民政府的领导下指挥本行政区域的防汛抗旱工作，其常设办事机构设在同级水行政主管部门，具体负责防汛指挥机构的日常工作。防汛指挥机构各成员单位，按照分工，各司其责，做好防汛抗旱工作。经城市人民政府决定，防汛指挥机构也可以在建设行政主管部门设城市市区办事机构，在防汛指挥机构的统一领导下，负责城市市区的防汛抗洪日常工作。

根据区域防汛工作需要，在江苏省防汛抗旱指挥部统一领导下，设立淮河下游、骆马湖、秦淮河、太湖、长江五个联防指挥部，负责组织协调区域内的防汛抗旱工作，其办事机构设在相关省属水利工程管理单位。

5.1.1.2 防汛抗旱职责

为了加强防汛责任制，各级人民政府行政首长、防汛抗旱指挥部及各有关防汛组织的防汛职责如下。

1. *地方各级人民政府行政首长主要职责*

根据国家防总的规定，地方各级人民政府行政首长在防汛抗旱工作中的主要职责是：

（1）负责组织制定本地区有关防汛抗旱的法规、政策。组织做好防汛抗旱宣传和思想发动工作，增强各级干部和广大群众对水的忧患意识。

（2）根据流域总体规划，动员全社会的力量，广泛筹集资金，加快本地区防汛抗旱工程建设，不断提高抗御洪水和干旱灾害的能力。负责督促本地区重大清障项目的完成。负责督促本地区加强水资源管理，厉行节约用水。

（3）负责组建本地区常设防汛抗旱办事机构，协调解决防汛抗旱经费和物资等问题，确保防汛抗旱工作顺利开展。

（4）组织有关部门制定本地区的防御江河洪水、山洪和台风灾害的各项预案（包括滞洪区运用方案等），制定本地区抗旱预案和旱情紧急情况下的水量调度预案，并督促各项措施的落实。

（5）根据本地区的汛情、旱情，及时作出防汛抗旱工作部署，组织指挥当地群众参加抗洪抢险和抗旱减灾，坚决贯彻执行上级的防汛调度指令和水量调度指令。在防御洪水设计标准内，要确保防洪工程的安全；遇超标准洪水，要采取一切必要的措施，尽量减少洪水灾害，切实防止因洪水而造成人员伤亡事故；尽最大努力减轻旱灾对城乡人民生活、工农业生产和生态环境的影响。重大情况及时向上级报告。

（6）水旱灾害发生后，要立即组织各方面力量迅速开展救灾工作，安排好群众生活，尽快恢复生产，修复水毁防洪和抗旱工程，保持社会稳定。

（7）各级行政首长对本地区的防汛抗旱工作必须切实负起责任，确保安全度汛和有效抗旱，防止发生重大灾害损失。如因思想麻痹、工作疏忽或处置不当而造成重大灾害后果的，要追究领导责任，情节严重的要绳之以法。

2. 县级以上地方人民政府防汛抗旱指挥部主要职责

根据《江苏省防洪条例》等有关规定，县级以上地方人民政府防汛抗旱指挥部的主要职责是：

（1）在上级防汛抗旱指挥部和本级人民政府的领导下，指挥本地区的防汛抗洪、抗旱工作，协调处理有关问题。

（2）负责实施本地区的汛前检查和清障，督促有关部门及时处理影响安全度汛的有关问题。

（3）贯彻执行上级防汛调度指令和批准的洪水调度方案，实施洪水调度并落实各项措施。

（4）负责发布本地区的汛情、旱情通告。

（5）负责防汛经费和物资的计划、管理和调度。

（6）检查督促防洪工程设施和水毁工程的修复。

3. 省防汛抗旱指挥部成员单位职责

省委宣传部：负责把控全省防汛抗旱宣传工作导向，组织、协调和指导防汛抗旱新闻发布及舆论引导工作。

省发展改革委员会：协调安排防汛抗旱工程建设、除险加固、水毁修复、抗洪抗旱救灾资金和物资计划。

省经济和信息化委员会：负责协调有关防汛抢险救灾所需物资器材的供应和调度；组

织、协调电信运营企业，做好应急通信的准备，以及蓄滞洪区启用时的应急通信。

省公安厅：负责维护社会治安和道路交通秩序，依法打击阻挠防汛抗旱工作以及破坏防汛抗旱设施的违法犯罪活动，协助有关部门妥善处置因防汛抗旱引发的群体性治安事件，协助防汛抗旱部门组织群众从危险地区安全撤离或转移。

省民政厅：负责组织、协调灾区受灾群众的基本生活救助工作，组织、指导和开展救灾捐赠等工作，协调当地政府管理、分配救灾款物并监督检查其使用情况，组织核查、报送灾情。

省财政厅：负责及时下达中央特大防汛抗旱补助资金，安排省级防汛抗旱经费，并监督使用。

省国土资源厅：负责组织协调、监督指导因雨洪引发的山体滑坡、崩塌、泥石流等地质灾害防范及应急处置。

省环保厅：负责水质监测，及时提供水源污染情况，做好污染源的调查与处理工作。

省住房城乡建设厅：负责城市排涝工程的规划建设和安全管理，组织协调城市排涝防台风工作，协调指导城市水厂保障供水水质安全工作。

省交通运输厅：负责协调抢险救灾物资调运；负责蓄滞洪区人员撤退和物资运输的交通工具安排；汛情紧张时，监督船舶航运服从防洪安全要求；督促运输船只和渡口做好防台风工作。

省教育厅：负责组织学校开展防汛抗旱防台风宣传，提高师生防范意识和自我防护能力；协助组织学校师生转移安置；督促指导受灾学校开展灾后自救和恢复教学秩序工作。

省农业委员会：负责核查报送农业灾害情况；负责农业生产救灾指导和技术服务，做好灾后自救和恢复工作。

省卫生计生委：负责灾区医疗救治、疾病控制和卫生监督工作，核查报送灾区医疗卫生信息。

省水利厅：负责提供雨情、水情、旱情、工情、灾情等信息，制定全省水毁修复工程计划；负责清除河道、湖泊、蓄滞洪区范围内阻碍行洪（滞洪）的障碍物；负责防汛抗旱工程的行业管理与运行，按照分级管理的原则，负责省属水利工程的安全管理。

省海洋与渔业局：负责海浪及风暴潮监测、预报、预警；监督指导渔船、沿海养殖等海上生产作业的防台风保安工作，核实报送渔业灾情。

省气象局：负责灾害性天气的监测、预报、预警，对重要天气形势和灾害性天气作出滚动预报，及时向省防指提供预报、预警信息服务；组织开展救灾现场气象保障服务。

省通信管理局：负责组织协调省内各基础电信运营企业、铁塔公司做好应急通信保障，确保防汛通信畅通。

省供销合作总社：按计划负责代储防汛抗旱物资，必要时组织供应超计划货源；做好防汛抢险和生产救灾物资的调运供应工作，确保抢险物资随时调拨。

省旅游局：督促检查受洪涝、台风影响的景区、景点的防御工作，协助组织游客转移安置，保障游客安全。

中国铁路上海局有限公司南京铁路办事处、徐州铁路办事处：负责所管辖铁路的安全、畅通，保证防汛抢险物资、设备和抗灾人员的铁路运输。

国网江苏省电力有限公司：负责保证防汛抗旱供电。

中石化江苏石油分公司：负责防汛抗旱成品油等货源的组织、储备、供应和调运。

江苏交通控股有限公司：负责管辖的高速公路安全、畅通，保障防汛抗旱救灾物资优先通行。

省军区：协调驻苏部队、调动民兵和预备役部队，支持地方抗洪抢险，保护国家财产和人民生命安全，并协助地方组织受灾群众转移和安置、完成爆破分洪、滞洪和清障等任务。

东部战区联合参谋部作战局：根据指令，调动并指挥驻苏部队，支持地方抗洪抢险，保护国家财产和人民生命安全，并协助地方组织受灾群众转移和安置。

省武警总队：协调驻苏武警部队参加支持地方抗洪抢险，加强对重要目标的安全保卫，协助公安部门维护防汛抢险和社会治安秩序；预防和打击妨碍防汛抗旱的违法犯罪活动。协助地方组织群众转移和安置。

武警水电第二总队：支持地方抗洪抢险。

4. 各级防汛抗旱指挥部办公室职责

各级防汛抗旱指挥部办公室是各级防汛抗旱指挥部的常设办事机构，其职责是掌握信息、研究对策、组织协调、科学调度、监督指导，应做到机构健全、人员精干、业务熟悉、善于管理、指挥科学、灵活高效、协调有力、装备先进。

5.1.1.3 联合防灾减灾

省防汛抗旱指挥部办公室按照调度方案做好全省防汛抗旱工作的统一管理和调度，落实应急防汛抗旱资金和物资，强化防汛抗旱工作的统一指挥和组织协调。建设、电力、铁路、交通、电信以及所有有防汛抗旱任务的部门和单位，在省防汛抗旱指挥部的领导下，负责好本行业的防汛抗旱工作。防汛抗旱工作按照统一领导、分级分部门负责的原则，各成员单位根据职责分工、各司其职、各负其责、顾全大局、密切配合，共同搞好辖区、系统内的防汛抗旱工作。

各级防汛抗旱指挥部，建立健全各项责任制度，强化地方行政首长防汛抗旱责任制，加强对防汛抗旱工作的领导。各级防汛抗旱指挥部将工作情况及时上报本级政府和上级防汛抗旱指挥部。发生特大或重大水旱灾害时，省防汛抗旱指挥部各成员单位按照各自职责分工做好防灾减灾工作，并由各部门组成综合组、水情气象组、工程组、计划财务组、物资器材组、转移安置组、安全保卫组、后勤服务组等若干应急工作组开展工作。

5.1.2 防汛抗旱抢险队伍

突出以人为本的防灾理念，以适应经济社会发展要求为出发点，以保障人民生命财产安全为目标，构建专业化与社会化相结合的防汛抗旱抢险队伍体系，重点解决应对突发水旱灾害的薄弱环节，提升政府应对突发水旱灾害的能力，为实现“指挥决策科学化、应急处置规范化、防汛抢险专业化”提供有力的保障，促进江苏经济社会的平稳有序发展。

防汛抗旱抢险队伍的组建，坚持专业队伍与群众队伍相结合，实行军（警）民联防。做到组织严密，调度灵活，听从指挥，服从命令，行动迅速，并建立技术培训、抢险演练制度。真正能做到组织、队伍、责任、物资、技术装备“五落实”，达到“召之即来，来之能战，战之能胜”的目的。各地防汛队伍名称不尽相同，基本上可以分为专业抢险队、非专业部队抢险队伍和社会应急队伍等。专业抢险队是防汛抢险的技术骨干力量，主要完成急、难、险、重的抢险任务；非专业部队抢险队主要是由驻地部队、武警等组建，完成对抢险技术设备要求不高的抢险任务；社会应急队伍主要由防指成员单位、有防汛抗旱任务的乡镇（街道）、村（社区）及企事业单位、社会团体等所建立的防汛抗旱抢险队伍。

5.1.2.1 防汛抗旱抢险队伍发展进程

江苏省防汛抗旱抢险队伍，多数始建于20世纪六七十年代，在防汛抗旱工作中发挥了重要作用。1995年开始，国家和省级领导高度重视专业化防洪抗旱，全省10支具有发展前景的抢险队伍的县区被国家防总定为“国家县级抗旱服务队示范县”。1995—2005年，国家防办先后批复成立5支国家重点防汛机动抢险队；2006—2007年省防指批复成立8支省重点防汛机动抢险队。省防指与省军区组建15支以现役军人和民兵预备役人员为主的抗洪抢险专业分队，已于2009年全部组建完毕。

近年来，江苏省积极探索和推广“两队一库”建设，即防汛机动抢险队、防旱服务队、防汛抗旱物资储备仓库相结合的发展模式，通过整合应急资源，提升应急处置能力。在队伍调集方面，总的原则是以汛情旱情为命令，第一时间快速反应，投入应急处置。对全省防汛抗旱专业队全部实行分级负责，信息互通，资源共享，优势互补，联动响应的统一管理模式。一旦发生紧急情况，在地方难以完成处置任务时，省防办根据当地申请，跨区域派遣专业应急队伍进行支援。

各级防汛抗旱抢险专业队伍在历次抗洪抢险和抗旱减灾中承担急、难、险、重任务，做到了“召之即来，来之能战，战之能胜”，抗灾实战成效显著。据不完全统计，各级防汛抗旱抢险队自建队以来，先后出动防洪抢险队员4000余人次、冲锋舟200余艘次、运送人员15000余人次、转移被困群众2000余人，安装抽水机组3000余台次、排水12.2亿m^3，减灾效益20余亿元，产生的社会效益不可估量。

5.1.2.2 防汛抗旱抢险队伍现状

1. 防汛抗旱抢险队伍

江苏省防汛抗旱抢险队伍由水利行业专业抢险队，部队、武警防汛抢险队和社会抢险队伍三大部分组成。其中水利行业专业抢险队伍包括省、市、县三级队伍，上、下两级之间为业务技术指导的关系；部队、武警防汛抢险队伍也分为专业抢险队伍和非专业队伍两大类；社会抢险队伍包括单位抢险队伍和志愿者队伍等。

全省水利行业防汛抗旱专业队伍主要由防汛机动抢险队、防汛排涝队、防旱服务队（部分地区为防旱排涝队）组成，共有89支队伍。其中，省级3支：江苏省防汛抗旱抢险中心、省防汛机动抢险队（省骆运水利工程管理处）和防汛机动抢险三队（省灌溉动力管理一处）；地市级8支：南京市、无锡市、徐州市、常州市、连云港市、淮安市、镇江市和宿迁市；县（市）区级78支，总人数3286人，正式在编人员1779人。其中国家重点防汛机动抢险队有5支：江苏省防汛机动抢险队、江苏省防汛抗旱抢险中心，以及南京市、连云港市、淮安市防汛机动抢险队；省级重点防汛机动抢险队8支：常州市、无锡市、镇江市、宿迁市、徐州市、阜宁县、建湖县防汛机动抢险队、江苏省防汛抗旱机动抢险三队；全国县级防旱服务队示范县10支：丰县、灌南县、阜宁县、响水县、涟水县、泗洪县、仪征市、如皋市、六合区、句容市抗旱服务队。

部队、武警防汛抢险队伍是由省防指与省军区组建15支以现役军人和民兵预备役人员为主的抗洪抢险专业分队。其中，在13个省辖市各组建1支民兵抗洪抢险专业分队1313人；在某舟桥旅指定2个连规模的抗洪抢险专业分队202人，共1515人；省防指还与武警江苏省总队联合组建了2级抗洪抢险专业梯队。

社会应急队伍主要由防指成员单位、有防汛抗旱任务的乡镇（街道）、村（社区）及企事业单位、社会团体等所建立的单位防汛抗旱抢险队伍。江苏省历来鼓励、提倡农民自愿建立村级农民抗旱协会、合作社和抗旱专业户等合作性组织，从而逐步建立群防群治的队伍体系。还有各级团委及志愿者协会组织动员社会志愿者建立了应急志愿者队伍，其主要职能是开展科普宣教和辅助救援工作。

专家组主要由熟悉水利工程情况，长期从事水利工作，自愿参加抗洪抢险、抗旱减灾及防汛抗旱相关技术工作，具备防汛抗旱、抗洪抢险理论知识和实践经验，能够在抗洪抗旱一线承担抢险或防汛抗旱技术指导工作，具有高级及以上技术职称的专家组成。其主要职责是为防汛抗旱相关事务提供技术支持，包括在发生大洪水、重大台风灾害、重点防洪工程出现重大险情，或发生严重干旱时，商专家所在单位或部门同意后，组成专家组投入抗洪抢险或抗旱减灾工作，协助、指导当地防汛抗旱指挥机构处置重大险情、旱情，对险情进行会商分析，提出应急抢险措施建议方案，负责抢险现场的技术指导，督促当地组织实施应急抢险措施和方案，并及时反馈抢险动态。

2. 培训演练

防汛抢险工作技术性强，各级防汛指挥和各类防汛抢险专业队伍要在汛前进行学习和培训，讲授抢险知识，要举行必要的实战演习，熟练技能。

为确保抢险队伍在关键时刻能够拉得出、用得上、抢得住，建立了各级防汛专业应急队伍的实战演练和联动训练、联动演练机制（联勤联训机制、救援联动机制、军地联合应急指挥机制等），建立了各级防汛专业应急队伍、抗旱专业应急队伍日常专业训练制度，构建了规范的防汛抢险培训体系。各级防汛抗旱队伍在当地防汛抗旱指挥机构的统一组织下，开展有关技术培训和实战演练工作；逐步完善群众队伍（单位应急队伍、应急志愿者队伍）的培训。省级层面每年组织一期防汛指挥长培训，依托江苏省防汛抢险训练场定期组织全省防汛抗旱抢险技能培训班，对全省各市县抢险骨干队员培训各类险情处置，抗旱排涝设备使用保养知识；不定期联合省军区，武警部队开展军地联合防汛抢险演练，着力提升军地联合抗洪抢险的能力。同时根据实际工作需要，对防汛抗旱专家库进行调整充实，并进行培训。

3. 江苏省防汛抢险训练场

江苏省防汛抢险训练场位于南京市六合区龙袍镇、滁河红山窑水利枢纽下游。训练场地分为训练演练区和训练辅助区，其中演练区占地面积约100.6亩，设于红山窑水利枢纽下游南岸滁河大堤以北；辅助区占地面积约17.0亩，设于红山窑水利枢纽北岸船闸道路以北。

训练场演练区建设有演练水池1座，规格180m×90m，蓄水深度2m；堤坝长540m，高2.5m，其中演练段长210m，设置渗漏、管涌、漏洞、滑坡、裂缝、水流漫顶、溃坝7个模拟演练段；提水泵站1座，含泵房3间，设3台潜水混流泵及进水涵管，设计流量

3.66m^3/s；泄水槽1座，设计流量30m^3/s，设消能设施；连通涵闸1座，设启闭机，设计流量小于0.1m^3/s；指挥训练台1座，2层，建筑面积340m^2，上层设指挥训练台，下层设控制室、休息室、医务室、饮水间、卫生间等。训练场辅助区建设有教学训练楼，共两层，建筑面积1700m^2，一层设置教室、沙盘演练室资料存放室等，二层设置体能检测室、体能训练室、资料室、备课室等；抗洪排涝设施训练楼，建筑面积996m^2，设置混流泵训练区、柴油机训练区、电动泵训练区等；物资仓库，建筑面积754m^2，配备5t电动单梁吊车等仓储设备。

训练场建成后，可实现8大类11个项目30个科目的训练演练和教学培训，见表5.1。

表5.1　训练演练和教学培训表

序号	类　别	项　目	课　目
1	渗流引发	渗水散浸	设导渗沟，反滤碎石压浸，褥垫土袋压浸
2		管涌	堤基反滤压浸，土工滤垫压浸，围井（月堤）反压
3		漏洞、塌坑	上游封堵，下游封堵，塌坑回填
4	结构病险	裂缝	开挖回填，干土灌缝土牛封盖，塑膜封盖压脚堆填
5		滑坡	上游防雨压脚堆填，上游防渗雨，卸载削坡，引流 压脚堆填
6	水流漫顶	抢筑子堤	用土袋、吸水膨胀袋筑堤，充水管袋挡水，装配式板坝子堤，装配式围井挡水，桩、柳、土子堤
7		溃口抢堵	钢木土石组合坝，抛填石笼
8	河岸崩塌	护脚	多波束测深仪扫测水下地形，抛填柳捆，抛填快速固化石
9	江海堤防	护坡护脚	水下机器人扫测水下地形，抛填合金网石兜，抛填四面体混凝土块护坡
10	抗旱排涝	装设临时水泵	构筑临时进出水渠道
11	水上救助	被困人员救援	水上冲锋舟、抛投器

江苏省防汛抢险训练场是公益性项目，充分发挥“防汛抢险培训演练基地、社会科普教育基地、先进技术推广基地、教学实验基地、军民融合基地”的作用，发挥社会效应，改善了江苏省的防汛抢险培训演练条件，改进防汛抢险培训演练工作，促进全省防汛抢险专业化、现代化水平的提升，提高防灾减灾的能力。通过定期开展省市县三级防汛指挥人员、技术负责人、技术骨干以及防汛抢险专业队伍的成员进行培训训练，提高防汛应急抢险实战能力，为保障全省经济社会持续快速发展和人民群众的生命财产安全提供有力的基础保障。江苏省防汛抢险训练场作为一个创新的建设项目和填补国内空白的工程，通过一系列的教学及培训、科研实验，充分发挥经济效益。同时不断完善教、学、研一体化建设，不断拓宽演练场功能，增设与防汛抢险相关的学科及仿真研究项目，不断提升防汛抢险现代化、科学化、信息化水平。

5.1.3　防汛抗旱抢险物资

5.1.3.1　防汛抗旱抢险物资的涵义及种类

防汛抗旱抢险物资，就是能够满足防汛抗旱抢险实际需要的各种物资。一般说来，防汛物资是指用于江、河、湖、海等堤防，水库大坝、涵闸、滞洪区，以及其他防汛抢险和救助受洪水威胁群众应急需要的各类物资。通常可以分为以下五大类：①抢险物料，主要包括块石、砂石料、编织袋、草包、麻袋、编织布、无纺布、木材、集装袋、钢丝网兜、装配式围井、挡水子堤、路基箱、滤垫、吸水膨胀袋、抢险钢管、防汛电缆等；②救生器材，主要包括橡皮舟、冲锋舟、救生船、救生衣、救生圈、救生抛投器、应急灯、卫星电话、对讲机、帐篷等；③抢险机具，主要包括装载机、挖掘机、推土机、打桩机、移动电站、抢险照明设备、移动泵车、探水仪、潜水设备等；④专用保障车辆，主要包括抢险工程车、运输车、金木工作业车、后勤保障车等；⑤其他能够满足防汛抢险需求的物资。防旱物资主要是指用于抗旱减灾和救助受旱灾威胁群众的各类物资，主要包括大功率水泵、深井泵、汽柴油发电机组、输水管、找水物探设备、打井机、洗井机、移动浇灌、喷滴灌节水设备和固定式拉水车、移动净水设备、储水罐等。

防汛抗旱抢险物资主要用于抗洪抢险和抗旱减灾，属于社会公益和非营利性质。防汛抗旱抢险物资的所有权、调用处置权，物资经费的安排使用权均属同级防汛抗旱部门，任何单位和个人不得擅自调用、挪用或挤占。

5.1.3.2 防汛抗旱抢险物资储备责任

《江苏省防洪条例》第三十二条规定："防汛物资实行分级负担、分级储备、分级使用、分级管理、统筹调度的原则。省储备的物资主要用于流域性防洪工程的防汛抢险；设区的市、县储备的物资主要用于本行政区域内防洪工程的防汛抢险。有防汛抗洪任务的乡镇和企业、事业单位应当储备必要的防汛物资，主要用于本地区和本单位防汛抗洪工作。储备的防汛物资应当服从上级防汛指挥机构的统一调度，调用的物资按照规定进行补偿。"

同时，在防汛抗旱抢险物资储备管理工作中还必须坚持"定额储备、专业管理、保障急需"的原则。储备主要采用自储、代储和委托储备（协议储备）等方式。有关技术标准参照国家防汛抗旱总指挥部及其办公室制定的标准和省防汛抗旱指挥部及其办公室有关规定执行。每年，在省政府与市政府、市政府与县（市、区）政府签订的《防汛抗旱工作责任状》中，防汛物资与抢险队伍建设都是其中必备的重要内容。

5.1.3.3 防汛抗旱抢险物资现状

在系统整合现有资源的基础上，从满足防汛抢险实战需求出发，江苏按照2～3小时车程的保障半径的要求，对防汛抗旱物资储备进行系统规划，优化防汛抗旱物资布局，保障范围覆盖省域内长江、淮河下游、沂沭泗、太湖四大流域和黄海海堤，并且具备一定能力向周边辐射的拓展功能。江苏省各级防汛抗旱部门储备的防汛抗旱抢险物资的品种和数量基本能够适应一般抢险和救灾需要。初步统计，目前江苏省市县三级共储备防汛物资32个品种，价值达2.4亿元；抗旱物资18个品种，价值达2.3亿元。

在仓储设施建设方面，省级物资仓库共有省水利防汛物资储备中心5个储运站和省防汛抗旱抢险中心、省骆运水利工程管理处、省灌溉动力管理一处共8个直属储备仓库，仓储面积近3万m^2。定点代储仓库储备主要在各市水利防汛抗旱物资仓库，委托物资储备主要在有条件的相关单位、水利物资站（公司）等。

部分市、县级防汛的抗旱物资仓库建设也取得明显进步。扬州、淮安、常州、连云港、镇江、宿迁等市新建或改建了标准较高的防汛抗旱抢险物资仓库，吴江等县级防汛抗旱抢险物资仓库建设也取得了长足的进步。

5.1.3.4 防汛抗旱抢险物资的存储要求

防汛抗旱抢险物资的储存除了防汛块石为户外储存外，其他通常都是入库储存为主。

防汛块石的储存又分为集中堆放和就近堆放两种。集中堆放是指以储备基地的形式将一定量的防汛块石集中存储在某地。集中堆放的地点的选择应坚持以下几个原则：一是防汛任务较重的流域；二是石源较多的地区；三是具有良好水陆运输条件；四是集中的规模适当。目前省防指已建成了3个省级防汛块石储备基地：连云港大岛山基地、盱眙古桑基地、镇江下蜀基地。而就近堆放则是将块石在险患工段和重要防御地域的附近，便于应急调用，就近使用。

对于入库存放的防汛抗旱抢险物资，根据各个品种物资的物理化学性能要求和多年的实践储备经验，各级防汛抗旱部门制定了相应的仓储要求。主要包括仓储设施、管理队伍、储存要求和管理责任等方面。

仓储设施和管理队伍：应从满足本地本区域防汛抢险、抗旱减灾需求入手，根据定额储备物资种类和数量的要求，建设符合现代化仓储要求的防汛抗旱抢险物资仓库，配备相应的管理队伍。

储存要求和管理责任：①储备仓库应严格按照中央、省有关法规、制度做好防汛物资管理工作，将物资存储、管理、调运、回收等各个环节和程序细化到部门、分工到岗位、落实到个人，做到设备先进、储存安全、摆放齐整、调动快捷；②实行专库存放、专人管理，按规定对所储防汛抗旱抢险物资进行定期保养，确保完好、随时调运，建立健全岗位责任制度、值班巡查制度、验收发放制度、维护保养制度、安全消防制度、物资台账制度和管理档案制度等；③制定完善的操作性强的物资调运预案；④物资库房根据保管要求做好保温、防潮、避光、通风，要有防火、避雷、防盗、防鼠、防污等安全措施。

关于防汛抗旱抢险物资储备年限，根据有关标准及老化试验结果，在正常的储存条件下，按照验收入库时间起计算，防汛物资的储备都有一定的年限。对储存年限到期的防汛抗旱抢险物资应按国有资产处置办法规定的程序进行报废处理，以确保防汛抗旱抢险物资高效、安全使用。

5.1.4 防汛抗旱指挥系统

防汛抗旱指挥系统是防灾减灾的重要非工程措施。国家防总、水利部于1999年组织开展总体设计，2003年开始实施一期工程，2014年实施二期工程，计划2018年完成二期工程建设。江苏省防汛抗旱指挥系统根据国家防汛抗旱系统总体设计的要求，并结合江苏省的实际需求进行设计，于2000年开始分步实施建设。目前已经基本建成以信息采集为基础，计算机网络、应急通信为保障，决策支持为核心的省、市、县三级防汛抗旱指挥系统框架。

5.1.4.1 概述

为进一步提高防汛抗旱的能力，着力于采取工程措施，以提高其防洪标准和抗旱能力。在努力提高江河防洪、引水抗旱能力的同时，加强防灾减灾的非工程措施，建立一个高效、可靠的防汛抗旱指挥系统，一旦出现大洪水或严重干旱时，各级防汛、抗旱指挥部门就能根据收集到的各类信息，综合所掌握的水情、工情和旱情、灾情实况，对其发展趋势作出预测和预报，制定防洪或抗旱调度方案，发布洪水警报，指挥抢险救灾，有效运用防洪工程和水利工程体系，努力缩小水旱灾害范围，最大限度地减小灾害损失。

防汛抗旱指挥系统充分利用现代计算机技术、通信技术、测控技术和现代洪水预报技术，对各种水利设施的运行状况等信息资料进行科学管理，尤其对水情和工情等观测数据进行及时采集和处理，从而综合各种与防汛有关的信息，为防汛工作人员提供防汛决策的依据。系统具有很高的稳定性和容错性、易操作、易使用、易扩充、易维护等特点。

防汛抗旱指挥系统基本功能：对全省各地区水、雨、工、灾情信息的收集、处理和存储；以图、文、声、像等方式提供水、雨、工、灾情的背景资料、历史资料等全面的信息服务；对省内重要控制站点发布洪水预报，进一步提高洪水预报的精度和预见期；能对防洪形势进行分析，提出供参考的防洪调度方案组，辅助防汛决策，以增强指挥决策的科学性和严密性；监视全省各地区水、雨、工、灾情的实时变化，能将有关的信息上报国家防总、流域机构，并转发有关单位；能迅速和较准确地预测和统计实际灾情，提供迁移安置咨询；能收集和管理旱情信息，能进行旱情分析和旱情发展趋势预测；能为防汛管理和决策提供现代化管理手段。

5.1.4.2 防汛抗旱指挥系统总体结构

防汛指挥系统由信息采集系统、通信与计算机网络系统、数据汇集平台和应用支撑平台、决策支持系统等四部分组成。

（1）信息采集系统主要是完成水情、工情、旱情、灾情信息的采集和报送，能在20分钟内完成全省各类防汛信息收集至省中心。

（2）通信与计算机网络系统，由骨干网、流域省区网、部门网和接入网四部分组成；与气象部门网络互联，实现天气雷达等应用系统的共享；与其他防总成员单位网络互联，实现防汛抗旱指挥系统的共享。通过各个网络节点部门网，实现用户进入网络访问各种资源；通过流域省区网，实现流域机构、省（自治区、直辖市）网络中心和下级水情分中心、工情分中心的互联互通；通过骨干网，实现各单位和水利部的互联互通；通过与中国气象局、流域气象中心网络互连，实现与气象部门的互联互通。

（3）数据汇集平台和应用支撑平台是防汛抗旱指挥系统的重要组成部分，担负着对下汇集数据，对上支撑服务的核心作用。数据汇集平台是防汛抗旱信息向各节点汇集、为各应用系统提供数据的重要基础；应用支撑平台是系统资源的管理者和服务的提供者，是提供全系统共享软件资源支撑服务的集合。

（4）防汛决策的业务过程划分为情报、预测预报、方案设计、方案选择四个阶段。其业务支持系统主要包括：洪水预报系统、防洪调度系统、洪灾评估系统、抗旱业务应用系统、综合信息服务系统等。按照洪水预报分级管理的原则，洪水预报系统需在有预报任务的各级部门独立运行。防洪调度系统具备防洪形势分析，防洪调度成果制定与管理、调度成果可视化、调度成果评价比较及调度系统管理等功能，包括防洪形势分析、调度方案制定、调度成果评价比较、调度成果可视化、调度成果管理、调度系统管理、调度成果上传等模块。洪灾评估系统主要包括灾前评估、灾中评估、灾后评估等功能模块，以及洪灾评估专用数据库。洪灾评估系统主要包括基础地理信息、社会经济资料、历史大洪水数据、洪水风险图、洪涝灾情上报表、灾情统计评估结果及评估报告等。抗旱业务应用系统包括旱情监视、旱情预测、旱情会商、旱情评估、旱灾评估和调水专题功能的抗旱业务应用系统。综合信息服务系统为各级防汛部门提供防汛抗旱各类信息的查询服务，主要内容包括防汛抗旱综合信息查询服务、防汛抗旱信息统一管理和导航服务、防汛抗旱信息的统一登陆发布和应用服务、开发平板电脑版和手机版本。

5.1.4.3 江苏省防汛抗旱指挥系统

江苏省防汛抗旱指挥系统由信息采集系统、网络（通信）系统、数据汇集平台、数据库、应用支撑平台、用户应用和安全体系及安全管理服务系统等组成。各个部分间由标准化的协议与接口结合为一个有机的整体。其中数据汇集平台、数据库、应用支撑平台和用户应用系统构成决策支持系统。整个系统体系结构见图 5.1。

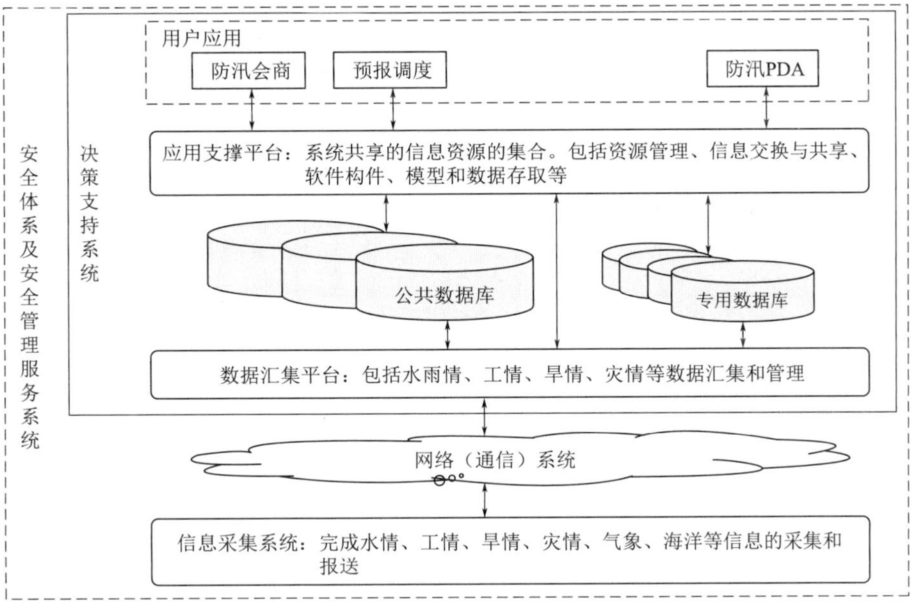

图 5.1 江苏省防汛抗旱指挥系统体系结构图

1. 信息采集系统

信息采集系统的主要功能是完成水情、工情、旱情、灾情信息的采集和报送。

（1）水情、雨情信息采集。已建设完成 13 个水情分中心，实现省以上报汛站、852 座小型水库的遥测数据采集全覆盖。

（2）工情、旱情信息采集。已建有江都水利枢纽、三河闸等重点水利工程自动化系统，可以实时采集水利工程的运行数据。13 个工情、旱情分中心，以及 70 个移动式墒情采集站点的建设，将在近期实施的国家防汛抗旱指挥系统二期工程项目（江苏部分）中完成。

（3）洪涝旱灾信息采集。已建成省、市、县三级洪涝旱灾信息采集、统计和上报系统。

（4）重点水利工程视频采集。已建成省、市（厅属管理处）两级视频汇聚平台，可以将 190 站点的 760 路视频监视数据采集上传；在省防办建成无线视频汇聚平台，实现 49

座小型水库视频采集数据和40台移动工程视频采集终端的接入。

(5) 外部信息采集。已与气象、海洋部门建设完成数据交换系统，实现气象［预报(数值)、云图、雷达图、天气实况］、海洋（风暴潮、预报）数据采集入库。

2. 网络（通信）系统

建立在专用通信网上的防汛计算机网络系统，连接各级各类防汛抗旱部门，形成分级网络结构，保证指挥系统的信息传输和资源共享。系统采用有线、无线、卫星等通信手段，提供传输信道，完成话音通信。

3. 决策支持系统

决策支持系统由数据库、数据汇集平台、应用支撑平台和用户应用系统等部分组成。

数据库主要管理公共与专用2类数据库。目前已建成的综合数据库包括实时水雨情、实时工情、水利工程基础数据、预报调度业务成果、水旱灾害、防汛物资、气象和海洋。

应用支撑平台是需要提供全系统共享的信息资源的集合。目前已建成的应用支撑平台由公共基础、应用支撑及资源服务管理平台构成，主要包括统一用户管理、统一用户访问、统一用户查询、短信、视频、GIS、报表、监测预警、数据分析、数据展现、等值线、过程线等服务资源。

数据汇集平台包括水雨情、工情、旱情、灾情和外部交换等数据的汇集，并实现基于数据分布协议的数据管理。

用户应用系统是在应用支撑平台基础上结合用户的生产实际，遵循“数据与处理分离、专用业务逻辑与可共享业务逻辑分离、业务处理逻辑与信息表示逻辑分离”的技术原则，开发完成的一组用户业务应用软件。目前已完成开发的主要有：防汛抗旱会商、水雨情查询、汛情监视、洪水预报调度、洪涝灾情统计分析、防洪辅助信息管理、气象产品应用、省市和厅属管理处防汛决策支持系统Web网站和防汛抗旱PDA等应用系统，其中防汛抗旱会商系统将水、雨、工（险）、洪、涝、旱、水质、气象、台风、预报调度、物资、组织等防汛抗旱信息聚合在“一张图”上，进行全方位、多视角的展示。

4. 移动式应急指挥所

江苏省防汛抗旱移动式应急指挥所是江苏省防汛指挥系统的一部分，是防汛抗灾与现场应急指挥的重要平台，担负着平时防汛保障、演练，汛期抗洪抢险的任务。一旦出现大洪水或严重干旱，移动指挥车可以立即奔赴抢险现场，将现场的语音、图像、文字、数据等信息及时传递到指挥中心，为上级领导、防指相关部门提供现场综合实时信息服务。防汛抗旱指挥部门就能够更加快捷地掌握现场情况，进而综合分析所掌握的水、雨、工、旱、灾情等信息，对其发展趋势做出预测和预报，制定防洪或抗旱调度方案，发布洪水警报，指挥抢险救灾，有效运用防洪工程和水利工程体系，努力缩小水旱灾害范围，最大限度地减轻灾害损失。江苏省防汛抗旱移动式应急指挥所是由载车平台、电子信息、综合保障等分系统组成，与省防汛抗旱指挥中心构成固定加机动的一体化应急平台，具有指挥调度、信息接收与处理、通信保障、视频会商等功能。作为省防汛抗旱机动指挥中心，实现防汛应急指挥手段上的延伸，为各类应急突发事件处置提供现场支持。

江苏省防汛抗旱移动式应急指挥所以机动车为载体，集成多种通信手段，提供泛在的数据感知、传输和共享功能，配置单兵图传系统，开发了车载指挥决策支持系统，具有信息采集、实景监控、远程会商、辅助决策、指挥调度等功能，是国内首个防汛抗旱移动式应急指挥所，切实提高了江苏省防汛抗旱应急指挥能力。

江苏省防汛抗旱移动式应急指挥所2012年在省防办推广应用，在2012年、2013年防御台风工作中，特别是2012年汛期防御“达维”和“海葵”台风期间，第一时间奔赴防台前线，及时准确地将现场图像传送到省指挥中心，同时为现场决策人员提供指挥调度平台，发挥了重要作用，取得了很大的社会经济效益。

5.2 防汛抗旱准备

5.2.1 责任落实

各级政府要加强对防汛抗旱工作的领导，防汛抗旱工作实行地方行政首长负责制。各级行政首长对本地区防汛抗旱工作负总责，各级防汛抗旱指挥部的成员单位及有关部门按照分工承担相应的责任。水利工程管理单位的工作人员根据业务分工，各司其职，各负其责。

汛前，省、市、县三级防汛抗旱指挥部调整充实各级防汛抗旱指挥部成员，落实各类水利工程行政、技术责任人。大江大河、城市、水库、蓄滞洪区、流域性工程、抗旱等行政责任人和技术责任人名单在《新华日报》《中国江苏网》等主流媒体公布，接受社会监督。主汛前，省防指联合省委组织部举办全省县级防汛抗旱指挥长培训班，对全省县级防汛抗旱指挥长进行业务培训，提高其责任意识和应急处置能力。市、县各级层层签订责任状、公示防汛责任人名单、举办培训班等工作，确保防汛抗旱工作组织到位、责任到位、措施到位。

一般在每年汛前，由省政府组织召开全省防汛抗旱工作会议，分析研判今年全省防汛抗旱形势，安排落实各项工作任务，确保全省安全度汛。省防指指挥出席会议并讲话，省防指副指挥、省水利厅厅长通报全省防汛抗旱准备工作情况，省气象局汇报当年汛期气候趋势预测和气象服务准备情况。省防汛抗旱指挥部成员单位负责同志，各设区市人民政府分管防汛工作的副市长，市水利（务）局主要负责同志等参加会议。会上省防指指挥与各设区市防指指挥签订防汛抗旱工作责任状，对当年的防汛抗旱工作提出要求并布置下一步工作。

5.2.2 预案准备

各级防汛抗旱指挥部根据上级防汛抗旱指挥部制定的预案，按照确保重点、兼顾一般的原则，结合水利工程规划及实际情况，修订本地区水利工程防御洪水预案、调度方案等，并按规定批准后执行。所有水利工程管理单位根据本地区水利工程调度方案，结合工程规划设计和实际情况，在兴利服从防洪、确保安全的前提下，编制工程调度运用方案，报上级批准后执行。有防洪任务的城镇、工矿、交通以及其他企业，根据流域或地方的防御洪水预案，编制本部门或本单位的防御洪水预案，并报上级批准后执行。

目前，《江苏省防汛抗旱应急预案》和《江苏省防御台风应急预案》，已分别由省政府、省防指批准。在《江苏省防汛抗旱应急预案》总体框架下，编制完成了《江苏省防御洪水预案》《江苏省水利工程调度方案》《江苏省集中式应用水源地突发性水污染事件水利系统应急预案》；按照国家防办关于蓄滞洪区运用、城市防洪应急、水库防汛抢险应急等预案编制大纲或导则，编制了《江苏省黄墩湖滞洪区运用预案》《洪泽湖周边滞洪区运用预案》《鲍集圩行洪区运用预案》《江苏省防御洪水预案》，各辖区市编制完善了《城市防洪应急预案》《大中型水库防汛抢险应急预案》《防御台风预案》。

5.2.3 工程准备

各类水利工程设施是防汛抗旱的重要物质基础。受大自然和人类活动的影响，工程状况会发生变化，抗洪能力会有所削弱。为保证各类水工程安全完整，充分发挥效益，汛前应对各类水工程进行全面的检查，及时完成水毁工程修复任务，对存在病险的堤防、水库、涵闸、泵站等各类水工程设施实行应急除险加固，对跨汛期施工的涉水工程落实安全度汛方案；及时对各类抗旱水源工程、应急水量调度的相关工程及抗旱设施进行检查、维修等，在确保安全的前提下，做好蓄水保水工作。

目前，全省已建成5级以上堤防近5万km，大中型水库49座，大中型涵闸500多座，大中型泵站400多座。

5.2.4 物资准备

目前，省级防汛物资集中储备仓库有8个，分布在南京、徐州、苏州、盐城、扬州、镇江、泰州、宿迁等地。储备的品种主要有块石、三袋（编织袋、麻袋、草包）、土工布、彩条布、木材、救生衣、钢管以及挡水子堤、装配式反滤井、土工滤垫等。省、市、县三级共储备块石200多万t、三袋5000多万只、土工布约400万m^2、木材20000m^3，每年根据消耗情况进行补充。全省共储备了防旱设备12360台套，抽排能力达1548m^3/s，浇地能力67.88万亩/天，应急送水能力552.3吨/次。省级委托储备由省防指每年下达品种和数量、质量等指标，储备单位自费采购储存，汛期需要时由省防指统一调用，按市场价结算。

5.2.5 抢险队伍准备

为实现科学防洪专业防洪的目标，须不断加强专业防洪抢险队伍建设。全省有5支国家级重点机动抢险队，8支省级重点防汛机动抢险队，并按照专群结合的要求，在全省组建了147万人的各类防汛抢险专业队伍。目前5支国家重点防汛机动抢险队都配备了挖掘机、铲运机、吊机等大型的设备，同时配备了近千台套排涝抗旱机泵。同时，为进一步提高全省防汛抢险的决策指挥水平，增强险情应急处置能力，省防指成立了8个防汛抢险专家小组，当发生灾害或重大险情时，协助地方指导险情、灾情应急处置工作。

5.2.6 汛前检查准备

为做好防汛抗旱工作，确保各类水利工程度汛安全，充分发挥工程防洪抗旱减灾效益，一般在年初，省防指部署各市和省属水利工程管理单位开展汛前检查工作，要求各地按照“查严、查细、查实”的要求，集中力量，对各类工程进行全面检查，主要要求是落实汛前检查责任制、全面查清工程状况、修订完善各类应急预案、及时处理检查发现的问题，及时上报检查总结。

省水利工程建设局组织对全省重点在建水利工程的检查，保证在建工程的施工安全和度汛安全；省河道管理局组织对厅属水利工程管理单位的检查，保证流域性节点枢纽工程的安全度汛和安全使用；省南水北调办公室组织对南水北调沿线泵站和设施的检查，保证有关工程度汛安全和运行安全；省水文局组织对全省水文设施的检查，保证水文站点能够准确及时的报汛；省防汛物资储备中心组织对省级防汛物资的检查，摸清省级物资的数量和保管情况。

在市县和省属单位自查的基础上，省防指组织熟悉堤防（坝）、闸站等水工建筑物和机电设备、水利工程运行管理等相关专业专家及技术人员组成的专家组对有关市县的防汛检查情况进行抽查，主要检查内容为水利工程管理单位汛前检查开展情况，包括各地汛前检查队伍的人员构成情况、责任分工，检查（测）手段，检查原始记录等；日常运行管理开展情况，具体为管理制度、工程检查、工程观测、维修养护、操作运行、管理配套设施及管理情况；影响安全度汛的工程险工隐患情况，包括河道堤防、水闸、泵站等工程存在影响安全度汛的险工隐患情况；度汛措施落实情况，包括险工隐患的处理、度汛预案的编制、防汛物资的落实和汛前工程维修养护等情况。主要目的是检查各地自查的效果，对地方反映的重点险工、重要节点进行认真细致的检查，并将检查情况与地方上报情况进行对照，发现问题即反馈市县要求整改。

省防指组织检查组对全省水库及重点塘坝安全度汛工作开展专项检查，检查组一般采取随机方式进行突击检查，并与部分市县防办进行座谈，主要检查内容为：水库安全度汛准备工作情况，含防汛责任制、安全管理责任制、抢险队伍、抢险物料、通信预警、应急预案等的落实情况以及安全管理制度执行情况；水库工程自查情况，包括水库大坝、溢洪闸（道）、涵洞等工程自查发现的隐患及采取的处理措施；小型水库日常巡查管理落实状况，含巡查人员、巡查制度的落实及巡查记录；未注册登记重点塘坝的防汛安全管理责任落实情况，了解和掌握全省水库汛前检查、安全管理和安全度汛的有关情况，并将发现部分水库存在一些影响安全度汛的问题通报各有关市。

省防指对全省防汛物资储备情况进行专项检查，检查内容为：省政府与各市签订的防汛抗旱工作责任状规定储备的防汛物资数量是否足额落实到位、质量是否满足防汛抢险要求、当前管理情况；各委托储备单位是否按要求储备省级防汛物资，管理责任制是否落实，安全措施是否有保障，调运预案是否制订且切实可行；省级防汛物资储备管理，重点检查防汛物资品种、规格、数量是否账账相符，账物相符，管理责任制是否落实，安全措施是否有保障，制订的调运预案是否切实可行等，并将检查中发现的问题通报给各有关单位，要求及时整改落实。

省各联防指挥部指挥分别带队，分赴长江、秦淮河、太湖、骆马湖及淮河下游五个联防地区，督查指导各地备汛工作，对发现的问题及时反馈给地方，要求其抓紧整改。

在各地检查后，一般在汛前到来前，省防指召开各市汛前检查汇报会，集中听取13个市汛前检查情况的汇报，并且针对检查中发现的重点险工隐患及度汛措施进行现场针对性分析会商，要求各地按照的会商分析意见，利用主汛期到来之前的有限时间，进一步查清隐患、明确对策、落实措施、充分备汛，确保安全度汛。

同期国家防总及长江防总、淮河防总、太湖防总等分别对江苏省各流域的汛前准备工作情况进行检查指导。

在各层各级的检查后，省防指及时梳理各地存在的流域性险工隐患存在问题，并把有关整改意见下发各地，要求各地进一步落实险工隐患处理措施，对各类险工隐患进行深入排查、梳理，分析原因，按照轻重缓急的原则逐个逐段落实处置措施。对汛前能够处理的，要抓紧处理，及时消险；对汛前来不及处理的，要求其抓紧开展前期工作，制定除险加固方案，并有计划列入基本建设项目；对暂时无条件处理的险工隐患，落实度汛措施和抢险预案，明确责任单位、责任人和抢险物资、队伍，确保度汛安全。根据往年汛期暴露的问题和水雨情变化，修订完善各类防汛抗旱应急预案和调度方案，增强预案的针对性和可操作性，真正发挥预案的应急处置作用。

防汛抗旱是社会公益性事业，任何单位和个人都有保护水利工程设施和参加防汛抗旱的责任。各级防汛抗旱指挥机构根据水旱灾害的发展做好动员工作，组织社会力量投入防汛抗旱。在严重水旱灾害期间，各级防汛抗旱指挥机构的组成部门按照分工，特事特办，急事急办，解决防汛抗旱的实际问题，同时充分调动本系统的力量，全力支持抗灾救灾和灾后重建工作。各级政府加强对防汛抗旱工作的统一领导，组织有关部门和单位，动员全社会的力量，做好防汛抗旱工作。在防汛抗旱的关键时刻，各级防汛抗旱行政责任人靠前指挥，组织广大干部群众奋力抗灾减灾。

5.3 应急管理

5.3.1 人员转移

在帮助受洪水威胁区的人员安全转移过程中，为了避免“事到临头乱无序”的局面，各级应预先做好安全转移方案，本着就近、迅速、安全、有序的原则进行。先转移人员，后转移财产；先转移老幼病残人员，后转移其他人员；先转移危险区人员，后转移警戒区人员；各部门各司其职，协调配合，确保安全转移群众。

5.3.1.1 安全转移方案

安全转移方案一般应包括以下工作内容：

(1) 预警程序及信号传递方式。为让群众躲灾、避灾及时，减少洪水灾害损失，在一般情况下，应按县、乡（镇）、村、组的次序进行预警，紧急情况下按组、村、县的次序进行预警。

(2) 预警、报警信号设置。预警信号为电视、电话、短信等。各级防汛抗旱指挥部在接到雨情、水情信息后，通过县电视台及电话、短信通知到各乡（镇），乡（镇）及时通知各村、组。报警信号一般为口哨、警报器等。如有险情出现，由各报警点和信息员发出警报信号，警报信号的设置因地而异。

(3) 信号发送。在汛期，县、乡（镇）、村三级实行24小时值班，相互之间均用电话联系。在接到紧急避灾命令或获得严重的监测信息后，信号发送人立即发布报警信号。

(4) 转移原则。先人员后财产，先老幼病残，后一般人员，先危险区后警戒区。信号发送和转移责任人最后离开洪水灾害发生区，并有权对不服从转移命令的人员采取强制转移措施。

(5) 人员转移。各区居民接到转移信号后，必须在转移责任人的组织指挥下迅速按预定线路进行安全、有序转移。转移工作采取乡（镇）、村、组干部包片负责的办法，统一指挥，有序转移，安全第一。

(6) 安置地点。洪水灾害发生后，人员安置本着就近、安全的原则，采取对户、搭棚等多种安置方法。搭棚地点在居民附近坡度较缓，地势较高，不受洪水威胁的地方。

(7) 转移安置纪律。洪水灾害一旦发生，转移安置服从指挥机构的统一安排，统一指挥，井然有序地进行安全转移，确保人民生命安全。

5.3.1.2 部门职责

市、县、乡（镇）、村成立专门的组织指挥机构，开展各项工作。各有关部门必须各负其责，密切配合，协同作战。总的要求是：在遇到需要转移的时候，做到组织指挥有力，通信报警准确，转移道路畅通，安置地点落实，物资供应及时。同时，转移后的防病、治病、防火、社会治安、管理设施等逐项落实。各有关部门的职责是：

(1) 防汛部门编制安全转移方案。摸清转移的人数，特别是要摸清需提前转移安置的老弱病残人数。按照就近转移安置的原则，合理规划安置地点，务必做到各项救生和转移措施落实到户、到人，使之家喻户晓，人人明白。

(2) 交通部门负责并落实转移交通工具和交通主干线的维护，确保转移主干线和通往安全区的支干线等交通道路的畅通。

(3) 粮食、商业、供销等部门布设生活物资供应网点，安排好转移群众生活必需的物资供应。

(4) 卫生防疫部门布设医疗网点，安排好转移群众的防疫、治病工作。

(5) 广电、通信部门保证广播电视、报警信息畅通无阻。

(6) 公安部门维护转移交通秩序，负责防火和社会治安工作，打击犯罪活动。

(7) 民政部门做好救灾安置工作，使灾民早日重建家园。

5.3.2 物资调用

防汛抗旱物资实行“哪一级储备，哪一级调用”，紧急情况下上一级可统筹调用本级和下一级防汛物资。省级防汛抗旱物资的调用程序：发生水旱灾害后，首先由市、县（市）储备的防汛抗旱物资自行解决。确因遭受严重水旱灾害，需要调用省级物资的，应由市、县（市）防汛抗旱指挥部向省防指提出申请，经批准后调用。若情况紧急，也可先电话报批，后补手续。申请的内容包括调用省级物资的品名、用途、数量、运往地点、时间要求等。

申请单位要做好省级物资的接收工作。防汛抢险或抗旱减灾工作结束后，申请单位应将下调物资使用情况书面报省防指。对未动用或可回收的省级物资，由申请单位负责回收并代储保管；已消耗的或使用后没有修复价值的省级物资，由申请单位在规定的时间内申请办理核销手续。

省防指（办）有权调用全省各级防汛抗旱物资。调用原则一是逐级调用，先调用市县级防汛抗旱物资，后调用省防汛抗旱物资；二是先近后远，先调用离防汛抢险和救灾地点最近的防汛抗旱物资，不足再调用距离较近的防汛抗旱物资；三是满足急需，当有多处申请调用防汛物资时，若不能同时满足，则先满足急需的单位；四是先主后次，当有多处申请调用防汛抗旱物资时，若不能同时满足，则先满足重点地区，关系重大的防洪工程的抢险和受灾严重地区的救助。

5.3.3 队伍调用

全省各级防汛抗旱抢险队行政隶属于本级水行政主管部门，实行统一管理和分级管理相结合的管理模式。平时直接受本级防汛抗旱指挥机构的指挥，特殊情况下可由上级防汛抗旱指挥机构统一调度和指挥。

调用抢险队伍要按照“属地为主、分级管理”的原则，一般险情由所在县的县级抢险队执行抢险任务，由属地县的防办负责调度和批准，遇较大或重大险情需跨市执行抢险任务时，由市级或省防办负责调度和批准。申请动用省级抢险队，由市级防办向省防办提出申请，省防办负责批准和调度。

调用民兵抗洪抢险专业分队，由当地防汛抗旱指挥部提出需求，军分区（警备区）统一指挥，必要时可由军分区（警备区）委托县（市、区）人民武装部指挥；同时报省军区和省防汛抗旱指挥部备案。调用现役部队参与抗洪抢险，由省防汛抗旱指挥部向省政府提出申请，省政府负责协调武警总队或东部战区。

当发生严重水旱灾害或水利工程发生重大险情时，专家组受省防指委托，在省防指或当地防汛抗旱指挥机构统一领导下，现场指导险情、灾情应急处置工作，对险情进行会商分析，提出抢险建议方案，负责现场技术指导，及时反馈抢险动态。

5.4 应急抢险

洪涝灾害应急抢险是在工程险情发生后采取的必要的补救性措施，通过迅速、有效的处置，最大限度地减轻灾害损失，保障人民群众生命财产安全。

5.4.1 抢险决策原则

为加强应急抢险工作的管理，达到减轻灾害的目的，防汛抢险工作实行行政首长负责制。在防汛应急抢险工作中，指挥部的总指挥负责决策、指挥，并根据有关信息做出分洪、撤退、抢险、营救等决定，同时组织实施。多年的实践证明，防汛应急抢险工作是一个多部门联合实施的过程，领导决策在防汛应急抢险工作中占有极为重要的地位。如果决策正确，就能减轻灾害带来的损失。反之，不仅不能减轻灾害，还会造成不必要的损失。防汛抢险决策应遵循以下基本原则：

（1）信息准全原则。防汛抢险工作中，指挥人员不仅要掌握雨情、水情，还要掌握水利工程、防汛物资储备、抢险人员分布情况，同时还必须了解和掌握洪水威胁范围内的社会、经济、地形、地貌、交通、人员素质等情况，这些信息要求是全面准确的。不全面、不准确的信息容易导致指挥人员的决策失误。

（2）可行性原则。防汛抢险是一项综合性强、非常复杂的工作，不仅受抢险物资数量、时间长短、人员多少、险情程度等因素的约束，同时受交通、气候、通信、雨情、水情、地形等因素的约束。指挥人员必须充分考虑这些因素，制定出决策应是可行的，有些在平时不显眼的因素在具体抢险工作中可能特别重要，甚至成为抢险成功与否的决定性因素。

（3）系统分析原则。防汛抢险过程是一个完整的系统过程，它由水雨情预报、洪水现状、险情分析、方案确定、具体抢险等部分组成，缺少任何一部分都无法进行正确决策。

在具体抢险中首要目标是减少人员伤亡，同时了解和掌握其他方面与这个主要目标的相互关系和作用，如兼顾保护交通干线、厂矿设施等。因此，在防汛抢险决策中必须全面考虑和分析系统中的各个部分，不能顾此失彼。

(4) 对比择优原则。决策者拟定多个方案进行反复比较，反复评价，从定性分析到定量分析，以可能带来的人员伤亡、直接经济损失、破坏可能造成的后果等因素为比较单元，通过综合分析和比较，找出最佳方案。

(5) 时效原则。应急抢险工作是人与时间的赛跑，要求决策者在最短的时间内了解和掌握进行防汛抢险决策所必需的各种信息，然后做出决策。

(6) 团体决策原则。防汛抢险是一项多部门、多工种协同作战的工作，要求指挥者具有水利、防洪等方面的知识和经验，同时还应有交通、通信、气象、卫生等方面的知识和经验。因此，防汛抢险工作必须坚持团体决策的原则。决策者在做出决策之前必须广泛听取各方面专家的意见和看法，根据各有关部门提供的资料，在尽量短的时间内进行决策。

(7) 不断修正原则。由于防汛的有关信息在不断地变化，如降雨、人员撤离、下游水位、堤库决口垮坝等情况不断地发生变化，特别是预料之外的信息变化，可能导致原来制定的防汛抢险方案与实际情况不相符合，这时必须对原制定的方案进行修订。

防汛抢险是人命关天的大事。作为防汛抢险工作的领导者、决策者，必须在掌握多种知识的基础上遵循以上七条决策原则进行决策，以最小的代价换取防汛抢险工作的胜利，确保把洪涝灾害造成的损失减少到最低程度。

5.4.2 抢险实施

抗洪抢险贵在信息灵通，决策正确，指挥有力，措施得当，群策群力，团结奋战，抢护及时。

5.4.2.1 方案制定

防汛抢险时间紧、困难多、要求高。应遵循“快、准”的原则，争取主动，把险情消灭在萌芽状态。因此，在出现重大险情时，应根据当时当地的人力、物力及抢险技术水平，制定科学、恰当的抢护方案，尽快尽力进行抢护，以控制险情进一步恶化，才能保证抢险成功。首先，要做好险情鉴别与出险原因分析。正确的险情鉴别及原因分析，是进行抢险的基础。其次，要预估险情发展趋势。险情的发展往往有一个从无到有、从小到大、逐步发展的过程。在制定抢险方案前，必须对险情的发生、发展有一个准确的预估，才能使抢险方案有实施的基础。最后，制定抢护方案。要在前两个环节的基础上，结合险情所在堤段的地形地质特点，根据可调集到的人力、物力以及抢险人员的技术水平等，因地制宜地选择一种或几种抢护措施。

5.4.2.2 抢险指挥

抢险现场要加强领导、统一指挥，险情所在地的地方行政首长作为抢险组织的总指挥，负责抢险全面工作。而行政首长能否做好抗洪抢险现场指挥，关系到整个抗洪抢险工作的成败。作为总指挥，必须树立绝对的权威性，不能出现多头指挥的现象；总指挥必须要有全局观念，局部利益要服从整体利益，切忌顾此失彼。对抢险人员、队伍要进行合理分工，明确职责，切实提高抢险效率。当险情情况发生变化时，要根据不同的变化情况和变化状态，适时调整物料供应和力量部署，以适应新的变化。

5.4.2.3 实施抢险

抢险方案拟定以后，要落到实处，还需要制定具体的实施办法。如各类人员的具体分工，工具、料物供应，照明、交通、通信及生活的保障等。应特别注意以下几点：人力是否足够，要考虑到抢险施工人数、运料人数、换班人数及机动人数；料物是否充足，应根据制定的抢险方案进行计算或估算，要比实际需要数量多出一些备用量，以备急需。另外，要有严格的组织管理制度。在人、料具备的条件下，严密的组织管理往往是抢险成功的关键。同时，抢险必须连续作战，不能间断。

5.4.2.4 善后处置

一要做好现场警戒措施，确保抢险安全。险情发生后，现场人员、车辆较多，容易造成混乱，抢险现场要划定警戒线，并由公安等部门维持秩序，非抢险人员一律不得入内。抢险人员要穿戴救生衣等防护设施，并做好有关防护措施。对周围群众要及时进行疏散、撤离，确保现场抢险有序及人员生命安全。二要切实做好险情处置信息报道工作。客观正面的宣传报道对做好防汛抢险工作具有十分重要的意义。对抢险新闻报道的稿件要指定专人负责，统一管理。要定期利用广播电视、网络、报刊等新闻媒体及时报道险情以及抢险救灾最新进展、各级政府对防汛救灾工作的指示和重大部署，营造正面宣传报道氛围。三要守护监视，密切注视险情的发展变化。在险情经过抢护稳定以后，应继续守护观察，密切注视险情的发展变化。险情的发生，其情况往往是比较复杂的，一处工程出险，说明该堤段肯定有缺陷；一处险情抢护稳定后，还可能出现新的险情。因而，继续加强巡查监视，并及时做好抢护新险的准备是十分必要的。

5.4.3 险情抢护

防洪工程出现各种险情，需要及时抢护。正确的抢险方法是取得应急抢险胜利的保证。抗御洪涝灾害的过程中，第一时间发现险情，正确判断险情发生的原因是夺取防汛工作胜利的基础工作。采取正确有效的措施，实现抢险成功是防汛工作的关键。

5.4.3.1 堤坝抢险及抢护方法

江苏省堤坝工程多为土质堤坝，主要有三大特点：一是堤基条件差，堤防傍河而建，堤线选择受到河势条件制约，基础大多为沙基，同时由于堤线过长，任务过重，绝大部分堤防未作基础处理；二是堤身填筑质量差，不少堤防是在原民堤的基础上，经历年逐渐加高培厚而成，质量隐患多；三是堤后坑塘多，多年来普遍在堤后取土筑堤，使堤后坑塘密布，覆盖薄弱。在遭遇洪水时，堤防往往发生裂缝、渗漏、背水脱坡和滑坡、临水崩塌、漫溢和决口等六类险情。

1. 堤坝裂缝的抢护办法

堤坝裂缝可分为龟状裂缝、横向裂缝、纵向裂缝和内部裂缝。堤坝发现裂缝后，先查明裂缝的宽度、深度、长度和走向等；注意观测裂缝的发展变化，分析裂缝的原因和性质，制订处理方案，尤其是注意贯穿堤坝体的横向裂缝、内部水平裂缝和脱坡裂缝的处理；同时要注意水位的变化，及时对裂缝部位采取临时保护措施。

（1）开挖回填。开挖回填施工简单，裂缝处理较彻底，效果较好，适用于深度在5m以内，并已停止发展的裂缝。挖槽类型：一是梯形台阶；二是十字形结合槽。

（2）充填灌浆。对于较深的裂缝，可采用灌浆法，或采取上部开挖回填、下部灌浆的方法处理，以减少抽槽工程量。

2. 渗漏险情的抢护方法

渗漏险情是堤坝挡水后出现的最普遍、最常见的险情。渗漏险情可分为渗水、管涌和流土险情。主要抢护方法有：

（1）临水坡截渗。

1）土工膜截渗。用大面积土工膜或篷布，沿堤坝迎水坡坡肩从上往下顺坡铺盖洞口，然后抛压土袋，并抛填黏土，形成前戗截渗。

2）抢堵漏洞进水口。常用的堵漏方法是将土工膜或篷布、油布、软帘等覆盖在洞口上。对于浅水处小进水口，可用网兜装上草泥拌和料或直接用棉衣、棉被、高分子保水材料塞堵。若洞口周围土质较硬，可用土袋、铁锅、木板等盖堵。

3）散抛黏土截渗。当堤坝临水坡漏洞口较多较小，范围又较大，进水口难以找准或找不全时，在黏土料充足的地方，可沿临水坡散抛黏土，形成隔渗前戗。若漏洞口较大可先在洞口前抛置土袋，形成月堤，将漏洞围在月堤内，再填黏土封堵。

（2）背水坡反滤导渗。背水坡反滤导渗的原理是使渗水通过反滤层排出，而土壤颗粒不能通过反滤层。对堤坝挡水较深或地基发生渗漏险情的情况，在临水面做截渗的同时，背水面做反滤导渗更为必需，以达到临水截渗、背水坡反滤导渗的目的。

1）反滤导渗沟。在背水坡坡脚渗水处，开挖平行于堤坝轴线的纵沟，并与原有排水沟渠连通，同时在出现渗水的顶部，沿坡面开挖竖沟。

2）反滤层导渗。对背水坡土体过于稀软，开反滤沟有困难或堤坝断面过于单薄、渗水严重，不宜开沟的情况，或者管涌流土范围大，涌水翻沙成片的险情，可采用反滤层导渗抢护。反滤层的做法是先将地面软泥、草皮、砖石等杂物清除，按反滤层的要求分层填铺砂石、土工织物、梢料等反滤材料。

3）土工滤垫导渗。在背水坡渗水处，整平坡体，根据堤坝土质选用特制的土工滤垫进行铺设，上加压重即可。这种方法工作量小，速度快、作用明显。

4）反滤围井。对于个数不多、各自独立的漏洞，或个数虽多，但尚未连成大片的管涌群，可在漏洞险情出水口用反滤围井抢护。抢护的方法是：清除地面杂物，挖除软土，周围用土袋分层铺列叠砌为围井，高度以涌水不再挟带泥沙为宜。同时，要避免在井的四周出现新的险情。井内按反滤要求，分层铺填砂石、土工织物和梢物等反滤料。如果井内涌水量大而急，滤料无法分层铺填时，可先用砖石、沙袋填塞，待水势削弱后，再按反滤要求填入。

5）平衡水压法。平衡水压法是一种应急措施，是在背水坡涌水处抢修围井和月堤，利用它抬高水位，以减少渗水压力。围井和月堤的高度以涌水不带出沙粒为准。也可选用预制围板安装围井。

3. 背水脱坡、滑坡抢护办法

背水脱坡、滑坡的分类主要有圆弧滑动和脱坡崩塌。脱坡或滑坡产生的规模和特征，虽不完全相同，但它的抢护原则和方法都是大同小异的。抢护原则包括减少滑动力、增强阻滑力或上部减载、下部加载。抢护方法主要有：固脚阻滑、滤水土撑和滤水后戗、滤水还坡等。

（1）固脚阻滑。当堤坝背水坡有脱坡、滑坡征兆时，应即采取上部削坡减载，下部固脚。方法是：在坡脚堆筑泥土或沙袋稳住险情，对堤基不好或临近坑塘的地方，应先填塘固基。如滑坡已形成，抢护时应在滑坡体下部先做固脚，再做滤水后戗。

（2）滤水土撑和滤水后戗。当堤坝背水坡排水不畅，险情严重时，可采用滤水土撑和滤水后戗。方法是清理好坡面，在滑坡体上顺坡挖沟，深度最好挖至滑裂面，沟内按反滤要求，铺设反滤材料，顶面覆盖草袋、席片保护。开沟困难时，也可考虑采用反滤层。当完成反滤沟和反滤层后，滑坡体仍不稳定时，可采用透水性大的砂料分层填筑，夯实成土撑，顶面应高出渗水出逸点，如果堤坝坡面单薄，背水坡陡，险情严重，可将滤水土撑之间的空当修筑成滤水后戗。

（3）滤水还坡。当脱坡滑坡后，堤坝断面单薄，渗水严重时，可采用滤水还坡方法抢护，恢复加固堤坝断面。方法是：先将滑坡体顶部陡坎削成缓坡，清除坡面松土杂物，做好导渗层。在坡脚堆放块石或土袋固脚，然后直接回填砂性土，加大或恢复成原来的堤坝断面。

4. 临水坡崩塌抢护办法

临水坡崩塌产生的原因主要有：河道主流逼岸，水流直冲堤防，淘刷底部；或者汛期水位急剧下降，堤坝内反向渗水压力加大，都会使堤坝发生临水坡崩塌险情。如遇强风，水面波高浪大，波峰来临时，冲击坡面；波谷来临时，形成负压抽吸坡面，也会造成临水坡崩塌险情。临水坡崩塌的抢护方法主要有：

（1）挂柳、挂枕。选择枝繁叶茂的柳树，将根部系在堤坝顶部的木桩上，在树上枝杈上捆上石块，顺坡推入水中。

（2）竹木排防浪。将竹木条分层叠扎成排，用绳拴在堤坝顶的木桩上，同时排下坠以块石和土袋，以稳定和调整排位。

（3）护脚护基。顺岸坡抛块石，深水中可用抛石船抛投，使抛石随水流下沉于抛护处。

（4）桩柳固坡。在堤坝坍塌的前沿打桩，将排桩与堤坝顶的牵桩连接起来，排桩后挡上梢把或竹排等，再铺软梢料，梢料后抛土填实形成排体。

（5）土工织物防冲。先将坡面平整和清理，再将土工布或篷布拼接后铺在坡面上，土工布或篷布高出洪水位，四周和中间用平头钉钉牢。

5. 漫溢险情抢护办法

漫溢的原因：上游连降暴雨，水位猛涨超过堤坝的防御标准；由于人为设障，缩小了行洪断面，洪水宣泄不畅，壅高水位；水库泥沙淤积，减少部分防洪库容；堤坝工程质量欠佳，土质松软，堤坝沉陷；地基被破坏，突然下沉塌陷。

漫溢险情抢护的方法是在堤坝上方构筑子埝，根据构筑方法的不同，子埝可分为土料子埝、土袋子埝、桩梢子埝和预置子埝。

6. 决口险情抢护办法

堤坝受洪涝和台风的袭击，发生决口后，对口门进行封堵，简称为堵口。堵口方法可分为平堵（由口门底部逐层填高封堵）和立堵（从口门两端同时向中间进占），必要时也可两种方法同时使用。堵口方法应根据口门过流流量、地形、河床土质、堵口物料以及堵口者对堵口方法的熟练程度等条件，综合考虑选定。

5.4.3.2 涵闸抢险及抢护方法

涵闸险情可分为渗漏、裂缝、冲刷、护坡损坏、挡土墙损坏和闸门事故等六类。

1. 渗漏险情的抢护方法

渗漏险情包括涵闸与堤坝连接处渗漏、闸基渗漏、涵闸（洞）身渗漏等。

涵闸渗漏的抢护原则是上游堵截，下游导渗。对于连接处的渗漏的抢护可采用堤坝渗漏的抢护方法。建在砂土地基上的涵闸发生闸基渗漏，汛期常在下游采用反滤导渗，降低渗透压力等方法抢护。如闸后水深较大，作反滤有困难，可在闸后修筑围堰，堰内充水以减少上下游水位差，制止险情发展。

涵闸洞身渗漏可采用临河围堰、下游反滤围井的方法抢护。临河围堰就是临河修筑围堰，将涵闸围护在内；下游反滤围井就是在涵闸下游渗水出逸点处抢做反滤围井。对于渗漏严重而无有效抢护措施的涵洞，可筑坝封闭，汛后做彻底处理。

2. 裂缝险情的抢险方法

砌石或混凝土结构发生裂缝，往往是险情的预兆。对在汛期产生的裂缝难以立即彻底处理的，必须加强防守检查，并采取适当的抢护措施。

表面涂抹。用水泥浆、水泥砂浆、防水快凝砂浆、环氧基涂液及环氧砂浆等涂抹在裂缝部位的表面，以堵塞漏水通道。处理前应用钢丝刷将裂缝的表面刷洗干净，涂抹时应尽力压紧。

凿槽嵌补。沿裂缝凿一条深槽，槽内嵌填防水材料。

化学材料修补。目前使用较多的材料是水溶性聚氨酯。这种注浆材料是一种新型单组合高分子注浆堵漏材料，其与水聚合后的固结体具有良好的延展性、弹性及抗渗性，可用来处理刚性防水法不能奏效的混凝土建筑物伸缩缝漏水问题。这种抢护方法施工方便、造价低、效果好，不仅可用于伸缩缝防漏处理，而且还广泛应用于水工建筑物施工缝、结构缝的渗漏处理。特别是在潮湿或有流水处，更显示出其优越性。

3. 冲刷抢险

涵闸发生冲刷破坏的现象常见于下游（或反向引水的上游）消能段工程、海漫和进出口翼墙及上游护坡等处，这类险情的抢险经常采用抛块石、土袋、铅丝笼抢险，以防止继续冲刷，汛后再进行大修。抛投时尽可能关闭闸门，用船将抛投料运至抛投地点依次投放，避免斜乱架空的现象。

4. 护坡损坏抢护

涵闸上、下游护坡损坏时，为防止破坏范围扩大和险情恶化，可先采取临时性抢护。当护坡局部松动脱落时，可用沙袋压盖损坏部位；当护坡局部塌陷时，则采用抛石压盖。若垫层及土体已被淘刷，应先抛填 0.3～0.5m 厚碎石，再抛压沙袋或块石。

5. 挡土墙损坏的抢护

涵闸上、下游挡土墙由于墙后土体、水压力的增大，易使墙体发生断裂或倾斜，汛期常采用的抢护方法是：

（1）减压排水。当墙后水压力增大或墙后的含水土层膨胀，使挡墙损坏时，可挖除墙后土体减载，在墙下增设排水孔。如原来的排水孔堵塞，应予疏通。

（2）抛石加撑墙。墙前水较深时，在不影响挡土墙前面正常使用的情况下，可以在挡墙前抛石加做撑墙，抛石高度视具体情况而定。

6. 闸门事故抢险

（1）启闭机螺杆折断。在涵闸没有泄漏的情况下发生螺杆折断时，可由潜水员下水探清螺杆断口位置，并用钢丝绳系住闸门吊耳，利用卷扬机绕转钢丝绳开启闸门，待露出折断部位后进行拆除更换。当事故发生时，若闸门已有较大漏水，可先抛置土袋，后用沉放钢筋网方法封堵进水孔口，然后派潜水员按上述方法处理，再更换折断螺杆。处理完毕，清除钢筋网及土袋后，进行闸门启闭试验。

（2）闸门不能关闭。

1）钢、木叠梁堵口。如闸身设有事故检修闸门门槽而无检修闸门时，可将临时调用的钢、木叠梁逐条放入门槽，如漏水仍较严重，可再将土（砂）袋沉放在闸门前后，堵塞孔口。

2）钢筋网堵口。钢筋网一般为长方形或正方形，其长度和宽度均应大于进水口的两倍以上。沉堵前，先架浮桥用作通道，在进水口前扎排并加以固定，然后在排上将钢筋网沉下。待盖住进口后，随即将预先准备的麻袋、草袋抛下，堵塞网格。若漏水量显著减少，即为沉堵成功。根据情况，如需断流闭气，可在土袋堆体上加抛散土。

3）钢筋混凝土管封堵。当闸门不能完全关闭时，采用直径大于闸门开度 20～30cm，长度略小于闸孔净宽的钢筋混凝土管。管的外围包扎一层棉絮或棉毯，用铅丝捆紧，混凝土管内穿一根钢管，钢管两头各系一条绳索，沿闸门上游侧将钢筋混凝土管缓缓放下，在水压力作用下将孔封堵，然后用土袋和散土断流闭气。

5.4.4 抢险实例

5.4.4.1 长江龙袍轧花厂段江堤管涌抢险

1. 基本情况及出险原因

长江江堤龙袍轧花厂段位于江苏省六合县。1998 年 7 月 14 日下午 6 时 5 分，龙袍镇轧花厂南拐角段主江堤平台后约 4m 处发现管涌，孔口直径 20cm 左右，翻黑沙，形成沙环，沙环外径 1.5m 左右，高约 0.5m，漏水量较大，相当于 4 英寸泵流量。该段堤防堤顶高程为 11.5m，土质属沙壤土类。自 6 月 28 日起长江一直处于高水位、大流量，下关水位高达 9.61m，六合县犁头嘴水位 9.44m，由于堤防长期偎水，造成了管涌险情。该险情如得不到及时抢险控制，面积 6 万亩、人口 3 万多人的龙袍镇大圩将遭受灭顶之灾。

2. 抢险措施及效果

（1）制定科学合理的抢险方案。

1）背水堤外管涌处构筑养水盆，面积约 $50m^2$，抬高养水盆内水位 1.5m，围堰平均高 2m，底宽 6m，顶宽 3m，内侧草袋装土错缝垒叠，外侧黏土分层碾压。堰脚打单桩固基，桩距 1m，桩外抛石。

2）洞口碎石倒滤，自下至上依次为 0.5m 粗砂、0.4m 瓜子片、0.4m 碎石、0.4m 碎石装袋镇压。

3）临水坡抛黏土截渗（漏）。

4）防止管涌转移，在主养水盆两侧各构筑副养水盆一座。

（2）全力投入抢险。

按照抢险方案，县、乡、村、组四级干部迅速组织1万多名劳力，自卸卡车57辆、拖拉机300多台、装载机6台、推土机7台、挖掘机3台、船只100多艘，迅速形成上下左右责任明确的抢险小组、劳力调配小组、抢运土方小组、物资供应小组、通信联络小组、后勤保障小组、社会治安小组、卫生防疫小组，日夜投入抢险消险。在抢险中共投入草包13000条、块石2700t、黄砂料石100 t、土方17000m^3等。经过两天一夜艰苦奋战，终于成功控制住险情，保住了长江大堤。

3. 经验教训

（1）强化找险、查险、排险。通过清障，24小时“地毯式”巡堤，及时发现和排除了13处险情，有的打糙围堰，有的防渗倒滤，有的抛石固基，有的加高堤顶，有的加封涵洞。安全转移群众840人。实践证明，只要详细查找，及时发现“蚁穴”，并采取正确的方法及得力的措施进行消除，就可以把大的隐患消灭在萌芽状态。

（2）强化抢险物资保障。全县组织抢险队伍1.1万人，其中8个山区乡镇支援圩区抢险队员3000人。在抢险消险过程中，抢运土方5万多m^3，块石1.8万t，黄砂、石子200多t；供电、通信、交通、公安等保障措施有力；资金调用不惜代价；个体私营企业和部分单位干部、职工、农民也为防汛抗洪提供了无私的物质支援。

（3）强化各级干部防汛责任制。各级干部做到坚守岗位，一线指挥，带头苦干，做出表率；加强检查督促，防汛指挥体系有力、有方、有效。

5.4.4.2 长江干流嘶马弯道冲刷抢险

1. 基本情况及出险原因

嘶马弯道位于江苏省扬州市江都区扬中河段左汊的上段，是典型的弯曲分汊型河道。整个弯道处于松散的河流冲积物沉淀而成的冲积平原上，受弯道上侧五峰山节点控制和马鞍矶到五峰山4km多导流岸壁影响，长江主流进入弯道后直冲北岸，长江岸线从三江营到江泰交界14km的弯道全部受冲，深泓逼岸，崩坍迭起，成为长江中下游最严重的坍段之一。根据1998年汛前测图与当年竣工时测图进行断面分析，发现从西七坝上至西一坝区间的抛石断面有不同程度的冲刷，并有加大趋势。

1998年长江发生继1954年之后的又一次全流域型大洪水，水位高，流量大，持续时间长，长江河势变化较大。江都市在加大节点工程实施力度的同时，增加了对整个弯道河势的监测力度，特别是河势变化较大的重点段，每5天测量一次，避免突发性大崩坍的发生。

8月中下旬，长江高水位、大流量已持续50多天，流量一直维持在70000m^3/s以上，水位也在警戒水位以上。根据8月20日水下测图与1995年同期比较显示，嘶马弯道西一坝至西二坝间已做工程外侧边缘河势变化较大，－15m等深线普遍里进，特别是原来－17m的水下平台已受冲刷消失。8月25日下午，再次对该段组织测量，结果显示，该段的险情已呈恶化趋势。在这5天时间内，整个坝区间普遍里进，外侧深泓从－45m线至－20m线普遍里进20m，最大里进30m，继续侵削原有水下平台；近岸河床从－15m线至－5m线普遍里进15m，最大里进20m，河床普遍冲深3～5m，最大冲深达8m，已严重毁坏原做抛石工程。如险情恶化可能酿成坍灾，势必使过去20多年大量投入积累的工程基础功亏一篑，造成河势的恶化，也势必使1998年汛前投入大量资金和人力建筑的高标准块石护坡的江堤毁于一旦，从而给堤后的嘶马镇乃至更大范围内的人民生命财产安全和江平公路线构成直接威胁，更影响嘶马弯道整个大的河势，后果不堪设想。

2. 抢险措施及效果

为尽最大努力确保河势稳定和堤防安全，经认真研究，确定西一坝至西二坝间抢险工程方案如下。

（1）先守护江岸线，从0m线抛护至－15m线，抛长350m，宽27m，厚0.8m。

（2）加固西一坝上侧，控制坝上楔入槽突进，从0m线抛护至－35m线，抛长80m，内侧宽80m，厚0.8m；外侧宽36m，厚1.2m。

（3）加固坝区中部薄弱地段，控制平台外侧等深线继续里进，由近岸抛石带向外延伸抛护至－30m航线，抛长200m，宽45m，厚1.0m。

西一至西二坝间抢险计抛块石36266t。

抢险抛石期间，有关部门每天坚持对抛石区域进行水下测量。测量结果显示，外侧深泓等深线里进趋势已逐步得到扼制，到9月15日，将每天的测图进行分析，河床已基本稳定，大的崩岸险情已经解除，确保了人民群众生命财产的安全。

3. 经验教训

总结历年嘶马弯道坍江抢险的经验教训，一是要加大工程投入力度，特别是未做工程的空白段要尽快抢做防护工程；二是要坚持对弯道河势进行定期监测，特别是河势变化较大的重点段，在汛期更要增加测量的频次，以便及早发现险情，及时进行除险加固；三是要加强对已做工程的加固。因多种因素限制，已做工程标准较低，而且近年来长江汛期复杂多变，大流量、高水位年年都发生，已做工程因水流冲刷受到不同程度损坏，必须及时进行除险加固，避免已稳定的河段河势发生大的变化，造成新的坍江险情隐患。

5.4.4.3 长江支流便民河堤防渗漏抢险

1. 基本情况及原因分析

便民河位于江苏省句容市，长17km，经下蜀镇桥头部队农场西侧大道河口入长江，沪宁铁路东西贯穿两乡镇，总人口52500余人，耕地面积6216hm^2。分成五大野，圩内一般地面高程为5.5～6.5m（吴淞基面，下同），便民河堤顶高程10.5m。

1998年6月中旬长江进入主汛期之后，便民河下蜀段持续70多天超过警戒水位，其中7月25日—8月13日高水位超过8.80m，8月9日高潮水位达到9.01m，超1954年水位，超出圩内田面高近4m。堤防出现渗漏险情。

虽经多次加高、培厚、疏浚，堤顶高程达到10.5m，但由于便民河堤土质松软，一是人工逐年完成，碾压不实，堤防填筑质量不高；二是堤身单薄，局部薄弱地段堤顶宽仅2.6m，内坡1∶1.5，外坡1∶1.7，而且堤脚连深塘，造成堤脚不稳；三是历次加固清障不彻底，特别是少数地段未彻底清除宅基地，培厚土层间有夹层。长时间受高水位浸泡，渗漏严重，便民河刁桥及刘圩段，由于长时间渗水，堤脚形成软弱层，局部地段堤脚连深塘，堤基不稳。

2. 抢险措施及效果

面对严重汛情，组织人员对便民河沿线堤防多次进行“拉网式”检查，对险情的地点、长度、渗漏水情况做详细记录，并在相应地点上插上小红旗，作为重点检查、观察地段，对不同的渗漏情况分别采取相应措施。

（1）反滤井法。

位于刁桥电站西侧80m处的老芦庄涵，由于封堵不严，在水位超过8.0m时，出口处长时间冒水，在冒水孔周围2m筑月牙形围堰，高1m，内填砂层、瓜子片石层，各厚均为20cm。安装导水管，长1m（管内直径根据漏水量大小确定，一般采用5～10cm），将水导出围堰外排水沟或排水管，排出堤脚外，再上覆二四六石子层，厚20cm。

（2）平铺式反滤。

对渗水位置较高，散渗较长的地段，如宝华八字桥段，做了铺式反滤设施。具体做法如下。

1）确定反滤设施顶层高程。各地段由于筑土土质、堤顶宽度、坡度不同，渗水逸出点也不同，反滤设施全面覆盖散渗坡面。

2）整坡。对反滤地段清除杂草、整平。

3）开挖三种沟。在坡面上，每隔5～10m开挖15cm×20cm（宽×深）的竖向导渗沟；在坡脚处开挖15cm×25cm（宽×深）的集水沟；在站台上每隔30m或低洼处开挖排水沟，断面30cm×30cm（宽×深）。

4）平铺土工布，上覆石子厚10cm，在覆石子时，按顺序先填满导渗沟、集水沟内石子，再填面上石子，以确保土工布平整。

5）理通排水沟，确保渗水畅通，集水沟中无积水。

（3）沟式反滤法。

对渗水量较大的，如宝华陈甸段、刁桥电站东侧段，做了沟式反滤，同样要求开好三沟。坡面竖向导渗沟加密，间隔改为2～4m，三沟标准同平铺式反滤。导渗沟、集水沟上铺条带土工布，宽60cm，再填满石子，理通排水沟。

便民河等沿江堤防防汛工作在省、市、县领导及水利专家指导下，采用防渗导渗的方法处理了险情，取得了长江防汛工作的全面胜利。

3. 经验教训

方法的比较及适用范围：

（1）反滤井法适用于集中渗漏，周围没有明显散渗堤防的渗漏处理，此方法施工简单，工程量小，技术要求易掌握；缺点是周围若有散渗，则不能用此方法。

（2）平铺式反滤法及沟式反滤法适用于散渗堤防的防渗处理。

1）平铺式反滤不仅坡面整平土方量大，地面若有树根、竹根，整平难度更大，况且面铺石子量多，往往由于长期防汛抢险人员的疲劳，以及运输困难等原因，造成石子铺设厚度不足，再加上人在面层上施工，来回走动，表层饱和的土壤易挠动泥浆而堵塞土工布滤水孔。

八字桥河在做好平铺式土工布反滤两天后，经检查发现，在集水沟上侧土工布里包裹着积水，又遇雨水天，坡面水再次集中，雨水排不出，加大积水，结果不得不在积水低洼处剪开土工布，破肚排出积水。况且潮湿堤坡长时间被土工布、石子覆盖，堤坡不易晒干。因此平铺式反滤适用于土壤未饱和的堤防的散渗处理。

2）沟式反滤坡面不需整平，仅需开沟，沟中铺土工布，填石子，工程量小，同一地段采用沟式反滤，土工布用量仅为平铺式反滤的36%，石子用量仅为平铺式反滤的17%，而且不受土壤饱和度的影响，潮湿的堤坡裸露在外，经风吹日晒，土层易变干。

5.4.4.4 石臼湖战天圩堤基渗透破坏抢险

1. 基本情况及原因分析

战天圩位于江苏省溧水县石臼湖东南岸，西北濒湖，东南依丘陵岗地，湖堤东起孔镇乡骆山北麓，西至和风乡凤栖山下诸家村，该圩堤是1970年冬至1971年春联并10余座小圩而成，全长4218m，堤顶高程一般为14.2～14.5m（吴淞基面，下同），局部堤段13.6m，堤顶宽5～6m，背水坡1∶2.5，迎水坡1∶3.0，背水坡堤脚外绝大多数是利用取土坑做成的精养鱼池。堤基大多为黑色及黄色黏土，个别地段为淤泥质土，粉细沙土，响山段为岩基。粉细沙基土堤段位于桩号1＋886～1＋960，此段圩堤每当石臼湖水位达11.06m时，背水堤脚以上出现大面积窨湖，当湖水位超过11.5m时，有明显渗水出逸。1980年，在迎水面做了黏土斜墙，垂直坡面堤脚处厚2.0m，堤顶处厚1.0m，增强了防渗能力。1983年、1995年及1996年石臼湖最高水位分别达12.28m、12.13m及12.28m，均采用背水坡开挖反滤导渗沟的措施安全、度汛。

1998年8月4日晨4时30分，在1＋936处接近堤脚水面的坡面上，发现直径为2cm的冒浑水孔，并迅速扩大至直径5cm，许多粉细沙随渗水涌出。8月5日凌晨1时30分，在1＋913附近下游堤脚处，由两名巡逻队员在水中（水深0.5m）发现冒水涌沙孔4个，开始直径为2cm，后迅速扩大至5cm，涌出粉细沙。两处出险时，土堤上游石臼湖水位均为12.12m，下游鱼池水位5m左右。

渗水出逸处出现冒水涌沙孔，说明该处基土已出现渗透破坏，若不及时采取措施，则随着冒水涌沙孔的增多及范围的扩大，大量基土被渗水带走，会造成堤身下沉，最后导致决堤，后果十分严重。

经现场踏勘，本段堤防基础为非常均匀的粉细沙，不均匀系数小于10。根据国内外试验研究结果，这种均匀的粉细沙渗透破坏的形式只能是流土，由于本段堤防迎水面做了上厚1m、下厚2m的黏土斜墙，因此被渗水过穿的可能性较小，渗水由堤脚外基础及堤身进入后在下游出逸时首先在结构薄弱处被击穿，形成冒水涌沙孔，称为“管状流土”。如果不及时抢救，涌沙孔直径及范围将迅速扩大，最后导致失事。

2. 抢险措施及效果

（1）反滤围井。用编织袋灌土在8月4日涌水处修筑直径为3m的半圆形围井，做至水面以上。在8月5日涌水处修筑直径为5m的半圆形围井至水面以上，井内分层依次回填0.15m砂及0.15m石子，直至与围井顶相平。

（2）反滤导渗沟。在未出险时，就已经开挖了导渗沟，但由于民工有顾虑，认为开挖导渗沟会影响堤坡稳定，因此，所挖导渗沟是“稀、浅、短”，未达到预期效果。出险后，立即按5m间距由堤脚顺坡向上开挖深0.3～0.4m，宽0.3～0.4m的导渗沟，并逐步加密至间距1.5～2.5m一条，还用人字形沟把它们连接，沟内均回填砂及石子反滤料，使清水出逸，在抢险过程中，导渗沟随着堤坡湿软点的抬高向上开挖，使坡面保持干燥。

（3）透水围堰。在下游堤坡水线以外3m处用编织袋装土沿堤修筑一道透水围堰，用以控制抛石盖重范围及镇压基土。

(4) 块石透水盖重。在透水围堰与堤坡水线之间抛块石直至露出水面，保护基土及反滤料稳定。

(5) 块石滤水坡斜形支撑。在8月4日及8月5日险工处，做反滤围井以后，发现冒水涌沙孔顺坡上移，因此立即在此处铺上砂子、石子后，再抛块石镇压，做成了块石滤水斜形支撑。为防止渗水引起滑坡，又在坡面抛块石加做两个斜支撑，底部坐落在块石透水盖重上，同时在支撑两侧堤坡面上加挖导渗沟。

(6) 抬高下游水位。本段下游堤脚外是一个鱼池，为减少水头差，降低渗透比降，先将鱼池埂加高、加固，再向鱼池内灌水，共抬高下游水位0.4～0.6m。

采取上述措施后，险情基本得到控制。为做到万无一失，又采取了以下措施：

(1) 在坡形斜支撑之间加做块石滤水贴坡。先清理坡面，在表面覆盖土工布，上铺设一层砂子、一层石子、一层块石，形成滤水贴坡。

(2) 在透水围堰外侧抛石，加做互相连接的8个圆弧形块石水平支撑，同时也起到块石盖重作用。

(3) 8月8日始，调派潜水员在迎水面摸探，连续摸探3天，摸探范围是：渗漏段，横向块石护坡高程10m处至坡脚及湖床平面向湖心70m，纵向80m；连续段，横向块石护坡高程10m处至坡脚及湖床平面向湖心40m，纵向两侧各长40m。未发现漏洞，排除了上游集中渗漏的可能性。

(4) 严格巡查制度，实行流水或交接班巡查，背水坡鱼塘摸查不得超过1h一次，面上巡查必须1h进行一次拉网式巡查，巡查中发现问题，立即处理，并及时上报。

(5) 组织储备抢险应急人力、财力、物力，50人突击队集中驻扎待命，储备块石1000t，砂石料100t。

抢险措施累计完成土方0.5万m^3；消耗材料：砂子、石子0.1万t，块石0.3万t，编织袋5万只（含草袋），土工布400m^2。参加抢险人员累计出动1万人次，动用拖拉机1万台次。

3. 经验教训

(1) 发现险情及时。有人把堤基渗透破坏比作“癌症”，及早发现症状，就为治疗赢得了时间。

(2) 工程技术措施正确。一发现险情，工程技术人员立即赶到现场，了解情况后，立即提出一系列抢险技术措施。

(3) 指挥调度有方。出现险情后，各级防指决策果断，行动迅速，抢险队圩区15分钟赶到现场，山区30分钟内赶到。要人有人，要物有物，保证了抢险工作顺利进行。

(4) 八方支援。这次抢险成功，离不开武警部队、县内民兵及乡内民工的协同作战，在物资上由县防指协调给予充分保证。

5.4.4.5 苏南运河谏壁闸闸门崩毁抢险

1. 基本情况

谏壁节制闸位于江苏省镇江市东郊谏壁镇，是扼守苏南大运河的北大门，集挡洪、排涝、灌溉、调节苏南运河航运水位等多种功能于一体的重要水工控制工程。它与邻近的谏壁船闸、谏壁抽水站共同组成一个与长江衔接的大型水利枢纽。该闸始建于1958年，1959年汛前竣工投入使用。全闸计有15个闸孔，每孔净宽3.8m，闸总净宽57m。闸底板顶面高程－0.4m（吴淞基面，下同），闸孔净高10.6m。闸门为上下扉结构，下扉门－0.4～4.4m，上扉门4.2～9.1m。工作桥面高程12.5m，桥宽4.0m。配备15台8t滚珠丝杆启闭机，内河侧设公路桥，桥面高程10.7m，桥宽7.0m，荷载等级为汽-10，拖60。

该闸设计灌溉面积250万亩，排洪面积110万亩，设计灌溉保证率为95%，排洪标准为20年一遇，挡洪标准为百年一遇。设计最大引水流量为$500m^3/s$，设计最大排涝流量为$980m^3/s$。

1996年7月30日凌晨6时，谏壁闸8号孔发现轻微漏水。7月31日谏壁闸8号孔下扉门崩毁，咆哮的江水以120多m^3/s的流量涌入苏南运河，形势十分危急。

2. 出险原因

谏壁闸8号孔闸门崩溃失事，原因是多方面的，根据对原有设计文件、竣工图纸的分析和汛后排水后的全面勘查，主要原因如下：

（1）门体结构不尽合理。该闸原为木闸门，“文革”期间改为全钢丝网薄板叠梁式闸门。经查阅原来设计计算书，它既不是正规设计部门设计，也未经认真审核。这种形式的闸门整体性很差，叠梁和端柱仅依赖直径6.5mm螺栓连接，其构件未受破坏时是能够承受静水压力的，但一旦闸门形成局部破坏，极易引发闸门的全面崩溃。而8号孔闸门恰恰是从局部破坏开始的。经综合分析，8号孔闸门崩溃始于闸底止水木首先被撕裂，随后越来越大的底孔出流使闸门产生剧烈的抖动，继而导致闸端柱槽钢与钢丝网薄壳叠梁摩擦损坏后相互分离。

（2）闸门严重老化。经打坝抽水后对闸门残骸的检测，下扉门铁端柱锈蚀严重，10mm厚的端柱钢板平均锈蚀达3mm，端柱与叠梁的连接螺柱锈蚀更为严重，普遍呈针状，少数断为两截。空心钢丝网薄板叠梁表面混凝土碳化严重，多处发现露筋情况，门底止水木严重腐烂，造成闸门严重老化失修。

（3）长江发生超历史高潮位。从7月23日开始，长江由于上中游来量增大，下游高潮位顶托，谏壁闸外出现持续高潮位，8月1日最高潮位达8.34m，超过历史最高潮位（8.06m）0.28m。

（4）管理工作明显滞后。当然，谏壁闸的出险是上述诸多因素综合作用的结果。全闸15孔中仅8号孔闸门出事，还有一个不可忽视的因素，即相对于其他各孔而言，8号孔闸门为中孔，启闭最为频繁，这在一定程度上也缩短了闸门的使用寿命。

3. 可能造成的危害

谏壁闸8号孔闸门的溃毁，其主要危害有二：一是影响闸身整体稳定，并可能导致整闸破坏；二是给太湖和湖西地区的防洪安全构成巨大威胁。

4. 抢险措施及效果

谏壁闸抢险主要分为三个阶段。

（1）第一阶段。8号孔下扉门崩毁之前。从7月30日闸上值班人员发现8号闸门严重漏水至其彻底崩溃，先后实施了三套抢险方案。

1）吊放检修闸门。该闸长江侧设有检修门槽，并备有一组检修钢闸门。7月30日凌晨6时发现险情，8时管理单位领导就组织人力用电动葫芦吊放检修门，但因闸门严重漏水后水压力过大，4扇检修门（每扇高1m）吊入门槽后无法继续下移到底板。

2）抛投铅丝笼。9时左右，管理单位在向其上级主管部门镇江市水利局汇报的同时，开始实施第二方案，即用新棉胎卷囊黄砂，外套麻袋，再以铅丝扎成长3.8m、直径60cm的筒形笼子，于下午13时抛入8号闸孔，结果立即被湍急的水流卷走。

3）抛投钢质框架。下午14时左右，抢险人员开始利用角铁、钢筋组焊长方体框架，20时，长3.7m、宽0.5m、高1.1m，内装水泥桁条和黄砂、棉絮的钢质框架被推入8号闸孔，但仍为激流吞没。

在对前三套方案失败原因认真分析的基础上，现场领导和工程技术人员研究提出了第四套方案，即用槽钢和角铁焊成方格形栏栅放入检修门槽，再以大量麻袋灌土抛入钢栏栅前封堵。但此方案未及实施，8号孔闸门已彻底崩毁。

（2）第二阶段。7月31日晚8号孔闸门被冲毁后，抢险形势非常紧张。各级领导迅速赶到现场，听取汇报，组织技术人员和工人紧急磋商抢险方案并付诸实施。

1）7月31日22时许，由经验丰富的起重工吊放钢栏栅。因此时闸门已破，闸孔内流速高达5m/s以上，钢栏栅在沉离底板1m多时再也不能下沉，致使麻袋封堵无法进行。

2）沉船杀流。8月1日凌晨，抢险指挥部决定紧急征调4艘60t钢驳，在8号孔闸墩前沉船截流。8月1日上午8时30分，第一艘装满块石的钢驳通过定位、灌水后准确地在8号孔闸墩前下沉，过闸流量迅速减小至$60m^3/s$。10时30分，第二艘船准确沉叠在第一艘之上，流量减小到$48m^3/s$，至当日19时，第四艘船下沉到位，流量减至不足$20m^3/s$。

3）钢管锚固。通过沉船措施，过闸流量虽明显减小，但险情仍未解除。为填补钢栏栅与闸底板之间1m多的空间，工程技术人员提出钢管锚固的方案，即以6根直径60mm钢管，分别插入闸底，上端锚焊在钢栏栅上。20时许，6根钢管锚固结束。

4）麻袋封堵。钢管锚固后，检修门槽上形成了完整的钢栏栅。不断地将装满黏土的麻袋抛填在钢栏栅前。为防止麻袋被冲走，开始抛填时先抛填了10余个钢丝网兜，每个网兜内装麻袋15～20个，重达2t以上。至8月2日0时，共抛填麻袋1000余只，8号孔封堵取得成功。

（3）第三阶段。8月2日开始，抢险指挥部组织对其他闸孔进行检查，发现3号、7号、9号孔闸门漏水量呈增大趋势，为防患于未然，当即请求省防指调运方木、槽钢各200余根，紧急制作预备门5组并吊入2号、3号、7号、9号、13号孔的检修门槽，形成了第二道防线。至8月4日，抢险最紧张的阶段告罄，工作转入水下检查阶段。

5. 经验教训

（1）主要经验。

1）指挥和保障有力。谏壁闸出险后，各级领导十分重视，多次亲临现场指导抢险，思想明确，并专门成立了“谏壁闸抢险指挥部”。因此，抢险工作虽然紧张，但一个中心指挥，做到了忙而不乱。与此同时，抢险指挥部设立了专家组、后勤保障组、安全保卫组，职责明确，对科学决策和抢险方案的顺利实施发挥了保证作用。

2）坚持科学决策、果断决策。一套方案失败后，迅速分析失败原因，制定新的方案。

从技术措施看，谏壁闸抢险的成功，沉船截流和在检修门槽设置钢栏栅起了关键作用。

（2）应吸取的教训。在抢险开始阶段对在动水状况下检修门无法沉底认识不足，发现险情后仍按常规吊放检修门，结果导致失败，贻误有利的抢险时机。事实上，检修门一般是为汛后在静水状态下维修主闸门配备的，其两端与门槽为面接触摩擦，动力状态下阻力很大，根本无法沉底。事后设想，如检修门亦设置滚轮，在适当外力作用下或许能在动水状态下顺利下沉。

5.5 灾后救助

洪灾过后，应统筹安排好各项灾后处置工作，卫生防疫、灾民安置、水毁修复、灾情评估等工作应有序开展，尽量避免次生灾害的发生，将灾害损失降到最小。

5.5.1 卫生防疫

洪灾过后，受灾地区各种致病因素增多，极其容易引起多种疾病和传染病的爆发与流行。因此，在洪灾后如何提高饮水、食品、环境卫生条件并控制媒介生物，消除传染病发生的危险因素，使民众尤其是农村群众了解防治各种疾病的健康常识，对于防灾减灾意义重大。

洪灾过后水源污染是个严重的问题。大量雨水的冲刷，地面积水、淹水等问题使得垃圾、粪便、排污管内的污秽这些平时人们敬而远之的脏东西充分浸泡并四处漂浮。此时可喝未污染的开水或符合卫生标准的瓶装水、桶装水，绝不能提取未消毒处理的井水、河水、湖水、塘水饮用。

洪灾后胃肠道感染和食物中毒概率很高，必须引起重视。灾民临时聚居的地方因为人口密集，环境卫生往往较差，如果水源污染，粪便、垃圾和腐烂变质的有机物质得不到恰当处理，便会苍蝇成群，蚊子肆虐，如果不注意个人卫生和食品卫生，腹部受凉，饮食不当，吃了受细菌、病毒感染的食物等均会得肠道传染病，如霍乱、痢疾、肠炎、伤寒、甲型肝炎和戊型肝炎或者食物中毒。

洪水退去后，应消除住所外的污泥，垫上砂石或新土；应将家具清洗再搬入居室；保持住屋和附近地面整洁干燥，不要在草堆上坐卧、休息；整修、清理被淹厕所、粪池、畜圈、禽舍，将粪便清尽并把周围外溢的粪便、垃圾运到指定地点，泥封堆肥。

如果灾后临时搭建野外住所，应注意要建在地势较高、干燥、向阳的地带，在周围挖防鼠沟；还要有一定的坡度，以利于排水和保持地面干燥；床铺应距离地面两尺以上，不要睡地铺。

另外，还要注意避免意外伤害，如溺水、触电、中暑、外伤、毒虫咬螫伤、毒蛇咬伤、农药中毒等。

5.5.2 灾民安置

灾民安置必须始终坚持“以人为本”的指导思想，千方百计确保人民群众生命财产安全。面对暴雨洪水灾害，各级党委、政府必须高度重视，建立严格的责任制和责任分工，有条不紊地做好人员救护。要坚持救生第一的原则，把暴雨洪水威胁区的群众转移到安全地带。对老、弱、病、残、幼等弱势群体要予以重点保护。公安部门要组织警力，对撤离区实行交通管制和治安戒严，维护灾区社会秩序。

洪泛区人员的安置主要有以下措施：

(1) 转移安置。对地势较低、人口居住分散的地区，应组织群众转移到地势较高、保障相对完善的地区，有条件的可投靠亲友，对集中安置人员应做好基本生活保障。

(2) 建安全圩（区）。地势较高、人员居住较集中的乡镇，采用建安全圩防御洪水。圩（区）面积不宜过大，堤顶高程高出洪水位并有一定安全超高。迎水面特别是当冲部位要有防风浪设施，堤顶有足够的宽度，圩（区）内配备排水设施。

(3) 筑安全台。对于蓄洪机遇较多的，可以沿堤筑安全台，台顶建房，躲避洪灾。安全台顶面高程要高出洪水位，并有一定安全超高。

(4) 修安全楼。安全楼是蓄滞洪区内群众躲避洪灾的临时应急措施，有单户、联户和集体安全楼多种形式。随着农村经济的发展，农民修建住房的积极性高，国家给予适当扶持，有计划地指导群众修建避水安全楼，不仅为蓄洪区蓄洪时提供人身安全保障和财产转移的场所，而且还改善了蓄洪区内群众居住条件。平时楼上楼下均可使用，一旦分洪时群众上楼避洪，重要生活物资和贵重物品也可往楼上转移。蓄滞洪区内的机关、学校、工厂等单位和商店、影院、医院选择较高地形，修建时要考虑到集体避洪安全。

5.5.3 水毁修复

垮坝、溃垸或者暴雨山洪灾害以后，水淹、水冲毁坏生产生活设施，给灾区群众生产生活带来很大困难。大灾之后，应及时开展灾后重建工作。

首先调查设施毁坏原因，做出修复规划。修复的标准和质量应高于原水平，新修方案不能仅仅只是单纯在原地重建，而应结合灾害成因，科学规划和设计，有些可另选地址。一般需要尽快修复的基础设施有：①公路；②通信线路、供水供电系统；③水库、渠道等水利工程；④河道和边岸工程；⑤堤防堵口复堤；⑥主要房屋公共设施。

修复工作主要由当地政府组织群众进行，上级政府适当给予资金、物资支援，国家和当地有关单位，如交通、工商、文教、农林水利等部门，应优先安排落实灾区公用设施水毁修复经费。

蓄滞洪区因蓄滞洪水，遭受洪灾，经济发展受到限制。应对蓄滞洪区实行特殊优惠政策，使区内群众逐步致富，增加承灾能力，减少国家负担。这方面的优惠政策：如制定蓄滞洪区补偿救灾政策，享受扶贫各项优惠政策，优先供给农业生产资料，实行无息农业贷款，做好农田水利建设和排水工程，农村交通、文化教育、医疗卫生事业优先安排经费等。蓄滞洪区依照法令承担分洪，财产受到损失，生产生活受到困难，政府应按《蓄滞洪区运用补偿暂行办法》，尽快落实补偿资金，保证灾民能解决温饱。

5.5.4 灾情评估

灾情评估是防洪减灾领域的一项基础工作，在防洪规划制定、洪水灾害风险管理、洪水保险、防洪减灾效益评估、法律法规制定等方面都起着重要作用。

洪涝灾情评估分为灾前评估、灾中评估、灾后评估三个层次。灾前评估可具体针对不同防洪调度方案，评估不同程度洪水的影响范围，超前预估洪涝发生时可能出现的灾害情况及其经济损失程度，以及不同调度方案下可能出现的灾害情况、受影响人口和经济损失情况，为防洪规划及会商、决策提供支持。灾中评估主要是在洪水发生的实际过程中，根据预报和调度结果以及洪水淹没的遥感影像图等资料，实时快速地对洪水的影响范围、受灾人口数量、人口迁移和淹没损失等进行判断，为防汛决策支持和灾后恢复规划等提供依据。灾后评估主要是调查、统计、核实、上报实际发生的灾害损失，并对灾前和灾中提出和实施的各种防灾减灾方案进行分析和评估，以利于总结经验，提高防汛减灾决策的能力。不同评估阶段、不同用户需要的评估层次不同。对于灾中评估要求时间紧，对资料的要求也不能过高，速度往往是第一位的，主要以前两个层次评估为主。对于灾后重建规划，则需要了解详细的损失情况，需要进行第三个层次的评估。同样，对于抗灾、救灾及减灾规划部门所需要的评估深度层次也是不同的。

洪涝灾情评估是一个多层面的工作，既包括对区域洪灾历史趋势总体特征的分析与评价，也包括对某一次具体的洪灾按规定的指标作出的损失与影响的分析计算。评估指标具有多层次特征，应根据资料状况和时间要求，进行不同深度层次的评估：

（1）第一个层次是简单影响评估。即对洪灾影响范围内受灾体的数量进行估计，如淹没区内的人口、房屋、家庭和社会财产、交通、基础设施和工商企业的数量和空间分布状况。这一层次的评估对资料要求最低，但它可以获取洪灾影响范围内的各种信息，并且可能在较短时间内完成，对灾中应急评估具有较大的应用价值。

（2）第二个层次是对受灾体受灾程度的评估。对受灾体在一定洪灾严重程度下（如用淹没水深表示）的受灾状况进行划分，如对于农作物分为轻度受灾（减产比率约为10%～30%）、重度受灾（减产比率约为30%～80%）和特重度受灾（减产比率大于80%）。对于水利工程设施分为轻微损坏、严重损坏和毁坏，在评估过程中对不同受灾程度等级的受灾体数量和空间分布进行估计，受灾程度评估对资料要求稍高，需要一定的地面调查，时间要求稍长。

（3）第三个层次是洪灾损失评估。即在全面了解洪灾自然变异程度、受灾体的数量、空间分布、经济价值以及受灾体的洪灾脆弱性规律的条件下，对在洪水灾害中受灾体所遭受损失的数量（实物形式或货币形式）进行估计。这一层次的评估需要全面的调查资料、需要较长时间才能完成。明确洪水灾害评估的不同深度和层次性，对于洪水灾害管理实践具有重要意义。

洪涝灾情损失评估既要分析反映致灾因子和孕灾环境特性的洪水自然特征，又要分析描述承灾体洪水灾害的社会特征。自然属性特征由洪水发生的时间、位置、范围、程度、动态变化等来描述，洪灾的社会属性则以受洪水威胁区域的人口、房屋、工商企业、农作物、基础设施等指标来描述。根据评估目的的需要采用不同的评估方法，这些方法中最常见的是数学法，就是建立相关的函数来确定。确定社会经济在不同洪水强度下的损失程度（易损性）是洪灾损失评估的关键，影响两者之间关系的因素很多，致灾洪水特征、社会经济类型密度和抗洪能力、灾区的自然环境和社会环境都需要考虑。目前，定量分析研究仅集中于利用洪灾损失调查数据，采用参数统计模型，建立淹没水深与洪灾损失率的关系。

概括起来，洪灾损失评估大体分为5个步骤：

（1）通过现场实地调查、数值模拟或遥感分析确定洪水淹没范围、淹没水深、淹没历时等致灾特性。

（2）搜集社会经济调查资料、社会经济统计资料以及空间地理信息资料，运用面积权重法、回归分析法等对社会经济数据进行空间求解，生成具有空间属性的社会经济数据库，反映社会经济指标的分布差异。

（3）水情特征分布与社会经济特征分布通过空间地理关系进行拓扑叠加，获取洪水影响范围内不同淹没水深下社会经济不同财产类型的数量及分布。

（4）选取具有代表性的典型地区、典型单元、典型部门等分别作洪灾损失调查统计，根据调查资料估算不同淹没水深（历时）条件下，各承灾体洪灾损失率。建立淹没水深（历时）与各类承灾体洪灾损失率关系表、关系曲线或回归方程。

（5）根据影响区内各类承灾体分布和洪灾损失率关系，计算洪灾经济损失。

近些年来，随着遥感技术、地理信息系统技术的发展，以及在防洪领域中的广泛应用，有着难以比拟的优势，在洪涝灾害评估中得到广泛的应用。

6 防汛抗旱历史典型年

江苏省水旱灾害的特点是，发生次数多，受灾范围广，有时连续几年洪涝和连续几年干旱，经常出现水旱交错、旱涝急转的情况，甚至北旱南涝或东涝西旱同时发生，损失严重。据史料记载，自21—1949年的近2000年间，有灾害记录的就有1020年，平均不到两年就有一年受灾；中华人民共和国成立后的66年中，灾害发生也十分频繁，洪涝灾害21年，干旱灾害16年，旱涝交错22年，受灾面积较少的正常年景只有7年。

6.1 洪涝灾害

江苏省洪涝灾害的时空分布特点：在时间分布上，主要发生在主汛期6—8月，有时也会出现春汛（又称“桃花汛”）、秋汛、冬汛。洪涝灾害有梅雨型洪涝灾害（淮北地区为淮北雨季）和台风暴雨型洪涝灾害；在空间分布上，洪涝有时在长江、太湖、淮河或沂沭泗单一流域（水系）内发生，有时会出现江淮或淮沂或江淮沂并涨情况，特别是梅雨型暴雨易造成几个流域（水系）同时发生洪涝，有时甚至出现最为恶劣的洪、涝、风、潮相遭遇情况。中华人民共和国成立以来，江苏发生流域性洪涝灾害的典型年份主要包括：1954年江淮大水，1957年沂沭泗大水，1974年沂沭泗大水，1991年江淮大水，1998年长江大洪水，1999年太湖及秦淮河大水，2003年江淮大水、2016年太湖及秦淮河大水等；局地性的典型洪涝灾害如2007年南京城区、江宁区特大暴雨，以及2010年宿迁城区大暴雨等。

6.1.1 1954年江淮大水

1954年江苏省长江流域、淮河水系遭遇多年未遇的特大洪水。5—7月江苏省累计降雨量比常年明显偏多，其中沿江苏南824mm、江淮之间784mm、淮北地区512mm。江淮并涨，洪水泛滥成灾，灾情遍及全省：长江大通站8月1日出现历史最大流量92600m^3/s，南京最高潮位8月17日达10.22m，江心洲被漫决和淹没15个，滁河汊河集站、秦淮河大骆村站、固城湖高淳站等各站水位均超过当时历史最高记录；淮河水系洪泽湖7月28日入洪泽湖洪峰流量15800m^3/s，蒋坝站8月16日最高水位15.23m，其周边圩区约200万亩破圩滞洪；太湖湖东地区水位除近海外，皆超过历史最高记录，太湖西山水位站最高水位达4.65m。江苏省对主要堤防防守作了相应部署；对难以确保安全的长江江心洲和部分圩堤，布置有计划地撤退群众；及时采取三河闸控制下泄流量的错峰调度措施，成功保住了里运河东堤。

6.1.1.1 雨情

由于大气环流反常，从5月上旬—7月下旬的三个月内，西太平洋副热带高压一直停滞在20°～22°N，属典型“梅雨形势”，江淮流域上空长时期成为冷暖气流的交绥区，造成连续持久的降水过程。

全省降雨过程大致分为三个阶段：5月有3次暴雨过程，每次持续时间3～4天，为汛期暴雨初始阶段；6月中旬—7月中旬为暴雨全盛阶段，其中6月有3次暴雨过程，7月有6次暴雨过程，9次过程中有5次暴雨强度、笼罩面积、降水总量都比较大；7月14日以后为第三阶段，暴雨强度、笼罩面积明显衰减。5—7月的累计降雨量比常年明显偏多，其中沿江苏南824mm，江淮之间784mm，均较常年多80%左右，淮北地区512mm，也比常年多23%。尤其海安、兴化、泰州、镇江、高淳、溧阳等地3个月降雨量均达800～1000mm，是常年同期雨量的2倍左右。

6.1.1.2 水情

淮河干流5月中下旬发生过一次较大暴雨过程，7月大汛之前水位很高。淮河上中游7月发生5次暴雨过程，面平均月降雨量525mm，是常年同期的2.7倍，月初干流水位急速上涨，中下旬自淮滨站出现最高水位，濛洼、城东湖、城西湖、瓦埠湖等行蓄洪区相继开放和上游多处决口，拦蓄了部分洪水，7月28日入洪泽湖洪峰流量15800m^3/s。汛期入洪泽湖总水量648.1亿m^3，最大30天入湖水量300亿m^3。8月16日蒋坝站最高水位15.23m，洪泽湖周边圩区约200万亩破圩滞洪。三河闸最大泄洪流量8月6日达10700m^3/s；由于入江水道大流量行洪，高邮湖湖西圩区一片汪洋。在及时采取三河闸控制下泄流量的措施下，8月25日高邮湖最高水位达9.38m，保住了里运河东堤。里下河地区兴化站最高水位3.08m。

由于长江中下游地区雨季提前，洪水发生比一般年份偏早，5月、6月积雨致使江湖水量盈满，且与上、中游洪水发生遭遇，加上7月出现几次大面积暴雨，终于酿成长江罕见的特大洪水，长江中下游汛情出现全面紧张局面。长江中下游平原分洪溃口64处，分洪水量总计1023亿m^3，其中荆江分洪区三度分洪。大通站流量6月中旬突破60000m^3/s，至8月1日出现历史最大流量92600m^3/s。南京高潮位6月18日超过8.5m的警戒水位，7月13日超过1931年的历史最高记载9.29m，8月17日达10.22m，为有记录以来的最高值，至10月11日才退至警戒水位，在警戒水位以上维持116天之久。江心洲被漫决和淹没15个，仅剩下半个扬中。

太湖水系和长江支流也发生特大洪水。太湖地区5、6、7三个月平均降雨量938mm，太湖西山水位站最高水位达4.65m，在警戒水位3.5m以上维持119天，入湖总水量为103亿m^3；湖东地区水位除近海外，皆超过历史最高记录，湖西一般均未超过1931年水位。滁河汉河集站水位11.59m。秦淮河大骆村站水位10.15m，南京飞机场进水，飞机被迫撤往芜湖。固城湖高淳站水位12.45m，高淳县水阳江流域134个圩子，除相国圩外全部沉没和溃决。以上长江支流各站水位均超过当时历史最高记录，高水位维持达2个月之久。

6.1.1.3 灾情

全省受淹农田达3252.7万亩，成灾面积2035.6万亩，重灾灾民362万人，江港堤防决口1176处，倒塌房屋51.17万间，死亡1350人，伤1926人。

6.1.1.4 抗灾行动

5月中旬起，全省由北向南连日暴雨，省政府5月中旬抽调干部90多人分赴重点地区检查。5月18—20日召开全省防汛抗旱工作会议，部署1954年全省防汛抗旱任务。5月19日起，沿江苏南连日阴雨，长江水位上涨。各级党政机关抽调大批干部，深入基层、发动群众，排涝抢险，并要求首先确保洪泽湖大堤、里运河大堤，以及铁路交通和沿江重要工厂、仓库的安全。7月，暴雨继续倾注，长江、淮河水位持续上涨，洼地积水成灾。在省委、省政府负责同志主持下，全面研究汛情和抗灾措施，提出“从最坏处打算，向最好处努力”的抗洪方针，对主要堤防，特别是洪泽湖大堤、里运河东堤、灌溉总渠南堤以及三河闸、高良涧闸，要求在任何情况下确保安全，并对人力物力作了相应部署；对难以确保安全的长江江心洲和部分圩堤，布置有计划地撤退群众。省委、省政府负责同志分赴重点地区领导干部群众抗洪救灾。

1. 抗御淮河洪水

为适应淮河下游地区防汛斗争的需要，除苏北5个专区分别成立专区防汛指挥部外，还成立省淮河下游防汛指挥部、洪泽湖大堤防汛指挥部、运河防汛指挥部、灌溉总渠防洪工程办事处和皂河防汛指挥所，直属省防汛抗旱指挥部领导。7月4日淮河洪水到达洪泽湖，洪泽湖大堤防汛指挥部根据省防指指示，运用三河闸、高良涧闸泄洪，降低洪泽湖水位。随着湖水位上涨，三河闸泄量逐步加大。为确保洪泽湖大堤安全，经省委、省政府慎重研究，决定扩大三河闸泄量，并调用5艘挖泥机船对入江水道中的阻水坝埂进行浚挖。随着淮河汛情的发展，高邮湖水位迅速上涨，直接影响里运河东堤安全。为降低湖水位，决定在瓦窑铺附近，新河与壁虎坝之间，开挖3条引河，并在瓦窑铺附近做切滩工程。在入江水道大流量行洪期间，为稳住高邮湖水位，省委、地委决定放弃运西湖区部分洼地，扩大滞洪面积。淮阴地委从专区机关及有关县直机关抽调大批干部，集中大批船只和车辆将白马湖地区的33011户共15.5万多名群众转移到安全地带，妥善安置。

2. 抵御沿江、苏南洪涝

5月19日起，沿江各级党委政府组织数十万干部群众和解放军指战员在长江江堤上日夜加高培厚堤身。扬州专区、镇江专区和南京市抽调大批机关干部组成工作组分赴灾区指导抗灾，组织大批民工上堤加固江堤，对失去作用的涵洞、港汊予以封堵。同时，还展开一场保沪宁铁路龙潭站段和浦口火车轮渡码头的抗洪斗争。位于太湖下游的苏州专区，地势低洼，排而复涝，涝而复排。苏州地委、专署在6月20日大雨后，就专门布置，强调以防汛排涝为中心，沿江抢修江堤海塘，内河圩堤加高加固，半高田加高与新做圩岸。为确保太湖地区安全，省委派镇江地区副专员带一个警卫连，在高淳东坝的石坝上垒起6层盛土麻袋，日夜武装守护，以防止固城湖洪水冲入太湖地区，加重灾害。

6.1.2 1957年沂沭泗大水

1957年7月沂沭泗流域连续发生大暴雨，6—26日累计雨量一般达500～600mm，造成流域特大洪水，沂、沭河发生较大洪水。沂河临沂站19日最大洪峰流量达15400m^3/s，水位高达65.65m，为历史最高水位；南四湖下级湖微山站8月3日最高水位达36.28m，几乎达到黄河决口时的历史最高水位，蔺家坝口门被洪水冲开。骆马湖15天、30天洪水总量分别达到191亿m^3和214亿m^3。7月17日凌晨开启黄墩湖地区滞洪，最大分洪流量约3000m^3/s，共滞蓄洪水5.6亿m^3。

6.1.2.1 雨情

1957年7月6—26日沂沭泗流域发生了6次集中暴雨，每次暴雨的中心都在山东境内南四湖东西两侧支流及沂、沭河中游地区，以7月10日、12—13日、17—19日三次为最大。最大15天雨量400mm以上范围约73900km^2，雨带大体上呈东西向带状分布。7月6—26日的21天内，累计雨量一般达500～600mm，近暴雨中心700～800mm，蒋自崖站达975mm，超过常年年雨量。

造成1957年暴雨较长时间持续稳定在沂沭河及南四湖一带的主要原因包括：一是西太平洋副热带高压脊线一直维持在27°N附近，副高西北部边缘与西风带相互作用，有利于形成暴雨的环流形势比较稳定；二是每隔2～3天便有有利于形成暴雨的北槽南涡或切变线等天气系统影响本地区，把副高带来的暖湿水汽向本区输送。

6.1.2.2 水情

自7月6日起各河开始涨水，至7月28日出现6次洪水过程，每次洪水过程历时约2天左右。

沂河连续出现8次洪峰，临沂站7月13日、15日、19日3次洪峰流量均在10000m^3/s左右，其中19日洪峰最大流量达15400m^3/s，水位高达65.65m，为历史最高水位。经分沂入沭和邳苍分洪道分洪后，沂河华沂站20日洪峰流量6420m^3/s。

沭河连续出现8次洪峰。大官庄7月11日最大洪峰流量为4910m^3/s，经新沭河分泄2950m^3/s后，总沭河新安站最大洪峰流量2820m^3/s。

南四湖最大入湖流量约10000m^3/s，上级湖南阳站7月25日出现最高水位36.48m，下级湖微山站8月3日最高水位达36.28m，几乎达到黄河决口时的历史最高水位，蔺家坝口门被洪水冲开，7月28日最大泄洪流量达842m^3/s。

中运河承接南四湖下泄洪水及邳苍区间部分来水，7月23日运河站出现最高水位26.18m，洪峰流量1660m^3/s。

随着沂河、中运河洪水汹涌下注，7月16日下午当骆马湖水位达到22.84m时，尚有3.5亿m^3洪水量将陆续进湖，而气象预报沂河还将有大到暴雨，为此，省防总会商决策，于7月17日凌晨主动开启黄墩湖地区滞洪，最大分洪流量约3000m^3/s，共滞蓄洪水5.6亿m^3，淹没农田31.7万余亩。7月21日骆马湖出现当时历史最高水位23.15m。新沂河沭阳站21日出现最大流量3710m^3/s。

据分析计算，南四湖30天洪水总量为114亿m^3，相当于80年一遇，骆马湖15天、30天洪水总量分别达到191亿m^3和214亿m^3，居中华人民共和国成立后首位。

6.1.2.3 灾情

江苏省沂沭泗地区受灾农田798.15万亩，其中成灾663.44万亩，受灾人口209万人，死亡151人，倒房30万间。

6.1.2.4 抗灾行动

1957年沂沭泗地区发生了中华人民共和国成立以来的最大洪水。7月6日首场暴雨后，省委、省政府即进行紧急部署，14日派副省长韦永义坐镇徐州。当骆马湖危急时，省防总副总指挥、省水利厅厅长陈克天率领省水利厅技术人员赶赴淮阴防洪前线，立即与淮阴专区党政领导和水利局负责人，分析汛情、研究对策，并连夜赶到皂河，组成前线指挥部，指挥沂沭泗地区抗洪。在汛情紧急关头，韦永义副省长和陈克天一行从徐州乘飞机视察沂沭泗地区水情、灾情，研究对策。

7月7日，沂河临沂站出现第一次洪峰，邳县、新沂县组织10万民工上堤防守。16日凌晨沂河临沂站出现第4次洪峰9650m^3/s，洪水汇入骆马湖的相应洪峰约7000m^3/s，湖水位猛涨至22.84m，气象预报还有大到暴雨，情况危急。16日下午，省委听取省防总汛情汇报后，为保证骆马湖大堤和下游地区安全，决定开启黄墩湖临时滞洪。

7月6日起微山湖地区持续降雨，截至12日湖西丰、沛、铜的300万亩农田两度受涝，19日微山站水位33.35m。根据当时水情，省防总和徐州地委决定转移沿湖群众，放弃微山湖大堤，退守苏北大堤。在湖西开展抗灾斗争的同时，徐州地区还开展了一场保卫城市、矿山安全的抗洪战斗，在蔺家坝抢做束水工程，加固不牢河堤防，并根据汛情发展抢筑了第二、三、四道防线。

6.1.3 1974年沂沭泗大水

1974年8月，受12号台风影响，沂沭泗流域发生特大暴雨，12日暴雨中心老濉河刘圩站日降雨量达553.6mm，骆马湖区间的埝头站雨量达333.6mm。沭河、中运河、骆马湖、新沂河均出现历史最大洪水。沂河临沂站洪峰流量10600m^3/s，8月14日骆马湖最大入湖流量11450m^3/s，8月15日出现最高水位达25.47m，为历史最高记录。16日退守宿迁大控制，同日嶂山闸泄洪5760m^3/s，新沂河沭阳站最大行洪流量6900m^3/s，超过设计流量900m^3/s，相应洪水位10.76m，避免了黄墩湖滞洪造成的巨大损失。

6.1.3.1 雨情

1974年8月10—14日，受7412号台风倒槽和冷空气结合的影响，从洪泽湖向北到沂沭河流域出现南北向大片雨区。8月11日台风北伸倒槽影响安徽省大别山区，降水过程开始，雨区中心随着台风北移而向东北方向移动，12日北方东移小槽后部冷空气由西北侧侵入台风，使其转为温带气旋，中、高空变性的台风低压环流与位于太原南部的低压合并，遂与我国东北地区南伸低槽、河套大陆高压与西伸副热带高压脊在皖、鲁、苏一带构成“鞍型场”形势，导致8月12、13日出现大暴雨。

12日暴雨中心老濉河刘圩站日降雨量达553.6mm，骆马湖区间的埝头站雨量达333.6mm。13日暴雨中心移至沂沭河上游。本次降雨过程，暴雨量超过200mm的雨区在明光以北直至沂沭河流域东西宽约100km的范围内，暴雨量大于300mm的雨区面积17730km^2，主要分布在洪泽湖淮北区间和沂沭河及邳苍地区。

6.1.3.2 水情

经水库拦蓄削峰，沭河大官庄站洪峰仍达5400m^3/s，大官庄闸分洪入新沭河最大流量达4250m^3/s。石梁河水库最高水位达26.82m，泄洪闸最大泄流3490m^3/s。由于新沭河行洪，临洪闸不能开闸排涝，蔷薇河临洪站最高水位达5.93m。沂河临沂站洪峰流量

10600m^3/s，经彭家道口闸分沂入沭 3130m^3/s，经江风口闸向邳苍分洪道分洪 1550m^3/s，江苏省沂河干流港上站最大流量 6380m^3/s。中运河运河站洪峰水位 26.42m，相应流量 3790m^3/s。8 月 14 日骆马湖最大入湖流量 11450m^3/s，8 月 15 日出现最高水位达 25.47m，为历史最高记录。16 日退守宿迁大控制，同日嶂山闸泄洪 5760m^3/s，沭阳站最大行洪流量 6900m^3/s，超过设计流量 900m^3/s，相应洪水位 10.76m。

6.1.3.3 灾情

1974 年江苏省沂沭泗地区受灾农田面积 834.47 万亩，成灾面积 355.45 万亩，受灾人口 340 万人。

6.1.3.4 抗灾行动

8 月 13 日，省革命委员会副主任许家屯和有关部门负责人赶往淮阴、宿迁，在骆马湖畔召开会议，分析汛情，研究对策，落实措施，全面动员抗洪。淮阴地委在沭阳成立新沂河防汛分指挥部，领导新沂河防汛。徐淮两地立即组织动员 150 万人的抗洪大军，日夜坚守堤防，重要堤段一米一人，水涨堤高。

当骆马湖水位涨到 24.0m 以上时，8 月 15 日皂河老船闸被洪水冲毁，为保证抢险部队官兵和民工的安全，决定退守骆马湖第二道防线——宿迁大控制。鉴于沂沭河洪水不断上涨，骆马湖入湖水量越来越多，湖水位急剧上涨，新沂河沭阳站行洪流量已超过设计 6000m^3/s 的严峻情况，新沂河沿线各县及淮阴地区革委会强烈呼吁启用黄墩湖滞洪。省防指根据当时水情、工情，经全面分析研究，认为新沂河大堤条件已经有所改善，大流量行洪的时间不长，海口潮位不高，气象预报也不再有大风和暴雨，具备拼一拼的条件，从而向省委提出黄墩湖暂不滞洪，逐步加大嶂山闸泄量，同时加强新沂河防守的意见。经省委同意，逐步加大嶂山闸泄量，超设计标准行洪，新沂河沭阳站 8 月 16 日 22 时最大流量达到 6900m^3/s，超过设计标准 900m^3/s。经过数十万抗洪大军的日夜防守，保证了行洪安全，避免了黄墩湖滞洪造成的巨大损失，取得了抗洪斗争的全面胜利。

6.1.4 1991 年江淮大水

1991 年 5 月 21 日—7 月 15 日的 56 天时间内，发生了两段（5 月 21 日—6 月 18 日和 6 月 28 日—7 月 15 日）集中性降雨，淮河以南地区降雨总量达 800～1300mm，是常年同期降雨量的 4～6 倍。江苏省淮河以南地区河湖水位猛涨，普遍超过历史最高记录，太湖平均水位 7 月 7 日突破了历史最高记录 4.65m，7 月 14 日最高达 4.81m（当时报汛水位，水文资料整编后修正为 4.79m），并在历史最高水位上维持 14 天，在警戒水位 3.5m 以上维持 101 天；长江干流南京站 7 月 13 日最高潮位达 9.69m，为当时历史上第三位高水位；洪泽湖 7 月 17 日蒋坝站水位仍高达 14.06m，为中华人民共和国成立后仅次于 1954 年的第二个高水位；入江水道金湖站最高水位 11.69m，超过历史最高记录 0.50m；7 月 15 日兴化站最高水位达 3.35m，比 1954 年 3.08m 高出 0.27m；首次启用淮沭新河分洪，分洪流量 1140m^3/s 利用淮沭新河泄洪 5.6 亿 m^3；里下河沿海四港最大日排水流量为 2470m^3/s，运用腹部地区 300 个副业圩破圩滞洪，滞涝面积达 230 万亩。在太湖地区，采取了望虞河沙墩口、太浦河下游红旗塘等地爆破泄洪等应急措施，全力增加太湖洪水外排能力。

6.1.4.1 雨情

1991 年西太平洋副热带高压在 5 月中旬就明显北跳，比常年提早 20 天，脊线位置徘徊在20°～25°N之间，比常年偏北3～4个纬度，同时副高还存在短期活动，6月5日、22日及7月4日都出现副高脊线南移的情况，强盛的副热带急流向江淮地区输送丰沛的水汽；同期乌拉尔山、鄂霍次克海附近各有一个稳定的阻塞高压，贝加尔湖低槽深，冷空气不断由槽内分裂南下，冷暖空气不断交绥，致使江淮地区不仅入梅早而且出现多次连续暴雨过程。5月21日—7月15日的56天时间内，发生了两段（5月21日—6月18日和6月28日—7月15日）集中性降雨。该年6月8日入梅，7月15日出梅，梅雨量远大于有历史记载的任何一年。

5月中旬，淮北地区就进入了雨季，徐州、连云港地区一周内连降三次暴雨，雨量达150～260mm；5月21日淮河以南地区进入多雨季节，比常年提前了一个月。6月底、7月上中旬，雨区主要集中在沿江和太湖、里下河地区，18天内连续发生5次大暴雨过程。在5月21日至7月15日的56天时间内，淮河以南地区降雨总量达800～1300mm，是常年同期降雨量的4～6倍，超过1881年有记录以来的1921年、1931年、1954年这三个特大洪涝年份的同期雨量；其中淮河下游面平均降雨量为820.8mm，是正常年份梅雨总量的4～5倍，最大点雨量六合县河王坝水库达1317.3mm；沿江苏南地区面平均降雨量达841mm，秦淮河流域面平均降雨量1016mm，滁河流域面平均雨量1081mm，江苏省太湖地区面平均雨量786mm。全省64个县（市）中，有36个县（市）超过800mm，其中兴化、江宁、东台、句容、高邮、溧水等县（市）及南京市超过1000mm，兴化市最高达1302mm。

6.1.4.2 水情

在特大暴雨袭击下，江苏省淮河以南地区河湖水位猛涨，普遍超过历史最高记录。

长江流域：太湖平均水位7月7日突破了历史最高记录4.65m，7月14日最高达4.81m（当时报汛水位，水文资料整编后修正为4.79m），并在历史最高水位上维持14天，在警戒水位3.5m以上维持101天，直至9月底才退到警戒水位以下。太湖地区的无锡、常州以及洮湖、滆湖、宜兴、溧阳等湖西地区多个站点都超过历史最高记录0.2～0.8m。长江干流南京站7月13日最高潮位达9.69m，仅次于1954年和1983年潮位，为当时历史上第三位高水位；扬中河段受淮水入江10000m^3/s影响，突破了1954年最高水位。滁河晓桥站水位于6月14日和7月10日分别达到12.33m和12.63m，超过历史最高水位0.26m和0.56m；7月10日马汊河分洪道最大分洪流量达1260m^3/s。秦淮河东山站水位7月11日达10.74m，超过历史最高水位0.26m，秦淮新河最大泄洪流量971m^3/s，流域内的6座中型水库及赤山湖水位也出现了历史最高记录。

淮河流域：7月10日，入洪泽湖流量超过10000m^3/s，尽管在洪峰入湖以前就采取了“南下、东调、北分”的调度措施，7月17日蒋坝站水位仍高达14.06m，为中华人民共和国成立后仅次于1954年的第二个高水位。洪泽湖三河闸5月31日开始泄洪，最大泄洪流量8450m^3/s，入江水道金湖站最高水位11.69m，超过历史最高记录0.50m，高邮湖最高水位9.22m，归江三闸最大日平均流量分别为：万福闸7770m^3/s（7月11日），金湾闸1330m^3/s（7月12日），太平闸1070m^3/s（7月12日）。为加大洪泽湖泄量，对入江水道新民滩阻水高滩实施了爆破清障，还首次启用淮沭新河分洪，分洪流量1140m^3/s。里下河腹部地区，7月15日兴化站最高水位达3.35m，比1954年3.08m高出0.27m。为减轻洪涝灾害，对里下河地区采取了“上抽、中滞、下排”的调度措施，56天内，江都站抽排涝水11.8亿m^3，最大日均抽排流量为531m^3/s，沿海四港抢排涝水37.2亿m^3，最大日排水流量为2470m^3/s，运用腹部地区300个副业圩破圩滞洪，滞涝面积达230万亩。经采取以上措施，不仅有效地控制了里下河地区水位上涨的速度和幅度，也大大加快了退水速度。兴化水位由最高水位3.35m退至2.00m警戒水位仅用了24天，比1954年由3.08m降至2.00m的96天，缩短了72天。

6.1.4.3 灾情

全省农作物受灾面积3999.37万亩，倒塌房屋65.93万间，冲毁桥梁7851座、涵闸31749座，主要堤防出险500多千米，紧急安置灾民436万人，工业企业受淹4.2万家，停产半停产3.24万家，12条国道、干道公路中断，苏南内河航运基本停运，津浦铁路江浦晓桥段下行线中断58小时，全省直接经济损失达237亿元。

6.1.4.4 抗灾行动

1. 及时部署

6月14日晚，省委、省政府、省政协召开全省防汛抗灾紧急电话会议，要求各地紧急动员起来，迎战可能出现的大洪大涝；15日，省委、省政府联合发出通知，做出具体部署。6月底，全省又连降暴雨，江淮洪水夹击，太湖、里下河地区形成了大洪大涝。7月1日，省委、省政府再次决定，把防汛抗洪作为当前压倒一切的中心任务，进行全党、全民动员，并成立了省抗洪救灾总指挥部，切实加强对防汛工作的领导。7月11日，洪泽湖平均水位超过14m，而淮河洪峰尚未到来，7月13日省委根据省防指建议，作出了“早抽底水，清障增泄，滞洪削峰”的重大决策，对洪泽湖洪水入江、入海作了周密安排。

2. 科学调度

5月下旬和6月上旬，沂沭河发生两次洪水，省防指采取沂水南下、沭水东调、预降骆马湖水位等措施，避免新沂河行洪，保住了滩地30多万亩麦子。7月中旬，当淮河洪峰威胁江苏省的紧急关头，对洪泽湖防洪作出了重大决策：通过入江水道向南泄洪入江，三河闸最大泄量8900m^3/s；利用灌溉总渠向东泄洪入海；利用淮沭新河向北分洪5.6亿m^3，从而有效地控制了洪泽湖水位猛涨。在淮河洪峰入湖后，为了防御淮河可能再次发生的洪水，加大入江水道泄量，7月17—22日对邵伯湖东西兴圩主泓道两侧13个阻水高滩进行爆破，7月26日、28日又相继对湖滨新民滩1.3km南北坝爆破清障，扩大行洪能力。对里下河地区涝水，采取“上抽、中滞、下排”的措施，利用江都站抽排及沿海四港抢排，腹部地区相继破副业圩300多个，滞涝面积230多万亩。

在滁河流域，马汊河分洪道最大泄量1260m^3/s，超过1080m^3/s的设计能力；还利用蒿子圩和孟家圩、青骆圩等民圩滞洪削峰，滞蓄面积10km^2，保住了津浦铁路大动脉的畅通。太湖地区利用沿江涵闸抢排涝水60多亿m^3（5月21日—8月1日），谏壁闸抽排4.1亿m^3（6月15日—8月3日），加之圩区内部联圩并圩和机电排灌工程的作用，提高了整体防洪排涝能力。为了尽快降低太湖水位，国家防总还决定拆除沙墩港坝，炸开大鲇鱼口等口门，上海市还炸开了钱盛荡民圩和红旗塘隔堤，加上太浦闸行洪，共增泄洪水10亿m^3，降低太湖最高洪水位约28cm。

3. 靠前指挥

百年未遇的洪涝灾害，引起了党中央、国务院的高度重视。江泽民总书记、李鹏总理以及田纪云副总理，在7月上中旬先后来江苏灾区视察，指导抗洪救灾工作。6月中旬，省长陈焕友、副省长凌启鸿分别参加太湖和秦淮河、洪泽湖紧急联防会议，并作了重要讲话。在太湖水情紧急时，省委副书记曹鸿鸣和苏州市委、市政府领导现场指挥，解决实际问题，保证了国家防总对太湖流域防汛部署意见的顺利实施。7月上旬，省委、省政府组织抗洪救灾服务组，分赴苏州、无锡、常州、镇江、南京、扬州、南通、盐城、淮阴等市重灾区，实地指挥。省委书记沈达人、省长陈焕友多次深入沿江、太湖和里下河地区调查灾情，慰问群众。7月中旬，省委召开常委扩大会议，明确指出：一切要服从抗洪救灾工作，要急事急办，特事特办，提高工作效率。省防汛指挥部的各位副指挥，根据省委、省政府的部署，全力抓好抗洪救灾工作。

4. 团结抗灾

入江水道行洪期间，沿线18座病险涵闸相继告急，大堤多处渗漏，淮阴市组织了8万民工上堤防守；淮沭新河分洪时，淮阴、泗阳、沭阳三县10万群众上堤，加固除险。盐城市为确保灌溉总渠安全行洪，动员沿渠四县近10万干群，日夜守护，抢做土方30余万 m^3。沿江有关市、县认真贯彻“全面设防，防重于抢”的指导方针，成立了巡逻队、抢险队、尖刀队等抢险组织。滞洪、分洪区人民，更是识大体、顾大局，为保全全局甘愿牺牲局部利益，江浦县先后破了蒿子圩、孟家圩和青骆圩等民圩，转移安置3087人，为保卫津浦铁路畅通做出了贡献。全省地区之间、部门和单位之间密切配合，协同作战，积极主动地为抗洪救灾服务。驻江苏部队和武警部队、公安干警，急人民之所急，视灾情如命令，将灾区当战场，以最大的决心、最快的速度投入抗洪救灾斗争，哪里最紧急，哪里最危险，就出现在哪里，被广大群众誉为抗洪抢险的中流砥柱、保卫人民的钢铁长城。据不完全统计：驻江苏部队共出动12万人次，民兵324万人，动用车辆28000台次，舟艇104艘次，飞机12架次，共抢救转移群众75万人次，抢运物资51万t，加固堤坝1300多km，抢收小麦11万亩，为全省的抗洪救灾斗争做出了重大贡献。

6.1.5 1998年长江大洪水

1998年受厄尔尼诺现象影响，1—5月沿江苏南地区降雨524mm，江淮之间降雨529mm，是常年的1.5～2.2倍。秦淮河东山站7月1日最高水位10.28m，居当时历史第三位；长江干流南京下关站于7月29日出现年最高潮位10.14m，居历史第二位。7月27日省防指宣布沿江地区进入紧急防汛期，并对全省已发生的180多起险情（其中重大险情48处）及时发现，及时抢险，做到了有险无灾。

6.1.5.1 雨情

1998年1—5月，沿江苏南地区降雨524mm，江淮之间降雨529mm，淮北地区降雨405mm，是常年的1.5～2.2倍。汛期江苏省沿江和苏南平均降雨量638mm，基本接近常年，其中6月24日—7月6日的梅雨期降雨180mm，较常年偏少2.2成。

1998年江苏省长江汛情主要受上中游洪水影响。长江流域出现三次持续大范围强降水过程。第一次降雨主要集中在长江中下游地区，从6月12—27日，江西、湖南、安徽等地区降雨量比常年同期多1倍以上，江西北部多2倍以上，暴雨中心鄱阳湖地区雨量高达 300～500mm；第二次为全流域性降雨，从 7 月 4—25 日，长江三峡、江西中北部、湖南西北部和其他沿江地区，降雨量比常年同期偏多 2～5 成；第三次主要集中在长江上中游地区，从 7 月末—8 月 23 日，长江上游、汉水流域，四川东部、重庆、湖北西南部、湖南西北部，降雨量较常年同期偏多 2～3 倍。集中降雨致使长江干流出现多次洪峰。

6.1.5.2 水情

6 月中旬起，因洞庭湖、鄱阳湖地区连降暴雨，致使长江流量迅速增加，7 月上旬大通站形成了洪峰流量 79200m^3/s（7 月 8 日）的洪水过程。受上游来水和潮汛共同影响，江苏省沿江潮位自 6 月 25 日起全线超过警戒水位，南京站高潮位 6 月 30 日达 9.88m，为当时历史同期最大值，7 月 6 日达 9.90m。由于沿江潮位高，内河排水受阻，形成外洪内涝的严峻局面，秦淮河东山站 7 月 1 日最高水位 10.28m，居当时历史第三位；滁河晓桥站水位 7 月 4 日达 11.29m，超出警戒水位 1.79m。

7 月下旬—9 月中旬初，受长江上游干流连续 7 次洪峰及中游支流汇流叠加影响，大通站流量 7 月 27 日突破 80000m^3/s，8 月 2 日最大达 82300m^3/s，仅次于 1954 年洪峰流量，为当时历史第二位。南京站高潮位于 7 月 27 日达 10.00m，7 月 29 日出现年最高潮位 10.14m，居历史第二位，在 10.0m 以上持续 17 天之久，至 9 月 25 日才降至警戒水位以下，在警戒水位以上长达 92 天。镇江站 8 月 24 日出现 8.37m 的高潮位，仅比 1954 年低 1cm，居当时历史第三位。

6.1.5.3 灾情

江苏省长江流域受涝农作物 132 万亩，其中成灾 48 万亩，倒房 2024 间，受灾人口 95 万人，紧急转移人口 3.8 万人，直接经济损失 16.7 亿元。全省防汛抗洪共投入 6 亿多元，消耗三袋 1818 万只，砂石 286 万 t，土工布 138 万㎡。沿江 80 万军民投入抗洪抢险，时间长达 2 个月。由于防御措施有效，江堤达标建设发挥显著作用，水利工程抗灾效益达 249 亿元。

6.1.5.4 抗灾行动

1. 加强领导，全力以赴

进入汛期后，省委、省政府根据汛情变化，对长江防汛工作及时作出部署。7 月 27 日省防指宣布沿江地区进入紧急防汛期后，省委先后召开三次常委（扩大）会议，分别认真贯彻江总书记讲话、中共中央《关于长江防汛抗洪工作的决定》以及温家宝副总理来江苏检查防汛工作的讲话精神，对长江防汛工作进行专题研究，部署抗御长江特大洪水有关工作。7 月 30 日，温家宝副总理检查江苏省长江防汛工作后，省委、省政府于当天晚上召开沿江 8 市 21 县主要负责同志参加的电视电话会议，再次进行发动、部署、落实。

2. 周密部署，有条不紊

在抗洪指导思想上，省委、省政府提出“三防”，即主动防、积极防、高标准防。工作的目标是要达到“五保”，即确保长江大堤安全，确保大中小城市安全，确保交通大动脉安全，确保大中型企业安全，确保人民生命财产安全。省委书记陈焕友、省长郑斯林亲临省防指近 20 次，听取防汛抗洪汇报，进行科学决策，并多次深入沿江重点地区检查、指导抗洪工作，对防汛工作多次作出重要批示。姜永荣副省长坐镇省防指，每天主持召开会商会，时间长达近两个月，分析长江上中游的汛情，预测对江苏省的影响，根据江苏省的实际汛情、工情、险情，部署每一天的长江防汛抗洪工作。

3. 加强巡查，严防死守

按照省委书记陈焕友关于巡堤查险“一米不苟”“抢险措施1小时内到位”的要求，长江沿线各级党委、政府组织对长江大堤和通江河道实行严密防守，定人、定段、定时、定责，坚持24小时昼夜巡查，重要地段由行政领导及技术骨干带队值守。省防指对发生的重大险情，实行跟踪督查，直至消险。由于巡查责任落实到位，全省已发生的180多起险情（其中重大险情48处）都能及时发现，及时抢险，做到有险无灾。

4. 突出重点，狠抓薄弱环节

省委、省政府要求重要江心洲必须有县级领导坐镇指挥；进入紧急防汛期后，将江心洲的2.7万名老弱、病残及儿童全部撤离到安全地带。对堤防薄弱的通江河道，省防指派出专家组进行现场巡查指导，对堤防标准不足的突击加固加高，抢做子堰。对465座重点病险涵闸，实行全部封堵。对企业管理的堤段和城市防洪堤段，省防指专门发出通知，由地方政府行政负责人和企业负责人带队进行“拉网式”检查，发现问题，及时处理。南京军区、省军区、省武警总队等部队主动请战，全省共有8000多名解放军及武警官兵参加长江抗洪抢险，他们不畏艰险，不怕疲劳，英勇奋战，充分发挥了中流砥柱作用。

6.1.6　1999年太湖大水

1999年汛期，沿江苏南地区汛期降雨量达986mm，较常年同期偏多4.5成。由于本地降雨集中，加之浙北、皖南山区客水下泄，形成了外洪内涝、洪涝夹击的严峻形势。太湖平均水位7月8日最高达5.08m（当时报汛水位，水文资料整编后修正为4.97m），超过1991年的历史最高水位0.27m。6月20日起，省防指对沿江各涵闸抢潮排水作出了全面部署。望虞河常熟枢纽泵站6月25日提前开机，24小时抢排涝水；6月30日，又利用尚未竣工的常熟枢纽船闸应急投入排水；7月4日，根据国家防总调度指令，主动配合打开望虞河望亭水利枢纽，最大泄洪流量达536m^3/s，超设计标准行洪9天。6—9月，江苏省太湖地区沿江闸站总排水量达56亿m^3。

6.1.6.1　雨情

1999年汛期，全省气候异常，沿江苏南地区汛期降雨量达986mm，较常年同期偏多4.5成，其中50%的雨量集中在梅雨期；江淮之间、淮北地区汛期降雨量分别为539mm、499mm，较常年同期偏少2.3成和2.4成。淮河以南地区6月6日入梅，较常年提早近12天，7月20日出梅，梅期长达45天，较常年多20余天，梅雨期间先后有4次集中降雨过程。太湖地区平均降雨量663mm，为常年梅雨量的2.9倍，其中西山、平望降雨量超过800mm。据分析，太湖流域最大7天、15天、30天降雨量分别为346mm、408mm、618mm，均超过100年一遇。固城湖高淳站降雨量855mm，为常年梅雨量的3.7倍。

6.1.6.2　水情

由于本地降雨集中，加之浙北、皖南山区客水下泄，形成了外洪内涝、洪涝夹击的严峻形势。太湖平均水位自6月10日超过警戒水位，7月1日突破历史最高水位4.81m，7月8日最高达5.08m（当时报汛水位，水文资料整编后修正为4.97m），超过1991年的历史最高水位0.27m，在历史最高水位以上维持19天之久。湖西沙河水库7月1日出现最高水位21.98m，超过历史最高水位0.34m。大溪水库7月1日出现最高水位12.83m，超过历史最高水位0.18m。同时阳澄淀泖、武澄锡地区和浦南地区内河水位也都接近或超过历史最高水位。

固城湖高淳站水位6月18日超过警戒水位，6月30日突破历史最高水位12.57m，7月1日最高达13.07m，超过历史最高水位0.50m。石臼湖蛇山站水位6月28日超过警戒水位，7月2日最高12.68m，超过历史最高水位0.27m。水阳江水碧桥站水位6月16日超过警戒水位，7月1日最高13.08m，超过历史最高水位1.16m。

长江干流继1998年大洪水后，1999年又一次发生了中华人民共和国成立以来第二大流量洪水。7月23日大通站实测流量83900m^3/s，超过1998年最大流量82300m^3/s，居历史第二位。6月30日，江苏省长江干流全线超过警戒水位。南京下关站最高潮位为9.88m，超过警戒水位1.38m；镇江站最高潮位为8.17m，超过警戒水位1.37m。南京、镇江两站超警戒水位天数分别达70天和84天。

太湖骨干防洪工程在防洪中充分发挥了效益，6月初太浦闸、望亭立交相继开闸泄洪，太浦闸最大泄流量722m^3/s，望亭立交最大泄流量536m^3/s，与1991年相比，太湖退水速度明显加快，湖平均水位从最高5.08m退至4.0m，历时30天，而从4.81m退至4.0m仅用了19天，1991年同水位退至4.0m时间长达34天。汛期太浦闸共泄洪27.9亿m^3，望亭立交泄洪27.8亿m^3。

6.1.6.3 灾情

1999年太湖特大洪水，江苏省有37个县（市）区、310万人口受灾，倒塌房屋1.1万间；农田受灾面积277万亩，成灾面积158万亩；停产、半停产企业4642家；损坏水闸445座、桥涵755座，直接经济损失23亿元。

6.1.6.4 抗灾行动

面对太湖等地区出现的超历史特大洪涝，党中央、国务院高度重视，及时作出重要指示和紧急部署。温家宝副总理7月9日率领中央有关部门的负责同志，亲临江苏省太湖地区，检查指导防汛工作。

1. 加强领导，周密部署

6月30日，针对太湖等地区的严峻汛情，省防指宣布太湖地区等进入紧急防汛期，省委、省政府召开防汛抗灾紧急电视电话会议，省委书记陈焕友、省长季允石作了重要讲话，提出“三防五保”的指导思想。省委书记陈焕友、省长季允石多次亲临省防指，召开紧急会商会，分析研究防汛抗洪有关问题，7月8日又带领省有关部门负责同志，深入无锡、苏州境内太湖大堤，视察汛情，指导抗洪。温家宝副总理视察江苏太湖地区防汛工作后，省委、省政府于7月11日又召开了全省防汛抗洪紧急会议，要求认真贯彻落实温副总理指示，确保太湖防汛“万无一失”，并就抗御太湖特大洪水的应急对策作了部署。省防指成员单位挂钩联系南京、苏州、无锡、常州的省水利厅、供销社、贸易厅、农林厅等，也分赴各市，协助地方做好抗洪工作。驻苏部队、武警官兵积极请战，奋战在太湖、固城湖、石臼湖防汛一线，为防汛抢险作出了重要贡献。

2. 严防死守，确保环太湖大堤的安全

全省上下认真贯彻省委书记陈焕友关于巡堤查险“一米不苟”的要求，太湖大堤实行24小时巡查，定人、定段、定责、定岗，确保安全。7月1日，太湖水位超过历史最高水位后，省防指及时发出了《关于切实加强太湖大堤超标准洪水防守的紧急通知》，要求按照防御超标准洪水太湖水位5.0m的标准，切实落实好各项应急措施，确保太湖大堤及建筑物的安全。7月2日，姜永荣副省长在无锡主持召开了加强环太湖大堤防守的紧急会议，研究部署抗御超标准洪水的对策。7月5日接到国家防总《关于切实加强太湖环湖大堤防守的通知》以后，省委副书记许仲林、副省长姜永荣等领导立即召集有关部门研究贯彻落实意见，省防指组织有关专家编写《关于抗御太湖超标准洪水应急对策》，经省委、省政府批准后下发。太湖大堤沿线党委、政府将堤顶高程和堤身断面低于设计标准的堤段作为防守重点，抢做子堰，并在迎风顶浪及无滩面堤段，用彩条布覆盖坡面。

3. 加快排水，尽快降低湖河水位

6月20日起，省防指对沿江各涵闸抢潮排水作出了全面部署，要求沿江涵闸抢潮排水。望虞河常熟枢纽泵站6月25日提前开机，24小时抢排涝水。6月30日，又利用尚未竣工的常熟枢纽船闸应急投入排水。7月4日，尽管无锡等地内河水位很高、受涝严重，根据国家防总调度指令，主动配合打开望虞河水利枢纽，最大泄洪流量达536m^3/s，超设计标准行洪9天。据统计，6—9月，江苏省太湖地区沿江闸站总排水量达56亿m^3。

4. 充分发挥行政督查和专家指导作用

苏南地区发生严重汛情时，《江苏省防洪条例》刚刚颁布施行。针对少数地方防汛纪律松弛、指令执行不力、信息上报迟缓、大型水库超蓄、责任制不落实等情况，省防指专门发出了《关于严肃防汛纪律的紧急通知》，进一步重申了工作要求，并要求各级纪检监察部门参与防汛督查。为了保证责任落实，省防指向苏州、无锡、常州、高淳及沿江一线派出五个专家组，帮助指导抗灾。

6.1.7 2003年江淮大水

2003年6月21日—7月21日，全省面平均雨量474.4mm，为常年同期的2.2倍，为50年一遇。淮河干流水位迅速上涨，上游洪水来势迅猛，淮河发生了1954年以来最大洪水，7月14日洪泽湖蒋坝站水位最高达14.37m，超过1991年的14.06m，为中华人民共和国成立以来第二高水位。里下河、洪泽湖周边地区遭遇了比较严重的内涝，兴化站水位7月11日最高达到3.24m，为中华人民共和国成立以来第二高水位，仅比1991历史最高水位3.35m低0.11m。滁河、秦淮河发生较大洪水，7月5日21时滁河晓桥站洪峰水位12.46m，仅次于1991年最高水位（12.63m），为当时历史第二高水位。大水造成江苏省60个县（市、区）、845个乡镇、10373个自然村、2453.81万人受灾，直接经济总损失约234亿元。江苏省采用预降水位、全力泄洪、全力排涝、严密防守等措施降低洪水影响。其中，7月4日晚，根据国家防总指令，江苏省提前启用淮河入海水道分泄洪泽湖洪水，二河新闸行洪33天，最大流量达到1870m^3/s，分泄洪水44亿m^3。分淮入沂淮阴闸最大流量1720m^3/s，分泄洪水18亿m^3。

6.1.7.1 雨情

6月21日淮河以南地区入梅，入梅后江苏省主要发生了7次降雨过程、15个暴雨日，降雨强度大，范围广。据气象部门统计，6月21日—7月21日，全省面平均雨量474.4mm，为常年同期的2.2倍，为50年一遇。淮北地区面平均雨量530.6mm，为常年同期的2.6倍，江淮地区面平均雨量487.3mm，为常年同期的2.3倍，苏南地区面平均雨量 388.2mm，为常年同期的 1.9 倍。累计降雨量超过 800mm 的有泗阳、涟水 2 个县，600～800mm 的有 16 个县（市）。最大降雨量泗阳县达 823mm。

6.1.7.2 水情

淮河流域：由于淮河流域连降大到暴雨，淮河干流水位迅速上涨，上游洪水来势迅猛。受淮河干流及区间来水影响，洪泽湖最高水位、入湖总流量和三河闸泄洪流量均超过 1991 年，入江水道部分河段水位超过历史最高水位。三河闸自 7 月 1 日起闸门提出水面敞开泄洪，最大泄洪流量 $8940m^3/s$，超过 1991 年的 $8450m^3/s$；7 月 7 日洪泽湖最大入湖流量 $14500m^3/s$，超过 1991 年的 $11000m^3/s$；7 月 14 日洪泽湖蒋坝站水位最高达 14.37m，超过 1991 年的 14.06m，为中华人民共和国成立以来第二高水位。7 月 11 日，入江水道金湖站水位 11.97m，超过 1991 年的历史最高水位 11.69m；7 月 13 日高邮湖最高水位 9.52m，超过 1931 年的历史最高水位 9.46m，也超过了设计洪水位 9.50m；从 7 月 1—13 日的 12 天时间内，高邮湖水位陡涨 3.23m，增加的水量相当于 30 个邵伯湖的正常蓄水量，高邮湖水位持续在 9.2m 以上长达 15 天。受区域内强降雨影响，里下河地区河网水位迅速上涨，兴化站水位 7 月 11 日最高达到 3.24m，为中华人民共和国成立以来第二高水位，仅比 1991 历史最高水位 3.35m 低 0.11m。

长江流域：6 月下旬—7 月上旬，滁河、秦淮河流域连降暴雨、大暴雨，局部特大暴雨，滁河、秦淮河发生较大洪水。7 月 5 日 21 时滁河晓桥站洪峰水位 12.46m，仅次于 1991 年最高水位（12.63m），为当时历史第二高水位。7 月 6 日，南京市防指宣布滁河地区进入紧急防汛期，并利用马汊河分洪道分泄滁河洪水，最大分洪流量达 $1200m^3/s$。7 月 8 日 14 时，根据滁河地区水情、工情及天气预报，启用滁河滞洪区蒿子圩滞洪，以确保滁河下游大中型工矿企业、交通干线等保护对象的安全。7 月 18 日，南京市防指解除滁河地区紧急防汛期。7 月 11 日 17 时秦淮河东山站水位最高达 10.34m，为当时历史第四高水位，低于历史最高水位 0.40m。省防指调度武定门节制闸和秦淮新河闸全力开闸排水，有效地控制了秦淮河水位的继续上涨，汛期两闸累计排水 12 亿 m^3。

沂沭泗流域：沂河临沂站出现了 10 次洪峰流量在 $500m^3/s$ 以上的洪水，以 6 月 23 日 $2700m^3/s$ 为最大；沭河大官庄站出现了 8 次洪峰流量在 $300m^3/s$ 以上的洪水，以 8 月 31 日 $818m^3/s$ 为最大；中运河运河站出现了 4 次洪峰流量在 $1000m^3/s$ 以上的洪水，以 8 月 31 日 $1730m^3/s$ 为最大。受嶂山闸泄洪、“分淮入沂”及区间来水的共同影响，新沂河沭阳站出现了自 1974 年以来的最高洪水位，7 月 17 日水位达 10.71m，超过警戒水位 1.71m，列当时历史第二位；洪峰流量 $4860m^3/s$，列当时历史第三位。石梁河水库最高水位 25.05m，最大泄洪流量 $1045m^3/s$。南四湖地区汛期降雨量较常年同期明显偏多，上、下级湖各支流相继发生洪水，其中复新河流量达 $300m^3/s$，为近 30 年来最大；大沙河华山闸近 30 年来首次开闸泄洪。上级湖南阳站最高水位 35.28m，为 1973 年后 30 年以来最高水位；下级湖微山站最高水位 33.33m，为 1974 年以来最高水位。9 月上旬，二级坝、韩庄枢纽敞泄洪水，最大流量分别达 $1788m^3/s$、$1500m^3/s$。蔺家坝闸一度参与泄洪，最大流量 $148m^3/s$。

6.1.7.3 灾情

2003 年大水造成江苏省 60 个县（市、区）、845 个乡镇、10373 个自然村、2453.81

万人受灾，累计转移人口 86.5 万人，居民家中进水 81.16 万户；倒塌房屋 16.8 万间，损坏房屋 40.4 万间；农作物受灾面积 3639 万亩，成灾面积 2278 万亩，绝收面积 871 万亩。造成直接经济总损失约 234 亿元。

6.1.7.4 抗灾行动

汛情发生后，党中央、国务院高度重视，胡锦涛总书记、温家宝总理作了重要指示，回良玉副总理多次作出重要批示。7 月 13 日温总理和回副总理又亲临江苏省淮河流域检查指导。省委、省政府高度重视防汛抗洪工作，李源潮书记、梁保华省长和张连珍副书记、黄莉新副省长多次实地检查防汛重点地区，要求各地迅速贯彻落实中央领导的指示精神，周密部署，严防死守，确保不决堤，确保不死人。省防指周密安排，科学调度。各地各部门紧急行动，落实各项措施，全力组织防汛抗洪工作。

1. 超前部署，周密安排

7 月 4 日，省政府发出《关于做好当前防洪排涝工作的紧急通知》。7 月 6 日、8 日，省政府分别召开里下河地区和淮河流域防汛工作会议，省防指多次召开防汛会商会，研究部署淮河流域防汛抗洪工作。7 月 10 日，省政府派出 6 名省领导带队，到灾情较重的市检查指导工作。省防指先后派出八个工作组，分赴淮河入江水道、里下河地区、洪泽湖和主要行洪河道沿线，督促检查防汛抗洪工作。

2. 预降水位，全力泄洪

根据对淮河上中游的洪水预报，6 月 28 日洪泽湖水位 12.49m 时，省防指即决定提前开启三河闸泄洪，预降水位。随着洪泽湖入湖流量的增加，省防指妥善处理泄洪与排涝的关系，先后启用洪泽湖各泄洪通道，全力排泄淮河洪水。7 月 4 日晚，根据国家防总指令，江苏省顾全大局，提前启用淮河入海水道分泄洪泽湖洪水，二河新闸最大流量达到 $1870m^3/s$。7 月 5 日启用灌溉总渠泄洪，行洪流量 $700m^3/s$。7 月 6 日加大分淮入沂流量，淮阴闸最大流量达 $1720m^3/s$，为 1958 年建成以来最大流量。

3. 全力排涝，减少损失

为减轻里下河地区涝情，沿海四港闸全力抢排，最大日均流量 $2472m^3/s$；江都站、泰州引江河高港站全力抽排涝水，最大日均流量 $861m^3/s$，至 7 月底排出涝水 64 亿 m^3。同时，根据调度预案，启用 258 个滞涝圩破圩滞涝，扩大调蓄容积，控制水位进一步上涨。

4. 严密防守，确保安全

各地切实落实责任，加强巡堤查险，现场储备抢险物料，抢险队伍集结待命，发现险情立即抢护，坚决将险情消除在萌芽状态。全省共动员组织 1034 万人投入防汛抗洪工作，其中，上堤巡查 197 万人，抢险 228 万人，部队和武警 69586 人次；动用三袋 7477 万只、块石 43 万 t、土工布 268 万 m^2、铁丝 669t、柴油 4.7 万 t，出动排涝机泵 15.7 万台套 448 万 kW；投入抗灾资金 17.5 亿元。

5. 安全转移受洪涝威胁人员，妥善安排灾民生活

根据汛情，江苏省及时将洪泽湖、高邮湖周边圩区的居民有计划地撤退转移到安全地区，里下河滞涝圩区和其他一度被水围困人员也进行了安全转移，全省共安全转移 78.6 万人。

6.1.8 2007年南京城区、江宁区特大暴雨

2007年江苏省先旱后涝，洪涝并发，台风影响严重。入梅后，沿江苏南部分地区出现了几次强降雨过程，尤其是7月7日强降雨过程，暴雨中心24小时平均降雨量超过200mm，7月9日16时40分，秦淮河东山站最高水位达10.13m，超过警戒水位1.63m；7月10日8时，滁河晓桥站、六合站最高水位分别达11.05m和8.35m，分别超过警戒水位1.55m和0.60m。暴雨造成了南京城区178处不同程度积水，南京多处市政设施遭到损坏。为此，江苏省及时开启武定门、秦淮新河、天生桥、红山窑、划子口、三汊湾等闸泄洪，降低秦淮河、滁河水位，为沿岸排涝创造条件，并迅速调动机动排涝设备支援重点受涝地区。

6.1.8.1 雨情、水情

7月7日暴雨中心在南京主城区和秦淮河、滁河流域，24小时平均降雨量超过200mm，南京市城区及江宁区内涝严重。7月7—9日，南京市江宁东山站累计降水量达290mm。受强降雨影响，秦淮河、滁河水位迅速上涨，7月9日16时40分，秦淮河东山站最高水位达10.13m，超过警戒水位1.63m；7月10日8时，滁河晓桥站、六合站最高水位分别达11.05m和8.35m，分别超过警戒水位1.55m和0.60m。

6.1.8.2 灾情

由于降雨强度大，造成南京城区178处不同程度积水，如鼓楼区上海路、模范马路，下关区大桥南路、黄家圩路，玄武区小营村、黑墨营，白下区马府街、虎踞南路等；有许多小区积水，比如华电新村、马府街小区、新河二村、和燕路附近、河西龙江小区和江宁区等积水严重。其中较严重的有江宁区和龙江小区等。南京多处市政设施遭到损坏。一些地区因地势低洼，排水不畅，造成近千户居民家中进水。南京市各郊县受淹街镇共36个，受影响人口20.3万人，南京市电网经历了有史以来最为严峻的考验。7日暴雨期间，因雷击造成多处供电事故，形成多处停电，雷击共造成跳闸221条次。江宁区江南青年城小区的十几幢楼1层全部泡在水中，小区中心地区“风情吧街”商铺附近的十几幢楼四周都是黄黑色的积水，居民被困三天。原本的小区道路上则漂浮着不少居民自购的皮划艇、甚至自制的小船，整个小区在暴雨过后仿佛“水城”一般。有一位刚刚脱困的居民介绍，从7日晚上开始小区出现积水，8日晚上达到高峰，最深处的积水达到1.6m以上，已经到了脖子。而9日下午虽然水下去了一点，但仍然漫到胸口。很多居民被困家中无法出行，再加上小区停电，更是雪上加霜。

这次出现受淹现象，主要是“因为市政排污管网的泵站被雷击，且地下管网雨污未分流堵塞不通”，导致小区内的积水无法正常流入市政管网内，“而该小区由于自身地势低，再加上周边小区将积水直接排至马路上倒灌到低洼小区，造成了青年城小区内的积水无法排除，灾情加剧”。

6.1.8.3 抗灾措施

灾情发生后，南京市各级防指紧急行动，全力投入防汛抗灾工作。

一是加强防汛值班。做好气象、水雨情分析、灾情统计等信息报送工作，确保及时报告、及时处置，提高防汛快速反应能力，为领导决策当好参谋。二是加强防汛排涝工作的督查。检查各项防汛责任制落实情况、各级行政责任人和技术责任人在岗到位情况、防汛

各项措施落实情况，密切关注水雨情变化，加强防洪工作指导，按照防办职责统筹做好防汛抗旱工作。江宁区江南青年城小区物业公司和青年城管理处共出动了100多名人力，用拖拉皮划艇的方式保证部分被淹居民的正常出行，8日中午有6台，9日上午10台机泵开足马力，向外排水达每小时$100m^3$，一天以后，小区内的水全部退去。三是认真落实各项防汛预案。科学安排，调度水利工程设施防洪排涝，及时开启武定门、秦淮新河、天生桥、红山窑、划子口、三汊湾等闸泄洪，充分利用长江水位低的时机，降低秦淮河、滁河水位，为沿岸排涝创造条件；并迅速调动机动排涝设备支援重点受涝地区。四是检查指导水库、塘坝防汛工作。按照水库预案，严格控制水库水位，要求水库防汛责任人和看护人，在防汛期间保证通信畅通，加强运行管理和组织巡查工作。

6.1.9　2010年宿迁城区大暴雨

2010年9月7日19时—8日凌晨1时，宿迁市连降大到特大暴雨，过程降雨量达260～280mm，部分区域达324mm。造成直接经济总损失达23.83亿元，其中城区直接经济损失达10.35亿元。省防指积极与沂沭泗水利管理局会商，提前预降骆马湖水位，嶂山闸4次开闸，最大泄洪流量达$2620m^3/s$，累计下泄洪水22亿m^3；宿迁市委、市政府启动应急预案，采取抢排内涝、组织人员抗灾救灾等措施，有效控制了因特大暴雨造成的灾害损失。

6.1.9.1　雨情、水情

2010年9月，受北方冷空气与西南倒槽的共同影响，9月7日19时—8日凌晨1时，宿迁市连降大到特大暴雨，主要集中在市区$2000km^2$范围内，过程降雨量达260～280mm，部分区域达324mm。降雨量之大、降雨强度之猛，据气象记录为前所未遇。

6.1.9.2　灾情

据统计，宿迁城区30%的地段积水超过0.5m，最深地段积水达1.2m，受灾人口达76.59万人，紧急转移1.03万人。宿迁市本次受灾直接经济总损失达23.83亿元，其中城区直接经济损失达10.35亿元。

宿迁城区共有34个居民小区积水严重，老城区危旧片区有1200余户家庭进水，住户被安全转移，房屋及其他方面财产损失4.35亿元。

文教卫生行业损失0.64亿元。宿迁中学新校区、青华中学、张家港实验小学、克先小学、罗圩村小学、埠子村小学等169所学校受灾，34.6万m^2校舍进水，有的校园积水深达1.2m，6.7万名学生停课，2万名学生滞留校园，8000余名学生被连夜转移到楼上。全市有24家医院被淹。其中损失最为严重的是钟吾医院，门诊楼积水达1m，配电间进水，大型CT机、X光机、彩超机、药品、药材等医疗设备和药品被淹，连夜把53名病人从1楼转移至2楼，并利用消防车转移4名危重病人到市人民医院就医。

企业交通商贸系统损失4.32亿元。特大型企业洋河酒厂厂区全面进水，积水深度有的地方达1.2m，生产受到很大影响，200多名女工下班后被困在厂区一夜无法回家；精科集团数十套高压互感器被淹。宿豫、宿城和宿迁经济开发区出现连片企业淹没在水中，进水企业有60%基本处于停产状态。金融单位也不同程度受损，市区金库和部分ATM柜员机被淹，武警消防战士连夜转移。电力设施损失严重：城区大面积停电，全市有8条35kV线路跳闸、46条10kV线路跳闸，22万kV变积水严重，供电公司应急物资仓库全部被淹，51个居民小区配电室被淹停电，2所医院、11所学校被淹停电。在建工程：全市在建重点工程中宿淮铁路、宿新高速公路、国道205沭阳段、省道325泗阳至宿迁段、省道245沭阳段全线路基水毁严重，部分路段浸泡在水中。全市485km国省干线公路路面、路肩、边坡受损严重。全市2000余km农村公路出现道路塌陷、塌方、路基路面冲毁等现象，有9条县乡道约85km被冲毁。市区423台公交车中有249台不同情况受损停运。

水利工程损失1.04亿元。市区水闸损坏145处，涵洞、桥涵破坏75处，机电站被淹损坏20多处，护坡、堤防等损坏30多km。

6.1.9.3 抗洪救灾行动

针对沂沭泗地区上游来水情况，省防指加强与沂沭泗水利管理局会商，提前预降骆马湖水位，腾出库容迎接上游来水。嶂山闸4次开闸，最大泄洪流量达2620m^3/s，累计下泄洪水22亿m^3，汛期骆马湖未超过警戒水位。

灾情就是命令，时间就是生命。灾情发生后，宿迁市委、市政府高度重视，立即启动应急预案，采取果断措施，全力抗灾救灾，因特大暴雨造成的灾害损失得到了有效控制。

一是全力保障人民群众生命财产安全。组织党员干部深入学校、医院、养老院、住宅小区、商贸市场以及公共设施等部位了解灾情，指挥抗灾，及时转移、妥善安置受灾群众，共紧急转移受灾群众上万人。二是全力抢排内涝。及时调度开启三河闸、嶂山闸等口门，排泄洪水，降低洪泽湖、骆马湖水位，开启皂河站抽排黄墩湖地区涝水入骆马湖，为市区快速抢排内涝创造条件。调集本市所有排涝设备和人员，并在省防指大力支持下，从省骆运水利工程管理处累计调运165台套排涝设备，全力以赴抢排内涝。8日中午，老城区道路积水排除；晚20时，宿豫城区恒山路、江山大道等干线道路和珠江路、金沙江路等支线道路积水排除。9日12时，宿豫城区内涝水全部排清，居民生产生活恢复正常，宿城新区主要涝水基本排除。10日中午，宿迁经济开发区仅有个别洼地仍有积水，其他基本排完。三是全力修复电力、交通等水毁设施。加大供电线路排查和修复力度，10日，10kV以上线路全部恢复供电。按照“先通后畅”的要求，抓紧抢修水毁道路。四是全力组织抗灾救灾。在暴雨成灾之前，宿迁市主要领导亲临一线了解情况，把握工作主动。在灾害发生过程中，市级领导班子全体成员第一时间奔赴受灾一线，看望受灾群众，了解受灾情况，指挥抗灾救灾。通过电话、传真、电视、短信、广播等形式立即作出部署，严明纪律，落实责任，动员各级干部和广大党员迅速投入抗灾救灾，组织群众开展自救互救。

6.1.10 2016年太湖及秦淮河大水

2016年，受超强厄尔尼诺事件影响，江苏省气候异常。汛期，江苏省太湖地区累计降雨1164mm，超过1999年汛期降雨量，居历史第1位，是常年同期雨量的1.7倍，其中梅雨期（6月19日—7月20日）面均雨量539mm，是常年同期的2.4倍；秦淮河流域汛期面雨量1109mm，与2015年同期相当，较常年同期偏多67%，居历史第3位；水阳江地区汛期面雨量1451mm，为常年同期的2.1倍，超过历史最大值（1220mm，1991年）。

太湖地区、秦淮河流域先后发生春汛、梅汛、秋汛，流域汛情、灾情重于常年。太湖发生流域性特大洪水，7月8日太湖平均水位一度上涨至4.87m，仅比1999年历史最高水位低 0.10m，位列历史第 2 高；秦淮河东山站最高水位 11.44m，超历史 0.27m（11.17m，2015 年）；句容河前埠村站最高水位 12.23m，超历史 0.01m（12.22m，2015 年）；固城湖高淳、石臼湖蛇山闸最高水位分别为 13.21m、13.02m，分别超历史 0.14m（13.07m，1999 年）、0.34m（12.68m，1999 年）。

面对汛情，江苏省及时启动应急响应，于 6 月 22 日启动太湖地区防汛Ⅳ级应急响应，7 月 3 日 10 时启动沿江苏南地区防汛Ⅱ级应急响应。针对秦淮河南京段水位猛涨、两度突破历史最高水位的严峻形势，紧急关闭赤山闸，及时启用赤山湖内湖、白水荡等蓄滞洪区滞洪。

6.1.10.1 雨情

2016 年太湖流域降雨总体呈现以下特点：一是降雨持续偏多，历时长。进入 4 月份后，流域降雨持续偏多，至 7 月 8 日太湖水位达到最高值，流域降雨量 871mm，较常年同期偏多 9 成。二是梅雨量大，降雨集中。6 月 19 日入梅至 7 月 20 日出梅，梅雨量 412mm，较常年偏多 7 成，湖西区、武澄锡虞区、太湖区梅雨量为常年 2 倍以上。其中湖西区最大 3 日、7 日和 15 日降雨量均位列历史第 1 位，最大 15 日降雨量重现期超过 120 年一遇。三是降雨分布偏于流域西部、北部。汛期及梅雨期，湖西区、武澄锡虞区、太湖区面雨量均明显大于阳澄淀泖区、浦南区。

汛期，江苏省太湖地区累计降雨 1164mm，超过 1999 年汛期降雨量，居历史第 1 位，是常年同期雨量的 1.7 倍，其中梅雨期（6 月 19 日—7 月 20 日）面均雨量 539mm，是常年同期的 2.4 倍。

2016 年秦淮河流域汛期面雨量 1109mm，与 2015 年同期相当，较常年同期偏多 67%，居历史第 3 位。

2016 年水阳江地区汛期面雨量 1451mm，为常年同期的 2.1 倍，超过历史最大值（1220mm，1991 年）。

6.1.10.2 水情

2016 年太湖地区水情总体呈现以下特点：一是太湖高水位入汛入梅，入梅前已超警。受连续强降雨影响，太湖水位持续偏高。5 月 1 日，太湖以 3.51m 的历史同期最高水位入汛；6 月 3 日，太湖平均水位达到 3.80m，首次达到并开始超警戒水位；6 月 19 日太湖出现 3.77m 的历史第二高入梅水位。二是入梅后太湖水位迅速上涨，达到历史第二高。7 月 3 日，太湖平均水位达到并超过 4.65m，继 1954 年、1991 年及 1999 年后太湖流域第四次发生超标准洪水。7 月 6 日，太湖平均水位涨至 4.80m，流域发生特大洪水；7 月 8 日，太湖出现 2016 年最高水位 4.87m，仅比 1999 年历史最高水位低 0.10m，超防洪设计水位持续 16 天。三是河网水位普遍超警，部分站点超历史。受强降雨影响，地区河网水位大范围超警戒，超警时间大多在 20 天以上，湖西区、武澄锡虞区和苏南运河一线 10 余个站点达到或超过历史最高水位，其中洮湖王母观站 4 次刷新历史记录。

太湖平均水位 7 月 8 日最高上涨至 4.87m，超警戒 1.07m，超防洪保证水位 0.21m，仅比 1999 年历史最高水位低 0.10m，位列历史第 2 高；湖西片洮湖王母观、滆湖坊前、宜兴站最高水位分别为 6.55m、5.80m 和 5.54m，分别超过历史最高水位 0.43m、0.37m 和 0.24m；苏南运河常州、无锡、苏州站最高水位分别为 6.32m、5.28m 和 4.82m，其中无锡、苏州站超过历史最高水位 0.10m 和 0.22m；望虞河琳桥、平望站最高水位 4.71m、4.17m，其中琳桥站超历史最高 0.03m。4 月 1 日—9 月 8 日太湖水位长时间处于超警戒状态，累计超警天数达 62 天，其中超保证水位 16 天；湖西地区洮湖、滆湖超警天数分别为 27 天、53 天。

2016 年秦淮河流域发生流域性大洪水，水位频频刷新历史。秦淮河东山站最高水位 11.44m，超历史 0.27m（11.17m，2015 年）；句容河前埠村站最高水位 12.23m，超历史 0.01m（12.22m，2015 年）。

固城湖、石臼湖汛期最高洪水位也刷新历史，固城湖高淳、石臼湖蛇山闸最高水位分别为 13.21m、13.02m，分别超历史 0.14m（13.07m，1999 年）、0.34m（12.68m，1999 年）。

长江大通汛期来水 6760 亿 m^3，较 2015 年汛期（5121 亿 m^3）偏多 32%，较多年同期（5594 亿 m^3）偏多 21%。南京下关站最高潮位 9.96m（7 月 5 日 9：35），位居历史第 4 位；镇江站最高潮位 8.58m（7 月 6 日 8：00），位居历史第 2 位（历史最高 8.59m，1996 年 8 月 1 日 7：04）。

6.1.10.3 灾情

严重洪涝造成江苏省南京、无锡、常州、苏州、镇江等 5 个市 35 个县（市、区）68.67 万人受灾，紧急转移 9.52 万人；农作物受灾面积 180.11 万亩，成灾 72.12 万亩；损坏堤防 2306 处，损坏机电泵站 399 座。因灾直接经济损失 83.53 亿元。

6.1.10.4 抗灾行动

1. 靠前指挥

党中央、国务院和国家防总、相关流域防总高度重视江苏省防汛抗旱工作，在 7 月上旬防汛关键时刻，汪洋副总理亲临太湖流域部署防汛工作，国家防总和流域防总多次派遣工作组来苏检查指导。省委、省政府高度重视防汛抗灾工作。汛前，时任省委书记对今年防汛抗旱工作专门作出重要批示，要求强化防汛责任，细化工作预案，实化应对措施，全力做好今年防汛抗旱工作。省政府召开专题会议全面部署全省防汛抗旱工作并与各市签订目标责任状。汛期，在防汛关键时刻，省委、省政府主要领导都亲临省防指了解掌握水雨情和汛情变化，商讨对策措施，科学决策部署。省委书记李强上任第二天即赴洪泽湖三河闸了解淮河汛情，之后又到太湖地区检查指导，并到省防指部署防汛工作。针对 7 月上旬江苏省严峻的防汛形势，李强书记要求各地各部门要牢牢把握工作主动权，从严、从细、从实做好防汛各项准备工作，全面落实防汛抗灾各项措施，尽最大努力减轻灾害损失，确保人民群众生命财产安全。省长石泰峰先后 3 次到省防指部署防汛抗洪和防台风工作，要求各地高度戒备、严防死守，全面加强巡堤查险、科学调度和应急处置，确保不出现人员伤亡及重大破圩决堤。分管副省长多次组织分析会商，部署各项防汛措施。省防指加强科学调度，强化组织协调，加大督促指导，有力有序推进防汛抗旱和抗御台风工作，先后派出工作组 30 多批次，编发各类电报通知 230 多件，下达调度指令 200 多个。省防指各成员单位及时启动相应预案，各司其职，各负其责。地方各级党委、政府和有关部门迅速行动，靠前指挥，履职尽责，有力保证了防汛抗灾工作的有序开展。

2. 科学调度

针对沿江苏南地区出现的强降雨，江苏省统筹考虑流域与区域、区域与城市、城市与圩区、上游与下游、水库与河道雨水情变化，实施精准科学调度，最大限度发挥水利工程防灾减灾效益。一是提前预判预降。4月下旬江苏省利用常熟枢纽等现有工程实行闸泵联合运行，预降河湖水位，比调度方案规定条件提早一个多月；入梅后提前启用沿江魏村、澡港、谏壁、九曲河、七浦塘等泵站投入运行，增加排水规模；调度望虞河江边船闸暂停通航，投入排水运行。二是全力排水入江。今年汛期太湖地区沿江主要闸站日均排水流量最高达2400m^3/s左右，累计排水66.6亿m^3，其中常熟枢纽排水30.1亿m^3；梅雨期，沿江口门累计排水29.8亿m^3，其中常熟枢纽11.6亿m^3。三是实施错峰调度。及时启用钟楼闸关闭挡洪，减少对下游常州城区、苏南运河无锡段、苏州段防洪的压力。适时启用丹金闸枢纽，减缓金坛水位上涨速度。针对秦淮河南京段水位猛涨，两度突破历史最高水位的严峻形势，紧急关闭赤山闸，及时启用赤山湖内湖、白水荡等蓄滞洪区滞洪，有效缓解了下游防洪压力。四是利用太湖调蓄库容。2016年汛期江苏省在保证太湖堤防安全前提下，充分利用其调蓄能力。6月下旬以来三次启用蠡河枢纽排放苏南运河洪水，有效控制苏南运河水位上涨，缓解了无锡市防洪压力。五是及时启动应急响应。针对2016年江苏省雨情、水情、汛情变化快的实际，省防指加强与气象、水文、海洋等部门防汛会商，汛情紧张时实行每日3次会商研判，及时启动应急响应，超前做好防范应对工作，并坚持每日准时编发水情通报，为省委、省政府掌握最新汛情动态提供决策参考。6月中旬，鉴于江苏省太湖地区河湖水位相继超警，江苏省于6月22日启动太湖地区Ⅳ级应急响应，6月29日升格为Ⅲ级应急响应。6月30日—7月4日，江苏省淮河以南地区连续遭遇暴雨大暴雨袭击，太湖、秦淮河水位快速上涨，普遍超警戒，部分河道超历史，江苏省自7月3日10时启动沿江苏南地区防汛Ⅱ级应急响应，直至各有关地区水位下降、水情趋于平稳，7月19日10时将沿江苏南地区防汛应急响应由Ⅱ级调整为Ⅲ级，7月26日12时结束沿江苏南地区防汛Ⅲ级应急响应。

3. 处置险情

针对2016年持续强降雨导致太湖地区发生的险情，省、市、县各级党委、政府和防汛部门高度重视，快速反应，迅速采取针对性抢险措施，使各类险情得到及时有效控制。一是加强巡堤防守。坚持“防”字当先，把好巡查关，突出超警戒水位的河流和水库、塘坝等重点部位，加大巡堤查险力度。据统计，汛期江苏省太湖地区各市累计投入巡堤查险人员45万多人次。二是加强技术指导。在险情处置中，坚持把确保人民群众生命安全放在首位，提前做好群众转移避险工作，对发现的险情，第一时间派遣专家组，现场指导处置，及时抢护，确保险情在最短时间内得到有效控制。为保证险情巡查处置工作落到实处，省级先后派出10多个工作组分赴长江、太湖、秦淮河和重点水库塘坝进行督查指导，并组建了8个防汛抢险专家组，处于24小时待命状态，随时赶赴现场处置险情。三是加强专业抢排。充分发挥防汛机动抢险队和专业队突击作用，7月1—11日省防指连续下达11个调机指令，紧急调遣省防汛抗旱抢险中心和防汛机动抢险一队、三队三支省级专业抢险队160余人，携带220台套各类型柴油机泵、潜水电泵和9辆大功率移动排水车，连夜冒雨奔赴无锡、常州等受淹严重地区，帮助地方开展抢险排涝工作，累计抽排涝水

2800 万 m^3。

4. 团结抗灾

洪涝灾害发生后，省防指充分发挥综合协调、指挥决策作用，统筹好上下游、省市间、区域与流域的关系。各地党委、政府顾全大局、协同作战，坚决服从省防指的统一指挥和调度，各级防指成员单位各司其职、密切配合，全力支持防汛抗洪工作，全省形成了万众一心团结抗灾救灾的生动局面。特别是长期坚持的军地联防机制发挥重要作用，在防汛抢险紧急关头，驻苏部队、武警官兵挺身而出，奋力战斗在抗洪抢险第一线，承担大量急难险重的任务，为夺取防汛抗洪胜利作出了重大贡献。据统计，省军区出动民兵预备役近 2 万人次，协调现役支援部队 1300 多人；武警总队出动兵力 2.3 万余人次，解救转移受灾群众 2 万多人，抢运物资近百吨，加固堤坝 1.2 万余 m，有力确保了险情在第一时间得到及时有效处置，最大限度减轻了灾害损失。

6.2 干旱

江苏滨江临海，地处长江、太湖、淮河诸流域下游，江苏省过境水量年际间的变化很大，最大年值与最小年值相差 2 倍之多；淮河、沂沭泗水系丰枯年来水差值可达 10 倍以上。可供水量随上游来水和当地雨水变化而有较大的变幅，在干旱年份，受上游来水制约水量尤为紧张。江苏又地处南北气候的过渡地带，降雨时空分布不均，水资源南丰北枯，淮北水资源紧缺矛盾十分突出，历来是干旱灾害多发地区。

干旱灾害是江苏省主要的自然灾害之一，旱灾不仅严重影响人民生活和生产的正常用水需求，而且对生态环境造成严重冲击和破坏，导致城镇正常供水破坏，农村饮水困难，粮食大面积减产，制约社会经济的正常运行。据统计，中华人民共和国成立以来，全省发生旱灾有 43 次之多，农业受旱面积超过 1000 万亩有 31 次，1978 年、1994 年、2011 年发生了全省性的严重干旱，其中 1978 年、1994 年全省农田受灾面积分别为 5802 万亩、4431 万亩，这两次严重干旱造成部分丘陵山区、沿海垦区人畜饮水严重困难。

6.2.1 1978 年大旱

1978 年，全省出现全年连续大旱的特大干旱，从春旱开始，连续干旱长达 250 多天，并延续至 1979 年上半年。全省全年面平均降雨量：淮北地区 617.2mm，江淮之间 476.8mm，沿江苏南 559mm，只有常年雨量的 47%～69%。同期，全省江河上中游来水严重偏少，洪泽湖年入湖总水量为 30.48 亿 m^3，仅为常年的十分之一，骆马湖年来水量 26.65 亿 m^3，比常年少 60%，长江大通站流量长期偏少，其中 8—11 月月平均流量比常年同期少 40%左右。全省受旱面积，春、夏季达 1660 万亩，秋旱达 5802 万亩。为应对旱情，全省 1—10 月，自引和翻引长江水量 215 亿 m^3，利用洪泽湖、骆马湖及水库、塘坝、河网等共拦蓄水 120 多亿 m^3。抗旱期间，淮北新打机井 7200 眼，挖土井 13 万眼，连同原来的 5 万眼机井，共抽地下水 25 亿 m^3。

6.2.1.1 雨情

全省年初雨量就较少，3、4 月淮北旱象开始露头，并逐步发展到苏中和苏南。以后春旱接“空梅”，“空梅”接夏旱，夏旱接秋旱。全省全年面平均降雨量：淮北地区

617.2mm，江淮之间476.8mm，沿江苏南559mm，只有常年雨量的47%～69%。6—9月全省发生伏旱，除徐州西部地区外，一般比常年同期少5～6成，有的地方只及常年的三分之一，出现百年少见的大旱。年蒸发量达1200～1600mm，相当于同期雨量的3倍左右。6月、7月，江苏省淮河以南地区梅雨总量仅为10～40mm，几乎为“空梅”。7月中旬—8月下旬的40天内，沿江和苏南地区基本无雨。同时，出现持续高温天气，南京气温在35℃以上持续35天，最高39.7℃。9月后，降雨量继续持续偏少。

6.2.1.2 水情

1978年，全省江河上中游来水严重偏少，淮河干流蚌埠闸关闸长达218天之久，洪泽湖年入湖总水量为30.48亿m^3，仅为常年的十分之一，骆马湖年来水量26.65亿m^3，比常年少60%。长江大通站流量长期偏少，其中8—11月月平均流量比常年同期少40%左右。

由于本地降雨量少，上中游来水又严重不足，致使全省河湖长时间在低水位运行，大部分河港断流，水库塘坝干涸见底。洪泽湖水位长期在11.0m以下，6月29日最低水位为10.27m，二河闸断流15天。骆马湖最低水位17.85m，微山湖最低水位30.55m，中运河运河站最低水位18.51m，京杭运河徐州段断航达40天之久。高邮湖水退到湖心。里下河兴化站最低水位0.63m，较新中国成立后历史最低水位只高0.35m；阜宁站水位6月23日降到－0.07m。8月26日太湖西山站最低水位2.25m。长江干流水位长期低于常年同期1m多。

6.2.1.3 灾情

全省受旱面积，春、夏季达1660万亩，秋旱达5802万亩，成灾面积1334万亩，其中失收面积为276万亩。9月、10月以后秋播农田受旱也达2000万亩以上。丘陵山区、沿海垦区人畜饮水发生严重困难。

6.2.1.4 抗灾行动

1978年全省抗旱分为三个阶段：第一阶段抗春旱，省委、省政府要求各地干群大力引用当地河沟水灌溉，挖井浇苗，抗旱保麦，抗旱春播；第二阶段5月下旬至10月，抗旱保夏种、保秋熟；第三阶段10月至年底，抗秋冬旱保秋播、保全苗。

4月25日国务院抗旱领导小组召开紧急抗旱电话会议后，旱情较重的徐州、淮阴、盐城、扬州地区连夜召开会议研究抗旱对策。5月7—8日，省防指召开淮阴、扬州、盐城三地区和部分县水利部门负责人的紧急抗旱会议，研究确定抗御长期干旱的具体措施。5月14日，省委、省政府召开抗旱电话会议，决定抽调省级机关局处长72人，带领280名省级机关干部到地、县参加抗旱。5月16—19日，省委副书记胡宏带队到淮阴地区现场办公，研究洪泽湖灌区水源安全及抗旱措施。为加强抗旱工作的领导，省委、省政府决定成立省抗旱领导小组，定期在省农办会办，领导小组下设办公室，办公室设在省防指。6月7—8日省抗旱领导小组在扬州召开淮阴、扬州、盐城、南通等4地区负责人和省有关部门人员参加的抗旱紧急会议，进一步研究抗旱的具体措施，要求各级立足于全面抗旱、长期抗旱，江都站抽水不少于400m^3/s，淮北突击打井。

在抗旱紧张的时候，全省有7万多名干部，带领600万群众在抗旱第一线。南京市共建临时翻水线131条，翻水12.9亿m^3。镇江地区立足于引长江水，先后突击开辟40多条骨干翻水线，翻引江水30亿m^3。徐州地区根据水源紧缺的情况，调整了作物布局，压缩水稻面积，全地区打机井7000多眼，土井、大口井10万眼，开“沟底沟”“河中河”9500多条，挖掘水源10亿m^3。淮阴地区坚持“统筹兼顾，全面安排，以农为主，兼顾航运和工业用水”的抗旱方针，将灌溉、航运、工业和生活用水以及按省要求向盐城、连云港的送水进行统一安排，全区共打坝1.1万多道，拦蓄回归水16亿m^3。扬州地区发扬“三车六桶”齐上阵的精神，大引大翻江水，邵伯湖灌区共引提江水6.74亿m^3，通南地区利用沿江各闸抢潮引水20.4亿m^3。

在抗旱斗争中，全省利用现有水利设施，采取引、翻、挖、蓄、调相结合，引江济淮，淮沂互济。武定门抽水站从5月1日—12月8日开机147天，抽江水4.53亿m^3供秦淮河流域抗旱用水。江都站全年抽引江水62.8亿m^3，淮安站抽水10亿m^3，高良涧越闸临时站抽水3亿m^3。8月沂沭河来水较多，及时进行“引沂济淮”，调剂8.8亿m^3沂水给淮水灌区。据统计，全省1—10月，自引和翻引长江水量215亿m^3，利用洪泽湖、骆马湖及水库、塘坝、河网等共拦蓄水120多亿m^3。抗旱期间，淮北新打机井7200眼，挖土井13万眼，连同原来的5万眼机井，共抽地下水25亿m^3。

6.2.2 1994年大旱

1994年，全省发生了春、夏、秋连续干旱。4月下旬—8月25日，全省降雨量较常年同期少40%～50%，特别是6月下旬的梅雨期间，降雨量仅20～45mm，比正常年景梅雨量少80%～90%。同期，高温持续时间长、上游来水少，造成了全年的特大干旱，淮河上中游污水下泄加剧了抗旱工作的难度。4月下旬—6月下旬，淮北地区首先出现旱情；7月上旬，全省旱情自北向南迅猛发展，尤其是沿海垦区和丘陵山区最为突出；7月19—21日，蚌埠闸泄流710～830m^3/s，下泄污染水量达2亿m^3，造成淮河下游发生有史以来最严重的一次水污染事故；7月下旬，太湖地区也出现大面积旱情；7月31日，淮河干流再次断流，污染加重；8月份，全省旱情达到顶峰，受旱面积一度高达4431万亩。江苏省高度重视此次旱情，精心组织抗旱行动，省防指加强管理、科学调度，多手段开展抗灾行动；南京军区调集运水车辆，为盱眙、江浦、仪征、溧水等重旱地区群众送去饮用水，应急从龙王山水库架设18km的输水管道，解决盱眙县城临时供水。

6.2.2.1 雨情

4月下旬—8月25日，全省降雨量较常年同期少40%～50%，特别是6月下旬的梅雨期间，降雨量仅20～45mm，比正常年景梅雨量少80%～90%，几乎成“空梅”。6月21日—8月25日，全省降雨量比常年同期少4～6.6成，其中沿江苏南、江淮之间和淮北地区降雨量分别为141mm、139mm和252mm，除沿江苏南地区比1978年同期略多外，江淮之间和淮北地区分别比1978年少22%和29%，降雨地区分布极不均匀。1994年，全省开春后气温迅速回暖，4月底最高气温即突破30℃，5月全省极值气温超过30℃的有4～11天，月平均气温比常年同期高2～3℃。6月底开始，全省再次出现大范围、长时间的高温天气，至8月25日，南京35℃以上的高温天数达33天，仅次于1978年的35天和1966年的36天。

6.2.2.2 水情

在降雨少、高温持续时间长的情况下，全省各主要江河上中游来水也异常偏少。7月初至9月下旬，长江干流大通站流量维持在30000m^3/s左右，比常年同期少10000m^3/s，沿江潮位较常年同期低0.5～0.8m，沿江涵闸引水量不足。里下河地区的阜宁、盐城、建湖和沿海垦区的大丰等站水位降至1978年最枯水位以下。淮河干流蚌埠闸7月8—15日关闸断流，7月31日再次断流，累计关闸天数37天，洪泽湖水位在死水位以下长达1个多月。在遭受严重干旱的时候，淮河上中游有污染水体下泄，使旱灾雪上加霜。石梁河水库也因上游污水入库，水质严重污染不能作为饮用水源。

6.2.2.3 旱情发展过程

4月下旬至6月下旬，淮北地区首先出现旱情，影响了夏种和水稻栽插进度，150万亩农作物无法播种，200万亩旱作物凋萎，50万人饮水发生困难。淮河以南地区6月21日入梅，6月28日出梅，呈现“短梅、空梅”的特点，水稻大栽插用水后，河湖库水源基本未得到补给，洪泽湖、骆马湖、微山湖均已接近或低于死水位，46座大中型水库蓄水少于常年4～6成，70%以上的小型水库及塘坝干涸。7月上旬，全省旱情自北向南迅猛发展，尤其是沿海垦区和丘陵山区最为突出，旱作物大面积凋萎，部分田块枯死，近百万人发生饮水困难；骆马湖以北京杭运河航运和电厂用水，仅靠抽骆马湖底水维持。7月19—21日，蚌埠闸泄流710～830m^3/s，下泄污染水量达2亿m^3，形成该闸下至洪泽湖入湖口130km的污染带，沿线水质恶化，使沿淮和盱眙县城22万人饮水极度困难，由于当时洪泽湖水位仍低于死水位，大量污水加入，造成淮河下游发生有史以来最严重的一次水污染事故，盱眙县自来水厂7月28日7时停止供水。危难时刻，南京军区捐助江苏省抗旱柴油120t，调集运水车辆，为盱眙、江浦、仪征、溧水等重旱地区群众送去饮用水；应急从龙王山水库架设18km的输水管道，解决盱眙县城临时供水，缓解了盱眙县城居民因淮河污染造成的饮水困难，至9月20日盱眙自来水厂才恢复供水，停止供水55天。7月下旬，太湖地区也出现大面积旱情；7月31日，淮河干流再次断流，污染加重；沿海垦区水质恶化，含盐度5‰以上，在田作物大面积严重缺水。8月，全省旱情达到顶峰，受旱面积一度高达4431万亩。

6.2.2.4 灾情

全省累计受旱面积达4431万亩，其中轻旱2599万亩，重旱1322万亩，绝收510万亩，有472.9万人、155.3万头牲畜饮水发生困难，水产损失达12.5亿元。丘陵山区所栽的果茶桑苗大面积枯死，秋茶、秋桑基本无收。淮阴等地交通航运和电厂发电受到影响；一些企业因旱缺水而停产，仅宜兴市纺织、建材等企业停产损失就达近亿元。

6.2.2.5 抗灾行动

1. 高度重视，精心组织

国务院、国家防总十分关心江苏省抗旱，国务院委托环保、水利等部门领导同志，视察淮河水污染情况，并在淮阴现场研究淮河水污染防治对策。国家防总也派出工作组，检查指导江苏省抗旱工作。省委、省政府从5月起多次召开会议，专题研究抗旱工作，并派出工作组分赴淮北，指导抗旱工作，7月16日在全省农业工作会议上，又进一步部署抗灾夺丰收活动。7月下旬，面对日益加重的旱情，省委书记、省长陈焕友主持召开了全省抗旱工作紧急电话会议，要求各级各部门把抗旱工作作为经济工作的重要任务、农村工作的首要任务来抓，立足于“抗大旱、抗长旱”，克服侥幸麻痹思想和畏难惜本情绪，实行

“一抗四保”方针，就是抗旱保人民生活、保航运、保发电、保在田作物。8月4日，省委、省政府召开市委书记、市长会议，进一步部署抗旱工作，并派出由各部、委、办、厅（局）组成的11个工作组，分赴各市，现场办公，检查指导抗旱。

2. 及早翻水，广辟水源

1993年汛末，省防指及时拦蓄沂沭泗地区秋汛的尾水，同时又狠抓蓄水保水，使淮北“三湖一库”蓄水量比常年多出11亿m^3，为保证淮北地区1140万亩水稻栽插任务适时完成提供了水源。江都、泗阳等主要抽水站在1994年4月下旬淮北旱象初露端倪时便投入抗旱翻水运行，6月初全部开足，到9月30日止，江都站翻送江水49.73亿m^3，相当于1.5个洪泽湖的正常蓄水量，泗阳、皂河两站抽水量也分别达7.67亿m^3和0.65亿m^3。沿江各类涵闸抓住时机，多引江水，补充内河及河网地区水源。据统计，抗旱期间，全省沿江各类水利工程抽引江水160亿m^3。8月11日，在国家防总、淮委和山东省的支持帮助下，由淮委沂沭泗水利管理局调度，开启了南四湖二级坝，向下级湖补水8000万m^3。为解决太湖湖西地区抗旱水源，省防指一方面于8月中旬现场协调，采取在高淳杨家湾临时架设机泵50台套计$20m^3/s$抽水，通过开启茅东闸向南河放水，解决溧阳南渡以西和高淳部分地区的抗旱水源；另一方面，调度谏壁抽水站全力翻引江水，沿大运河、丹金漕河向湖西地区补水。

3. 加强管理，科学调度

为充分利用好有限水源，省防指千方百计加强用水调度和管理。5月初省防指发出了《关于切实加强小秧用水管理工作 节省湖库蓄水水源的紧急通知》；6月初又发出《关于切实加强当前水稻栽插用水管理工作的紧急通知》。7月初随着旱情的发展，抗旱工作进入关键时期，省防指派出工作组，深入到沿运的引水涵闸，加强对各地引水量的监督、检查。为了进一步管好有限的水源，8月3日，省防指派出一个防指副指挥为领队、防指办公室副主任为组长的省驻沿运抗旱工作组共40人，进驻江都、高邮、宝应和淮安等四县（市）沿运灌区，加强用水监督，协调用水矛盾。在骆马湖水位持续下跌、中运河航运面临停航的情况下，省防指下令打开洋河滩闸，开启皂河站提抽骆马湖底水，使中运河运河镇水位维持在21m的航运水位以上。在淮河污染水体尚未入洪泽湖前，二河闸所有闸门提出水面，使二河灌区农田普遍灌溉一遍，并利用二河段河道提前储备水源，供淮阴市水厂等用水；污水入湖后，及时关闭二河闸，淮阴站抽引江水入二河1.15亿m^3，以解决淮阴、盐城等市水厂、电厂、航运及农灌用水。后期，利用沂沭泗地区降雨较多、湖库蓄水较好的时机，“引沂济淮”，将骆马湖水通过中运河、徐洪河南调入洪泽湖，至9月底南调水量11.3亿m^3，有力地支持了淮阴等市抗旱抗污工作。

4. 组织发动，抗旱保苗

广大干部群众发扬“千里百担一亩苗”的精神，“只要长江不断流，抗旱抗到天低头”，大打抗旱保苗人民战争。六合县红山窑、金牛山等主要翻水站6月1日起就日夜开机运行，翻江水入滁河、补水库、保灌溉，确保了抗旱水源的补给。宜兴市针对山区和部分高亢平原地区河水浅、塘坝干的实际，架设临时翻水线28条，疏浚引水河道103条31km。盐城市政府一方面动员群众疏浚引水口门1.1万个，挖土175万m^3；另一方面由市委、市政府组织开展三次较大规模的清障活动，共清除坝埂29800道、鱼罾鱼簖鱼坞

5783处，清理河道浅段26600处，疏通阻水船只5690条。盱眙县恢复旧井、开挖新井200多眼，帮助群众克服饮水困难，山区乡镇组织劳力夜间挑水上山。据统计，全省投入抗旱劳力1300多万人、机电井1.2万眼、柴油机16万台167.2万kW、电动机13.2万台211.0万kW，帮助宜兴、溧阳、句容、泗洪、六合等重旱地区抗旱翻水。

6.2.3 2011年大旱

2010年秋冬至2011年夏，江苏全省干旱少雨，2010年10月1日—2011年6月30日，淮北地区累计面雨量仅193.1mm；江淮之间累计面雨量367.7mm。2010年10月1日—2011年5月31日沿江苏南地区累计面雨量239.1mm。2011年5月初长江大通站出现历史同期最低水位5.30m，流量只有14000m^3/s左右，沿江引水严重不足；淮河干流蚌埠闸1—6月来水量只有常年同期的18%；沂沭泗河2010年汛后起至2011年6月基本无来水补给。江苏省形成了横跨秋冬春夏的四季连旱，为中华人民共和国成立以来同期最严重气象干旱，因旱造成直接经济总损失52.4亿元，其中农业直接经济损失26.8亿元，水产养殖业损失14.8亿元。省防指科学调度三大跨流域调水工程，引调江水增加抗旱水源，尽量避免了旱情的持续加剧。

6.2.3.1 雨情

2010年10月1日—2011年6月30日，全省降雨明显偏少，平均无有效降水日达249天，蒸发量405mm。淮北地区累计面雨量仅193.1mm，比常年同期少51%，为历年同期最小值；江淮之间累计面雨量367.7mm，比常年同期少35%，为历年同期第三小值。2010年10月1日—2011年5月31日沿江苏南地区累计面雨量239.1mm，比常年同期少55%，为历年同期最小值，其中2011年1月—6月8日面雨量仅152mm，为近60年来同期最少。

6.2.3.2 水情

2011年5月初长江大通站出现历史同期最低水位5.30m，流量只有14000m^3/s左右，江苏省沿江潮位比常年同期偏低1～2.2m，南京下关站潮位最低只有3.83m（5月11日），为历史同期最低值，比多年同期偏低2.83m，导致沿江引水严重不足。淮河干流蚌埠闸1—6月来水量只有常年同期的18%，蚌埠闸累计关闸70多天，为近30年来同期最长时段；沂沭泗河2010年汛后起至2011年6月基本无来水补给。

在大规模实施江水北调、江水东引、引江济太等跨流域调水补给的情况下，由于长期抗旱用水等消耗，全省主要湖库水位持续下降。洪泽湖曾一度低于死水位8天，骆马湖、微山湖水位长期在死水位以下。淮北地区“三湖一库”可用水量基本耗尽，最小时仅剩石梁河水库可用水量0.6亿m^3。太湖地区河网水位6月10日之前普遍较常年同期低0.3～1.0m左右，太湖平均水位最低时仅2.74m（5月18日），为1954年以来第三低。6月上旬全省大中型水库蓄水量比常年同期少36%，其中大溪水库低于死水位0.26m，横山水库接近死水位，可用水量仅有60万m^3；小型水库和塘坝蓄水也仅有常年同期的10%～20%，有282座小水库、13万面塘坝干涸。苏北里下河北部地区射阳镇6月21日出现历史最低水位0.22m；地势最低洼的兴化站水位一度降至0.86m，也比常年同期低0.3～0.4m。水阳江水系石臼湖5月12日水位3.83m，水尺已无法测出水位，大部分湖区完全干涸，为新中国成立以来所未见。

6.2.3.3 旱情发展过程

1. 第一阶段（2010 年 10 月—2011 年 2 月下旬）

主要发生在淮北地区。2010 年 10 月 1 日—2011 年 2 月 24 日，淮北地区累计面平均降雨量仅 15mm，比常年同期偏少 88%，为 1951 年以来同期最小值。

2010 年 10 月，淮北地区小麦开始播种，该地区平均面雨量仅 4.2mm，而小麦播种和出苗的平均需水量为 45mm，降雨量远低于小麦播种和出苗的基本需水量，局部地区旱象开始显露；11 月随着连续无有效降水日数的增加，淮北地区旱情迅速发展，秋播作物种不下、不出苗的现象十分突出，受旱面积一度达 1300 万亩；旱情发生后，徐州、连云港、宿迁 3 市加大引水灌溉力度，及时造墒播种，到 12 月 16 日封冻前受旱面积降至 630 万亩。2011 年立春后，淮北地区气温逐步回升，加之继续无有效降水，至 2 月中旬，土壤相对含水量不到 40%（达特旱级别），旱情再次由局部地区发展至整个淮北地区，受旱面积再度达到 1340 万亩，其中小麦 1131.7 万亩、其他经济作物 208.3 万亩，局部丘陵山区及高亢地区小麦枯黄。淮北地区各级政府、水利部门积极组织抗旱，县乡固定机泵开足马力并架设临时机泵，积极组织水源进行浇灌。2 月 25—28 日，淮北地区普降喜雨，累计面平均降雨量达 32mm，这场降雨使得淮北地区在田作物旱情暂时得到缓解，但此场降雨强度偏小，没能产生径流，湖库蓄水未能得到补充，抗旱形势依然十分严峻。

2. 第二阶段（2011 年 3 月 1 日—5 月 31 日）

此阶段淮北地区旱情继续发展，苏南及江淮之间出现较严重旱情。3 月 1 日—5 月 8 日，淮北地区、江淮之间和苏南地区面平均降水量分别为 19.4mm、39.6mm 和 68.9mm，分别比常年同期偏少 80.26%、72.42%和 60.40%；该时期正值小麦、油菜等农作物快速生长期，需水量急剧增加，同时还是特种水产养殖换水高峰，沿江苏南丘陵山区水库塘坝蓄水位急剧下降，淮北地区旱情持续发展，淮河以南地区旱情从苏南地区南京、镇江、常州、无锡丘陵山区逐渐向北发展到江淮之间的淮安、盐城、扬州平原地区。该时期，小麦处于分蘖期、拔节期至孕穗期，生长需水量大，干旱造成长势较弱、分蘖差，提早抽穗而减产；而油菜则处于蕾苔期，干旱造成营养生长不良而产生早花，影响产量。徐州、连云港高亢丘陵地区小麦减产三成左右。5 月 9—11 日，全省自北向南开始降雨，土壤缺墒的状况有所缓解，但由于本场降雨强度小，未能形成径流，主要湖库的蓄水未得到补充。5 月中下旬，全省大中型水库蓄水量只有常年同期的 30%～40%，小型水库和塘坝蓄水仅有常年同期的 10%～20%；5 月 12 日起长江流域水阳江水系石臼湖干涸，只剩主航道少量底水，水文站已经无法测出水位，为中华人民共和国成立以来的首次；太湖水系的两座大型水库宜兴横山水库和溧阳大溪水库接近或低于死水位，全省 214 座小型水库干涸，687 条河道断流。

此阶段，由于溧水、高淳、溧阳、句容、盱眙等地主要供水水源地的湖库干涸或低于死水位，造成 28.4 万人、2.8 万头牲畜短时饮水困难。同时，由于湖泊水位偏低、塘坝干涸、水库水位急剧下降，无法满足螃蟹等特种水产及普通养殖水量需求，水产养殖业也受到一定程度的影响，全省水产养殖直接经济损失达 14.8 亿元。

3. 第三阶段（6 月 1 日—7 月中旬）

此阶段旱情主要表现在苏北地区水稻栽插受到严重影响。6 月 9 日起，沿江苏南地区连续出现降水过程，6 月 14 日淮河以南地区入梅，受降雨和上游来水的共同影响，苏南地区湖库蓄水逐步回升、在田作物旱情全部解除，进入防汛排涝期。

与此同时，淮北地区和江淮之间降雨仍持续严重偏少，6 月 1—21 日，淮北地区和江淮之间累计面平均降雨量仅 6.5mm 和 41.5mm，比常年同期偏少 89.36％和 46.45％，而同期淮沂沭泗诸河仍无来水，加之 6 月为水稻栽插季节、农业用水高度集中，淮北地区和江淮之间湖库水位急剧下降。6 月 21 日，里下河北部地区射阳镇出现历史最低水位 0.22m，较常年同期（2000—2010 年同期水位平均值，兴化、建湖、阜宁站同）偏低 0.84m；地势低洼的兴化站水位为 1.13m，也比常年同期偏低 0.15m。22 日建湖站水位下降至－0.11m，比常年同期偏低 0.69m；阜宁站水位下降至－0.23m，比常年同期偏低 0.73m。6 月 23 日起，江淮之间和淮北东部地区出现较强降雨过程，盐城、淮安、连云港等市旱情得到缓解。由于宿迁北部、徐州的新沂、邳州、贾汪、铜山、睢宁等地 6 月 23 日后仍无有效降雨，旱情持续。在大规模实施江水北调跨流域调水补给的情况下，7 月上旬，淮北地区“三湖一库”可用水量仍基本耗尽，洪泽湖、骆马湖、微山湖水位均降至死水位以下。本阶段已播作物受旱面积最高时达 847.85 万亩，缺水缺墒面积达 791.49 万亩；7 月上旬淮北地区仍有 79 万亩水稻未栽插，直播水稻及已播旱作物有 504 万亩急需用水。7 月中旬起，随着淮北地区降水的逐步增多，尤其是 7 月 18 日开始的中到大雨过程，加之上中游来水增加，全省旱情全部解除。

此阶段除淮北地区和江淮之间水稻栽插受到严重影响外，因用水高度集中导致部分河湖水位快速下降，也造成部分航道堵塞，船舶周转速度减慢，运量下降等影响。

6.2.3.4 灾情

2010 年 10 月—2011 年 6 月，四季连旱，旱情波及全省，不仅淮北地区旱情严重，而且地势低洼水网发达的里下河、太湖等地区也因河湖库水位持续偏低，影响到生活生产用水。苏南地区旱情持续长达 8 个多月，直到 6 月中旬入梅后才得以解除；而淮北地区旱情持续长达 9 个多月，直到 7 月中下旬才解除，为 60 年一遇的旱情。

2011 年，全省共有 11 个市、68 个县（区）受到干旱影响。夏收作物累计受旱面积 2345.6 万亩，占播种面积 47％，其中，小麦受旱面积 1829 万亩，占小麦播种面积 53％，受灾面积 722 万亩，成灾面积 362 万亩，绝收面积 29.98 万亩；因旱人畜饮水困难 28.83 万人、4.79 万头；有 282 座水库干涸，245 眼机电井出水不足。因旱造成直接经济总损失 52.4 亿元，其中农业直接经济损失 26.8 亿元，水产养殖业损失 14.8 亿元。

6.2.3.5 抗灾行动

面对历史罕见的气象干旱，省防指及时启动抗旱应急预案，加强水利工程科学调度，充分运用江水北调、江水东引和引江济太三大跨流域调水工程系统，积极组织抗旱水源调度；各地各有关部门迅速动员，全力以赴，投入抗旱，有力保证了城乡居民生活和工农业生产的用水需求，最大限度保障了京杭运河等河道航运水位，实现了大旱之年无大灾和粮食产量八连增。

1. 周密部署，加强抗旱组织领导

省委、省政府高度重视抗旱工作。罗志军书记、李学勇省长多次作出重要指示，提出明确要求。2 月 15 日，省政府专题召开全省粮食生产电视电话会议，李学勇省长对抓好抗旱工作、确保粮食生产安全进行全面部署落实。针对持续发展的旱情，省委常委、副省长、省防指指挥黄莉新先后4次召集水利、农业、气象、交通、海洋渔业、民政等有关部门，研究分析旱情形势，部署各项抗旱工作，并亲赴重旱区检查指导。7月4日江苏省启动淮北地区抗旱Ⅲ级应急响应。省防指积极组织指导抗旱工作，先后10多次召开抗旱工作专题会商会，研究部署各项具体措施。受旱地区各级党委、政府均多次召开专题部署会，主要负责同志亲赴受旱严重地区现场会商解决问题。各级水利、农业、交通、海洋渔业等部门按照各自职责分工，强化本行业抗旱工作的组织部署，形成抗旱工作合力。

2. 科学调度，有效补充抗旱水源

省防指充分发挥已建水利工程效益，科学调度三大跨流域调水工程，全力以赴，昼夜不停，引调江水增加抗旱水源。自2010年11月起，省防指调度江水北调沿线泵站全力抽引江水，调度南水北调淮阴三站、淮安四站、宝应站首次投入抗旱抽水。截止到7月底，省属及省指定大站累计抗旱翻水187亿m^3，其中江都站抽水64亿m^3，相当于2个洪泽湖的正常可用水量。根据里下河水位及抗旱形势，调度高港枢纽、江都东闸全力引江，首次开启高港站向里下河地区进行抗旱补水，2010年10月—2011年7月底，江都东闸、高港枢纽累计自引、抽引江水37亿m^3。及早实施引江济太，2010年10月1日便开启常熟枢纽泵站抽引江水，补水入湖，截至到2011年6月9日累计抽引江水31.6亿m^3。实施湖西地区应急调水，5月13日调度镇江谏壁站开机抽引长江水，通过湖西地区河网向太湖和周边地区补水，增加太湖湖西地区抗旱水源。同时，组织沿江所有水闸和泵站全力抢潮引水、开机翻水，保证沿江地区的农业和社会用水。

3. 因地制宜，同心协力抗干旱

旱情发生后，省市县各级迅速行动，齐心协力，狠抓落实，有序有效组织抗旱工作。省防指积极指导督促各地疏通坝头坝埂，贯通水道，引进水源，保障农民浇灌用水，同时组织人力疏浚部分骨干河道，解决水位偏低引不进问题。4月，针对高淳县主要水源地固城湖水位下降明显、影响居民饮水安全的情况，省防指紧急调动省防汛抗旱突击队，在水阳江架设63台套临时机组，向固城湖补水，累计翻水入湖4600万m^3。为解决石臼湖蟹民生产用水，省防指联合南京市防指及时启动应急预案，利用秦淮新河泵站经74.5km的河道向石臼湖补水，累计引江补湖水量2000万m^3，相当于4个玄武湖的水量。市县各级抗旱服务组织、乡镇水利站利用移动式机泵、小白龙等田间灌溉设备，加大田地浇灌，同时发动组织基层干群采取机械的、人工的各种措施与抗旱施肥相结合，千方百计扩大浇灌面积。徐州、连云港、宿迁等供水末梢地区积极组织县乡两级抗旱服务队深入实地，采取应急打井、架设潜水泵等措施，实行轮番作业，全力开展抗旱；淮安市从紧安排用水计划，强化节约用水，严禁小水电擅自发电，严查偷水放水，全力保障主要河湖水位和生产生活用水正常；镇江市发动群众广辟抗旱水源，通过兴建的各类应急抗旱设施，多引、多提、多拦、多蓄，努力缓解抗旱用水紧缺的局面。省防指各成员单位密切配合，通力协作。省气象局适时开展人工增雨；省财政厅及时下达抗旱资金1亿元，国家补助江苏省的第一批38支抗旱服务队所购设备在抗旱保供水过程中也充分发挥了效益；省国土局全力组织技术力量赴干旱严重地区找井、打井；省物价、电力、石油等部门主动提供抗旱用油用电服务等，形成了部门配合、上下联动、团结抗旱的工作合力。据统计，全省累计投入抗旱人力 504.9 万人，动用抗旱临时机泵 20.6 万台套，累计打井 2469 眼、引翻水 313.3 亿 m^3。

4. 加强督查，强化用水管理

省防指先后派出 30 多批次工作组深入受旱严重地区，现场指导抗旱工作。6 月中旬后，根据水情、旱情变化和水稻栽插进度，省防指逐旬三次下达苏北地区抗旱水源应急调度计划，明确江水北调沿线抗旱用水水位、流量指标，实施灌区轮灌、口门轮引等错峰供水措施。为保证应急水源调度计划落实到位，6 月中下旬省防指派出由省水利厅机关处室负责同志牵头的近 20 批次工作组，赶赴运河段、中运河段等沿线有关市县，协助地方做好沿运用水管理工作，全力保障农业用水高峰期用水需求。7 月 4 日省防指再次派出由省海洋与渔业局、交通运输厅和农委带队的 3 个抗旱工作组，分别对沿运地区水产养殖、船舶航运和农业生产等情况进行督查指导。由于各级各部门统筹强化用水管理，有力保证了全省近 3400 万亩水稻的栽插进度、内河航运期比上年明显增长，城乡供水正常。

6.3 台风

台风是最强的暴雨天气系统，国内不少特大暴雨记录都是由台风暴雨造成的。台风暴雨有两种类型：一是单纯由台风（或热带气旋）自身上升运动造成的暴雨。由于台风发生在洋面上，带有充沛的水汽，上升运动很剧烈，因此，台风常伴有暴雨。这类台风暴雨由于登陆后受地形的影响，一般在迎风坡直到山顶常常发生大暴雨，台风进入山地以后，因水汽供给量大大减少和陆地摩擦力的增大，台风势力很快减弱消失，降雨也明显减少。二是台风或其消失后的低压与西风带天气系统相遭遇或配置下造成的暴雨，这类暴雨范围之广、降雨量之大，远比单纯由台风造成的降雨严重。影响江苏省的几次特大台风暴雨均属此类。台风对江苏省发生影响的时间最早为 5 月，最迟为 11 月，以 7 月、8 月、9 月三个月影响的机会最多，故习惯上称这三个月为“台风盛发季节”。据气象部门资料，在西太平洋生成的热带气旋平均每年有 29 个，其中影响江苏的热带气旋平均每年有 3.1 个，最多的年份可达 7 个，最少年份只有 1 个，个别年份没有出现达到影响江苏标准的热带气旋。对江苏发生影响的热带气旋路径大致可划分为 5 类，登陆北上类（199015 号台风、199711 号台风）、登陆消失类（200012 号台风、200808 号台风）、近海活动类、正面登陆类（201210 号台风）、南海穿出类。前三类的台风对江苏影响较多，后两类影响很少。

6.3.1 199015 号台风（埃布尔）

6.3.1.1 台风基本情况

199015 号台风（8 月 31 日—9 月 2 日影响江苏省）：该台风 8 月 31 日 10 时 30 分在浙江椒江市登陆后，穿越太湖，经里下河地区于 9 月 1 日傍晚在盐城市大丰、东台一带出海。台风经过的内陆风力达 8～9 级，阵风 10 级，沿海风力 10～11 级，阵风 12 级，大风持续时间达 30 小时，6 级以上大风持续 48 小时之久并伴有大暴雨。有 41 个县（市、区）日降雨在 100mm 以上，其中有 8 个县（市、区）超过 200mm，局部达 400mm。这次台风来势猛，过境时间长，又正值天文大潮汛，造成里下河、太湖地区河水猛涨 1m 左右，普遍超过警戒水位。

6.3.1.2 台风灾情

这次台风给正在灌浆乳熟的中稻和结桃盛期的棉花造成严重灾害。刮倒水稻1500万亩，棉花550万亩，倒塌房屋11.5万间，损坏房屋16.4万间，死亡52人，受重伤339人，沉船773条，江海堤防严重损坏150多处，长32km，损失块石20万t，土方200多万m^3。全省因洪涝台风造成直接经济损失52.19亿元。该台风还使城乡工业生产受到严重影响，水利工程设施遭到严重破坏，危害程度超过1962年的14号台风。

苏州市郊区至木渎一线发生特大龙卷风，遭受毁灭性灾害。无锡市宜兴太华、张渚、茗岭、伏东、湖滏等5个乡山洪暴发，有两个村庄被全部冲毁，800多人无家可归。盐城市滨海县海口闸至六合庄段海堤多处发生险情，盐场受损，冲走成盐7.6万t，损失块石护坡3173m；该市共死亡44人，伤143人，倒塌房屋4.76万间。南通市姚港等处江岸严重坍塌，全市江海堤防损失石方0.9万m^3，土方15.5万m^3，死亡5人，伤36人，受淹农田156万亩，倒房5566间，直接经济损失2250万元。

6.3.1.3 抗灾行动

1. 优化调度，效益显著

为防御199015号台风，省和市、县防汛部门在事前作了认真部署，沿江、沿海各闸预降水位，暴雨发生后江都站全部机组开机，抽排里下河涝水达400m^3/s以上，加快了里下河地区的排涝进度。

2. 全民动员，奋力抗灾

在抗御199015号台风期间，各级党委和政府的负责同志亲临现场指挥，同群众一起参加抗灾抢险斗争。199015号台风过境时，宜兴市太华乡山洪暴发，有两个村庄被洪水吞没，由于市、县、乡及时通报雨情水情、迅速转移人员至安全地带，800多个村民无一伤亡。扬州市在台风过境、大面积水稻倒伏的紧急情况下，市委书记带头，县、乡、村全面发动，把水稻一把一把扶起，全市共抢扶100多万亩。全省还组织了募捐活动，苏州市、县政府紧急调度300万经费和一批物资，支持灾区重建家园，恢复生产。

6.3.2 199711号台风（温妮）

6.3.2.1 台风基本情况

199711号台风（8月17—21日影响江苏省）：1997年8月18日晚台风在浙江省温岭登陆，经安徽省沿江苏省西部省界北上；21日由徐州市进入山东省境内。该台风登陆后强度大，影响范围广，近中心最大风速54m/s，远超过12级风速（32.7m/s），8级以上大风风圈半径500多km，10级以上大风风圈半径200km。影响范围几乎覆盖了江苏全境，成为20世纪90年代遭受台风损失最严重的一次。台风袭击江苏省期间，正值农历七月十五日天文大潮，形成大风、暴雨、高潮并袭、“三兄弟”碰头的严峻局面。全省普降暴雨和大暴雨，局部地区特大暴雨。有26个县（市）降雨量超过100mm，其中连云港市和赣榆县分别达206mm和276mm。8月19日长江干流常州魏村以下河段高潮位全线突破历史最高记录0.18～0.45m，其中魏村高潮位达7.53m，平历史最高潮位，江阴、靖江、张家港、常熟浒浦、天生港高潮位分别达7.22m、7.42m、7.40m、6.74m、7.08m，分别超历史最高潮位0.04m、0.26m、0.18m、0.45m、0.37m。沿海南通遥望港站高潮位5.35m，超过了历史最高记录0.16m，连云港燕尾港站高潮位4.10m，超过了历史最高记录0.26m。

6.3.2.2 台风灾情

该次台风给江苏省造成的损失十分严重，影响江苏省81个县（市、区），1381个乡镇，1473万人口；有25.7万人被洪水围困，紧急转移13.8万人，倒房3.3万间，损坏房屋9.3万间，死亡33人，重伤72人；受灾农田1466万亩，成灾804万亩，绝收面积93万亩；损坏江海堤防418.5km，坍失石方60万m^3、土方565万m^3，堤防决口174处、长23.6km，损坏水闸196座，损坏桥涵817座；这次台风还致使部分地区通信、电力中断，工厂受淹，仓库进水。

直接经济总损失53.4亿元，其中，农林牧副渔业直接经济损失35.7亿元，工业交通业直接经济损失5.8亿元，水利工程直接经济损失5.4亿元，其他行业直接经济损失6.5亿元。

6.3.2.3 抗灾行动

在199711号台风来临前，省委、省政府高度重视，及时作出部署。省政府于17日发出紧急通知，对抗御199711号台风工作作出全面动员、部署。全省各级党委、政府认真贯彻执行“以防为主，全力抢险，积极救灾”的防台方针，按照抗御台风预案要求，实行行政首长负责制，统一指挥，分级分部门负责；各部门实行防台抗台岗位责任制。省防汛抗旱指挥部多次发出紧急通知，加强调度工作。沿海及有关地区及时进行水位预降、腾空库容等工作。省属万福闸抢低潮最大泄量达1000m^3/s。江都站也提前开机200m^3/s，至8月19日上午全部开足，抽排流量达400m^3/s。各地还着重加强江、海、河、湖堤防和重要圩堤的防守，上足民力，备好抢险物料。对一些损坏的水工程抓紧组织抢修，加强交通、通信、电力、粮库等直接影响工农业生产和人民群众生活的重要设施的防护，保障安全。各级防汛抗旱指挥领导成员全部上岗到位，24小时值班，保证联络畅通，指挥及时有力。对一些江心洲、海堤堤外作业人员及危房居民，在台风到来前紧急转移，尽量避免伤亡。

省政府及时派出由厅级领导带队的13个工作组，分赴各市协助工作。全省各地投入抗台干群396万人，投入动力48.9万kW，抢险物资：三袋481万只，木材1034m^3，土工布28.93万m^2，石料8.09万m^3，有效减轻了灾害损失。

人民解放军驻江苏部队和武警官兵积极投入抗灾救灾工作，出动部队3850余人，动用车辆180台，登陆艇3艘，冲锋舟13艘，操舟机18部，抢险转移群众1.3万人，爆破清除新沂河入海口挡潮坝1200余m，为抗台抢险作出了重要贡献。

受1997年11号台风影响，全省江海堤防损坏长达418km，占总长的18%；部分海堤受到毁灭性破坏。江苏省委、省政府非常重视，陈焕友书记要求总结抗台经验教训，省委、省政府对全省的江海堤防达标建设工作进行了专题研究，作出了全面开展江海堤防达标建设的决策，决定从1998年起，用3～5年时间，完成全省江海堤防达标建设任务（江堤3年，海堤5年）。

6.3.3 200012号台风（派比安）

6.3.3.1 台风基本情况

200012号台风（派比安）（8月30日—9月2日影响江苏省）：2000年第12号台风于

8月27日2时在菲律宾东北部的洋面上生成后，向西北方向移动，强度逐渐加强，8月30日2时近中心风力达到12级以上，并于31日凌晨1时左右在离上海100km的海面上转向北偏东方向移动，31日14时已移到北纬35.2°、东经124.3°，以每小时20km的速度向东北方向移动，逐渐远离江苏省。台风靠近长江口时，江苏省启东站沿海风力10～11级，南通及苏州部分地区风力7～8级。

6.3.3.2 雨情

2000年8月底，受冷空气和第12号台风（派比安）倒槽共同影响，江苏省淮北东北部地区发生了高强度、超历史记录的特大暴雨。据气象部门资料，8月30日5时—31日5时一日降雨量，响水、滨海、灌南、灌云、赣榆、连云港、涟水、淮安等8个县市雨量超过200mm，暴雨中心响水站最大日降雨量达737mm，为江苏省历史日雨量极值，灌南353.4mm、灌云320.2mm、涟水255.9mm、赣榆252.6mm、淮安235.0mm，均突破当地历史日雨量极值。据水文部门分析，本次台风倒槽引起的强降雨，响水站最大6小时雨量388.8mm、最大12小时雨量599.4mm，均为本省有资料记录以来最大值；最大24小时降雨量821mm，仅比全省历史最大值822mm（1960年南通如东县潮桥站）少1mm；上述三个时段雨量最大值，其重现期分别为840年、3500年、近万年一遇。本次降雨过程，最大一日（8月30日）暴雨量超过200mm笼罩面积（不包括海上面积）约为7500km²。最大3日雨量大于800mm、600mm、300mm的面积分别为105km²、760km²、8900km²，超过了江苏省历史上最强的两次暴雨过程（1960年如东和1965年8月大丰）笼罩面积的一倍以上。

该台风是继199711号台风以来，影响江苏省最为严重的一次台风。

6.3.3.3 水情

水位超历史。8月30日—9月3日，正值农历八月初三天文大潮期，加上12号台风增水影响，沿海潮位明显上涨，接近或超过历史最高潮位，造成内河排水受阻。江苏省淮北东部地区蔷薇河、盐河、废黄河、柴米河内河水位普遍超过历史最高水位，部分河段河水漫溢。8月31日灌河响水口站高潮位4.17m，超出历史最高潮位0.14m；燕尾港站高潮位达3.91m，平历史最高潮位；连云港站高潮位6.38m，仅比历史最高潮位低0.04m。8月31日蔷薇河小许庄站最高水位7.07m，超过历史最高水位0.28m；9月1日临洪站最高水位5.87m，仅比历史最高水位低0.06m，居历史第二位；临洪站最大流量642m³/s，居历史第三位。盐河朱码闸以下水位全线超过历史；废黄河大套一站上游最高水位5.90m，超过历史最高值0.14m；柴米河柴米地涵上游最高水位8.49m，超过历史最高值0.05m。灌南盐东控制工程4个闸，闸上最高水位超过历史最高水位0.39～0.64m。

6.3.3.4 灾情

台风暴雨造成严重雨涝灾害。主要分布在盐城、连云港、淮阴、宿迁、南通等市的20个县（市），以响水、灌南、灌云、涟水4县及连云港市区最为严重。响水县县城积水平均深1.40m，最深达1.7m；连云港市城区积水在0.4～0.5m，最深达1.0m以上。灌南、灌云、响水3县农田几乎全部受淹，沟、河、田一片汪洋。全省受灾人口716万人，紧急转移29万人，死亡14人；城乡居民住宅受淹34万户，其中城市住宅受淹20.8万户；倒塌房屋5.07万间，损坏房屋9.15万间；受淹农田1069万亩，受灾农田999.8万亩，绝收134万亩；林果、苗木、家禽、水产养殖等受到严重损失，1000余家企业被迫停产半停产，道路、电力设备、通信线路、水利工程损坏十分严重。海堤损坏25km（特别是滨海、赣榆海堤护坡冲毁，堤身冲损，部分堤段决口），损坏桥涵1084座，毁坏塘坝61座，20座水库局部损坏（其中大中型7座，小型13座）。灾害造成直接经济总损失69亿元，其中水利工程水毁损失2.3亿元。

6.3.3.5 抗灾行动

省委、省政府领导对抗御12号台风工作十分重视，省委书记回良玉、省长季允石、常务副省长俞兴德多次询问台风动向，要求切实做好各项防台抗灾工作。8月31日回良玉书记亲自打电话到省防指，询问汛情、灾情，要求全力做好防灾抗灾工作，把确保人民生命财产安全放在首位，加快排除积水，尽全力把灾害损失降低到最低程度，并委托姜永荣副省长代表省委、省政府，到受灾地区指挥抢险救灾，慰问灾区。

超前指挥，及时部署。8月28、29日，省防指就抗御12号台风工作作出部署；8月30日上午，省防指召开抗台紧急会议，会后省政府发出《省政府关于做好抗御今年第12号台风工作的紧急通知》。台风影响江苏省期间，省防指多次召集气象、水利、农林等部门紧急会商，并在台风影响前后，先后6次发出紧急通知，要求有关地区做好抗台、排涝、水毁修复等各项工作。

科学调度。为最大可能地减轻涝灾损失，确保主要湖库防洪安全，主要采取以下调度措施：一是提前预降河湖水位，腾空库容。在12号台风影响江苏前，开启三河闸降低洪泽湖水位；开启淮安、石港、皂河等抽水站，预降白马湖、宝应湖和黄墩湖地区河湖水位；其他一大批水利工程也紧急投入运行，全力抢排，降低内河水位，为抗御12号台风暴雨灾害争取主动。二是充分利用湖库调蓄能力拦蓄洪水，最大限度地为排涝争取时间。8月30日沭河、新沂河地区出现暴雨过程，石梁河水库水位迅速上涨，超过规定的控制水位，晚上省防指决定开启泄洪闸，以保证水库安全，最大流量2500m^3/s。由于连云港市市区受淹及蔷薇河排涝困难，9月1日12时30分在石梁河水库水位下降到24.25m时，调度石梁河水库关闸，停止泄洪达35.5小时，以支持连云港市区及蔷薇河加快排水速度。9月3日根据市区积水基本排除的情况，又逐步将石梁河水库泄洪流量加大至1600m^3/s，以控制水库水位上涨过高，至9月3日21时30分停止溢洪闸大流量泄洪。省防指调度石梁河水库9月1日、3日两次关闸，累计停止泄洪达60小时，为尽快排除连云港市区积水及降低蔷薇河水位赢得了宝贵时间。洪泽湖、骆马湖也尽量发挥调蓄作用，支持下游地区排涝。在连云港地区严重受涝时，及时增大沂沭泗洪水南下沭河流量，减轻石梁河水库压力；而当沭河王庄闸出现险情时，又随即决定洪水全部东调，避免险情进一步扩大。在响水县运响河出现险情时，调度协调淮安市茭陵站临时停机10小时；在灌南县上有大量客水入境、下受海潮顶托排水困难时，调度关闭或减少地处灌南上游的柴米地涵、六塘河地涵、朱码闸等工程的下泄流量，控制了灾情的进一步发展。在受淹地区灾情基本缓解后，及时调度加大三河闸、嶂山闸和石梁河水库泄洪闸泄量，使洪泽湖、骆马湖和石梁河水库水位迅速降低，确保防洪安全。

省防指领导深入一线，靠前指挥。8月30日，省防指派出由成员单位领导带队的工作组赶赴一线，指导协助当地抗台抗灾工作。省防指加强防台抗台值班，每天有一名副指挥在省防办24小时值班，并与省气象局和各市防指保持热线联系，密切注视台风动向，及时掌握汛情、灾情信息和抢险抗灾动态。为支持重点灾区抢险、救灾工作，省防指还紧急调运冲锋舟12艘，以及块石、编织袋、草包、彩条布和土工布等抢险物资，支援抗灾救灾工作。同时省防指还紧急调运198台套机泵，支持响水、连云港市区、灌南等地抢排涝水，大大加快了这些地区积水的排除。

6.3.4 200808号台风（凤凰）

6.3.4.1 台风基本情况

2008年第8号台风“凤凰”（7月29日—8月2日）：7月25日在台湾以东太平洋洋面上生成。7月28日6时30分在台湾花莲南部沿海第一次登陆，登陆时中心气压955百帕，近中心最大风力14级。7月28日夜22时在福建省福清市东瀚镇附近第二次登陆，登陆时中心气压975百帕，近中心最大风力12级，最大风速9.17m/s，10级风圈半径110km；28日24时减弱为强热带风暴；7月30日14时在江西省减弱为热带低压，向西北偏北方向移动；7月30日夜20时，移到安徽省边界北纬30.0°、东经116.1°停止，近中心最大风力7级，最大风速17m/s，7级风圈半径430km。

6.3.4.2 雨情

受8号台风“凤凰”残留云系和冷空气的作用，江苏省自7月29日开始受其外围影响，苏北地区出现大到暴雨过程，到7月30日，受影响地区一般降雨量为50～100mm，最大超过200mm，最大降雨量在泗阳县城区为215.2mm。8月1日8时—2日8时，沿江和江淮之间普降大到暴雨，南京及其周边地区普降暴雨到特大暴雨。

江苏滁河流域，7月31日—8月1日普降暴雨到特大暴雨，两天累计面平均降雨达384mm，尤其8月1日，平均降雨量288mm。暴雨中心滁河晓桥等站降雨强度超历史，晓桥站最大24小时降雨量达416mm，最大1日、3日、7日降雨量分别为405mm、476mm、486mm，均为该站历史最大值，超过百年一遇。流域面平均最大1日、3日、7日降雨量分别为314mm、402mm、417mm，均超过了1991年，为历史最大值。南京、浦口、江宁、句容、扬中、金湖等地日降雨量均超过100mm。

6.3.4.3 水情

受8号台风“凤凰”暴雨影响，滁河晓桥站水位由8月1日8时7.56m急速上涨，至8月2日19时33分达最高水位12.62m，超出警戒水位3.12m，仅比1991年的历史最高水位（12.63m）低0.01m，居历史第二位。晓桥站水位最大24小时涨幅达4.53m；35小时内水位上涨了5.06m。马汊河分洪道葛塘站最大泄洪流量1280m^3/s，为历史最大值。秦淮河水位也急速上涨，8月2日秦淮河东山站水位最高上涨至9.31m，超出警戒水位0.81m，秦淮新河闸、武定门闸敞开泄洪。

6.3.4.4 灾情

此次台风过程影响到南京、淮安、宿迁等市，以及17个县（区）。受灾人口83.07万人，紧急转移0.3万人；倒塌房屋0.1万间；农作物一度受涝面积371万亩，受灾面积197万亩，成灾面积56.3万亩，绝收面积17.2万亩，减产粮食28.06万吨，林果损失61.38万棵，苗木损失14.4万亩，死亡家禽16.92万只，水产养殖损失20.5万亩、4.19万t；停产半停产企业138家，公路中断2条次，损坏输电线路28km，损坏通信线路

8.5km；损坏堤防 3 处、0.2km，损坏护岸 3 处，损坏水闸 3 座，造成直接损失 9.097 亿元。

8 月 2 日 23 时 40 分，浦口蒿子圩分洪闸按长江防总指令开闸分洪，泄洪流量 $100m^3/s$，分蓄洪水量 540 万 m^3。此次分洪，共转移蒿子圩内群众 380 人，淹没房屋 200 间，鱼塘 2450 亩，禽舍 2.0 万 m^2，树苗 3.0 万棵，造成财产损失 1995 万元。

6.3.4.5 抗灾行动

针对江苏省部分地区出现严重内涝及部分险情，省防指及时发出调度指令，先后调拨 80 台套柴油机泵、20 台套潜水机泵，发电机组 1 套帮助宿迁市、南京市浦口区抢排涝水。据统计，此次抗灾共投入抗灾人数 27.3 万人次，上堤巡查人数 4.15 万人次，抗灾动力 21.6 万 kW、6405 台套机泵，消除险情 70 处，投入编织袋 42 万只，及时调用防汛块石 5.9 万 t，投入抗灾用电量 839 万 kW·h，抗灾用油 203t；排涝面积 316 万亩，排出涝水 10.2 亿 m^3；投入抗灾资金 4454 万元。

面对滁河地区遭受的特大雨涝和严峻汛情，江苏省抓住长江来量较常年同期偏少、沿江潮位偏低的有利时机，当日及时调度滁河干流三汊湾闸、红山窑枢纽以及岳子河闸、划子河口闸、朱家山闸等沿江口门敞开泄洪，尽快下泄滁河洪水；8 月 2 日 23 时 40 分，按照长江防总的调度指令，启用蒿子圩分洪闸开闸分洪，分蓄洪水量 540 万 m^3。科学合理的调度措施，为成功抗御滁河历史第二大洪水打下了基础。

6.3.5 201210 号台风（达维）

6.3.5.1 台风基本情况

10 号热带风暴"达维"（8 月 1—4 日）：7 月 28 日在日本东南洋面上生成，8 月 1 日加强为台风，2 日 21 时 30 分在江苏省响水县陈家港镇登陆，登陆时中心最大风力 12 级（35m/s）。登陆后强度减弱，在穿过山东省后于 4 日凌晨进入渤海，并减弱为热带低压，中央气象台 4 日 11 时对其停止编号，其后期低压环流进入辽宁等地。

6.3.5.2 雨情

"达维"是 1949 年以来登陆我国长江以北地区最强的台风。对江苏省的危害主要以大风为主，"达维"具有尺度小、移速快、降雨弱、风力强的特点。台风影响期间，江苏省东北部沿海地区出现 9～11 级大风，其中 8 月 2 日盐城北部及连云港沿海地区最大风力达 13～14 级。最大风速出现在连云港市开山岛，达 44.4m/s（14 级，2 日 23 时 33 分），创连云港市有气象记录以来最大风速的历史极值。受"达维"和"苏拉"双台风影响，江苏省东北部和苏南中南部地区出现中到大雨，局部暴雨。2 日 5 时—3 日 15 时，有 1 个气象加密站雨量在 100mm 以上，16 个加密站雨量超过了 50mm，最大雨量出现在赣榆柘汪 101.6mm（气象资料）。

6.3.5.3 灾情

据 2012 年 8 月 1—3 日统计，全省共有南通、连云港、盐城等 3 个市、19 个县（市、区）受其影响，受灾人口 82.05 万人。倒塌房屋 0.06 万间，损坏房屋 1.35 万间。农林牧副渔业方面损失：农作物倒伏受灾面积 110.13 万亩，成灾面积 68.79 万亩，绝收面积 1.665 万亩，林果损失 8.85 万棵，倒损树木 34.1 万株，水产养殖损失 454.04 万 t。工业交通方面损失：台风影响造成连云港全市、盐城响水、滨海沿海部分地区停电，刮倒电杆

53处、断线53处，跳闸362条次，供电中断356条次，短时影响36.5万户用电，临时停产企业646家，因大风刮倒大树短时阻碍交通20条次。水利工程风浪毁损：损坏堤防40处、12.77km，损坏护岸74处，损坏水闸71座，损坏机电井150眼，损坏机电泵站39座。因洪涝灾害造成的直接经济损失10.27亿元，其中农业6.19亿元，工业交通业2.06亿元，水利工程水毁2.02亿元。

6.3.5.4 抗灾行动

为避免人员伤亡，提前通知长江口及海上作业船只回港避风。共召回船只8142艘，转移人员10.6万人，其中海上及长江上作业人员5.6万人，海堤外滩涂种养殖人员、居住在危房中的居民、施工工棚人员转移5.0万人，均妥善安置在亲戚、朋友以及学校校舍中。在抗御灾害中，全省各地累计投入抗灾人数26.6万人次；投入编织袋24.5万条，编织布1.17万m^2，砂、石料0.74万m^3。

8月台风影响期间，省防指两次及时启动了防台风Ⅱ级应急响应，先后派出多个工作组，分赴台风可能影响地区，检查防台抗台各项措施落实情况，帮助指导地方做好防台抗台工作。在台风到来之前，江苏省对所有海域、沿江和苏南的所有水域实行封航封渔，停止一切水上活动，落实所有高危地区、关键行业、重点部位的安全管理措施，台风影响前全省共紧急累计召回船只36433艘，转移各类人员31.58万人，召回船只和转移人员均创历史记录。在防台抗台斗争的关键时刻，省军区在南京设立了基本指挥所，成立了多支防台抢险突击分队，并从舟桥旅紧急抽调数千名官兵，从南京携冲锋舟、救护车、救生衣等器材赶赴抗台第一线，并组建了数万名各级梯队；武警江苏总队组建了抢险救灾基本指挥所和3个前进指挥所，组织7000名兵力，集中待命。

在抗御第9、10、11号台风过程中，省防指协调三大移动运营商通过手机短信平台，向台风影响地区群发应急公益短信6000多万条，通报台风等级、登陆范围和避险常识，增强社会公众防台避险意识；省防办派出专人随省领导和工作组赶赴台风可能登陆的地区，进行一线实地采访，掌握一手资料，第一时间编写新闻稿件，在“江苏水利网”对各级各部门合力抗台情况进行及时准确报道，并根据事件进展情况予以跟踪续报，正确地引导了社会舆论，为形成全民防台氛围、夺取防御台风的最后胜利提供了强有力舆论支持。

6.4 生态补水

随着社会经济的发展，流域水资源短缺问题越来越突出，在流域降水、径流偏少时，一旦无法维持生态用水要求，将导致流域的自然生态资源急剧减少甚至灭绝。实施生态补水调度，是实现水资源可持续利用、支撑经济社会可持续发展、保护生态环境的重大举措。近年江苏省实施的典型生态补水有2002年、2014年向南四湖两次生态补水。

6.4.1 2002年南四湖生态补水

6.4.1.1 补水背景

2002年，南四湖地区持续干旱，流域年平均降水量417mm，较常年偏少4.2成。其中，汛期降水量218mm，比常年同期偏少5.8成。同时，日平均气温较常年高2℃以上，蒸发量大，加之周边地区无节制用水，南四湖水位急剧下降，湖内蓄水几近干涸，南四湖地区经济遭受严重损失，给湖区人民群众生活用水造成困难，特别是对湖区生态环境造成极为不利的影响。在此情况下，江苏省自2002年12月8日起利用江水北调现有工程，实施了从长江多级抽水向南四湖应急生态补水，目的是保护南四湖生物物种延续；调水任务是向南四湖湖内航道、河汊补充一定水量，维持最低的生态用水要求。

6.4.1.2 采取措施

对本次实施从长江向南四湖应急生态补水工作，江苏省十分重视，坚决服从国家防总的决定，克服种种困难，采取了以下措施确保补水任务的顺利实施：

一是高度重视。省水利厅成立了以蒋传丰副厅长为组长的领导小组，明确各部门职责分工；有关各市、厅属管理处也成立组织，落实专门人员，明确职责分工。

二是制定了周密的方案。省防指向有关市及厅属管理处发出《关于做好向南四湖应急生态补水工作的通知》，就补水有关事项提出了明确要求，同时下达了《向南四湖应急生态补水水量调度方案》，明确各市补水期间的责任，并要求徐州市强化南四湖周边用水管理措施。江苏省还制定了补水水量调度及用水管理考核办法。

三是行政手段与经济手段相结合。为提高管水效率，本次用水管理采取了行政手段与经济手段相结合的办法，省水利厅与沿线有关市及厅属管理处签订了运行管理合同，明确双方的权利和义务，既要求有关部门发扬水利奉献精神，又实事求是地考虑地方付出的代价，以合同形式规范、约束沿线有关市及厅属管理处，确保补水工作的顺利完成。

四是加强管理与监督。补水期间在对补入微山湖的水量、水质进行测量的同时，始终坚持对省内市界断面流量测量，以分清各市用水管理责任；有专门人员加强补水期间用水管理和有关泵站、水闸的运行管理；省厅还多次派出检查组，检查补水线路沿线的用水情况，及时研究解决补水过程中出现的问题。

6.4.1.3 补水成果

按照国家防总的统一部署，江苏省自2002年12月8日起利用江水北调现有工程，实施了从长江多级抽水向南四湖应急生态补水，取得了显著效益。在省、市水利部门的共同努力下，补水工作进展顺利，截止到2003年1月21日，补入微山湖的累计水量达1.1亿m^3。补水结束时的微山湖水位比补湖前上涨了0.46m，达到了30.8m，也为向上级湖补水提供了水源，南四湖生态逐步得到恢复。同时这次补水作为南水北调东线工程的一次预演，也为今后南水北调东线工程运行管理提供了借鉴和经验。

6.4.2 2014年南四湖生态补水

6.4.2.1 补水背景

2014年进入汛期，沂沭泗地区降雨偏少，江苏省徐州、宿迁、连云港等地一度出现较为严重的旱情。位于苏、鲁两省交界处的南四湖水位一度降至2003年以来同期最低值，对临湖地区生活、生产用水和湖区生态用水造成严重影响。为改善南四湖湖区生态环境，8月5日开始，江苏省组织实施了为期20天的向南四湖生态应急调水工作，利用江苏省江水北调工程和南水北调东线一期工程联合运行调引长江水，经沿线各梯级泵站逐级北送抽水入南四湖下级湖。

6.4.2.2 采取措施

一是高度重视，周密部署。2014年向南四湖应急生态调水，是在江苏河道水位普遍偏低情况下且正值农业用水高峰期实施的，时间紧，任务重，要求高。为此，省水利厅高度重视向南四湖生态应急调水工作，要求认真贯彻落实国家防总指令和省领导同志有关指示精神，强化各项应急保障措施。李亚平厅长、陶长生副厅长8月中旬深入调水沿线市、县和厅属管理单位，检查指导调水沿线泵站安全运行工作。鉴于调水涉及的部门多、单位多、工程多、路线长，省防指组织有关市防指及相关单位多次进行会商，科学制定调水方案及应急预案，召开专题会议，全面紧急动员部署。省防指还专门下发通知，向调水沿线有关单位下达南四湖生态应急调水方案，要求各有关单位切实提高认识，强化水文监测、供水沿线巡查、输水河道航运管理、泵站安全运行管理等重点措施；并专门制定了苏北地区8月逐旬抗旱水源应急调度计划，进一步细化调水措施。

二是科学调度，江水北送。江苏省江水北调及南水北调沿线27座泵站中有24座参与了这次应急生态调水，是历史上调水规模最大、动用调水泵站最多的一次。全省400多座供排水口门及大中型水闸、数量众多的大型船闸及企业自备水源取水口等参与运行或实施严格的用水管理。8月4日，在现有江水北调全部泵站、南水北调部分泵站前期已全力开机抗旱调水的基础上，省防指调度新增南水北调宝应站、淮安四站等6个泵站开机翻水，由宝应站增加抽引江水$100m^3/s$，经过里运河、中运河、不牢河线输水北送。本次调水期间，恰逢江苏省正处于主汛期及水稻用水重要时期，供水调度任务非常繁重。省防指加强用水管理，及时派出工作组对沿线口门用水进行督查，要求调水沿线各地区克服用水困难，全力保障生态应急调水计划实施。

三是多方配合，保障有力。省防办密切跟踪雨水情、用水需求、水质变化及航运水位等情况，及时调整各工程运行状态；省水文局加强水文水质监测，及时向省防指等有关单位、部门报送信息，满足了调水工作的需要；省南水北调办、南水北调东线江苏水源有限责任公司，调水沿线扬州、淮安、宿迁、徐州市防指、部分省属水利工程管理单位及相关县区的水利部门及时做好相关工程控制运行、计划用水的督查管理等工作，确保了调水水位及流量的控制目标。调水沿线各地、各有关部门严格执行省防指下发的南四湖生态应急调水方案和用水计划，强化本地抗旱水源的统一管理和优化调度，并采取轮灌错峰或推广水田控制灌溉等节水技术，避免用水过度集中。同时，强化用水监督，将用水计划落实到每个县（市、区）和沿线每一座口门，对有关地区主要用水口门及供水断面等开展定期、不定期的巡查、督查，确保沿线水位、流量、水量满足调水要求。供水沿线各地及有关省属水利工程管理单位细化工程调度运行，合理安排值班、巡查人员，确保工程运行安全。

四是总结经验，不断完善。在本次生态应急调水期间，尽管江苏省主要湖库水位严重偏低，但江苏省淮北地区降雨量127mm，较常年同期偏多23.9%；江淮之间降雨量218.5mm，较常年同期偏多114.5%。降雨偏多，水稻生长处于烤田期的客观条件对本次调水工作的顺利完成提供了有利的客观条件。同时，这次向南四湖应急生态调水任务的圆满完成，也充分体现了各地各有关部门顾全大局、团结治水的精神和协同作战的能力，充分检验了江水北调、南水北调泵站联合运行能力和工程管理水平；充分体现了科学合理和强有力的调度管理水平，也为今后进一步完善江苏省调水工作积累了经验。

（1）统一调度是成功实施应急调水的组织保障。本次应急调水，是在省防指的统一指挥下，统筹调度江水、淮水等多种水源，统筹新建南水北调工程和原有江水北调工程防洪、排涝、航运等综合公益功能，充分发挥了新老工程整体作用，成功实现了新老工程统一调度、联合运行的规划目标，为应急调水任务的圆满完成提供了重要支撑。

（2）加强用水计划管理是保障补水入湖工作的基础。为确保调水工作的顺利开展，省防指从紧制定、从严落实具体到每个灌区口门的用水计划。省防办多次组织开展用水督查，对超计划用水及管理粗放的口门及时进行全省范围内的通报批评，并要求及时作出整改措施，确保北送水位及流量的双达标。调水期间，绝大部分的供水监测断面，水位、流量均达到计划控制目标。

（3）地方党委政府的全力配合为调水提供重要保障。本次应急调水，沿线各级党委政府以高度的责任感和使命感，高度重视、顾全大局，全力做好境内河道安全运行，加强用水巡查管护，强化沿线水污染执法监管，抓好干线水质监控等工作，为调水目标实现提供重要保障。

6.4.2.3 补水成果

根据国家防总的指令和省领导有关指示精神，8月5日开始，江苏省组织实施了为期20天向南四湖生态应急调水工作，利用江苏省江水北调工程和南水北调东线一期工程联合运行调引长江水，经沿线各梯级泵站逐级北送抽水入南四湖下级湖。至8月24日16时，累计向南四湖下级湖补水8069万m^3，下级湖水位提升至31.21m，较7月28日最低水位上涨0.44m，高于最低生态水位0.16m，湖区水面面积为315 km^2，较调水前增加约99km^2，已达正常蓄水面积的55%，圆满完成了国家防总下达的向南四湖下级湖补水8000万m^3、将下级湖水位提升至31.05m生态水位的应急调水任务。湖区生态环境明显改善，群众正常生活生产用水得到有效保障，调水沿线航运紧张状况得到有效缓解，调水的生态和社会效益十分显著。

6.5 调水改善水体水动力条件及应对水污染事故

近年来，随着社会经济快速发展，加之人们的环保意识不强，河湖水质易受污染，水环境恶化、水污染事件时有发生。发生时间一般在干旱的冬春季和汛期第一次集中性暴雨后。20世纪90年代以来，江苏省曾多次发生水污染事故，科学地调水、引流，一方面可以改善水环境，提高人居生活的幸福感；另一方面也能有效应对突发水污染事故，防止水体持续恶化，为人民正常生活生产供水提供安全保障。

6.5.1 1994年洪泽湖特大水污染事故

7月下旬洪泽湖发生特大水污染事故，给正在抗御严重干旱的江苏省苏北地区，特别是对沿淮及洪泽湖周边地区的人民生活及工农业生产等造成了巨大危害，损失之严重难以估量。

7月中旬淮河流域沙颍河水系突降暴雨，长期囤积在河槽内的大量工业、生活污水泄入淮河，形成长达70km的污水带。7月19—21日安徽省蚌埠闸泄流量710～830m^3/s，大量污水迅速流到蚌埠闸下，下泄污水量达2亿m^3。7月23日污水带前锋进入盱眙县境内，27日抵达盱眙县城，28日上午污水涌入洪泽湖，致使洪泽湖遭受到有史以来最严重的一次污染。

这次进入洪泽湖的污水具有水量大、浓度高、毒性大、流速小、净化处理难等特点，目观呈酱油色，有泡沫。据环保部门监测，污水中 COD_{Mn}（高锰酸盐指数）达 17mg/L，NH_3-N（氨氮）达 9.8mg/L，色度超过 100，有挥发酚类物质，细菌、大肠杆菌指标均超标，劣于国家地面水Ⅴ类标准，完全丧失饮用和渔业水功能。由于受污染的淮河水二次处理后仍不符合饮用水标准，也不能作盥洗用，盱眙县水厂被迫于 7 月 28 日停止供水，直至 9 月 20 日恢复供水，停水时间 54 天，这期间县城 10 多万人依靠仅有的几眼井取水维持生计，制药、酿造、食品加工等 54 家企业先后停产或半停产，饮食服务业停止营业，使盱眙、洪泽、泗洪三县共 20 余个乡镇 30 万群众只能到远处挑水饮用，肠道病人增多，有的群众举家投亲避灾。洪泽湖湖区内近 8000 名渔民处于断流、断水境地，沿河、湖渔业资源受到灭顶之灾，因污染死亡的鱼蟹达 200 万 kg。

事件发生后，经综合考虑，省防指决定实施“引沂济淮”，北水南送，将中运河沿线的涝水、骆马湖洪水南调给洪泽湖及其下游地区，8 月 9 日泗阳闸开始放水入二河，8 月 12 日骆马湖放水流量加大到 $400m^3/s$（当时骆马湖水位仅 21.38m），保证了人民生活、航运、发电等用水，减轻了水污染带来的危害。至 10 月 2 日，泗阳闸及徐洪河刘集地涵引沂入淮的水量共 11.43 亿 m^3，同期补入洪泽湖水量 4.42 亿 m^3。最大限度减轻了该次水污染事故对沿淮及洪泽湖周边地区带来的影响。

6.5.2 2007 年无锡太湖蓝藻污染事件

2007 年 4 月后江苏省太湖地区高温少雨，无锡太湖梅梁湖、贡湖水域总磷、总氮含量持续偏高，导致蓝藻暴发，给无锡部分水厂供水带来严重困难。

为保证太湖水源地供水安全，5 月 6 日，即调度常熟枢纽泵站开机抽引江水，利用长江大潮抢潮引水，随后又陆续启用备用机组满负荷运行，抽引及自引日均流量最大达 $244m^3/s$。在全力调水的同时，严格控制望虞河两岸口门，调度西岸沿江白屈港枢纽、张家港闸、十一圩港闸等涵闸排水，降低西岸支流水位，控制污水进入望虞河，保证入湖水质。严格控制苏州市望虞河东岸地区用水，保证入湖水量。5 月 29 日无锡市发生供水危机后，省防办立即采取措施，临时关闭望虞河东岸口门；商水利部太湖局减少太浦闸泄量；同时关闭武进港、直湖港、雅浦港等环湖口门，控制劣质水源入湖。5 月 30 日晚又紧急启动梅梁湖泵站，并逐步加大梅梁湖泵站抽水流量，促进梅梁湖与贡湖水体流动，改善太湖水源地水质。由于应对及时，措施得力，直接受水的锡东水厂原水水质持续保持良好，贡湖水厂原水水质 6 月 1 日起明显好转，6 月 5 日后水质保持稳定，小湾里水厂原水水质也有所改善。

7 月 3—4 日，太湖地区出现暴雨到大暴雨，常州、无锡地区河网水位迅猛上涨，最高水位超过警戒水位 0.5～0.9m。为保证望虞河两岸及太湖地区防洪安全，4 日调度常熟枢纽暂停引江调水，5 日常熟枢纽泵站转向抽排望虞河涝水入江，常熟枢纽节制闸全力自排。7 月 12 日，汛情好转后又及时调度常熟枢纽自引江水，18 日开启泵站抽引江水，同时关闭武进港、雅浦港等沿湖口门，20 日望虞河水质达到Ⅲ类水标准后，即开启望亭立交闸调水入湖，在保证太湖水源地供水安全的同时，兼顾防洪安全。

至 9 月 18 日，望亭立交地涵关闭停止调水入湖，常熟枢纽累计自引抽引江水 21.6 亿 m^3（其中泵引 18.6 亿 m^3），通过望亭立交入湖 13.0 亿 m^3，梅梁湖泵站累计抽水 8.0 亿

m^3。调水后，望虞河水质指标均有不同程度的改善，氨氮、高锰酸盐指数、五日生化需氧量、总磷分别下降87.5%、41.3%、68.6%、46.3%，望虞河干流水质从调水前的劣Ⅴ类，好转为调水后的Ⅲ类，有效改善了太湖水源地水质。

6.5.3 2008年沭阳水源地污染事件

2008年4月19—20日，沂沭泗流域出现一次降雨过程，暴雨中心在宿迁市沭阳县，日降雨为154mm。新沂河南岸柴沂河的污水随雨水而下，造成沭阳水源地污染。

事件发生后，4月23日省防指紧急调度关闭沭新闸、沭阳闸，防止污水扩散进入蔷薇河、淮沭河，紧急拆除新沂河北偏泓闸上下游施工围堰，开启闸门应急排除河道污水。沭阳水源地被污染后，其水厂取水口一直实行间歇取水，24日16时沭阳水源地取水口氨氮指标为1.05mg/L（Ⅳ类），当晚取水口紧急关闭。由于水厂引河河槽蓄水量不足，25日17时又调度开启沭阳闸，调引洪泽湖优质水源改善水源地水质，20时利用北偏泓闸排水之机开启柴沂挡洪闸。26日8时氨氮指标好转为0.21mg/L，为Ⅱ类水，沭阳水厂取水口恢复正常取水。26日上午10时，又关闭沭阳闸，以尽快通过北偏泓闸下泄柴沂河污水，为保证供水安全，17时沭阳闸重新开启。由于应对及时，措施有力，沭阳水厂一直保持正常供水。

6.5.4 2010年太湖供水安全及水环境改善

2010年太湖地区防洪、供水双安全的任务十分艰巨，既要防止太湖蓝藻暴发以保证无锡、苏州等市太湖水源地供水安全，又要保障上海世界博览会期间水环境安全，还要满足上海市青草沙原水系统切换期应急供水要求。根据太湖水位、水质情况，于1月27日即正式启动引江济太，调度常熟枢纽抽引江水；2月7日商请太湖局开启望亭立交调水入湖。之后根据汛情变化多次调整工程调度。全年共实施6次引江济太，期间采取了严格控制望虞河沿线、环太湖口门运行等措施，确保了防洪、供水双安全。其中11月下半月开始实施的第六次引江济太，正值常熟枢纽7～9号机组进行更新改造，省防指组织省太湖地区水利工程管理处优化施工方案，协调苏州、无锡两市做好望虞河、太浦河沿岸口门及梅梁湖泵站等有关工程的运行调度，有力地支持了上海市青草沙原水系统通水切换期引江济太应急调水。

据统计，1—12月常熟枢纽累计引江23.5亿m^3，望亭立交引入太湖水量10亿m^3。无锡市梅梁湖泵站及其备用站大渲河泵站一直保持运行或轮流运行，太浦闸长期开闸放水，分别累计翻水9.0亿m^3、供水38.6亿m^3。调水引流有效地促进了梅梁湖、贡湖及东太湖水体流动，从而保证了无锡市和苏州市太湖水源地的供水安全，保障了上海世博会期间良好的水环境，满足了上海市青草沙原水系统切换期应急供水要求。

6.5.5 2014年秦淮河水环境改善

2014年，为保障南京青奥会期间优良水环境，省防指会同南京市防指积极做好外秦淮河“引江调水”工作。

5月24日，省防指专门组织召开协调会，制订并通过了《南京市青奥会期间“引江调水”保障实施方案》，通过省属秦淮新河抽水站抽引江水，经武定门节制闸和三汊河口闸联合调度运行，使南京市城区河道水体不定期置换，改善水环境。为确保青奥期间外秦淮河水环境质量，省防指自8月4日起即开始调度秦淮新河泵站开机，5台机组不间断运行，日引江水量维持在500万m^3左右；武定门闸加大排水流量，日排水量在600万m^3以上，并根据流域的降雨情况适时调整，最大日排水量达1167万m^3。

调水期间，省防指组织相关单位对调水线路开展每日巡查，并部署南京市水文局每天对沿线7个断面水质进行采样监测。南京市防指还制定了由市防汛机动抢险队对青奥公园实施定点保障的方案，架设5台套机动泵站，随时做好供水保障。8月4—27日，秦淮新河泵站累计运行2679台时，抽取江水1.2亿m^3，通过武定门节制闸下泄水量2.58亿m^3，相当于把40个玄武湖的水注入秦淮河；累计打捞漂浮物80余t，巡查750km，保障了青奥期间外秦淮河水质满足景观要求，且各项监测指标均好于往年同期。

2014年，秦淮新河抽水站共开机104天，抽引江水3.54亿m^3，武定门闸运行365天，下泄水量14.99亿m^3。

7 形势与展望

纵观世界各国经济发展史，经济越发达，人类社会对自然环境的变化越敏感，因而自然灾害，特别是水旱灾害造成损失的绝对值也就越来越大。当前和今后一个时期，是全面建设小康社会、加快转变经济发展方式的关键时期，也是传统水利向现代水利加快转变的窗口期，经济社会发展面临前所未有的复杂环境，保民生促发展的要求越来越迫切，水旱防治任务越来越艰巨。

江苏跨江滨海，平原辽阔，水网密布，湖泊众多，具有良好的自然禀赋，与此同时，江苏地处长江、淮河下游，大部分国土面积位于洪水位以下，水系复杂，气候多变。特定的地理位置和气象水文特点，决定了江苏省洪涝干旱易发的基本省情。中华人民共和国成立以来，江苏先后在20世纪50、70、90年代掀起三次大规模治水高潮，初步建成了完善的防洪、挡潮、治涝、调水等水利工程体系。

随着全球气候变化以及极端天气的频发，水旱灾害威胁加大，社会经济发展对水安全提出了更高的要求。目前江苏省的防洪减灾能力建设尚不平衡，整体水平亟须提高，主要表现在流域防洪安全度还不高，长江河势和海岸存在局部不稳定问题，太湖与长江之间河道引排能力不足，洪泽湖及淮河下游防洪标准、沂沭泗南下工程防洪标准需要适时提高。特别是，区域性的洪涝防御能力不足仍是突出短板，一些城市和开发区防洪治涝工程建设严重滞后，在极端突发性自然灾害明显增多的形势下，洪涝灾害威胁远未消除。因此，适应新的经济社会发展形势，推动防汛抗旱工作理念、管理模式、科技手段的全面创新，加快推进全省防汛抗旱应急能力建设，提高水旱灾害应对能力，十分必要和迫切。

7.1 发展成就

经过60多年的水利建设，江苏现已形成由江、海、河、湖主要堤防5000多km（1、2级），淮河、太湖等10多条流域排洪骨干河道，洪泽湖、骆马湖及总库容为34.5亿m^3的水库为主体的防洪挡潮工程体系；建成以长江为源头的“江水北调”“江水东引”和“引江济太”三大跨流域调水工程体系；形成由700多条区域骨干河道和配套河网，500多座大中型水闸和400多座大中型泵站，河、沟、圩、机共同组成的除涝、供水、降渍等工程体系，形成了能泄、能蓄、能引、能控，能在江淮沂沭泗间互济互调的新水系格局，洪涝旱情大幅度降低，优化了水资源配置，改善了生态环境。近年来，党中央、国务院，江苏省委、省政府高度重视水利建设，江苏防汛抗旱事业发展迅速、成效显著，夺取了历次水旱灾害斗争胜利。

7.1.1 基本建成了全省防洪治涝工程体系

在中华人民共和国成立后四十多年大规模防洪治涝治理基础上，1991 年大水以后，掀起治淮治太、江海堤防达标、重点区域治理和城市水利等建设高潮。中小洪水基本得到控制，通过防汛抢险措施可以战胜中华人民共和国成立以来流域最大洪水。沂沭泗水系，扩大外排、就近入海，形成了东调南下的防洪格局，中下游地区防洪标准达到 50 年一遇。淮河水系，蓄泄兼筹、以泄为主，形成了洪泽湖调蓄，入江、入海、相机入沂出海三路外排的防洪格局，洪泽湖及下游防洪标准接近 100 年一遇。长江干流，开展了较为系统的河势整治和堤防达标建设，基本能够防御 1954 年型洪水。太湖水系，洪涝兼治、蓄泄兼筹，形成了流域、区域、城市基本协调的防洪格局，基本可以防御 1954 年型的 50 年一遇洪水。主海堤实施了达标建设，防潮标准达到 50 年一遇。区域治理，开展了大规模的河网建设和圩区治理，区域骨干河道防洪标准基本达到 10～20 年一遇，区域治涝标准大部分地区达到 5～10 年一遇，部分因洪致涝洼地 3～5 年一遇。省辖城市主城区基本达到国家规定的防洪标准。成功抗御了中华人民共和国成立以来流域性洪水威胁，防洪减灾效益显著。

7.1.2 建成了跨流域调配水工程体系

20 世纪 60 年代以来，持续推进以长江为源头的三大调水干线建设，形成覆盖全省的跨流域调水工程体系。江水北调供水系统，形成了以江都水利枢纽为龙头，苏北京杭运河、淮沭新河、徐洪河为主要输水河道，9 个梯级提水泵站，串联洪泽湖、骆马湖、微山湖的工程体系，改善了淮北地区供水条件。2013 年基本建成的南水北调东线一期工程，进一步提高了江苏省北调供水区供水能力，实现了供水出省目标。江水东引供水系统，按“二河引水、三线输水”的格局，开挖拓浚了新通扬运河、泰州引江河、通榆河、三阳河，完善了里下河腹部河网，建成通榆河北延送水工程，促进了苏北沿海开发。引江济太供水系统，形成了以望虞河为主要输水干线，多口门引江的供水格局，增强了太湖流域供水能力，改善了区域水环境。目前，全省灌溉保证率为 70％～95％，生活供水保证率 97％左右，重点工业供水保证率 95％左右，有力促进了经济社会快速发展。

7.1.3 基本构建了防汛抗旱指挥系统

江苏省水利部门密切监视天气变化，加强气象、水文会商分析，及时掌握雨情水情发展趋势，努力提高预报精度，提早发布预测、预报、预警信息，把握防汛抗洪工作的主动权。根据国家防汛抗旱系统总体设计的要求，江苏省结合本省实际需求建设了防汛抗旱指挥系统，于 2000 年开始分步实施建设，目前已经基本建成以信息采集为基础，计算机网络、应急通信为保障，决策支持为核心的省、市、县三级防汛抗旱指挥系统框架。

7.1.4 健全了水旱灾害应急管理保障机制

在组织机构方面，江苏省基本构建了统一指挥、统一调度的省、市、县 3 级防汛抗旱指挥体系，各级地方政府逐步健全了以行政首长负责制为核心的防汛抗旱责任制体系。防汛抗旱行政首长负责制进一步落实，逐步形成了分类管理、分级负责、条块结合、属地为主的防汛抗旱管理体系和统一指挥、分级负责、协调有序、运转高效的防汛抗旱管理体制。

在法律法规方面，江苏省形成了以水法、防洪法等为核心的防汛抗旱法律法规体系。颁布了《江苏省防洪条例》《江苏省水利工程管理条例》《江苏省水库管理条例》《江苏省湖泊保护条例》《江苏省水文条例》《江苏省河道管理条例》等，出台了《江苏省防汛抗旱应急预案》《江苏省防御台风应急预案》以及流域、区域、重点工程防御洪水或洪水调度方案。

在应急管理方面，全面落实了以行政首长负责制为核心的各项防汛抗旱责任制，不断强化预报、预警、调度、抢险、救灾等环节，及时制订应急预案，完善应急响应机制。

在抢险队伍建设和防汛物资储备方面，江苏省建立了由国家级重点防汛机动抢险队、省级重点防汛机动抢险队、军地共建抗洪抢险专业分队组成的防汛抢险专业队伍，承担全省抗洪、抢险任务的骨干力量。组建了省、市、县三级防汛抗旱抢险专业队伍共 89 支，其中国家重点防汛机动抢险队 5 支，省级重点防汛机动抢险队 8 支，全国县级抗旱服务队示范县 10 支。初步形成了以防汛部门自储为主体、生产经营单位协议储备为补充、紧急调用时常备单位参与的防汛物资储备体系，目前，全省已储备防汛抗旱物资 40 多个品种，总价值 5.4 亿元。

7.2 形势分析

江苏防汛抗旱工作虽然取得显著成绩，但防汛减灾整体能力与全省经济社会全面协调发展、政府管理和公共服务需求、社会日益增长的减轻灾害影响和损失、保障城乡重要基础设施安全的迫切需求还不适应。江苏防汛抗旱工作中一些不平衡、不协调、不可持续的深层次矛盾和问题尚未得到根本解决。随着全球气候变化、极端天气频发、水资源时空分布不均进一步加剧，水旱灾害威胁加大，经济社会发展对防洪安全提出了更高的要求。

7.2.1 全球气候复杂多变，防汛抗旱工作形势依然严峻

近年来，受全球性气候变化影响，江苏气候形势异常复杂多变，极端性天气事件明显增多，水旱灾害的突发性、反常性日益突出，局部地区突发性水旱灾害造成的损失和影响不可低估，防汛抗旱防台形势依然严峻。2011 年全省出现了较为严重的四季连旱，持续时间之长、影响范围之大，为历史罕见；2016 年汛期，江苏沿江苏南和里下河地区遭遇连续暴雨大暴雨袭击，太湖流域发生流域性特大洪水，秦淮河、苏南运河及固城湖、石臼湖等多条河道、多个湖泊水位超历史极值。

7.2.2 人民美好生活期待，防汛抗旱工作提出更高要求

一是社会治理提出新任务。党中央把增进人民福祉、促进人的全面发展作为执政的出发点和落脚点，让改革发展成果更多、更公平、更实在地惠及全体人民。随着经济社会发展和人民生活水平的提高，社会安定、物质丰富、信息发达已成为新的常态。面对不可回避的水旱灾害，社会公众对政府如何高效应对抱有强烈的期望。需要全面提升全省防汛减灾能力，通过及时获取水情、灾情、险情等信息，建立健全防汛抗旱预测、预报、预警系统，高效开展主动防灾、科学避灾、充分备灾、有效减灾的行动。

二是水安全保障需求发生新变化。江苏经济社会发达，人口、资产密度高，一旦遭遇

洪涝、干旱、台风侵袭，给人民群众生命财产造成损失的风险大，同时会给经济社会发展大局带来不利影响。现代社会水安全保障需求的内容和形式都发生了显著变化。在保障生命财产安全的同时，保证生产、生活秩序不受太大影响。面对社会水安全保障需求质的变化，不能再单纯依赖防汛抗旱工程体系，应建立更加完善的应急管理体系和灾后救助体制，从灾民温饱救助型向社会化风险分担型转变。

7.2.3　安全隐患仍然存在，防汛抗旱工作必须常抓不懈

江苏防汛抗旱工程体系还存在一些薄弱环节，主要体现在：流域防洪安全度还不高，长江河势和海岸存在局部不稳定问题，太湖与长江之间河道引排能力不足，洪泽湖及淮河下游防洪标准、沂沭泗南下工程防洪标准需要适时提高，水库塘坝安全隐患多。水利工程面广量大、多年积累的老化病险问题仍未根本解决，加之河湖水域衰减、河道淤积萎缩，以及部分地区地面沉降等问题，造成防洪排涝能力下降，在极端突发性自然灾害明显增多的形势下洪涝灾害威胁远未消除。特别要指出，区域性的洪涝防御能力不足仍是突出短板，一些城市和开发区防洪治涝工程建设严重滞后，城市防洪治涝规划滞后于城市发展。

7.2.4　新时代治水新理念，防汛抗旱工作必须创新发展

江苏正处于综合实力快速提升、大力推进经济社会转型发展时期，“一带一路”、长江经济带建设、长三角一体化等国家战略在江苏交汇叠加，全省城镇化加快推进，人口和财富快速集中，各类基础设施大量涌现，一旦遭遇洪涝灾害，造成的损失将急剧上升。这对新时期江苏防汛抗旱工作提出了新挑战，同时也是江苏防汛抗旱工作高质量发展的机遇期和窗口期。

党的十九大提出了打造共建共治共享的社会治理格局的新要求，防灾减灾救灾是其中的重要组成部分。面对新时期社会发展新目标、新要求，要进一步补齐城市、水库、中小河流等重点薄弱环节的隐患短板，全面提升全省防汛减灾能力水平，确保公共安全。一是把握新时代治水新思路。以习近平总书记“节水优先、空间均衡、系统治理、两手发力”为新时代水利工作方针，以生态优先、绿色发展作为新时代治水理念，以系统思维作为新时代水问题治理方法。二是系统推进生态河湖行动，助推“强富美高”新江苏建设。积极推进水利工程精准调度，充分发挥水利工程对经济社会发展的基础保障作用，不断完善防洪减灾工程体系，统筹协调防洪、供水、生态的关系。

7.3　未来展望

到 2020 年全面建成小康社会，是我们党确定的两个“百年奋斗目标”的第一个百年奋斗目标，防汛减灾工作事关人民群众生命财产安全，事关社会和谐稳定，是“衡量执政党领导力、检验政府执行力、评判国家动员力、彰显民族凝聚力”的一个重要方面。江苏提出“到 2020 年，建成与全省基本实现现代化相匹配，流域、区域、城市防洪以及相关措施协调配套，比较完善的防洪工程体系，基本实现优化调度洪水、有效管理洪水，进一步提高洪水资源化程度，改善水生态环境，推进人与自然和谐相处，实现完善的法制化防洪管理和防洪公益工程的足额补偿，建立社会公众广泛参与的社会化减灾制度，形成与社会主义市场经济相适应的、保证防洪减灾体系良性发展的体制、机制和科技保障体系”。

围绕以上目标，江苏将深入推进防汛减灾治理体系和治理能力现代化建设，提高水安全保障能力，形成政府主导、专群结合、全社会参与的防汛减灾工作新格局，提高全社会防范和抗御水旱灾害风险的能力，为建设“强富美高”新江苏提供可靠保障。

7.3.1 进一步提高工程保障体系标准

防汛抗旱工程是做好防汛减灾工作的物质基础，针对江苏防汛抗旱基础设施还存在不完善、不配套、标准不高的问题，要克服大灾之后大治的治水模式，坚持防洪减灾基础设施建设先行，充分利用基础设施建设处于黄金期的有利时机，加快建设科学合理的防汛抗旱工程体系，充分发挥工程体系除害兴利的综合效益。

7.3.2 进一步完善防汛抗旱管理体系

继续加强防汛抗旱能力建设，提高水旱灾害防御能力，从以建设防洪工程体系为主的战略转变为在防洪工程体系的基础上，建成全面的防洪减灾工作体系。包括完善相关法规体系，健全防汛工作体制，明确和规范防汛工作职责、权限，健全工作评价和责任追究制度；强化水域管理，规范经济社会发展行为；优化突发事件处置程序，增强预案可操作性；加快建设和完善法规体系，加强对已实施法律法规执行情况的监督检查。

7.3.3 进一步加强水利工程精准调度

实施精准调度，在合适的时间给洪水找到合适的路线和去处，充分发挥水库、闸坝、枢纽、蓄滞洪区等各类水利工程的防洪减灾作用。根据天气预报，及时预测水位、流量、洪量等洪水要素，提前做好应对预案，及时发布预警启动响应。加快对防洪风险图的编制应用，对洪涝灾害的风险控制范围和程度做到心中有数，为调度决策提供基础数据支撑。强化调度指令的执行评估，及时检验调度成效，并为进一步下达调度指令提供依据。加快防汛信息化建设步伐，依靠科技的力量，为科学研判、精准调度提供必要的技术支撑，从而提升综合抗灾减灾能力。加强洪水资源管理，将传统的弃水、超额水量作为一种资源，通过一定的技术手段加以利用，变“弃”为“利”。

7.3.4 进一步强化水旱灾害应急管理

一是提高抢险队伍建设和物资保障水平。按照防汛工作地方行政首长负责制的基本原则，防汛抢险实行属地管理，由险情所在地的地方行政首长现场指挥。为提高防汛抢险的实战性和科学性，应建立防汛抢险专家库，对于不同的险情，有针对性地选派专家组，现场研究制订抢险方案，供领导决策。要加强专业队伍对各类险情的实战培训和演练，研发储备特殊的抢险装备，真正做到拉得出、打得响。坚持专群结合、军地联合的原则，发挥人民解放军和武警部队作为防汛抢险坚强后盾的作用，切实加强防汛抢险队伍能力建设。

二是提高防汛抗旱信息保障水平。防汛抗旱信息是开展防汛减灾工作的重要依据。推动完善信息收集、管理手段，扩大信息共享，实现全流域全省范围防汛抗旱信息的交换与共享。建立完善水雨情监测预报信息交换网络，打破不同层级、地区间的信息壁垒。建立、完善统一、跨部门的水旱灾情监测统计系统，避免多头统计、数据不一现象。研究建立不同灾种应急资源品种、数量、分类等数据库，为科学、高效调动全社会应急资源参与防汛减灾工作创造条件。

三是提高社会参与程度。防洪减灾属于社会公益型活动，而洪灾是人与洪水互相作用的产物，减轻洪水灾害损失是一种社会行为，需要全社会参与，共同承担洪水风险和防洪责任。要通过完善体制、理顺机制、强化法制，提高公众的水灾风险意识，有效发挥非政府组织在防灾、救灾、灾后重建中作用，完善防洪社会保障体系，增强抗御水灾能力。

7.4 结语

近年来，在党中央、国务院坚强领导下，我国防灾减灾救灾工作取得重大成就，积累了应对重特大自然灾害的宝贵经验，国家综合减灾能力明显提升。2016 年，习近平总书记全面总结了我国防灾减灾救灾工作的经验教训，系统论述了中国特色社会主义建设时期防灾减灾救灾工作的极端重要性、基本出发点、工作方针和发展思路，是指导我国防灾减灾事业发展的根本遵循。2017 年，党的十九大提出了打造共建共治共享的社会治理格局的新要求。江苏将牢固树立和落实习总书记防灾减灾新理念，坚持以防为主、防抗救相结合，坚持常态减灾和非常态救灾相统一，努力实现从注重灾后救助向注重灾前预防转变，从应对单一灾种向综合减灾转变，从减少灾害损失向减轻灾害风险转变，落实责任、完善体系、整合资源、统筹力量，全面提升防汛抗旱综合减灾能力。

附录 调度方案

为充分发挥流域或者区域防汛抗旱体系中各类工程的作用，减轻水旱灾害损失，根据流域或区域的防洪规划、水资源规划、工程体系现状，结合水文气象特点、社会经济发展的需求等实际情况，国家防总、流域防总、省防指等防指组织科学制定洪水调度、水量调度方案。调度方案统筹处理洪水蓄与泄、防洪与排涝、防洪与抗旱供水、左右岸、上下游之间的关系，科学调度、运用各类水利工程，充分发挥工程效益，保障主要防洪保护对象的安全，保障供水安全，使流域或区域的损失减至最小。调度方案需随着工程设施的不断建设，以及社会经济不断发展对防汛抗旱的要求不断提高进而不断改进、完善，经主管机关审批后实行。

目前，涉及江苏省防汛抗旱工作的调度方案主要有《长江洪水调度方案》（国汛〔2011〕22号）、《淮河洪水调度方案》（国汛〔2016〕14号）、《沂沭泗河洪水调度方案》（国汛〔2012〕8号）、《太湖流域洪水与水量调度方案》（国汛〔2011〕17号），以及《淮河入海水道调度运用方案》（苏防〔2010〕6号）、《苏南运河区域洪涝联合调度方案（试行）》（苏防〔2016〕22号）、《秦淮河洪水调度方案》（苏防〔2016〕20号）、《通榆河北延送水工程调度方案（试行）》（苏防〔2011〕19号）、《白马湖区域性水利工程调度方案》（苏防〔2008〕32号）等。

A.1 流域性调度方案

A.1.1 长江洪水调度方案（国汛〔2011〕22号）

根据国务院批复的《长江流域防洪规划》和《三峡水库优化调度方案》，结合目前长江流域防洪工程状况和长江流域防洪形势，在《长江洪水调度方案》（国汛〔1999〕10号）基础上，修订长江洪水调度方案如下。

A.1.1.1 防洪体系建设情况

经过几十年的防洪体系建设，长江中下游已基本形成了以堤防为基础、三峡水库为骨干，其他干支流水库、蓄滞洪区、河道整治相配合，以及平垸行洪、退田还湖等工程措施与防洪非工程措施相结合的综合防洪减灾体系。

（1）堤防工程。

长江中下游堤防包括长江干堤、主要支流堤防，以及洞庭湖区、鄱阳湖区等堤防，总长约30000km，是长江防洪的基础。目前，长江中下游3900余km干堤已全部完成达标建设。

长江中下游干流堤防设计洪水位分别为沙市45.00m、城陵矶（莲花塘）34.40m、汉口 29.73m、黄石 27.50m、湖口 22.50m、大通 17.10m、芜湖 13.40m（有台风为 13.50m）和南京 10.60m（有台风为 11.10m）。

荆江大堤、无为大堤、南线大堤、汉江遥堤以及沿江全国重点防洪城市堤防为 1 级堤防。松滋江堤、荆南长江干堤、洪湖监利江堤、岳阳长江干堤（岳阳市城区段除外）、四邑公堤、汉南长江干堤、粑铺大堤、黄广大堤、九江大堤（九江市域区段除外）、同马大堤、广济圩江堤、枞阳江堤、和县江堤、江苏长江干堤（南京市城区段除外）等为 2 级堤防。洞庭湖区、鄱阳湖区重点圩垸堤防为 2 级，国家确定的蓄滞洪区其他堤防为 3 级。汉江下游干流堤防为 2 级（武汉市城区段除外）。

长江中下游干流 1 级堤防堤顶超高一般为 2.0m，2 级及 3 级堤防堤顶超高一般为 1.5m，江苏南京以下感潮河段长江干堤堤顶超高为 2.0～2.5m，其他堤防超高一般为 1.0m，城陵矶附近长江干堤（北岸龙口以上监利洪湖江堤、南岸岳阳长江干堤）在上述标准的基础上增加 0.5m 的超高；洞庭湖及鄱阳湖临湖堤风浪大、吹程远，重点圩垸堤防临湖堤超高 2.0m，临河堤超高 1.5m，洞庭湖蓄滞洪区堤防临湖堤超高 1.5m，临河堤超高 1.0m，东、南洞庭湖堤防在上述标准的基础上增加 0.5m 的超高。

（2）河道治理工程。

长江中下游干流河道总长 1893km，共划分为 30 个河段，其中宜枝、上荆江、下荆江、岳阳、武汉、鄂黄、九江、安庆、铜陵、芜裕、马鞍山、南京、镇扬、扬中、澄通、长江口 16 个河段为重点河段；陆溪口、嘉鱼、牌洲湾、叶家洲、团风、韦源口、田家镇、龙坪、马裆、东流、太子矶、贵池、大通、黑沙洲 14 个河段为一般河段。

长江中下游干流以控制河势和防洪保安为主要目标，开展了较大规模的河道治理，河道河势得到初步控制。干流各河段现状的行洪能力：荆江沙市河段约为 53000m^3/s，城陵矶河段约为 60000m^3/s，武汉河段约为 73000m^3/s，湖口河段约为 83000m^3/s。

（3）蓄滞洪区。

长江中游干流目前安排了 40 处蓄滞洪区（如洪湖蓄滞洪区按东、中、西 3 块考虑，则蓄滞洪区总数为 42 处），总面积约为 1.2 万 km^2，耕地 711.8 万亩、人口约 632.5 万人，有效蓄洪容积约 589.7 亿 m^3。

重要蓄滞洪区 13 处，分别为荆江分洪区、洪湖东分块、钱粮湖、共双茶、大通湖东、围堤湖、民主、城西、澧南、西官、建设、杜家台、康山蓄滞洪区；一般蓄滞洪区 13 处，分别为洪湖中分块、屈原、九垸、江南陆城、建新、西凉湖、武湖、张渡湖、白潭湖、珠湖、黄湖、方洲斜塘和华阳河蓄滞洪区；蓄滞洪保留区 16 处，分别为涴市扩大分洪区、人民大垸分洪区、虎西备蓄区、君山、集成安合、南汉、和康、安化、安澧、安昌、北湖、义合、南顶、六角山、洪湖西分块、东西湖蓄滞洪区。长江中游干流蓄滞洪区基本情况见表 A.1。

（4）重点大型水库。

长江流域在干支流上已建成大中小型水库 4.6 万座，总库容 2349 亿 m^3。以防洪为首要任务的大型水库，目前已建成的有三峡、丹江口、江垭、皂市等，已建和基本建成且具有较大防洪作用的水库还有二滩、紫坪铺、瀑布沟、构皮滩、彭水、宝珠寺、隔河岩、水布垭、漳河、五强溪、柘溪、万安、柘林、廖坊等，正在建设的具有较大防洪作用的水库有溪洛渡、向家坝、锦屏一级、亭子口、峡江等。长江中游干流防洪库容较大的大型水库基本情况详见表 A.2。

表 A.1 **长江中游干流蓄滞洪区基本情况表**

序号	蓄滞洪区名称	面积 /km^2	耕地面积 万亩	区内居住人口 /万人	需转移安置人口 /万人	设计蓄洪水位 /m	有效蓄洪容积 /亿 m^3	分洪闸或分洪口门	分洪口门宽 /m	设计流量 /(m^3/s)	蓄滞洪区分类
合计		12036.0	711.8	632.5	601.5		589.7				
一	荆江地区	1465.34	90.23	88.67	68.54		71.60				
1	荆江分洪区	921.34	49.31	58.18	38.05	42.00	54.00	北闸（进洪闸）		7700	重要
								南闸（泄洪闸）		3800	
								腊林洲分洪口门	2800	9300	
								里甲口分洪口门	900	2800	
								无量庵吐洪口门	2717	20000	
2	涴市扩大区	96.00	8.66	6.12	6.12	43.00	2.00	查家月分洪口门	980	5000	保留
								马嚎口吐洪口门	3400	5000	
3	虎西备蓄区	86.00	7.51	5.34	5.34	42.00	3.80	虎西支堤肖家咀分洪口门	1300	5000	保留
4	人民大垸	362.00	24.75	19.04	19.04	38.50	11.80	茅林口分洪口门	2700	20000	保留
								下人民大垸隔堤过洪口门	4200	20000	
								中洲子吐洪口门	2500	20000	
二	城陵矶附近	5770.51	363.97	295.32	285.19		344.75				
	洞庭湖蓄滞洪区	2973.11	239.60	165.80	155.66		163.81				
5	钱粮湖	454.06	40.26	22.73	22.73	34.82	22.20	莲花窖分洪口门	220	2000	重要
								华容河堤过洪口门 1	110	1500	
								华容河堤过洪口门 2	300	3000	

续表

蓄滞洪区名称		面积 /km^2	耕地面积 万亩	区内居住人口 /万人	需转移安置人口 /万人	设计蓄洪水位 /m	有效蓄洪容积 /亿 m^3	分洪闸或分洪口门	分洪口门宽 /m	设计流量 /(m^3/s)	蓄滞洪区分类
6	大通湖东	230.14	14.22	13.47	13.47	35.39	11.20	得胜分洪口门	200	2000	重要
								隆庆河堤过洪口门	200	2000	
7	共双茶垸	293.00	23.64	16.45	16.45	35.37	18.51	八形汊分洪口门	350	3630	重要
								双华茶盘洲堤过洪口门	350	3630	
8	围堤湖	36.70	3.80	2.76	0.00	38.00	2.37	围堤湖分洪闸		3190	重要
9	西官垸	69.60	5.05	1.78	0.00	40.50	4.44	西官垸分洪闸		1500	重要
10	澧南垸	34.33	3.96	2.83	0.00	44.61	2.00	澧南垸分洪闸		2380	重要
11	城西垸	106.00	8.83	6.55	5.62	35.41	7.61	熊家棚分洪口门	150	1500	重要
12	建设垸	104.61	8.70	7.30	7.30	34.61	4.94	团湖分、吐洪口门	300	2210	重要
13	民三垸	213.50	17.96	12.40	10.56	35.25	11.21	陈婆洲进洪口门	460	4000	重要
14	建新垸	40.13	4.00	1.30	1.30	34.61	1.96	黄安湖分、吐洪口门	350	2660	一般
15	君山垸	121.95	8.47	5.51	5.51	35.00	4.80	楼西湾	260	1850	保留
16	江南陆城	211.00	14.73	7.92	7.92	33.50	10.41	周家垅分洪口门	250	3500	一般
17	屈原垸	226.70	25.07	15.38	15.38	34.83	11.96	凤凰咀分、吐洪口门	250	5630	一般
18	义合垸	19.87	1.28	1.63	1.63	35.41	1.21	丰城垸枫树嘴分洪口门	120	930	保留
19	北湖垸	48.33	3.73	2.80	2.80	35.41	2.59	下灰口分、吐洪口门	130	1000	保留
20	集成安合	123.33	8.74	7.06	7.06	36.69	6.83	天螺洲分、吐洪口门	300	2640	保留
21	南顶垸	46.70	3.45	2.59	2.59	37.30	2.57	天兴洲	150	2180	保留
22	和康垸	97.00	7.79	5.46	5.46	37.40	6.20	金家铺九组	280	2390	保留
23	南汉垸	96.59	7.98	7.09	7.09	37.40	5.66	南鸿学家	260	1500	保留
24	六角山	29.63	1.10	1.69	1.69	36.00	0.55	鲜鱼冲	120	640	保留
25	九　垸	53.64	3.62	1.70	1.70	41.38	3.79	张市窑进洪口门	200	2920	一般
26	安澧垸	122.73	8.97	7.39	7.39	39.90	9.20	保凝湖进洪口门	350	3550	保留

续表

序号	蓄滞洪区名称	面积/km^2	耕地面积万亩	区内居住人口/万人	需转移安置人口/万人	设计蓄洪水位/m	有效蓄洪容积/亿 m^3	分洪闸或分洪口门	分洪口门宽/m	设计流量/(m^3/s)	蓄滞洪区分类
27	安昌垸	115.10	7.63	6.71	6.71	38.85	7.10	安昌乡进洪口门	190	1500	保留
28	安化垸	78.47	6.61	5.31	5.31	38.12	4.50	天保油场进洪口门	190	870	保留
29	洪湖蓄滞洪区	2797.40	124.37	129.52	129.52	32.50	180.94				
	东分块	883.62	41.50	28.59	28.59		61.86	套口分洪口门	770	10000	重要
	中分块	1025.15	26.42	51.82	51.82		66.83	新堤分洪口门		4500	一般
	西分块	888.63	56.45	49.12	49.12		52.25	腰口隔堤过洪口门	1000	10000	保留
三	武汉附近区	2943.88	164.48	175.84	175.84		122.10				
30	杜家台	613.98	35.30	12.75	12.75	30.00	22.90	杜家台分洪闸		4000	重要
								黄陵矶泄洪闸		2700	
31	西凉湖	1095.00	37.14	48.64	48.64	31.00	42.30	潘家湾进洪口门	1000	10000	一般
32	东西湖	444.00	22.14	29.50	29.50	29.50	20.00	新沟街附近分洪口门	560	5000	保留
33	武湖	277.90	18.64	14.59	14.59	29.10	18.10	武湖堤沙口分、吐洪口门	500	5000	一般
34	张渡湖	309.00	39.45	30.37	30.37	28.30	10.00	童家大湾进、退洪口门	580	5000	一般
35	白潭湖	204.00	11.81	39.98	39.98	27.50	8.80	禹王新生村进、退洪口门	550	5000	一般
四	湖口附近区	1856.23	93.16	72.69	71.89		51.20				
36	康山	312.37	15.20	6.17	5.37	22.50	15.70	大湖口分洪口门	700	9630	重要
37	珠湖	152.49	8.00	9.39	9.39	22.50	5.60	白沙洲进、退洪口门	500	6852	一般
38	黄湖	49.28	4.63	0.29	0.29	22.50	2.90	黄湖进、退洪口门	200	3420	一般
39	方洲斜塘	35.41	2.89	0.82	0.82	22.50	2.00	东江村进、退洪口门	96	2340	一般
40	华阳河	1306.68	62.44	56.01	56.01		25.00	占家峦	400	7000	一般

注 表中统计数据截止到2004年。

表 A.2　长江中游干流防洪库容较大的大型水库指标一览表

水库名称	所在河流	控制面积/万 km^2	设计标准			校核标准			汛限水位/m/预留时间/(月．日)	防洪库容/亿 m^3	正常蓄水位/m/库容/亿 m^3	水库下游河道安全泄量/(m^3/s)	坝型
			频率	水位/m	容积/亿 m^3	频率	水位/m	容积/亿 m^3					
锦屏一级	雅砻江	10.3	0.2%	1880	77.6	0.02%	1883.62	80.68	1859/6.1—8.31	(16)	1880/77.6		双曲混凝土拱坝
二滩	雅砻江	11.64	0.1%	1200	57.9	0.02%	1203.5	61.37	1190/6.1—7.31	9	1200/57.9		双曲混凝土拱坝
紫坪铺	岷江	2.27	0.1%	871.2		PMF	883.1	11.12	850/6.1—9.30	1.67	877/9.98		钢筋混凝土面板堆石坝
瀑布沟	岷江	6.85	0.2%	850.24	50.31	PMF	853.78	53.9	841/7.1—9.30	7.27 (15)	850/50		砾石土心墙堆石坝
宝珠寺	嘉陵江	2.8	0.1%	588.3	21	0.01%	594.7	25.5	583/7.1—8.31	2.8	588/21		混凝土重力坝
亭子口	嘉陵江	6.1	0.2%	461.3	38.19	0.02%	463.07	40.67	447/6.11—8.31	(10.6～14.4)	458/34.68	21100	混凝土重力坝
构皮滩	乌江	4.33	0.2%	632.89	58.62	0.02%	638.36	64.54	626.24/6.1—7.31 628.12/8.1—8.31	4.0 2.0	630/55.64		混凝土双曲拱坝
彭水	乌江	6.9	0.2%	294.91	12.94	0.02%	298.85	14.65	287/5.21—8.31	2.32	293/15.09		混凝土重力坝
溪洛渡	长江干流	45.44	0.1%	600.7	116.1	0.01%	607.94	126.7	560/7.1—9.10	(46.5)	600/115.7		双曲混凝土拱坝
向家坝	长江干流	45.88	0.2%	380.0	49.77	0.02%	381.86	51.63	370/7.1—9.10	(9.03)	380/49.77		混凝土重力坝
三峡	长江干流	100	0.1%	175	393	0.01%＋10%	180.4		145/6.10—9.30	221.5	175/393	60600	混凝土重力坝
隔河岩	清江	1.44	0.1%	203.13	32.4	0.01%	204.4	33.3	193.6/6.21—7.31	5.0	200/30.18	13000	混凝土重力拱坝
水布垭	清江	1.09	0.1%	402.24	44.68	0.01%	404.03	45.89	391.8/6.21—7.31	5.0	400/43.12	13000	凝土面板堆石坝
漳河	沮漳河	0.22	0.2%	125.01	18.63	PMF	127.51	20.35	122/6.1—8.31 122.6/9.1—9.30	1.39	123.5/17.85	1200	黏土斜墙多种土料坝

续表

水库名称	所在河流	控制面积/万 km^2	设计标准			校核标准			汛限水位/m/预留时间/(月.日)	防洪库容/亿 m^3	正常蓄水位/m/库容/亿 m^3	水库下游河道安全泄量/(m^3/s)	坝型
			频率	水位/m	容积/亿 m^3	频率	水位/m	容积/亿 m^3					
五强溪	沅江	8.38	0.1%	111.14	36.23	0.01%	114.53	43.5	102/5.1—5.31 98/6.1—7.31 102～108/8.1—8.31	8.85 13.5 (17.05) 8.85～0	108/30.48	20000 (实际16000～18000)	混凝土重力拱坝
凤滩	沅江	1.75	0.1%	209.56	16.25	0.02%	211.44	17.3	200/5.1—5.31 198.5/6.1—7.31	2.2 2.77	205/13.9	9000	空腹重力坝
柘溪	资水	2.26	0.5%	171.19	32.91	0.10%	172.71	35.65	165/4.1—5.20 162～165/5.21—7.15 165～167.5/7.16—7.31 167.5～169/8.1—9.30	7 10.6～7 7～3.7 3.7～1.6	169.5/30.2	9700 (实际8000)	单支墩大头坝
江垭	澧水	0.37	0.2%	239.1	16.9	0.02%	242.7	18.34	210.6～224/5.1—6.20 210.6～215/6.21—7.31 230～236/8.1—8.31	7.38～3.85 7.38～6.28 2～0	236.0/15.7	12000 (支流尾闾)	碾压混凝土重力坝
皂市	澧水	0.3	0.2%	143.5	13.81	0.02%	144.56	14.4	125/5.1—7.31 140/8.1—9.30	7.83 1.81	140/12	12000 (支流尾闾)	混凝土重力坝
丹江口	汉江	9.52	0.1%	160	198.2	0.01% + 20%	161.4	209.6	149/6.21—8.20 152.5/8.21—9.30	55～77 (80～110)	157/174.5	30000	混凝土重力坝
万安	赣江	3.69	0.1%	100	16.16	PMF	103.6	22.16	85～90/4.1—6.30 96～100/7.1—9.30	5.7 (10.19)	100/16.16	8800	混凝土重力坝
峡江	赣江	6.27	0.2%	49.0	11.87	0.05%	49.0	11.87	46/4.1—9.30	(6)	46/7.02	14500	混凝土重力坝
廖坊	抚河	0.71	1.0%	67.94	3.96	0.10%	68.44	4.32	61/4.1—6.30 61～65/7.1—9.30	3.1	65/2	7130	混凝土重力坝
柘林	修水	0.93	0.1%	70.13	67.71	PMF	73.01	79.2	63.5～64.0/4.1—6.30 65.0/7.1—9.30	15.82	65/50.1	6500	黏土及混凝土防渗心墙土石坝

（5）平垸行洪、退田还湖。

1998年长江大洪水后，对长江中下游干堤之间严重阻碍行洪的洲滩民垸、洞庭湖及鄱阳湖区部分在常遇洪水时即遭受洪灾的湖滩及民垸进行了平垸行洪、退田还湖建设。平垸行洪、退田还湖圩垸分两类，一是退人又退耕的“双退”垸，二是退人不退耕的“单退”圩垸。目前，长江中下游干流已实施单退圩垸331个、面积1975km^2、蓄水容积77.1亿m^3。其中城陵矶以上河段洲滩民垸的蓄水容积为26.4亿m^3，城陵矶至汉口河段的蓄水容积为8.4亿m^3，汉口至湖口河段的蓄水容积为6.5亿m^3，湖口以下河段的蓄水容积为35.8亿m^3。

（6）防洪非工程措施。

目前，长江流域向长江防汛抗旱总指挥部报汛的站点总数基本上能控制流域水雨情，随着国家防汛抗旱指挥系统的建成运行和中央报汛站实现报汛自动化，水文测报能力显著提高，初步建立了一套基本适应当前防汛需要的水情信息系统；经过不断的修编，洪水作业预报方案逐步完善；随着长江流域防汛调度系统、水情会商系统、洪水预报系统的建成，水情预报精度和时效性显著提高，在1998年、2010年等抗洪斗争中发挥了重要作用，基本满足长江流域防汛需要。以三峡水库为核心的水库群联合调度技术也逐步成熟，提高了长江流域的防洪安全保障能力。

A.1.1.2 长江干支流现状防洪能力

长江干支流主要河段现有防洪能力大致为：荆江地区依靠堤防可防御10年一遇洪水，通过三峡水库调节，遇100年一遇及以下洪水可使沙市水位不超过44.50m，不需启用荆江地区蓄滞洪区，遇1000年一遇或1870年同大洪水，通过三峡水库的调节，可控制枝城泄量不超过80000m^3/s，配合荆江地区蓄滞洪区的运用，可控制沙市水位不超过45.0m，保证荆江河段行洪安全。城陵矶河段依靠堤防可防御10～20年一遇洪水，通过三峡水库的调节，一般年份基本上可不分洪（各支流尾闾除外），遇1931年、1935年、1954年大洪水，可减少分蓄洪量和土地淹没，考虑本地区蓄滞洪区的运用，可防御1954年洪水。武汉河段依靠堤防可防御20～30年一遇洪水，考虑河段上游及本地区蓄滞洪区的运用，可防御1954年洪水（其最大30天洪量约200年一遇）。湖口河段依靠堤防可防御20年一遇洪水，考虑河段上游及本地区蓄滞洪区的运用，可满足防御1954年洪水的需要。

汉江中下游依靠堤防、丹江口水库及杜家台分洪工程可防御20年一遇洪水，配合新城以上民垸分洪，可防御1935年同大洪水，约相当于100年一遇。赣江可防御20～50年一遇洪水，其他支流大部分可防御10～20年一遇洪水，长江上游四川腹地各主要支流依靠堤防和水库一般可防御10年一遇左右洪水。

A.1.1.3 设计洪水

（1）荆江河段设计洪水。

荆江河段的防洪标准以防御枝城100年一遇洪水洪峰流量为目标，同时对遭遇1870年同大洪水时应有可靠的措施保证荆江两岸干堤不发生漫溃，防止发生毁灭性灾害。

枝城站系荆江河段的入流站，枝城站设计洪水成果见表A.3。

表 A.3　　枝城站设计洪水成果表

统计参数			各级频率下设计流量/(m^3/s)					
Ex	C_v	C_s/C_v	0.1%	0.33%	0.5%	1%	2%	5%
54100	0.21	4.0	102800	94600	92100	87000	82200	75200

（2）城陵矶及以下干流河段设计洪水。

长江中下游城陵矶及以下干流河段总体防洪标准为防御中华人民共和国成立以来发生的最大洪水，即1954年洪水。

城陵矶以下河段以螺山站作为代表站。螺山站30天总入流设计洪水成果见表A.4。1954年洪水螺山站30天总入流为1975亿m^3，约180年一遇。

表 A.4　　螺山站30天总入流设计洪水成果表

统计参数			各级频率下设计流量/(m^3/s)				
Ex	C_v	C_s/C_v	0.33%	0.5%	1%	2%	5%
1190	0.21	4	2088	2027	1919	1808	1652

A.1.1.4　洪水调度原则

（1）坚持以人为本、依法防洪、科学调度的原则。

（2）坚持蓄泄兼筹、以泄为主，上下游兼顾、左右岸协调，局部利益服从全局利益的原则。

（3）当发生大洪水时，适时运用洲滩民垸，充分发挥河道的泄洪能力；利用三峡及其他水库拦洪错峰，充分发挥水库的防洪作用；当河道控制站水位接近并预报将超过堤防设计水位时，适时启用蓄滞洪区分蓄超额洪水。

（4）统筹处理好防洪与排涝的关系，遇大洪水时，排涝服从防洪的要求。

（5）兴利调度服从防洪调度，在确保防洪安全和不影响排涝的前提下，兼顾洪水资源利用。

（6）各干支流水库在保证下游防洪保护对象和本身防洪安全的情况下，若中下游干流发生大洪水，应尽量拦蓄洪水，以减轻中下游干流防洪压力。

A.1.1.5　洪水调度目标

发生防御标准以内洪水时，确保重要水库、重点堤防、重要城市和地区的防洪安全。遇超标准洪水或特殊情况，采取非常措施，保证重要城市和地区的防洪安全，最大限度地减轻洪灾损失。

A.1.1.6　洪水调度

（1）水库调度。

1）三峡水库在保证枢纽大坝安全的前提下，对长江上游洪水进行调控，使荆江河段防洪标准达到100年一遇，遇100～1000年一遇洪水，包括1870年同大洪水时，控制枝城站流量不大于80000m^3/s，配合蓄滞洪区运用，保证荆江河段行洪安全，避免两岸干堤漫决发生毁灭性灾害；根据城陵矶地区防洪要求，考虑长江上游来水情况和水文气象预报，适度调控洪水，减少城陵矶地区分蓄洪量。

a. 对荆江河段实施防洪补偿调度。当三峡水库水位低于171.0m时，控制沙市水位不高于44.50m；当三峡水库水位为171.0～175.0m时，控制枝城最大流量不超过80000m^3/s，配合分洪措施控制沙市水位不超过45.00m。

b. 对城陵矶河段实施防洪补偿调度。在长江上游来水不大，三峡水库尚不需为荆江河段防洪大量蓄水，而城陵矶附近防洪形势严峻，且三峡水库水位不高于155.0m时，三峡水库兼顾对城陵矶河段进行防洪补偿调度，即按控制沙市水位不高于44.50m、同时城陵矶水位不超过34.40m进行防洪补偿调度。当三峡水库水位高于155.0m后，转为对荆江河段进行防洪补偿调度，不再对城陵矶河段进行防洪补偿调度。

c. 三峡水库水位超过175.0m后，按照保枢纽安全的防洪调度方式运行。原则上，当入库流量小于水库泄流能力时，按来多少泄多少进行调度；当入库流量大于水库泄流能力时，按水库泄流能力下泄。届时可根据实时水雨情及防洪需要统筹考虑进行调度。

2）长江上游发生中小洪水，根据实时雨水情和预测预报，三峡水库尚不需要对荆江或城陵矶河段实施防洪补偿调度，且有充分把握保障防洪安全时，三峡水库可以相机对中小洪水进行滞洪调度。

3）沙市水位预报将超过44.50m，若清江来水大，利用清江隔河岩、水布垭水库配合三峡水库联合拦蓄洪水，控制沙市站水位不高于44.50m。

4）根据长江中下游防洪需要，长江上游二滩、紫坪铺、瀑布沟、宝珠寺、构皮滩、彭水等干支流控制性水库在保证各水库下游和本身防洪安全的基础上，按照调度指令配合三峡水库为中下游拦蓄洪水，减轻防洪压力。

5）清江、沮漳河、洞庭湖四水、鄱阳湖五河发生洪水时，充分发挥隔河岩、水布垭、漳河、五强溪、柘溪、凤滩、江垭、皂市、万安、柘林、廖坊等水库的拦洪作用，以减轻水库下游或长江干流防洪压力。

（2）河道及蓄滞洪区调度。

1）荆江河段（枝城—城陵矶）：

a. 沙市水位预报将超过44.50m，相机扒开荆江两岸干堤间洲滩民垸行洪，充分利用河道下泄洪水，利用三峡等水库联合拦蓄洪水，控制沙市水位不超过44.50m。

b. 当三峡水库水位高于171.0m之后，如上游来水仍然很大，水库下泄流量将逐步加大至控制枝城站流量不超过80000m^3/s，为控制沙市站水位不超过45.00m，需要荆江地区蓄滞洪区配合使用。

沙市水位达到44.67m并预报继续上涨时，做好荆江分洪区进洪闸（北闸）防淤堤的爆破准备。

沙市水位达到45.00m，并预报继续上涨时，视实时洪水大小和荆江堤防工程安全状况，决定是否开启荆江分洪区进洪闸（北闸）分洪。北闸分洪的同时，做好爆破腊林洲江堤分洪口门的准备。在国家防总下达荆江分洪区人员转移命令时，湖南省接守南线大堤。

在运用北闸分洪已控制住沙市水位，并预报短期内来水不再增大、水位不再上涨时，应视水情状况适时调控直至关闭进洪闸，保留蓄洪容积，以备下次洪峰到来时分洪运用。

荆江分洪区进洪闸全部开启进洪仍不能控制沙市水位上涨，则爆破腊林洲江堤口门分洪；同时做好涴市扩大区与荆江分洪区联合运用的准备。

荆江分洪区进洪闸全部开启且腊林洲江堤按设定口门爆破分洪后，仍不能控制沙市水位上涨时，则爆破涴市扩大区江堤进洪口门及虎渡河里甲口东、西堤，与荆江分洪区联合运用。运用虎渡河节制闸（南闸）兼顾上下游控制泄流，最大不超过 $3800m^3/s$。同时做好虎西备蓄区与荆江分洪区联合运用的准备。

预报荆江分洪区内蓄洪水位（黄金口站，下同）将超过 42.00m，爆破虎东堤和虎西堤，使虎西备蓄区与荆江分洪区联合运用。同时做好无量庵吐洪入江及人民大垸分洪运用的准备。

荆江分洪区、涴市扩大区、虎西备蓄区运用后，预报荆江分洪区内蓄洪水位仍将超过 42.00m，提前爆破无量庵江堤口门吐洪入江。预计长江干流不能安全承泄洪水，在爆破无量庵江堤口门的同时，在其对岸上游爆破人民大垸江堤分洪。并进一步落实长江监利河段主泓南侧青泥洲、北侧新洲垸扩大行洪，清除阻水障碍等措施，确保行洪畅通。

上述措施可解决枝城 1000 年一遇或 1870 年同大洪水，若遇再大洪水，视实时洪水水情和荆江堤防工程安全状况，爆破人民大垸中洲子江堤吐洪入江；若来水继续增大，爆破洪湖蓄滞洪区上车湾江堤进洪口门，分洪入洪湖蓄滞洪区。

2）城陵矶河段（城陵矶—东荆河口）：

a. 城陵矶水位达到 33.95m，并预报继续上涨，视实时洪水水情，相机扒开城陵矶至东荆河口段长江干堤之间、洞庭湖区洲滩民垸进洪，充分利用河湖泄蓄洪水。城陵矶水位达到 34.90m 时，洲滩民垸须全部运用。

b. 城陵矶水位预报将达到 34.40m 并继续上涨，且三峡水库水位在 155.0m 以下时，三峡水库按控制城陵矶水位不高于 34.40m 进行防洪补偿调度。

c. 三峡水库水位达到 155.0m 后，如城陵矶水位仍将达到 34.40m 并继续上涨，则需采取城陵矶附近区蓄滞洪区分洪措施。视重点保护对象安全需要，首先运用洞庭湖钱粮湖、大通湖东、共双茶和洪湖蓄滞洪区东分块，并相机运用屈原垸、建新垸、建设垸、民主垸、城西垸、江南陆城、澧南垸、西官垸、围堤湖、九垸等蓄滞洪区蓄洪。若在执行上述分洪过程中，预报城陵矶超额洪峰、洪量较大，运用上述蓄滞洪区分洪不能有效控制城陵矶水位时，则运用君山垸、集成安合等蓄滞洪保留区分蓄洪水。

如城陵巩水位达到 34.40m，但沙市水位低于 44.50m 且汉口水位低于 29.00m，城陵矶运行水位可抬高到 34.90m 运用。

d. 洞庭湖四水尾闾水位超过其控制水位（湘江长沙站 39.00m、资水益阳站 39.00m、沅水常德站 41.50m、澧水津市站 44.00m），危及重点垸和城市安全，可先期运用四水尾闾相应蓄滞洪区。

3）武汉河段（东荆河口—武穴）：

a. 汉口水位达到 28.50m，并预报继续上涨，视实时洪水水情，扒开东荆河口至武穴河段长江干堤之间洲滩民垸进洪，充分利用河道下泄洪水。汉口水位达到 29.00m 时，洲滩民垸应全部运用。

b. 汉口水位达到 29.50m，并预报继续上涨时，视长江、汉江水情，首先运用杜家台蓄滞洪区，再运用武汉附近其他蓄滞洪区。

若汉江来水较大，在丹江口水库充分运用的条件下，则开启汉江下游杜家台分洪闸分洪；若汉江来水不大，首先运用黄陵矶闸分长江洪水入杜家台蓄滞洪区，若分洪量不足，视情况采取扩大分洪量的措施。

若武汉河段上游长江来水大，在首先运用杜家台蓄滞洪区之后，则视超额洪量大小，依次运用西凉湖、武湖、张渡湖、白潭湖 蓄滞洪区蓄纳洪水，以控制汉口水位不超过29.73m。若武汉河段上游来水小，而汉口至湖口区间洪水较大，在首先运用杜家台蓄滞洪区之后，视超额洪量大小，依次运用武湖、张渡湖、白潭湖、西凉湖蓄滞洪区蓄纳洪水，以控制汉口水位不超过 29.73m。

c. 武汉附近杜家台、武湖、张渡湖、白潭湖、西凉湖蓄滞洪区运用后，汉口水位仍将超过 29.73m 时，启用东西湖蓄滞洪保留区蓄纳洪水。

4）湖口河段（武穴—湖口）：

a. 湖口水位达到 20.50m 时，并预报继续上涨，视实时洪水水情，扒开武穴至湖口河段长江干堤之间、鄱阳湖区洲滩民垸进洪，充分利用河湖泄蓄洪水。湖口水位达到21.50m（鄱阳湖万亩以上单退圩堤水位为 21.68m）时，洲滩民垸应全部运用。

b. 湖口水位达到 22.50m，并预报继续上涨，首先运用鄱阳湖区的康山蓄滞洪区，相机运用珠湖、黄湖、方洲斜塘蓄滞洪区蓄纳洪水。同时做好华阳河蓄滞洪区分洪的各项准备。

c. 运用上述 4 处蓄滞洪区后仍不能控制湖口水位上涨且危及重点堤防安全时，则运用华阳河蓄滞洪区分蓄洪水，华阳河蓄滞洪区分洪口门设在占家峦。

A.1.1.7 调度权限

（1）荆江分洪区的运用由长江防汛抗旱总指挥部商湖北省人民政府提出方案，由国家防汛抗旱总指挥部决定，国家确定的其他蓄滞洪区的运用由长江防汛抗旱总指挥部商所在省人民政府决定，由所在省防汛抗旱指挥部负责组织实施，并报国家防总备案。当洞庭湖四水发生洪水，为保护四水下游重点地区的防洪安全，需运用国家确定的四水尾闾蓄滞洪区分洪时，由湖南省提出要求，报经长江防汛抗旱总指挥部同意后执行。洲滩民垸的运用由各省防汛抗旱指挥部负责，报长江防汛抗旱总指挥部备案。

（2）范围内，原则上由中国长江三峡集团公司负责调度；三峡水库入库流量超过 $25000m^3/s$，但枝城流量小于 $56700m^3/s$，或相机对中小洪水采取调洪运用，由长江防汛抗旱总指挥部负责调度；枝城流量超过 $56700m^3/s$，或需对城陵矶河段进行补偿调度，由长江防汛抗旱总指挥部提出调度方案，报国家防汛抗旱总指挥部批准，中国长江三峡集团公司执行。

（3）丹江口水库的洪水调度由长江防汛抗旱总指挥部负责。水布垭、隔河岩水库和漳河水库的洪水调度由湖北省防汛抗旱指挥部负责，当水布垭、隔河岩水库配合三峡水库对荆江河段进行防洪补偿调度时，由长江防汛抗旱总指挥部负责调度。五强溪、柘溪、凤滩、江垭、皂市等水库的洪水调度由湖南省防汛抗旱指挥部负责。万安、柘林、廖坊等水库的洪水调度由江西省防汛抗旱指挥部负责。

（4）长江上游干支流为长江中下游预留防洪库容的水库，当需要配合三峡水库为长江中下游进行防洪调度时，由长江防汛抗旱总指挥部调度。防洪影响跨省（自治区、直辖市）的水库，在洪水调度过程中可能影响到两个省级行政区域防洪时，由长江防汛抗旱总指挥部提出调度方案，报国家防汛抗旱总指挥部批准，由有关水库管理单位执行。以上水库的年度度汛方案由长江防汛抗旱总指挥部审批，并报国家防汛抗旱总指挥部备案。

A.1.1.8 附则

（1）嘉陵江、岷江、乌江、汉江、滁河、青弋江、水阳江、漳河及其他支流的洪水调度方案另行编制。

（2）遇特殊情况，国家防汛抗旱总指挥部、长江防汛抗旱总指挥部可按照本方案的精神及有关规定，进行应急调度。

（3）本方案中除三峡水库水位采用资用吴淞高程外，其他各控制站水位均采用冻结吴淞高程。

（4）本方案由长江防汛抗旱总指挥部负责解释。

（5）本方案自批准之日起执行，原《长江洪水调度方案》（国汛〔1999〕10号）同时废止。

A.1.2 淮河洪水调度方案（国汛〔2016〕14号）

根据国务院批复的《淮河防御洪水方案》（国函〔2007〕48号），结合防洪工程的建设情况，在国家防汛抗旱总指挥部2008年印发的《淮河洪水调度方案》（国汛〔2008〕8号）基础上，修订淮河洪水调度方案如下。

A.1.2.1 防洪工程状况

经过60多年的治理，淮河已初步形成由水库、河道堤防、行蓄洪区、湖泊等组成的防洪工程体系。淮河干流上游设计防洪标准10年一遇，中游淮北大堤和沿淮重要城市设计防洪标准100年一遇，洪泽湖以下主要堤防设计防洪标准100年一遇。

（1）主要堤防。

淮北大堤由颍左淝右堤圈、涡西堤圈和涡东堤圈组成，全长641km，其中从安徽省颍上县饶台孜至江苏省泗洪县下草湾段淮河干堤长238km。设计洪水位正阳关26.5m、蚌埠22.6m、浮山18.5m，堤顶设计超高2.0m。

蚌埠城市圈堤设计洪水位22.6m，堤顶设计超高2.5m；淮南城市圈堤设计洪水位24.65m，堤顶设计超高2.5m。

洪泽湖大堤从江苏省淮阴市码头镇至盱眙县老堆头，长67.3km。设计洪水位16.0m，校核洪水位17.0m，堤顶高程为19.0～19.5m。

里运河大堤从江苏省金湖县大汕子隔堤至江都市邵仙闸，长60km。设计洪水位高邮9.5m，堤顶设计超高2.5m。

（2）河道及控制枢纽。

淮河干流河道设计泄洪能力上游淮凤集至王家坝为7000m^3/s，中游王家坝至史河口、史河口至正阳关、正阳关至涡河口和涡河口至洪泽湖段分别为7400m^3/s、9400m^3/s、10000m^3/s和13000m^3/s。

茨淮新河设计分泄颍河洪水2000m^3/s，分洪控制口门茨河铺闸设计流量2000m^3/s，校核流量2300m^3/s。

怀洪新河设计分泄淮河洪水2000m^3/s，分洪控制口门何巷枢纽设计流量2000m^3/s。

入江水道设计流量12000m^3/s，泄洪控制口门三河闸设计流量12000m^3/s，校核流量

$13000m^3/s$。

二河闸是入海水道、淮沭河和废黄河排泄洪泽湖洪水的控制口门，设计流量 $3000m^3/s$，校核流量 $9000m^3/s$。入海水道设计流量 $2270m^3/s$；淮沭河设计流量 $3000m^3/s$；废黄河行洪流量 $200m^3/s$。

苏北灌溉总渠设计流量 $800m^3/s$，泄洪控制口门高良涧闸设计流量 $800m^3/s$。

（3）行洪区。

淮河干流现有姜唐湖、寿西湖、董峰湖、上六坊堤、下六坊堤、汤渔湖、荆山湖、方邱湖、临北段、花园湖、香浮段、潘村洼和鲍集圩共 13 处行洪区，面积 $1060km^2$，耕地 111.8 万亩，区内居住人口 50.7 万人。各行洪区基本情况见表 A.5。

表 A.5　　淮河干流各行洪区基本情况表

名　称	面积 /km^2	耕地 /万亩	区内居住人口 /人	需转移安置人口 /人	实际堤顶高程 /m	口门情况
姜唐湖	146.0	11.7	18886	0	28.9～28.4	进洪闸设计进洪流量 $2400m^3/s$；退洪闸设计退洪流量 $2400m^3/s$、反向进洪流量 $1000m^3/s$
寿西湖	161.5	13.8	96211	94885	28.4～27.5	上口门底高程 25.9m，宽 1500m；下口门底高程 25.5m，宽 2000m
董峰湖	40.1	5.0	17000	0	26.6～26.1	上口门底高程 24.6m，宽 3000m；下口门底高程 24.3m，宽 4000m
上六坊堤	8.8	1.1	0	0	25.4～24.5	上口门底高程 23.7m，宽 1000m；下口门底高程 23.5m，宽 1000m
下六坊堤	19.2	2.1	1500	0	24.8～23.4	上口门两处，底高程 23.5m，共宽 1500m；下口门两处底高程 23.3m，共宽 2000m
汤渔湖	72.7	7.5	52355	52355	26.5～25.54	上口门底高程 24.5m，宽 2000m。下口门两处底高程 24.2m，共宽 1500m
荆山湖	72.1	8.6	1022	0	26.8～25.1	进洪闸设计进洪流量 $3500m^3/s$；退洪闸设计退洪流量 $3500m^3/s$、反向进洪流量 $2000m^3/s$
方邱湖	77.2	8.4	61635	39442	25.8～21.4	上口门底高程 21.5m，宽 1500m；下口门二处，底高程 20.5m，共宽 2300m
临北段	28.4	3.0	22100	22100	22.5～21.8	上口门底高程 20.2m，宽 1000m；下口门底高程 19.7m，宽 1000m
花园湖	218.3	15.6	78264	56972	21.6～20.0	上口门两处底高程 19.9m，宽 1500m；下口门底高程 19.1m，宽 1500m

续表

名　称	面积 /km^2	耕地 /万亩	区内居住人口 /人	需转移安置人口 /人	实际堤顶高程 /m	口门情况
香浮段	43.5	5.9	18100	18100	20.1～18.7	上口门底高程 18.8m，宽 1000m；中、下口门四处，底高程 18.1m，共宽 2500m
潘村洼	164.9	17.1	92618	54671	19.6～17.6	上口门两处底高程 18.1m，宽 2000m；下口门底高程 16.4m，漫堤行洪
鲍集圩	153.4	12.0	47377	34616	19.7～16.5	上口门底高程 17.3m，宽 1000m；下口门底高程 16.8m，宽 1000m

注　表中面积、耕地采用《淮河流域综合规划（2012—2030 年）》的数据，居住人口、需转移安置人口采用 2015 年安徽省防汛抗旱办公室和江苏省防汛抗旱办公室编制的蓄滞洪区运用预案中的数据。

（4）蓄洪区。

淮河干流现有濛洼、城西湖、南润段、邱家湖、城东湖和瓦埠湖共 6 处蓄洪区，面积 1901km^2，耕地 148.7 万亩，区内居住人口 75.9 万，设计蓄洪量 65.44 亿 m^3。洪泽湖周边滞洪圩区设计滞洪水位 16.0m，面积 1515km^2，耕地 121.2 万亩，人口 84 万，设计蓄洪量 30.7 亿 m^3。各蓄洪区的基本情况见表 A.6。

表 A.6　　淮河干流各蓄洪区基本情况表

名　称	面积 /km^2	耕地 /万亩	区内居住人口	需转移安置人口	设计蓄洪水位 /m	蓄洪量 /亿 m^3	进洪闸	设计流量 /(m^3/s)	退水闸	设计流量 /(m^3/s)
濛洼	180.4	18.0	175872	0	27.8	7.5	王家坝闸	1626	曹台孜	2000
城西湖	517.0	40.7	148352	127482	26.5	28.8	城西湖闸	6000	城西湖退水闸	2000
南润段	10.7	1.2	10849	0	27.7	0.64	南润段进退洪闸	600	南润段进退洪闸	480
邱家湖	37.0	3.6	6622	0	27.0	1.7	邱家湖进退洪闸	1000	邱家湖进退洪闸	300
城东湖	380.0	25.1	109093	25523	25.5	15.3	城东湖闸	1800	城东湖闸	1800
瓦埠湖	776.0	60.1	307808	234579	22.0	11.5	东淝闸	1500	东淝闸	1500

注　表中面积、耕地采用《淮河流域综合规划（2012—2030 年）》的数据，居住人口、需转移安置人口采用 2015 年安徽省防汛抗旱办公室组织编制的蓄滞洪区运用预案中的数据。

（5）重点大型水库与湖泊。

淮河水系现有大型水库 20 座，控制流域面积 1.78 万 km^2，总库容 152.01 亿 m^3，防洪库容 45.04 亿 m^3。其中，鲇鱼山、薄山、板桥、宿鸭湖、响洪甸、梅山、佛子岭、磨子潭、白莲崖 9 座重点大型水库对淮河干流及重要支流防洪影响较大，总库容 99.11 亿 m^3，防洪库容 29.18 亿 m^3。9 座重点大型水库的基本情况见表 A.7。

表 A.7　　淮河重点大型水库基本情况表

名称	坝顶高程/m	设计汛限水位/m	设计水位/m	校核水位/m	总库容/亿 m^3	防洪高水位/m	防洪库容/亿 m^3	库区赔偿高程/m	设计下泄流量/(m^3/s)	下游河道安全泄量/(m^3/s)
鲇鱼山	115.63	106.0	111.4	114.5	9.16	110.61	2.25	111.1	4620	2000
薄山	130.0	113.8	122.1	125.3	5.1	122.1	1.65	116.4	1000	2000
板桥	120.2	110.0	117.5	119.35	6.75	117.5	2.24	112.5	2000	2800
宿鸭湖	59.3～60.7	52.5	57.39	58.8	16.38	57.05	8.37	54.0	6737	1800
响洪甸	143.4	125.0	140.98	143.37	26.1	132.63	5.0	129.0	4340	1500
梅山	140.17	125.27	137.66	139.93	22.64	133.0	5.0	129.0	5993	1200
佛子岭	129.96	122.56	125.97	129.8	4.91	123.08	0.8	128.7	4996	3450
磨子潭	204.0	182.5	197.28	203.79	3.47	196.0	1.12	192.7	2800	4000
白莲崖	234.6	205.0	209.24	234.5	4.6	233.91	2.75	209.0	3486	

注　表中各指标采用 2015 年河南、安徽省防汛抗旱办公室印发的《大型水库汛期控制运用计划》中的数据。

洪泽湖流域面积 158200km²，按 100 年一遇洪水设计。设计洪水位 16.0m（蒋坝站，下同），相应库容 120.53 亿 m^3（含洪泽湖周边滞洪圩区）；校核洪水位 17.0m，总库容 159.6 亿 m^3（含洪泽湖周边滞洪圩区）。汛限水位 12.5m，正常蓄水位 13.0m。泄洪河道有入江水道、入海水道、淮沭河、灌溉总渠和废黄河，设计泄洪总流量 15270～18270 m^3/s。

（6）临淮岗洪水控制工程。

临淮岗洪水控制工程按 100 年一遇洪水设计，1000 年一遇洪水校核。设计洪水位 28.51m，相应滞洪库容 85.6 亿 m^3，下泄流量 7362 m^3/s；校核洪水位 29.59m，相应滞洪库容 121.3 亿 m^3，下泄流量 17965 m^3/s。临淮岗大坝由主坝和南、北副坝组成，全长 77.51km。主坝长 8.54km，坝顶宽 10.0m，坝顶高程 31.7m。南副坝长 8.41km，坝顶宽 6.0m，坝顶高程 32.25m。北副坝长 60.56km，坝顶宽 6.0m，坝顶高程 32.21～32.95m。主坝上有城西湖船闸下闸首、临淮岗船闸、12 孔深孔闸、49 孔浅孔闸和姜唐湖进洪闸共 5 座建筑物。

A.1.2.2　设计洪水

本方案采用 1996 年设计洪水成果，正阳关以下主要控制站设计洪水根据 1954 年型 100 年一遇洪水进行调算；王家坝站根据 10 年一遇设计洪水进行调算。各站调算成果见表 A.8。

表 A.8　　淮河干流主要控制站设计洪水调算成果表

参数	王家坝	正阳关	蚌埠	洪泽湖
Q/(m^3/s)	9000	10000	13000	15270～18270
H/m	29.3	26.5	22.6	16.0
W_{30}/亿 m^3	86	386	470	607

注　Q 为设计流量，H 为设计水位，W_{30} 为 30 天洪量。

A. 1. 2. 3 洪水调度原则

（1）坚持以人为本、依法防洪、科学调度的原则。

（2）遵循蓄泄兼筹、上下游兼顾、团结协作和局部利益服从全局利益的原则。

（3）当发生设计标准及以下洪水时，合理运用水库拦洪、削峰、错峰，充分利用河道泄洪，适时运用行洪区、蓄洪区、分洪河道和临淮岗洪水控制工程，确保防洪工程安全。

（4）当发生超标准洪水时，利用河道强迫行洪，充分发挥临淮岗洪水控制工程的拦洪作用，并采取弃守一般堤防等非常措施，确保蚌埠和淮南城市圈堤、淮北大堤重要堤段、洪泽湖大堤、里运河大堤等重要堤防安全。

（5）统筹处理好防洪与排涝的关系，充分发挥防洪工程的防洪排涝减灾综合效益。

（6）在确保防洪安全和不影响排涝的前提下，兼顾洪水资源利用。

（7）对重要防洪控制工程实行统一调度。涉及影响流域洪水调度或省际关系的重要防洪工程以及行蓄洪区的调度运用，由国家防汛抗旱总指挥部或淮河防汛抗旱总指挥部决定；其他防洪工程的调度，分别由有关省负责，报国家防汛抗旱总指挥部和淮河防汛抗旱总指挥部备案。

A. 1. 2. 4 洪水调度

（1）行洪区。

淮河干流行洪区按规定的行洪水位适时运用。各行洪区的行洪水位及运用方式见表 A. 9。

表 A. 9　淮河干流各行洪区调度运用表

名称	控制站	行洪水位/m	设计行洪流量/(m^3/s)	运用方式
姜唐湖	润河集 临淮岗坝前 正阳关	27.7 27.0 26.0～26.5	2400	开闸行洪。姜唐湖先于城西湖运用
寿西湖	黑泥沟	25.9	3200	开口行洪
董峰湖	焦岗闸下	24.6	3000	开口行洪
上六坊堤	凤台	23.9	2800	开口行洪
下六坊堤	凤台	23.9	2800	开口行洪
汤渔湖	淮南	24.25	4300	开口行洪
荆山湖	淮南	23.5～23.7	3500	开闸行洪
方邱湖	吴家渡	21.6	3500	开口行洪
临北段	临淮关	19.9	2700	开口行洪
花园湖	临淮关	19.9	5200	开口行洪
香浮段	五河	18.6	3100	开口行洪
潘村洼	浮山	18.1	4600	开口行洪
鲍集圩	浮山	18.1	3510	开口行洪

（2）蓄洪区。

1）濛洼蓄洪区：当王家坝水位达到 29.3m，且继续上涨，视雨情、水情和工程情况，适时启用蒙洼蓄洪。

2）城西湖蓄洪区：当润河集水位超过 27.7m，或正阳关水位已达 26.5m 时，视淮北大堤等重要工程情况，适时运用城西湖蓄洪。

3）南润段蓄洪区：当南照集水位达到 27.9m 时，运用南润段蓄洪。必要时可行洪。

4）邱家湖蓄洪区：当润河集水位达到 27.7m，或临淮岗坝前水位达到 27.0m，或正阳关水位达到 26.0～26.5m 时，运用邱家湖蓄洪。邱家湖先于姜唐湖运用。

5）城东湖蓄洪区：当正阳关水位达到 26.0～26.5m，或淮北大堤等重要工程出现严重险情时，适时运用城东湖蓄洪，以控制正阳关水位。

6）瓦埠湖蓄洪区：当濛洼、城东湖、城西湖蓄洪后，正阳关水位仍超过 26.5m，威胁淮北大堤及淮南城市圈堤安全时，运用瓦埠湖蓄洪。

（3）茨淮新河。

1）当预报正阳关水位接近 26.5m，或颍河发生较大洪水时，启用茨淮新河分洪，并控制蚌埠水位不超过 22.6m。

2）当涡河口以上淮北大堤、淮南城市圈堤、阜阳以下颍河堤防等重要工程发生严重险情时，可启用茨淮新河分洪，并控制蚌埠水位不超过 22.6m。

（4）怀洪新河。

当蚌埠水位接近 22.6m 时，视雨情、水情和工程情况，适时启用怀洪新河分洪，控制蚌埠水位。

（5）大型水库。

1）常规防洪调度。

淮河大型水库防洪调度要严格按照批准的汛期调度运用计划实施。

2）淮河干流错峰调度。

当预报正阳关水位超过 26.5m，淮河干流汛情紧张并可能危及淮北大堤等重要堤防安全时，宿鸭湖、鲇鱼山、梅山、响洪甸和佛子岭 5 座大型水库在确保水库工程安全的前提下为淮河干流洪水错峰。板桥、薄山、磨子潭、白莲崖 4 座水库配合下游水库合理控泄，减轻下游的防洪压力。

宿鸭湖水库：当预报王家坝水位超过 29.3m 且宿鸭湖水库水位低于 54.0m 时，宿鸭湖水库在板桥、薄山水库配合下，为淮河干流洪水错峰。

鲇鱼山水库：当预报润河集水位超过 27.7m 且鲇鱼山水库水位低于 110.6m 时，鲇鱼山水库与梅山水库联合调度为淮河干流洪水错峰。

梅山水库：当预报润河集水位超过 27.7m 且梅山水库水位低于 133.0m 时，梅山水库与鲇鱼山水库联合调度为淮河干流洪水错峰。

响洪甸水库：当预报正阳关水位超过 26.5m 且响洪甸水库水位低于 132.6m 时，响洪甸水库与佛子岭水库联合调度为淮河干流洪水错峰。

佛子岭水库：当预报正阳关水位超过 26.5m 且佛子岭水库水位低于 123.08m 时，佛子岭水库在磨子潭、白莲崖水库的配合下，与响洪甸水库联合调度为淮河干流洪水错峰。

3）重要支流错峰调度。

当洪汝河、史灌河等淮河重要支流发生洪水，且淮河干流水势平稳时，适时运用有关水库错峰，减轻支流中下游河道防洪压力。

（6）临淮岗洪水控制工程。

1）在运用上述有关行洪、分洪、拦洪、蓄滞洪措施后，正阳关水位仍达到26.5m，且继续上涨，启用临淮岗洪水控制工程拦洪蓄洪，控制正阳关水位不超过26.5m。

濛洼、城西湖、邱家湖等临淮岗坝上游的行蓄洪区，要在前期蓄洪的基础上进一步滞蓄洪水。

2）在预报临淮岗坝前水位将超过28.51m，当城西湖蓄洪水位达到27.6m时，依次启用临淮岗库区内的地付段与谷河洼、陈族湾大港口、临王段蓄洪，控制临淮岗坝前水位不超过28.51m。

3）在运用上述措施后，临淮岗坝前水位仍超过28.51m，临淮岗洪水控制工程在确保安全的前提下，按正阳关水位不超过27.5m控泄，加强正阳关以下堤防防守，适当利用堤防超高强迫行洪，依次启用临淮岗库区内的贾庙与堰沟、大桥徐集、老李集圩区蓄洪。

在运用上述措施后，临淮岗坝前水位仍继续上涨，分批启用临淮岗库区内的洪洼、谷堆、王岗3处圩区和期思、李香铺2处圩区蓄洪。

4）在运用上述措施后，当正阳关水位超过27.5m时，视水情和工程情况，弃守正南淮堤、黄苏段和颍右堤圈，控制水势，以保淮北大堤等重要堤防的安全。

5）在运用上述措施后，正阳关水位仍达到28.0m，视水情和工程情况，弃守淮北大堤颍左淝右堤圈，以保证西淝河左堤及其以下淮北大堤和淮南、蚌埠城市圈堤的安全。

（7）洪泽湖。

1）洪泽湖汛限水位为12.5m。当预报淮河上中游发生较大洪水时，洪泽湖应提前预泄，尽可能降低湖水位。

2）当洪泽湖水位达到13.5m时，充分利用入江水道、苏北灌溉总渠及废黄河泄洪；淮、沂洪水不遭遇时，利用淮沭河分洪。

洪泽湖水位达到13.5～14.0m，启用入海水道泄洪。

3）当预报洪泽湖水位将达到14.5m时，三河闸全开敞泄，入海水道充分泄洪，在淮、沂洪水不遭遇时淮沭河充分分洪。

4）当洪泽湖水位达到14.5m且继续上涨时，滨湖圩区破圩滞洪。

5）当洪泽湖水位超过15.0m时，三河闸控泄12000m^3/s。如三河闸以下区间来水大且高邮水位达9.5m，或遇台风影响威胁里运河大堤安全时，三河闸可适当减少下泄流量，确保洪泽湖大堤、里运河大堤安全。

6）当洪泽湖水位超过16.0m时，入江水道、入海水道、淮沭河、苏北灌溉总渠等适当利用堤防超高强迫行洪，加强防守，控制洪泽湖蒋坝水位不超过17.0m。

7）当洪泽湖蒋坝水位达到17.0m，且仍有上涨趋势时，利用入海水道北侧、废黄河南侧的夹道地区泄洪入海，以确保洪泽湖大堤的安全。

A.1.2.5 洪水资源利用

(1) 水库。宿鸭湖、鲇鱼山、梅山、响洪甸等重点大型水库，在满足防洪要求的前提下，经科学论证和严格审批后，可适当抬高后汛期汛限水位，合理利用洪水资源。

(2) 洪泽湖。在不影响防洪和排涝的前提下，洪泽湖可在后汛期根据雨水情适时拦蓄尾水，逐步由汛限水位抬高至汛末蓄水位13.0m，充分利用洪水资源。

(3) 拦河工程。在不影响防洪和排涝的前提下，经科学论证和严格审批后，可根据沿淮地区抗旱和防污的需求，适当发挥临淮岗、蚌埠闸等拦河工程的蓄水和减污作用。

A.1.2.6 调度权限

(1) 濛洼、城西湖蓄洪区的运用由淮河防汛抗旱总指挥部商有关省提出意见，报国家防汛抗旱总指挥部决定。当年的再次运用由淮河防汛抗旱总指挥部决定，报国家防汛抗旱总指挥部备案。

(2) 城东湖、瓦埠湖及其他行蓄洪区的运用由有关省商淮河防汛抗旱总指挥部决定，报国家防汛抗旱总指挥部备案。

(3) 怀洪新河分洪运用由淮河防汛抗旱总指挥部决定。

(4) 茨淮新河分洪运用，由安徽省商淮河防汛抗旱总指挥部决定。

(5) 蒋坝水位低于14.5m，洪泽湖的调度运用由江苏省负责。遇特殊情况，由淮河防汛抗旱总指挥部调度。

蒋坝水位达到或超过14.5m时，洪泽湖的调度运用由淮河防汛抗旱总指挥部商有关省提出意见，报国家防汛抗旱总指挥部决定。

入海水道的运用由淮河防汛抗旱总指挥部决定。

洪泽湖周边圩区的运用由淮河防汛抗旱总指挥部商有关省提出意见，报国家防汛抗旱总指挥部决定。

(6) 淮河大型水库的常规防洪调度由有关省负责；宿鸭湖、鲇鱼山、梅山、响洪甸、佛子岭5座大型水库为淮河干流洪水的错峰调度，以及宿鸭湖、鲇鱼山、梅山3座大型水库为跨省支流中下游洪水的错峰调度，由淮河防汛抗旱总指挥部商有关省决定；响洪甸和佛子岭2座大型水库为省内支流中下游洪水的错峰调度，以及板桥、薄山、磨子潭、白莲崖4座大型水库配合下游水库的调度，由水库所在省负责，报淮河防汛抗旱总指挥部备案。

(7) 临淮岗洪水控制工程的运用由淮河防汛抗旱总指挥部商有关省决定。其库区内的临王段、陈族湾大港口、李香铺等一般堤防保护区和圩区破堤进洪，由淮河防汛抗旱总指挥部商有关省提出意见，报国家防汛抗旱总指挥部决定。

(8) 弃守正南淮堤、颍右堤圈、黄苏段、颍左淝右堤圈和利用入海水道北侧、废黄河南侧的夹道地区泄洪，由淮河防汛抗旱总指挥部商有关省提出意见，经国家防汛抗旱总指挥部审核同意后，报国务院决定。

A.1.2.7 附则

(1) 遇特殊情况，国家防汛抗旱总指挥部、淮河防汛抗旱总指挥部可按照本方案的精神及有关规定，进行灵活调度。

(2) 洪泽湖后汛期的起始时间由淮河防汛抗旱总指挥部根据当年的雨情、水情确定。

（3）本方案的高程采用废黄河基准。

（4）本方案由淮河防汛抗旱总指挥部负责解释。

（5）本方案自批准之日起执行，原《淮河洪水调度方案》（国汛〔2008〕8号）同时废止。

A.1.3 沂沭泗河洪水调度方案（国汛〔2012〕8号）

根据沂沭泗河防洪规划和防洪工程实际状况，对2005年印发的《沂沭泗河洪水调度方案》（国汛〔2005〕8号）修订如下。

A.1.3.1 防洪工程状况

沂沭泗水系由沂河、沭河和泗（运）河组成。经过60多年的治理，已形成由水库、河湖堤防、控制性水闸、分洪河道及蓄滞洪工程等组成的防洪工程体系。目前，除南四湖部分工程外，沂沭泗河洪水东调南下续建工程已完成，骨干河道中下游防洪工程体系基本达到50年一遇防洪标准。

（1）沂河。

沂河发源于山东省鲁山南麓，南流至江苏省新沂市苗圩入骆马湖。沂河在彭道口向东辟有分沂入沭水道，分沂河洪水入沭河：沂河在江风口辟有邳苍分洪道，分沂河洪水入中运河。

沂河主要防洪工程包括河道堤防、分沂入沭水道、邳苍分洪道、刘家道口枢纽和江风口闸等。

沂河枋河口以下已按50年一遇防洪标准治理，临沂至刘家道口、刘家道口至江风口、江风口至入骆马湖口段设计流量分别为16000m^3/s、12000m^3/s、8000m^3/s。沂河祊河口至陇海铁路桥段堤防设计堤顶宽6.0m，超高2.0m；陇海铁路桥至骆马湖段堤防设计堤顶宽8.0m，超高2.5m。

分沂入沭水道已按50年一遇防洪标准治理，设计流量4000m^3/s，设计堤防顶宽6.0m，超高2.0m。

邳苍分洪道已按50年一遇防洪标准治理，江风口闸下至东泇河口设计流量4000m^3/s、东泇河口以下设计流量5500m^3/s，设计堤防顶宽6.0m，超高2.0m。

刘家道口枢纽是控制沂河洪水东调入海的关键工程，由刘家道口节制闸、彭道口分洪闸等组成。刘家道口节制闸控制沂河洪水南下入骆马湖，设计流量12000m^3/s，校核流量14000m^3/s；彭道口分洪闸控制沂河洪水入分沂入沭水道，设计流量4000m^3/s、校核流量5000m^3/s。

江风口分洪闸是分泄沂河洪水入邳苍分洪道的控制工程，设计流量4000 m^3/s。

（2）沭河。

沭河发源于山东省沂山南麓，与沂河平行南下，南流至江苏省新沂市口头入新沂河。沭河上游洪水在山东省临沭县大官庄与分沂入沭水道分泄的沂河洪水汇合，向东由新沭河泄洪闸控制经新沭河、石梁河水库于江苏省连云港市临洪口入海，向南由人民胜利堰闸控制经老沭河在江苏省新沂市口头入新沂河。

沭河主要防洪工程包括河道堤防、大官庄枢纽及石梁河水库等。

沭河汤河口至入新沂河口段已按50年一遇防洪标准治理，汤河口至大官庄、大官庄至塔山闸、塔山闸至入新沂河口段的设计流量分别为 8150m^3/s、2500m^3/s、3000m^3/s，堤顶宽 6.0m，超高 2.0m。

新沭河已按 50 年一遇防洪标准治理，石梁河水库以上河段设计流量按新沭河闸泄洪 6000m^3/s，加区间汇流入石梁河水库为 7590m^3/s；石梁河水库至太平庄闸、太平庄闸下至海口段的设计流量为分别为 6000m^3/s、6400m^3/s。石梁河水库以上河段堤防顶宽 6.0m，超高 2.0m；石梁河水库以下河段堤顶宽 8.0m，超高 2.5m。

大官庄枢纽是沂沭河洪水东调入海的控制工程，由新沭河闸、人民胜利堰闸等组成。新沭河闸设计流量 6000m^3/s，校核流量 7000m^3/s；人民胜利堰闸设计流量 2500m^3/s，校核流量 3000m^3/s。

石梁河水库达到百年一遇设计、两千年一遇校核的防洪标准，设计洪水位 26.81m，校核洪水位 28.0m，总库容 5.31 亿 m^3：水库死水位 18.5m，汛限水位 23.5m，汛末蓄水位 24.5m。石梁河水库泄洪闸（包括老闸和新闸）在水库水位 24.0m 时，总泄量可达 5000m^3/s，当发生 50 年一遇、100 年一遇和 2000 年一遇洪水时，总泄量可达 6000m^3/s、7000m^3/s 和 10000m^3/s。

（3）南四湖、韩庄运河及中运河。

南四湖汇集沂蒙山区西部及湖西平原各支流洪水，经韩庄运河、伊家河及不牢河入中运河；中运河承接南四湖和邳苍区间来水，东南流经江苏邳州，在新沂市二湾至皂河闸段与骆马湖相通。

南四湖湖腰处兴建的二级坝水利枢纽将南四湖分隔为上级湖和下级湖。上级湖死水位 33.0m，汛限水位 34.2m，汛末蓄水位 34.5m，设计 50 年一遇洪水位 37.0m、相应容积 26.12 亿 m^3/s。下级湖死水位 31.5m，汛限水位 32.5m，汛末蓄水位 32.5m，设计 50 年一遇洪水位 36.5m、相应容积 34.1 亿 m^3。

南四湖主要防洪工程包括湖西大堤、湖东堤、二级坝枢纽、韩庄枢纽、蔺家坝闸及湖东滞洪区等。

南四湖湖西大堤已按防御 1957 年洪水（约 90 年一遇）进行加固，上级湖堤顶高程 40.3m，超高 3.0m，堤顶宽 8.0m；下级湖堤顶高程 40.1m，超高 3.0m，郑集河口以北堤顶宽 8.0m，郑集河口至蔺家坝段堤顶宽 10.0m。

南四湖湖东堤石佛至泗河口、二级坝至新薛河段按防御 1957 年洪水修建，泗河口至青山、垤斛至二级坝、新薛河口至郗山段按 50 年一遇防洪标准修建。上级湖石佛至洸府河口段堤顶高程 40.2m，超高 3.0m，堤顶宽 8.0m；洸府河口至泗河口段堤顶高程 39.7m，超高 2.5m，堤顶宽 6.0m；泗河口至青山段、垤斛至二级坝段堤顶高程 39.5m，超高 2.5m，堤顶宽 6.0m。下级湖二级坝至新薛河口段堤坝高程 39.5m，超高 2.5m，堤顶宽 6.0m，新薛河口至郗山堤段堤顶高程 39.0m，超高 2.5m，堤顶宽 6.0m。

二级坝枢纽是分泄南四湖上级湖洪水入下级湖的控制工程，由土坝、溢流坝、一闸、二闸、三闸等防洪工程及南水北调东线二级坝泵站、二级坝船闸和二级坝复线船闸组成，防洪工程设计总泄量为 14520m^3/s，其中溢流坝、一闸、二闸和三闸的设计流量分别为 2100m^3/s、4500m^3/s、3300m^3/s 和 4620m^3/s。

韩庄枢纽是分泄南四湖下级湖洪水经韩庄运河、中运河南下的控制工程，由韩庄闸、伊家河闸和老运河闸等防洪工程及南水北调韩庄泵站、韩庄船闸等组成。韩庄闸设计流量 $2050m^3/s$，校核流量 $4600m^3/s$；伊家河闸设计流量 $200m^3/s$，校核流量 $400m^3/s$；老运河闸设计流量 $250m^3/s$，校核流量 $500m^3/s$。

蔺家坝闸是分泄南四湖下级湖洪水南下入不牢河的控制工程，设计流量 $500m^3/s$。

南四湖湖东滞洪区位于湖东堤东侧，包括白马片（上级湖泗河—青山段）、界漷片（上级湖界河—城漷河段）及蒋集片（下级湖新薛河—郗山段），总面积 $232.13km^2$，滞洪容积 3.68 亿 m^3，滞洪区内有人口 27.28 万人，耕地 27.9 万亩。其中，白马片面积 $119.06km^2$，滞洪容积 1.43 亿 m^3，人口 11.18 万人，耕地 14.55 万亩；界漷片面积 $79.44km^2$，滞洪容积 1.58 亿 m^3，人口 10.2 万人，耕地 9.75 万亩；蒋集片面积 33.63 km^2，滞洪容积 0.67 亿 m^3，人口 5.89 万人，耕地 3.6 万亩。南四湖湖东滞洪区滞洪采用进洪闸进洪和沟口涵闸进洪两种方式，设计总进洪流量 $1300m^3/s$，其中白马片进洪流量 $350m^3/s$，界漷片进洪流量 $600m^3/s$，蒋集片进洪流量 $350m^3/s$。湖东滞洪区退水方式为利用滞洪口门自然退水。

韩庄运河已按 50 年一遇防洪标准治理，韩庄闸下至老运河口、老运河口至峄城大沙河口、峄城大沙河口至伊家河口、伊家河口至省界段的设计流量分别为 $4100m^3/s$、$4600m^3/s$、$5000m^3/s$、$5400m^3/s$，堤防顶宽 8.0m，超高 2.0m。

中运河已按 50 年一遇防洪标准治理，省界至大王庙、大王庙至房亭河口、房亭河口至骆马湖二湾段的设计流量分别为 $5600m^3/s$、$6500m^3/s$、$6700m^3/s$，堤防顶宽 8.0m，窑湾以上堤段超高 1.0m，窑湾以下堤段超高 2.5m。

（4）骆马湖及新沂河。

骆马湖汇集沂河及中运河来水，经嶂山闸控制由新沂河入海，经宿迁闸控制入下游的中运河。骆马湖（洋河滩站，下同）死水位 20.5m，汛限水位 22.5m，汛末蓄水位 23.0m，设计洪水位 25.0m、相应容积 15.0 亿 m^3，校核洪水位 26.0m、相应容积 19.0 亿 m^3。

骆马湖主要防洪工程包括骆马湖一线、宿迁大控制、嶂山闸及黄墩湖滞洪区等。

骆马湖一线（又称“皂河控制线”）由骆马湖南堤、皂河枢纽、洋河滩闸等组成。骆马湖南堤堤顶宽 5.5～8.0m，堤顶高程 25.7m 左右，防浪墙顶高程 27.0m。

骆马湖宿迁大控制由骆马湖二线堤防、宿迁枢纽（宿迁闸、宿迁船闸、六塘河闸）及井儿头大堤组成。二线堤防堤顶高程 28.0m 左右，堤顶宽 8.0m；井儿头大堤堤顶高程 28.0m 左右，堤顶宽 10.0m；宿迁闸是分泄骆马湖洪水入中运河的控制工程，设计流量 $600m^3/s$。

嶂山闸是分泄骆马湖洪水经新沂河入海的控制工程，设计流量 $8000m^3/s$，校核流量 $10000m^3/s$。

黄墩湖滞洪区位于骆马湖西侧，中运河以西、房亭河以南、废黄河以北，滞洪面积 $385km^2$，滞洪水位 26.0m 时，水深 5～7m，有效容积 14.7 亿 m^3。滞洪区内有 22.2 万人，33.3 万亩耕地。2009 年国务院批复的《全国蓄滞洪区建设与管理规划》对淮河流域蓄滞洪区进行了调整，黄墩湖滞洪区规划方案为调减滞洪区面积，徐洪河以西部分不再作为滞洪区。规划滞洪范围为中运河以西、徐洪河以东、房亭河以南、废黄河以北，面积约

230km²，滞洪水位 26.0m 时，水深 5～7m，有效容积 11.1 亿 m³。滞洪区内有人口 14 万，耕地 17.1 万亩。黄墩湖滞洪采取分洪闸进洪和堤防爆破进洪两种方式，黄墩湖分洪闸设计流量 2000m³/s；曹甸、胜利两处分洪爆破口门宽度各 300m，均预埋混凝土管爆破井。

新沂河承接嶂山闸下泄洪水、老沭河和淮沭河来水，以及区间汇流入海。新沂河已按 50 年一遇防洪标准治理，嶂山闸至口头、口头至海口段设计流量分别为 7500m³/s、7800m³/s，设计堤顶宽 8.0m，超高 2.5m。

A.1.3.2 设计洪水

本方案采用 1982 年水利部审定（1994 年、1999 年、2008 年分别进行了复核）的设计洪水成果。主要控制站设计洪水调算成果见表 A.10。

表 A.10　沂沭泗河主要控制站设计洪水调算成果表

洪水重现期	参　数	临　沂	大官庄	南四湖	骆马湖
20 年	$Q/(m^3/s)$	12000	7500	9100	10800
	H/m	69.03	54.66	36.50/36.00	25.00
	W_7/亿 m^3	22.72	17.39	42.12	40.74
	W_{15}/亿 m^3	33.38		68.90	76.49
	W_{30}/亿 m^3			80.58	109.39
50 年	$Q/(m^3/s)$	16000	8500	11400	13400
	H/m	69.65	55.95	37.00/36.50	25.00
	W_7/亿 m^3	29.34	29.66	52.34	43.78
	W_{15}/亿 m^3	42.54		85.24	87.08
	W_{30}/亿 m^3			102.23	127.65

A.1.3.3 洪水调度原则

（1）以人为本，依法防洪，科学调度。

（2）统筹兼顾，蓄泄兼筹，团结协作，局部利益服从全局利益。

（3）沂河、沭河洪水尽可能东调，预留骆马湖部分蓄洪容积和新沂河部分行洪能力接纳南四湖及邳苍地区洪水。当中运河及骆马湖水位较低时，南四湖洪水尽可能下泄；当中运河及骆马湖水位较高时，南四湖洪水控制下泄，骆马湖洪水应尽可能下泄。必要时启用南四湖湖东滞洪区及黄墩湖滞洪区滞洪。

（4）遇标准内洪水，合理利用水库、水闸、河道、湖泊等，确保防洪工程安全。遇超标准洪水，除利用水闸、河道强迫行洪外，并相机利用滞洪区和采取应急措施处理超额洪水，地方政府组织防守，全力抢险，确保南四湖湖西大堤、骆马湖宿迁大控制、新沂河大堤等重要堤防和济宁、临沂、徐州、宿迁、连云港等重要城市城区的防洪安全，尽量减轻灾害损失。

（5）在确保防洪安全的前提下，兼顾洪水资源利用。

A.1.3.4 洪水调度

（1）沂河洪水调度。

1）预报沂河临沂站洪峰流量小于3000m^3/s时，沂河上游来水原则上通过刘家道口闸向南下泄；如骆马湖以上南四湖及邳苍地区来水较大，或骆马湖及新沂河汛情紧张，彭道口闸分洪。

2）预报沂河临沂站洪峰流量为3000～9500m^3/s，彭道口闸尽量分洪，控制沂河江风口以下流量不超过7000m^3/s。

3）预报沂河临沂站洪峰流量为9500～12000m^3/s，彭道口闸分洪流量不超过4000m^3/s，当刘家道口闸下泄流量超过8000m^3/s或江风口闸闸前水位达58.5m时，开启江风口闸分洪，控制沂河江风口以下流量不超过8000m^3/s。

4）预报沂河临沂站洪峰流量为12000～16000m^3/s，彭道口闸分洪流量不超过4000m^3/s，控制刘家道口闸下泄流量不超过12000m^3/s。江风口闸分洪流量不超过4000m^3/s，沂河江风口以下流量不超过8000m^3/s。

5）预报沂河临沂站洪峰流量超过16000m^3/s时，彭道口闸分洪流量4000～4500m^3/s，控制刘家道口闸下泄流量12000m^3/s。江风口闸分洪流量4000m^3/s，沂河江风口以下流量8000m^3/s。当采取上述措施仍不能满足要求时，超额洪水在分沂入沭以北地区采取应急措施处理。

（2）沭河洪水调度。

1）预报沭河大官庄枢纽洪峰流量（沭河干流洪水加分沂入沭来水，下同）小于3000m^3/s时，人民胜利堰闸（含灌溉孔）下泄流量不超过1000m^3/s，余额洪水由新沭河闸下泄。预报石梁河水库水位将超过汛限水位时，水库预泄接纳上游来水。若石梁河水库需控制下泄流量，控制库水位不超过24.5m，并于洪峰过后尽快降至汛限水位。

2）预报沭河大官庄枢纽洪峰流量为3000～7500m^3/s，来水尽量东调。视新沂河、老沭河洪水，人民胜利堰闸下泄流量不超过2500m^3/s，新沭河闸下泄流量不超过5000m^3/s；石梁河水库提前预泄腾库接纳上游来水，水库泄洪控制库水位不超过25.0m，并于洪峰过后尽快降至汛限水位。

3）预报沭河大官庄枢纽洪峰流量为7500～8500m^3/s，来水尽量东调。视新沂河、老沭河洪水，人民胜利堰闸下泄流量不超过2500m^3/s，新沭河闸下泄流量不超过6000m^3/s；石梁河水库提前预泄腾库接纳上游来水，水库泄洪控制库水位不超过26.0m，并于洪峰过后尽快降巨汛限水位。

4）预报沭河大官庄枢纽洪峰流量超过8500m^3/s，来水尽量东调，控制新沭河闸下泄流量不超过6500m^3/s；视新沂河、老沭河洪水，人民胜利堰闸下泄流量不超过3000m^3/s。当采取上述措施仍不能满足要求时，超额洪水在大官庄枢纽上游地区采取应急措施处理。石梁河水库要提前预泄接纳上游来水，尽量加大下泄流量，必要时保坝泄洪。洪峰过后水库尽快降至汛限水位。

（3）南四湖洪水调度。

1）当上级湖南阳站水位达到34.2m并继续上涨时，二级坝枢纽开闸泄洪，视水情上级湖洪水尽量下泄。

预报南阳站水位超过37.0m，二级坝枢纽敞泄。当南阳站水位超过37.0m时，启用南四湖湖东滞洪区白马片和界漷片滞洪。

2）当下级湖微山站水位达到32.5m并继续上涨时，韩庄枢纽开闸泄洪，视南四湖、中运河、骆马湖水情，下级湖洪水尽量下泄。如预报微山站水位不超过36.5m，当中运河运河站水位达到26.5m或骆马湖水位达到25.0m时，韩庄枢纽控制下泄。

预报微山站水位超过36.5m，韩庄枢纽尽量泄洪，尽可能控制中运河运河站流量不超过6500m^3/s。

当微山站水位超过36.5m时，启用南四湖湖东滞洪区蒋集片滞洪，韩庄枢纽敞泄；在不影响徐州城市、工矿安全的前提下，蔺家坝闸参加泄洪。

（4）骆马湖洪水调度。

1）当骆马湖水位达到22.5m并继续上涨时，嶂山闸泄洪，或相机利用皂河闸、宿迁闸泄洪；如预报骆马湖水位不超过23.5m，照顾黄墩湖地区排涝。

2）预报骆马湖水位超过23.5m，骆马湖提前预泄。预报骆马湖水位不超过24.5m，嶂山闸泄洪控制新沂河沭阳站洪峰流量不超过5000m^3/s，同时相机利用皂河闸、宿迁闸泄洪。

3）预报骆马湖水位超过24.5m，嶂山闸泄洪控制新沂河沭阳站洪峰流量不超过6000m^3/s；同时相机利用皂河闸、宿迁闸泄洪。

4）当骆马湖水位超过24.5m并预报继续上涨时，退守宿迁大控制；嶂山闸泄洪控制新沂河沭阳站洪峰流量不超过7800m^3/s；视下游水情，控制宿迁闸泄洪不超过1000m^3/s；徐洪河相机分洪。

5）如预报骆马湖水位超过26.0m，当骆马湖水位达到25.5m时，启用黄墩湖滞洪区滞洪，确保宿迁大控制安全。

（5）大型水库。

沂沭泗河大型水库防洪调度要严格按照批准的汛期调度运用计划实施。当预报沂沭河汛情紧张并可能危及干流堤防安全时，跋山、岸堤、许家崖、青峰岭、陡山等大型水库在确保水库工程安全的前提下，尽量为下游河道错峰。

A.1.3.5 洪水资源调度

（1）6月1—15日，视天气情况及用水需要，可逐步控制湖泊水位至汛限水位。

（2）8月15日至9月30日，视适（实）时雨水情及中长期预报，决定南四湖、骆马湖是否由汛限水位逐步抬高到汛末蓄水位。

（3）刘家道口枢纽非汛期蓄水位59.5m（56黄海基面），汛期蓄水位按不超过57.5m（56黄海基面）控制。大官庄枢纽非汛期蓄水位52.5m（56黄海基面）。

A.1.3.6 责任与权限

（1）沂沭泗河洪水调度由淮委沂沭泗水利管理局按本方案提出调度意见，报淮河防汛抗旱总指挥部同意后，由山东省防汛抗旱总指挥部、江苏省防汛抗旱指挥部和沂沭泗水利管理局按照管理权限分别组织实施。

（2）黄墩湖滞洪区的运用由淮河防汛抗旱总指挥部商江苏省人民政府决定，报国家防汛抗旱总指挥部备案，江苏省防汛抗旱指挥部负责组织实施。南四湖湖东滞洪区的运用由淮河防汛抗旱总指挥部商山东省人民政府决定，报国家防汛抗旱总指挥部备案，山东省防汛抗旱总指挥部负责组织实施。

（3）沂河、沭河超额洪水应急措施处理由淮河防汛抗旱总指挥部提出意见，报国家防汛抗旱总指挥部决定，山东省防汛抗旱总指挥部负责组织实施。

（4）遇特殊情况，淮河防汛抗旱总指挥部可按照本调度方案的原则灵活调度，并报国家防汛抗旱总指挥部备案。重大问题由国家防汛抗旱总指挥部决定。

（5）沂沭泗河大型水库的常规防洪调度由所在省防汛抗旱指挥部负责。石梁河水库配合沂沭泗流域洪水调度，由江苏省防汛抗旱指挥部负责；跋山、岸堤、许家崖、青峰岭、陡山等大型水库为沂沭河干流洪水错峰的调度，由山东省防汛抗旱总指挥部提出意见报淮河防汛抗旱总指挥部同意后实施。

（6）沂沭泗河河道内各省管理的拦河闸坝，其调度运用由各省防汛抗旱指挥部负责，调度前通知淮委沂沭泗水利管理局和下游地区：预报上游有来水时，各拦河闸坝须提前预泄，服从沂沭泗河洪水总体安排。

（7）洪水资源由淮委沂沭泗水利管理局统一调度，报淮河防汛抗旱总指挥部备案。

（8）沿河各地要落实管辖范围内的各类防洪设施和交通道口、穿堤（河）管线、涵闸等设施的安全度汛措施。

（9）受洪水威胁的企业、事业单位负责所属设施的防洪安全并做好各项防汛准备，落实自保措施。

A.1.3.7 附则

（1）沂沭泗河汛期为6月1日至9月30日。

（2）本方案高程除已标明的外，均为废黄河基面高程。

（3）本方案自批准之日起施行，原《沂沭泗河洪水调度方案》（国汛〔2005〕8号）、《刘家道口枢纽洪水调度应急方案》（淮汛办〔2010〕2号）同时废止。

（4）本方案由淮河防汛抗旱总指挥部负责解释。

A.1.4 太湖流域洪水与水量调度方案（国汛〔2011〕17号）

为保障流域防洪、供水安全，改善水环境，根据《中华人民共和国水法》《中华人民共和国防洪法》和《中华人民共和国抗旱条例》等有关法律法规，按照《太湖流域防洪规划》和《太湖流域综合治理总体规划方案》确定的原则，结合太湖流域河道、湖泊和水利工程现状，制定本方案。

A.1.4.1 工程体系

目前，太湖流域已初步形成北通长江、东出黄浦江、南排杭州湾的骨干水利工程体系，基本达到防御1954年降雨典型的洪水标准。

（1）环湖大堤。

环湖大堤是拦蓄太湖洪水和调蓄太湖水量的重要工程，总长294km，其中江苏省直湖港至浙江省长兜港段为“西段”，其他部分为“东段”。按照“西敞东控”的原则，东段大堤口门全部建闸控制，西段基本敞开，全线共设有229座口门建筑物。防洪设计水位4.65 m，东段堤顶高程7.0m，西段堤顶高程7.0m，上设0.8m高挡浪墙。环湖大堤顶宽5.0～7.0m。

（2）望虞河工程。

望虞河是沟通太湖和长江的流域性骨干引排河道，兼有泄洪、排涝、引水等任务，全长 60.3km，泄洪断面按 1954 年型洪水设计（5—7 月承泄太湖洪水 23.1 亿 m^3）；引水按 1971 年型枯水设计（4—10 月通过望虞河引江入湖 28.0 亿 m^3）。望虞河工程主要包括常熟水利枢纽、望亭水利枢纽以及河道两侧配套涵闸等。

常熟水利枢纽由泵站、节制闸和船闸等组成，泵站设计流量 180 m^3/s，节制闸设计流量 375m^3/s，校核流量 750m^3/s。

望亭水利枢纽为“上槽下洞”立交的工程结构形式，涵洞设计流量为 400m^3/s。

望虞河两岸沿线共有控制性工程建筑物 83 座，其中望虞河东岸 52 座。

（3）太浦河工程。

太浦河既是承泄太湖洪水和区域涝水的流域性骨干河道，又是向上海市等下游地区供水的主要河道，全长 57.6km，泄洪断面按 1954 年型洪水设计（5—7 月承泄太湖洪水 22.5 亿 m^3）；供水按 1971 年型枯水设计（4—10 月向下游增加供水 20.0 亿 m^3）。太浦河工程主要包括太浦闸、太浦河泵站以及河道两侧配套涵闸等。

太浦闸设计流量 580m^3/s，校核流量 864m^3/s，太浦河泵站设计流量 300m^3/s。

（4）沿长江引排工程。

沿长江引排工程对排泄流域沿江地区涝水和引长江水保障流域供水安全具有不可替代的重要作用，包括湖西引排工程和武澄锡引排工程等。其中主要口门建筑物有谏壁枢纽、九曲河枢纽、小河闸、魏村枢纽、澡港枢纽、定波闸、张家港闸、十一圩闸、白屈港枢纽、新夏港枢纽、浒浦闸、白茆闸、七浦闸、杨林闸、浏河闸 15 座，节制闸总设计流量 5112m^3/s，泵站总设计流量 485m^3/s。

（5）杭嘉湖南排工程。

杭嘉湖南排工程是排泄流域杭嘉湖地区涝水的主要工程，主要包括南台头闸、长山闸、盐官上河闸和盐官下河闸站枢纽以及河道配套建筑物等。节制闸总设计流量 2257m^3/s，盐官下河排涝泵站设计流量 200m^3/s。

（6）大中型水库。

太湖流域已有沙河、大溪、横山、青山、对河口、老石坎和赋石 7 座大型水库和 16 座中型水库，对保障流域上游防洪和供水安全具有重要作用。大型水库总库容 10.5 亿 m^3，防洪库容 5.94 亿 m^3。中型水库总库容约 4.0 亿 m^3。

（7）圩区。

圩区是平原洼地重要的防洪除涝工程之一。太湖流域共有圩区 4944 座，圩区面积 15567km^2，占流域面积的 42.2%，其中村镇圩区排涝能力超过 12000m^3/s。

A.1.4.2 设计洪水

1987 年国家计划委员会批复的《太湖流域综合治理总体规划方案》中确定，太湖流域防洪以 1954 年 5—7 月降雨过程作为设计标准，流域平均最大 90 天降雨量约相当于 50 年一遇。1954 年 5—7 月流域总产水量约 223 亿 m^3。治理方案安排太湖调蓄 45.6 亿 m^3，河网湖泊调蓄 23.7 亿 m^3，北排长江 56.6 亿 m^3，南排杭州湾 22.4 亿 m^3，东出黄浦江 63.7 亿 m^3，浦东区自排 11.0 亿 m^3。太湖设计洪水位 4.65m。

《太湖流域综合治理总体规划方案》实施过程中，出现了对流域防洪更为不利的 1991 年和 1999 年成灾雨型，原流域设计洪水已不能全面反映流域防洪要求。2008 年国务院批复的《太湖流域防洪规划》确定了流域不同降雨典型50年一遇的设计洪水，并对1991年、1999年实况洪水进行了分析，成果见表A.11。

表A.11　　50年一遇设计洪量及典型年实况洪量表　　单位：亿 m^3

	50年一遇设计洪量			典型年实况洪量	
时段	1954年型	"1991北部"	"1999南部"	1991年实况	1999年实况
30天	81.0	149.0	147.6	140.7	179.9
60天	159.6	196.6	196.3	181.3	194.4
90天	225.2	224.5	234.1	184.8	267.2

A.1.4.3　设计枯水

1987年国家计划委员会批复的《太湖流域综合治理总体规划方案》中确定，太湖流域供水以1971年降雨过程作为设计标准，其7—8月流域用水高峰期降雨量保证率约相当于94%。1971年4—10月流域总需水量161.1亿 m^3，规划安排望虞河引长江水28.0亿 m^3，太湖水位不低于2.80m。

A.1.4.4　调度原则

（1）当太湖发生洪水时，确保环湖大堤安全。当太湖发生超标准洪水时，采取必要措施，重点保护上海、苏州、无锡、常州、镇江、杭州、嘉兴、湖州等城市以及其他重要城镇和重要设施的安全，减轻灾害损失。

（2）当流域发生干旱或水污染事件时，努力保障流域城乡居民供水安全。

（3）坚持流域调度与区域调度相结合、洪水调度与水量调度相结合、汛期调度与非汛期调度相结合，强化水利工程的联合运用，充分发挥现有河道、湖泊、水库、闸泵等工程作用，保障流域防洪与供水安全。

A.1.4.5　太湖调度控制水位

（1）4月1日至6月15日，防洪控制水位3.10m，调水限制水位3.00m。

（2）6月16日至7月20日，防洪控制水位按3.10～3.50m直线递增，调水限制水位按3.00～3.30m直线递增。

（3）7月21日至次年3月15日，防洪控制水位3.50m；调水限制水位3.30m。

（4）3月16—31日，防洪控制水位按3.50～3.10m直线递减，调水限制水位按3.30～3.00m直线递减。

A.1.4.6　洪水与水量

（1）洪水调度。

当太湖水位高于防洪控制水位且低于4.65m时，实施洪水调度，并按下列情形执行：

1）太浦河工程。

当太湖水位不超过3.50m时，太浦闸泄水按平望水位不超过3.30m控制；当太湖水位不超过3.80m时，太浦闸泄水按平望水位不超过3.45m控制；当太湖水位不超过4.20m时，太浦闸泄水按平望水位不超过3.60m控制；当太湖水位不超过4.40m时，太浦闸泄水按平望水位不超过3.75m控制；当太湖水位不超过4.65m时，太浦闸泄水按平望水位不超过3.90m控制。当预报太浦闸下游地区遭受地区性大暴雨袭击或预报某市渡水位超过3.70m（佘山吴淞基面）时，太浦闸可提前适当减少泄量。

2）望虞河工程。

a. 望亭水利枢纽：当太湖水位不超过4.20m时，望亭水利枢纽泄水按琳桥水位不超过4.15m控制；当太湖水位不超过4.40m时，望亭水利枢纽泄水按琳桥水位不超过4.30m控制；当太湖水位不超过4.65m时，望亭水利枢纽泄水按琳桥水位不超过4.40m控制。当预报望虞河下游地区遭受风暴潮或地区性大暴雨袭击时，望亭水利枢纽提前适当减少泄量。

b. 常熟水利枢纽：当太湖水位高于防洪控制水位时，望虞河常熟水利枢纽泄水；当太湖水位超过3.80m，并预测流域有持续强降雨时开泵排水。

c. 望虞河两岸水利工程：望亭水利枢纽泄水期间，当湘城水位不超过3.70m时，望虞河东岸口门保持行水通畅；当湘城水位超过3.70m时，望虞河东岸口门可以控制运用。

蠡河、伯渎港、九里河和裴家圩枢纽在望亭水利枢纽泄水期间不得向望虞河排水。

3）环太湖口门。环太湖各敞开口门应保持行水通畅。当太湖水位不超过4.10m时，东太湖沿岸各闸及月城河节制闸、胥口节制闸开闸泄水；超过4.10m后，可以控制运用。当太湖水位不超过4.20m时，犊山口节制闸开闸泄水；超过4.20m后，可以控制运用。

4）沿长江、杭州湾口门。沿长江、杭州湾各水利工程要根据太湖及地区水情适时引排，保持合理的河网水位；在太浦闸和望亭水利枢纽泄洪期间要全力泄水，并服从流域防洪调度。

5）其他工程：

a. 当陈墓水位达到3.95m时，昆山千灯浦闸开闸泄水，同时，开启淀浦河闸和蕴藻浜闸泄水，并控制青浦水位和嘉定水位分别不超过3.30m（佘山吴淞基面）和3.40m（佘山吴淞基面）。

b. 太湖流域行洪通道和泄水口门应保证泄水通畅，当航运和泄水发生矛盾时，航运应服从泄水。

（2）水量调度。当太湖水位低于调水限制水位时，相机实施水量调度，并按下列情形执行：

1）常熟水利枢纽。

a. 当望虞河张桥水位不超过3.80m时，可启用常熟水利枢纽调引长江水。

b. 当预报望虞河下游地区将遭受风暴潮或地区性大暴雨袭击时，或望虞河张桥站水位超过3.80m时，或武澄锡虞区水位普遍超警戒时，常熟水利枢纽应暂停引水，必要时转为排水。

2）望亭水利枢纽。

a. 当望亭水利枢纽闸下水质调度指标和参考指标均满足Ⅲ类标准时，望亭水利枢纽开闸向太湖输水。

b. 当望亭水利枢纽闸下水质调度指标满足Ⅲ类标准，水质调度参考指标为Ⅳ类标准时，如望虞河大桥角新桥水质调度参考指标满足Ⅲ类标准，望亭水利枢纽可控制向太湖输水。

3）太浦河闸泵工程。

a. 为保障太湖下游地区供水安全，原则上太浦闸下泄流量不低于 50m^3/s。

b. 当太湖下游地区发生饮用水水源地水质恶化或突发水污染事件时，可加大太浦闸供水流量，必要时启动太浦河泵站增加流量。

c. 当太湖下游地区遭遇台风暴潮或区域洪水时，可减小太浦闸供水流量，必要时关闭太浦闸。

4）望虞河两岸水利工程。

在实施水量调度期间，严格控制望虞河西岸支流闸门，避免西岸支流污水进入望虞河，严格控制九里河、伯渎港引水；对望虞河东岸口门实行控制运行，可开启冶长泾、寺泾港、尚湖、琳桥港等口门分水，分水比例不超过常熟水利枢纽引水量的 30%，且分水总流量不超过 50m^3/s。当遭遇突发水污染事件等特殊情况时，可临时加大东岸口门分水比例或关闭东岸分水口门。

常熟水利枢纽泵站引水期间，虞山船闸严格按照套闸运用。

5）望虞河两侧沿长江口门。

在实施水量调度期间，加强望虞河两侧沿长江口门统一管理和调度，对望虞河西侧澄锡虞地区沿长江主要口门实行控制运用，适时加大排江流量，尽量降低地区河网水位，避免西岸支流污水进入望虞河；对望虞河东侧地区沿长江主要口门加大引水力度，以减少望虞河东岸地区从望虞河的取水量，保证入湖水量。

6）环太湖口门。

对环太湖口门（不含太浦闸和望亭水利枢纽）实行控制运用，避免污水进入太湖，合理控制出湖水量。

A. 1. 4. 7 非常措施

（1）当太湖水位超过 4.65m 时的非常措施：当太湖水位超过 4.65m 时，要进一步加强流域统一指挥调度，局部服从全局，重点保护环湖大堤和大中城市等重要保护对象安全；应尽可能加大太浦河、望虞河的泄洪流量，充分发挥沿长江各口门以及杭嘉湖南排工程的排水能力，加大东苕溪导流东岸各闸泄洪流量，打开东太湖沿岸及流域下游地区各排水通道。环湖大堤临湖一侧围湖区破口蓄洪，并视水情发展采取一切可能的分滞洪措施。流域内各重要城镇采取自保应急措施。

（2）当太湖水位低于 2.80m 时的应急措施：当太湖水位低于 2.80m 时，要进一步加强引江河道的科学调度，充分利用沿江闸泵，增加引长江水量和入太湖水量，保证入太湖水质，适当降低流域河湖生态需水要求，加强环太湖口门和主要引供水河道两岸口门统一调度和运行监督，实行用水限制措施，必要时启用备用水源，最大限度满足流域基本用水需求。

（3）当太湖水位超过调水限制水位并发生突发水污染、水质恶化等事件时的应急措施：当太湖水位超过调水限制水位时，若发生突发水污染事件、水质恶化等严重影响流域供水安全的情况以及流域省（市）有其他特殊需求时，在确保流域防洪安全的前提下，原则上可以实施水量应急调度。

A. 1. 4. 8 调度权限

水利部太湖流域管理局负责太浦闸、太浦河泵站、望亭水利枢纽、常熟水利枢纽的运用调度。苏、浙、沪三省（直辖市）防汛（抗旱）指挥部负责各自行政区域内其他水利工程调度，并将相关大型水库、沿长江、杭州湾、东导流等重要区域性工程和重要城市防洪工程的调度指令报太湖流域防汛抗旱总指挥部备案。

当太湖发生超标准洪水或遇其他紧急情况时，由太湖流域防汛抗旱总指挥部商苏、浙、沪三省（直辖市）防汛（抗旱）指挥部后提出应急处理方案，报国家防汛抗旱总指挥部批准后执行。

当太湖水位超过调水限制水位并发生突发水污染事件、水质恶化等严重影响流域供水安全的情况以及流域省（市）有其他特殊需求时，由有关省（市）防汛（抗旱）指挥部提出书面申请，太湖流域防汛抗旱总指挥部商苏、浙、沪三省（直辖市）防汛（抗旱）指挥部提出应急处理方案，报国家防汛抗旱总指挥部批准后执行。

A.1.4.9 附则

（1）本方案中的调度水位以每日 8 时水位为准，紧急情况下可根据实时水位进行调度。各主要调度控制站水位允许变幅为 0.05m。

（2）太湖水位以太湖湖区的西山、望亭、大浦口、夹浦、小梅口等五站水位的算术平均值为准。

（3）本方案水质调度指标以高锰酸盐指数、总磷为准，水质调度参考指标以氨氮、溶解氧为准。

（4）本方案中的水质监测数据主要采用水利部太湖流域管理局人工水质监测数据，水质控制指标允许变幅为 10％。

（5）本方案中水位除特殊注明外均为镇江吴淞基面高程。佘山吴淞基面与镇江吴淞基面高程的换算关系如下：佘山吴淞基面高程＋0.264m＝镇江吴淞基面高程。

（6）本方案自发布之日起执行。

A.2 区域性调度方案

A.2.1 淮河入海水道调度运用方案（苏防〔2010〕6 号）

根据国务院批复的《淮河防御洪水方案》（国函〔2007〕48 号）以及国家防总据此批复的《淮河洪水调度方案》（国汛〔2008〕8 号），结合淮河入海水道投入运行以来的调度运行实践、工程变化情况，在省防汛抗旱指挥部 2004 年印发的《淮河入海水道调度运用方案》（试行）的基础上，修订淮河入海水道调度运用方案如下。

A.2.1.1 工程概况

淮河入海水道是为扩大淮河洪水出路，提高洪泽湖及淮河下游地区防洪标准而开挖的，工程分为近远两期，近期工程设计行洪流量为 2270m^3/s，在抗御 2003 年、2007 年淮河大洪水中发挥了重要作用。淮河入海水道的建成使洪泽湖及淮河下游地区防洪标准从 50 年一遇提高到 100 年一遇，同时将入海水道以北、废黄河以南 1700 多 km^2 面积的排涝标准从 3 年一遇提高到 5 年一遇。

淮河入海水道西起洪泽湖二河闸，东至扁担港注入黄海，沿途经过淮安、盐城两市的清浦、楚州、阜宁、滨海四个县（区），主要包括堤距宽 700～750m、长 163.5km 的河道及两岸堤防，二河、淮安、滨海、海口四大枢纽和淮阜控制工程及 30 多座穿堤建筑物。

A.2.1.2 行洪

（1）运用条件及职责分工。

当洪泽湖水位达到13.5～14.0m时，省防汛抗旱指挥部根据雨情、水情及天气趋势情况，下达淮河入海水道行洪指令。

省淮河入海水道工程管理处负责四大枢纽、淮阜控制工程以及清安河涵洞、淮扬公路旱闸、渠北闸、东沙港闸的控制运用；淮安市、盐城市防汛抗旱指挥部负责所管辖范围内的堤防、漫水公路、穿堤建筑物、中隔堤滚水坝顶土堰的控制运用。

（2）行洪前准备工作。

1）省淮河入海水道工程管理处：工程管理人员、前线抗洪指挥机构、巡查人员和抢险队伍按照抗洪抢险的要求迅速到岗到位；安装淮扬公路旱闸闸门；关闭清安河涵洞、渠北闸、东沙港闸；拆除影响行洪的淮阜控制工程防护围栏、栏杆；敞开入海水道大运河立交、通榆河立交工程；海口南闸、海口北闸、南泓漫水闸、北泓漫水闸、调度闸视当时水情，适当调整进入行洪准备状态。

2）淮安市、盐城市防汛抗旱指挥部：按防洪预案要求，工程管理人员、前线抗洪指挥机构、巡查人员和抢险队伍必须迅速到岗到位；打开入海水道大运河立交下游沟通南北泓的土坝；打开淮阜控制上游和黄海公路桥西两处中隔堤滚水坝顶土堰；封闭漫水公路道口，撤出河道内人群、什物，关闭穿堤涵闸；组织渠北排涝。

（3）行洪初期运行方案。

1）二河新闸：按照省防汛抗旱指挥部调度指令，逐步开启。为确保工程和下游河道的安全，初始开启高度不超过0.5m，待下游水位升高至9.3m（滩面高程），方可逐渐加大流量，非特殊情况，不得超过2270m^3/s。为便于流态观测和工程安全检查，每次调整工况的间隔不应少于1小时。

2）大运河立交工程：保持全部开启，不进行控制。

3）淮阜控制：北泓漫水闸逐步开启；如调度闸出现反向过流倾向时，关闭调度闸，调节南泓漫水闸和北泓漫水闸。

4）通榆河立交工程：闸门保持全部开启，不进行控制。在洪水溢过隔水墙顶前，严密监视南北泓水位差。初始可通过海口枢纽、淮阜控制工程调节两泓水位，控制通榆河立交工程两泓水位差不超过0.7m（设计水位差，下同），最大不超过1.0m（校核水位差，下同）。海口枢纽在其上游滚水坝贯通后，不参与调节通榆河立交工程处两泓水位，只利用淮阜控制调节两泓水位直至通榆河立交工程两泓贯通。

5）海口枢纽：在上游滚水坝处两泓贯通后，当上游水位抬高至2.0m时，闸门开启0.5m，此时黄海公路桥处可能出现横向流速，通过调节两闸开度以降低横向流速；当上游水位抬高至2.5m时，闸门开度增加到1.0m；当上游水位抬高到3.0m，闸门开度增加到2.0m；若水位继续上升，逐步增加闸门开度。正常潮位下，控制上游水位不超过3.6m。如遭遇风暴潮，下游水位接近设计水位3.6m时敞开闸门行洪。

（4）行洪期间运行方案。

1）加强工程检查观测，加强堤防巡查，发现异常立即报告主管部门并采取应急措施。

2）海口枢纽在一般潮位时以不超过设计流量泄洪，上游水位宜控制在3.5m左右。下游水位发生较大变化，应及时调节闸门开度维持上游水位基本稳定。闸门开度见表 A.12。

表 A.12　　海口枢纽闸门开度值　　单位：m

上游水位	下游水位	闸门允许最大开度	上游水位	下游水位	闸门允许最大开度
3.5	0.0	2.27	3.5	1.5	3.42
3.5	0.5	2.53	3.5	2.0	4.22
3.5	1.0	2.88			

（5）行洪末期运行方案。

1）逐步关闭二河新闸，1 小时以内减少流量不应超过 500m^3/s。

2）大运河立交工程、通榆河立交工程在退水全部结束前继续敞开排水，退水全部结束后按排涝工况控制运用。

3）洪水归泓后，淮阜控制继续敞开泄水，当北泓漫水闸下游水位下降到 1.5m 时，逐步关闭北泓漫水闸，打开调度闸，南泓漫水闸维持开启，按排涝工况控制运用。

4）沿线涵闸相机开启排涝。

5）随着来水量的减少，海口枢纽上游水位逐渐下降，当上游水位低于 3.0m 时，控制闸门开度为 2.0m；当上游水位基本与高潮位持平时，按排涝工况控制运用。

6）在整个退水阶段，各工程管理单位应加强对涵闸及堤防的巡视检查，发现问题妥善处理。

7）适时恢复漫水公路通行，恢复安全防护设施。

8）及时恢复淮阜控制上游和黄海公路桥西两处中隔堤滚水坝顶土堰。

A.2.1.3　排涝

（1）大运河立交工程。

汛期提空 2 孔排涝。在排涝不紧张时，宜适当控制上下游水位差逐孔冲淤，根据淤积情况 2～4 年冲淤一次。

（2）淮阜控制。

1）运行中应严格控制南泓漫水闸、北泓漫水闸和调度闸水位、水位差，始流时安全流量不得超过表 A.13 中设计允许值，特殊情况下不超过校核允许值。

表 A.13　　工程简况及设计水位组合

工程名称	孔数	单孔净宽/m	设计效益	设计工况	上游/m	下游/m	备注
南泓漫水闸	7	6.0	排泄南泓涝水、控制下游水位、行洪	稳定	4.00	2.50	设计期
					5.00	2.50	校核期
				孔径	3.65	3.6	流量 214m^3/s
北泓漫水闸	7	6.0	分隔高低涝水、调节南北泓水位、行洪	稳定	3.5	1.0	正常运用期
					4.5	1.0	挡水期
				消能	4.5	1.0	流量 201m^3/s
					3.5	0.0	流量 201m^3/s

续表

工程名称	孔数	单孔净宽/m	设计效益	设计工况	上游/m	下游/m	备注
调度闸	9	6.0	将北泓涝水引入南泓、防止南泓涝水倒灌北泓	稳定	4.0	3.0	设计期
					4.5	3.0	校核期
				孔径	4.0	3.97	流量 $201m^3/s$
东沙港闸	9	3.0	分排涝水由灌溉总渠入海	稳定	8.50	3.00	正向
					2.00	7.20	反向
				消能	4.90	3.00	流量 $60m^3/s$

2）一般情况下，北泓漫水闸关闭，其上游涝水经调度闸转入南泓，南泓漫水闸敞开排涝。当通榆河立交工程两泓水位差达 0.5m 并有发展趋势时，适当节制。

3）当排涝紧张时，视水情利用北泓漫水闸和海口北闸联合调度加强排涝。按以下要求运行：

当退潮时，海口北闸相机开闸，尽量多排涝水；同时，开启北泓漫水闸，控制闸下水位不超过 2.66m。

当潮位复又上涨至 1.0m 时，关闭北泓漫水闸，海口北闸继续相机排涝，适时关闭，防止海水倒灌。

海口北闸上游水位随潮位下降时，通榆河立交工程处北泓水位随之下降，当两泓水位差逼近 0.7m，节制南泓漫水闸，必要时适当开启北泓漫水闸，维持通榆河立交工程两泓隔水墙水位差一般不超过 0.7m，最大不超过 1.0m。

调度闸一般全开，当出现倒流倾向时，关闭调度闸。

涝情缓解后，排泄余涝仍使用北泓漫水闸，可降低闸下水位至 1.8m 左右运行。

（3）通榆河立交工程。

1）为确保工程安全，应通过淮阜控制、海口枢纽的联合调度，控制通榆河立交工程两泓水位差一般不超过 0.7m，最大不超过 1.0m。

2）敞开过流，有条件时将钢闸门提出水面锁定，排涝不紧张时，应适当控制上下游水位差逐孔冲淤，根据淤积情况 1～2 年冲淤一次。

3）两泓水位差小于 0.5m 时，每天 8 时及 20 时两次观测水位；两泓水位差大于等于 0.5m 时，每天 2 时、8 时、14 时及 20 时四次观测水位，超过 0.7m 时应逐时观测水位。入海水道通榆河立交工程管理所要将每次观测到的两泓水位差以电话或传真的形式通知淮阜控制管理所、海口枢纽管理所及主管部门，便于及时调整相关工程。

（4）海口枢纽。

1）海口南闸控制运用。排涝紧张时，一般潮位下（不超过 2.5m）海口南闸敞开排涝，遭遇高潮（2.5m 以上）时，涨至 2.5m 时关闸，落平开闸；排涝不紧张时，在保证通榆河立交工程两泓水位差不超过 0.7m 时，可减少开闸孔数和次数。

2）海口北闸控制运用。正常情况下，海口北闸闸上水位控制为 1.0～1.3m；如启用北泓漫水闸，在保证通榆河立交工程两泓水位差不超过 0.7m 时，随落潮尽可能降低上游水位；当通榆河立交工程两泓水位差逼近0.7m时，适当逼高北泓水位。

（5）其他工程运用。

新八河、西排河等沿线涵闸随着下游水位的上涨适时关闭，防止涝水倒灌。

（6）特殊涝情。

1）当渠北地区突降暴雨，超过设计的排涝标准时，若灌溉总渠水情许可，经省防办同意，可降低六垛南闸上游水位，启用东沙港闸分排南泓涝水。

2）当渠北地区发生局部暴雨或海口枢纽突遇风暴潮等特殊情况，不能正常排涝时，通过联合运用漫水闸和姚湾洞等工程，调节南北泓水位差，确保工程安全；在茭菱抽水一、二站等开机的情况下，淮阜控制的有关工程仍然可能达到或超过设计指标时，提请省防指对入海水道沿线排涝口门加以节制。

A.2.1.4 其他运行工况

（1）冲污：入海水道南泓既是排涝通道，又是尾水通道，在水质为Ⅴ类（或劣Ⅴ类）时，适当开启二河新闸和渠北闸引水稀释。

（2）灌溉：入海水道北泓既是排涝河道，又是供水调节河道，通过姚湾地涵引不超过66m^3/s的流量进入北泓，解决部分地区用水。在灌溉期，保证姚湾洞下游（北泓）水位为0.80～1.20m，由盐城市防指按此水位加以控制。干旱季控制调度闸保水灌溉。

（3）冲淤：通过二河新泄洪闸、渠北闸引水进入南泓冲淤。通过姚湾地涵引水进入北泓冲淤。在冲淤过程中，应严格控制通榆河立交工程南北泓水位差小于0.70m。

（4）枯水期：①为确保大运河立交工程安全，控制大运河立交水位与运东闸上水位之差不高于设计值，当水位差逼近设计值时，节制南泓漫水闸直至关闭，同时防止南泓漫水闸、调度闸上下游水位差突破设计值；或开启二河新闸补水20～50m^3/s；②若南泓流量很小，为防止通榆河立交工程处南泓水位低于北泓水位0.7m以上，可控制海口南闸上游水位不低于0.5m。

A.2.1.5 调度权限与执行

（1）行洪调度指令由省防汛抗旱指挥部下发。

（2）灌溉调度指令由省防汛抗旱指挥部办公室下发。

（3）排涝调度由工程管理单位负责，并执行其主管部门的调度指令。特殊情况下，经省防办授权，省淮河入海水道工程管理处对水系内所有工程行使排涝调度权。

（4）实施冲污、冲淤以及枯水期的其他调度，二河新闸的调度指令由省防汛抗旱指挥部办公室下发，相关工程的运行由省淮河入海水道工程管理处负责。

（5）淮河入海水道沿线各工程管理单位负责执行其主管部门调度指令，并收集、反馈水情信息和工程运行情况。

A.2.1.6 附则

（1）本方案的水位高程采用废黄河基面。

（2）本方案由江苏省防汛抗旱指挥部办公室负责解释。

（3）本方案自批准之日起执行，原《淮河入海水道调度运用方案》（苏防〔2004〕42号）同时废止。

A.2.2 苏南运河区域洪涝联合调度方案（试行）（苏防〔2016〕22号）

经过多年治理，特别是1991年大水后实施治太工程建设以来，苏南运河作为太湖流域流域性重要河道，沿线防洪能力得到提升。近年来，受城镇化快速发展引起的下垫面条件变化、苏南运河航道升级改造、沿线城市防洪大包围陆续建成、圩区排涝动力增加等多因素的共同影响，苏南运河沿线区域防洪形势发生较明显的改变。为保障区域防洪排涝安全，根据《江苏省防洪规划》《太湖流域洪水与水量调度方案》（国汛〔2011〕17号）以及钟楼闸、丹金闸等工程的调度运用方案和省流域性、区域性水利工程调度方案，结合近年防洪排涝实践，制定本方案。

A.2.2.1 工程体系

苏南运河沿线区域分属太湖湖西区、武澄锡虞区、阳澄淀泖区、太湖区，防洪工程体系由苏南运河堤防、城市防洪包围圈、控制性工程和圩区等组成。

（1）河道及堤防。

苏南运河起自长江谏壁口，止于江浙两省交界处的鸭子坝，全长约212.5km，分为镇江、常州、无锡和苏州四段，大部分河段两岸均建有护岸。

1）镇江段。镇江段是苏南运河的入江河段，起自长江谏壁口，止于与常州交界的荷园里，长42.6km，现状河堤高程在7.0～9.0m，河段规划防洪标准50年一遇。

2）常州段。常州段西接镇江吕城镇的荷园里，东连无锡洛社五牧（直湖港），长48.8km，现状堤顶高程5.5～8.0m，河段规划防洪标准50～200年一遇。

3）无锡段。无锡段由洛社五牧进入，经城区南流，至新安沙墩港出境，长39.3km，现状堤顶高程6.0～6.5m，河段规划防洪标准50～200年一遇。

4）苏州段。苏州段西起苏锡两市交界的新安沙墩港，南至江浙两省交界处的鸭子坝，长81.8km，现状堤顶高程4.8～5.0m，河段规划防洪标准50～200年一遇。

（2）干流控制工程。

谏壁水利枢纽位于镇江市东郊、苏南运河长江入口处附近，由谏壁节制闸、抽水站、船闸等组成，是太湖流域分泄洪水入江、区域性灌排和引江改善水环境的重点工程之一。其中节制闸设计排水流量600m^3/s，抽水站设计流量160m^3/s，船闸为复线船闸。

钟楼闸位于苏南运河常州市区段改线段上，为一座单孔净宽90m的防洪闸，距老武宜运河河口上游约600m，是太湖流域湖西引排武澄锡虞西控制线上的主要防洪控制工程。其主要任务是，在大洪水期启用，减轻常州、无锡、苏州三大城市和武澄锡低洼地区的防洪压力。

（3）城市防洪工程。

1）镇江市。目前镇江主城区尚未建成城市防洪大包围。

2）常州市。常州市城市防洪工程沿运河分为运北、潞横草塘、采菱东南、湖塘四片，面积共416.1km^2，其中运北片156.2km^2实施了大包围。

运北片设计防洪标准为200年一遇。外排泵站总规模为420.96m^3/s（重要节点工程365m^3/s），其中排入运河流量为179m^3/s。

湖塘片外排泵站总规模为78.1m^3/s，其中排入运河流量为57.7m^3/s。

常州城市防洪工程外排泵站入运河流量合计为236.7m^3/s。具体见表A.14。

表 A.14　　常州城市防洪工程外排泵站（向运河排水）规模表

序号	分　片	总规模/(m^3/s)	直接排入运河流量/(m^3/s)
1	运北片	420.96	179
2	湖塘片	78.1	57.7
合计		499.06	236.7

3）无锡市。无锡市城区分为运河以东的运东大包围、新区片、锡东片、锡北片、惠北片和运河以西的梁溪片、太湖新城片、惠南片和马山片共九片，面积共 1294km^2，目前形成防洪包围圈的主要为运东大包围和太湖新城片。

运东大包围面积约 144km^2，设计防洪标准为 200 年一遇。外排泵站总规模为 485.6m^3/s，排入运河流量为 218.8m^3/s。

太湖新城片外排泵站总规模为 97m^3/s，其中排入运河流量为 82m^3/s。

无锡城市防洪工程外排泵站入运河流量合计为 300.8m^3/s。具体见表 A.15。

表 A.15　　无锡城市大包围枢纽工程外排泵站（向运河排水）规模表

序号	分　片	总规模/(m^3/s)	直接排入运河流量/(m^3/s)
1	运东大包围	485.6	218.8
2	太湖新城	97	82
合计		582.6	300.8

4）苏州市。苏州市城市防洪工程主要包括城市中心区大包围和金阊新城包围两部分，设计防洪标准均为 200 年一遇。

中心区大包围面积 84km^2。外排泵站总规模为 286.5m^3/s（含西塘河裴家圩枢纽），其中排入运河流量为 168m^3/s。

金阊新城包围 13.7km^2。外排泵站总规模为 39.1m^3/s，其中排入运河流量为 23.5m^3/s。

苏州城市防洪工程外排泵站入运河流量合计为 191.5m^3/s。具体见表 A.16。

表 A.16　　苏州城市大包围枢纽工程外排泵站（向运河排水）规模表

序号	分　片	总规模/(m^3/s)	直接排入运河流量/(m^3/s)
1	城市中心区大包围	286.5	168
2	金阊新城包围	39.1	23.5
合计		325.6	191.5

5）沿线圩区。苏南运河沿线各市除建设城市大包围外，部分低洼区域通过建圩设防。据统计，运河沿线常州、无锡和苏州圩区直接排水入运河流量为 318.96m^3/s。各市具体情况见表 A.17。

表 A.17　　运河沿线圩区排涝泵站规模统计表

序号	行政区	圩　区	圩区总面积/km^2	直接排入运河流量/(m^3/s)
1	常州	14	60.14	65.36
2	无锡	4	250.2	39.5
3	苏州	20	428.7	214.1
合计		38	739.04	318.96

苏南运河沿线常州、无锡、苏州三市城市防洪工程及沿线圩区外排泵站向运河排水总规模为 1047.96m^3/s。

（4）其他工程。

1）北排长江主要工程。从镇江京口闸至苏沪交界浏河闸，我省太湖流域大型通江口门主要有 20 个，其中湖西区 5 个，武澄锡虞区 8 个，阳澄淀泖区 6 个，流域性工程 1 个。各工程具体规模见表 A.18。

表 A.18　　各区沿江主要口门自排和泵排流量统计表

区名	工程名称	所在河道	闸宽/m	闸底高程/m	设计过闸流量/(m^3/s)	设计泵排流量/(m^3/s)
湖西	谏壁枢纽	苏南运河	60.2	−1.0	600	160
	九曲河枢纽	九曲河	24	−1	300	80
	孟城闸	浦河	18	0.5	100	
	小河闸	新孟河	23.6	−1	340	
	魏村枢纽	德胜河	24	0	300	60
	小计				1640	300
武澄锡虞	澡港枢纽	澡港	16	0	190	40
	新沟河江边枢纽（在建）	新沟河	48	−1	460	180
	新夏港枢纽	新夏港	10	−0.5	45	45
	工农闸	锡澄运河	24	0	240	
	白屈港枢纽	白屈港	20	−1.5	100	100

区名	工程名称	所在河道	闸宽/m	闸底高程/m	设计过闸流量/(m^3/s)	设计泵排流量/(m^3/s)
武澄锡虞	张家港闸	张家港	40	−0.1	387	
	十一圩闸	二干河	14	0.5	180	
	走马塘江边枢纽	走马塘	36	−1.0	207	
	小计				1809	365
常熟枢纽		望虞河	48	−4.65	375	180
阳澄淀泖	浒浦闸	常浒河	20.9	−1	234	
	白茆闸	白茆塘	37.5	−2		
	七浦塘江边枢纽	七浦塘	32	−1.5	318	120
	老七浦闸	七浦塘	15	−0.5	259	
	杨林闸	杨林塘	16	0	160	
	浏河闸	浏河	75	−1	950	
	小计				1921	120

2）南排太湖主要工程。苏南运河沿线区域排水入太湖的主要口门有 23 个，其中武澄锡虞区 21 个，阳澄淀泖区 2 个。各工程具体规模见表 A.19。

3）区域其他工程。

丹金闸枢纽：为太湖流域综合治理湖西引排骨干工程之一，位于丹金溧漕河高低水分界线上，由节制闸、船闸、公路桥三位一体组成。节制闸闸孔净宽 16m，船闸长 135m、宽 16m，设计过闸流量 200m^3/s。

表 A.19　　武澄锡虞区、阳澄淀泖区入太湖口门设计排水流量统计表

区名	工程名称	所在河道	闸宽/m	闸底高程/m	设计排水流量/(m^3/s)	区名	工程名称	所在河道	闸宽/m	闸底高程/m	设计排水流量/(m^3/s)
武澄锡虞	雅浦港闸	雅浦港	12	0	65	武澄锡虞	庙港闸	庙港	5	1.2	25
	武进港闸	武进港	17.6	0	102		新港闸	新港	5	1.2	25
	直湖港闸	直湖港	26	0	210		礼让桥闸	环山河	8	1.0	40
	梁溪河闸	梁溪河	20	−0.5	96		闾江口闸	闾江老港	5	0.8	37
	五里湖枢纽	蠡湖	32	0	154		张桥港闸	张桥港	10	1.2	50
	大溪港闸	大溪港	20	0.5	100		壬子港闸	壬子港	6	0.5	30
	新开港闸	新开港	5	0.8	25						
	高墩港闸	高墩港	5	0.8	25						
	新库港闸	新库港	5	1.2	25		小计				1209
	小溪港闸	小溪港	6	0.5	60	阳澄淀泖	瓜泾口闸	瓜泾港	12	−0.5	96
	六步港闸	六步港	6	1.0	30		太浦口闸	军用线港	8.0	−0.5	96
	黄泥田港闸	黄泥田港	5	0.8	25		小计				192
	吴塘门闸	横大港	6	0.5	30						
	渔港闸	环山河	6	1.0	30						
	杨干港闸	杨干港	5	1.4	25						

丹金船闸：属于丹金溧漕河航道整治工程的组成部分，位于金坛市金城镇白塔附近。船闸为三级航道标准。闸室长 180m，宽 23m，门槛水深 4m，由交通部门管理。船闸最高通航水位 6.31m。在紧靠船闸一侧为通航孔并兼做节制闸，宽度为 23m。

蠡河枢纽：位于望虞河立交工程上游东侧，上游通苏南运河，下接望虞河，是望虞河左岸配套建筑物之一。工程由套（船）闸与节制闸组成。节制闸闸孔净宽 8m，船闸长 135m、宽 12m。

A.2.2.2　调度原则

（1）坚持以人为本、依法防洪、科学调度的原则。

（2）遵循流域、区域、城市统筹，上下游兼顾、团结协作和局部利益服从全局利益的原则。

（3）统筹处理好防洪与排涝、防洪与航运、防洪与水环境的关系。坚持防洪安全第一的原则，航运、水环境调度应服从防洪保安要求，充分发挥水利工程的防洪排涝减灾综合效益。

（4）当气象预报近期有强降雨时，要提前调度相关工程预降河湖水位至正常控制水平以下。

（5）当发生设计标准及以下洪水时，充分利用河道泄洪，高水高排，低水低排，全力北排长江，相机南排太湖，有序调控运河下泄流量，适时运用洪水控制工程，合理安排运河洪水出路，确保城市及镇江、常州、无锡、苏州城市防洪工程安全。

（6）当发生超标准洪水时，利用河道强迫行洪，充分发挥洪水控制工程的拦洪作用，并采取弃守一般堤防等非常措施，确保镇江、常州、无锡、苏州城市安全及苏南运河等重要河堤安全。

A. 2. 2. 3 工程调度

（1）调度代表站及特征水位表，见表 A. 20。

表 A. 20　　区域及城市防洪包围圈调度代表站及水位特征表　　单位：m

分类	区域/市	代表站	警戒水位	保证水位	起排水位	内部最高控制水位	防洪设计水位		
							50 年一遇	100 年一遇	200 年一遇
区域	湖西区	王母观	4.6	5.6	—	—	—	—	—
		坊前	4	4.5	—	—	—	—	—
	武澄锡虞区	青阳	4	4.85	—	—	—	—	—
		陈墅	3.9	4.5	—	—	—	—	—
	阳澄淀泖区	湘城	3.7	4	—	—	—	—	—
		陈墓	3.6	4	—	—	—	—	—
运河沿线	镇江	丹阳	5.6	7.2	—	—	7.47	—	—
	常州	常州（三）	4.3	4.8	—	—	5.65	5.8	5.95
	无锡	无锡（大）	3.9	4.53	—	—	4.75	5	5.15
	苏州	苏州（枫桥）	3.8	4.2	—	—	4.65	4.85	5.1
城市防洪包围圈	镇江	—	—	—	—	—	—	—	—
	常州	常州（三堡街）	—	—	4.3	4.8	—	—	—
	无锡	无锡（南门）	—	—	3.8	4.2	—	—	—
	苏州	苏州（觅渡桥）	—	—	北片 2.9 南片 2.7	北片 3.4 南片 3.2	—	—	—

注　1. 苏州城市防洪包围内北片指西塘河、北环城河以北地区，南片指西塘河、北环城河以南地区。
2. 城市大包围分别为：常州运北大包围、无锡运东大包围、苏州城市中心区大包围。
3. 运河沿线代表站防洪设计水位按照常州、无锡和苏州新一轮城市防洪规划修编中设计水位成果拟定。

（2）沿江工程调度。

当天气预报有较大降雨时，沿江口门应适时开闸，充分利用长江潮位涨落规律抢排，预降水位到正常控制水平以下；当长江潮位较高，自排受阻，必要时利用泵站抽排。汛期调度按照以下方案执行。

1）湖西区。

a. 谏壁枢纽。当丹阳水位高于 4.5m 或王母观（洮湖）水位高于 4.3m、并预报有较大降雨时，开闸排水；当丹阳水位高于 6.0m 或王母观（洮湖）水位高于 4.7m、并预报有较大降雨时，开泵抽排。

b. 九曲河枢纽。当丹阳站水位高于 4.5m 或常州（三）站水位高于 4.0m、并预报有较大降雨时，开闸排水；当丹阳站水位高于 6.0m 或王母观（洮湖）站水位高于 4.6m 或坊前（漏湖）站水位高于4.2m、并预报有较大降雨时，开泵抽排。

c. 小河闸。当常州（三）站水位高于4.0m时，开闸排水。

d. 魏村枢纽。当常州（三）站水位高于4.0m时，开闸排水；当常州（三）站水位高于5.0m时，开泵抽排；当澡港枢纽内河侧水位稳定在4.3m以下时停机。

2）武澄锡虞区。

a. 澡港枢纽。当常州（三）站水位高于4.0m时，开闸排水；当常州（三）站水位高于5.0m时，开泵抽排；当常州（三）站水位稳定在4.8m以下时停机。

b. 新沟河江边枢纽（节制闸）。当常州（三）站水位高于4.0m、无锡（大）站水位高于3.6m时，开闸排水。

c. 定波闸及其他沿江水闸。当青阳站水位高于3.7m时，开闸排水。

d. 白屈港、新夏港枢纽。当青阳站水位高于3.7m时，开闸排水；当青阳站水位高于4.2m时，开泵抽排。

e. 张家港、十一圩港闸。当张家港市东横河水利枢纽河水位高于3.8m或无锡（大）站水位高于3.6m时，开闸排水。

f. 走马塘江边枢纽。当无锡（大）站水位高于3.6m，开闸排水。

3）阳澄淀泖区。当湘城水位高于3.3m时，阳澄淀泖区沿江节制闸开闸排水。

4）望虞河常熟枢纽。当无锡（大）站水位高于3.6m时，开启节制闸排水；当无锡（大）站水位高于3.9m且不能自排时，开启泵站抽排。

（3）环太湖工程调度。

环湖其他口门的调度，一般情况下应按照《太湖流域洪水与水量调度方案》（国汛〔2011〕17号）执行。为兼顾苏南运河区域排水和太湖水环境保护的要求，可关闭或按套闸方式运行。

1）直湖港闸、武进港闸、雅浦港闸。考虑到对太湖水质影响，直湖港闸、武进港闸、雅浦港闸一般情况下按套闸方式运行。遇区域强降雨时，雅浦港闸、武进港闸报省防指批准后可开闸排水，且雅浦港闸优先开启。

当雅浦港闸上水位高于3.9m时，雅浦港闸和武进港闸开闸排水。

当无锡（大）水位在3.9～4.5m时，由无锡市人民政府综合分析，决定直湖港闸是否开闸排水。

当无锡（大）水位高于4.5m时，直湖港闸开闸排水。

2）其他口门。为兼顾苏南运河区域排水和太湖水环境保护的要求，环湖其他口门一般情况下关闭或按套闸方式运行。当无锡（大）站水位达到4.4m且有继续上涨趋势时，关闭梁溪河与大运河连通的仙蠡桥南枢纽、张巷浜节制闸及骂蠡港节制闸，开启犊山防洪工程节制闸，有节制地向太湖排泄梁溪河涝水；当无锡（大）站水位达到4.65m且有继续上涨趋势时，由无锡市人民政府综合分析，决定是否开启张巷浜节制闸有节制地向太湖排泄大运河洪涝水。

（4）城市大包围、圩区工程调度。

1）城市大包围。

当苏南运河沿线代表站水位低于100年一遇设计洪水位时，城市大包围按已批准的方案运行，及时排水，确保大包围内部排涝安全。

当苏南运河沿线代表站水位在100～200年一遇设计洪水位之间时，沿运河泵站相机排水。当包围圈内代表站水位低于设定门槛值（内部最高控制水位以下20cm）时，沿运河泵站停机，包围圈内其他泵站根据排涝要求进行调度；当包围圈内水位高于设定门槛值时，沿运河泵站开机排水。

当苏南运河沿线本河段或下一河段代表站水位高于200年一遇设计洪水位时，沿运河泵站原则上不得向运河排水。

常州运北大包围、无锡运东大包围、苏州中心区大包围具体调度如下：

a. 常州运北大包围。

常州（三）站水位不超过5.8m：当常州（三堡街）水位超过4.3m时，启动大包围，开机排水。

常州（三）站水位在5.8～5.95m：当常州（三堡街）水位低于4.6m时，沿运河泵站停机，包围圈内其他泵站根据排涝要求进行调度；当常州（三堡街）站水位高于4.6m时，沿运河泵站开机排水。

当常州（三）站水位超过5.95m或无锡（大）站水位超过5.15m时，沿运河泵站原则上不得向运河排水。

b. 无锡运东大包围。

无锡（大）站水位不超过5.0m：当无锡（南门）站水位超过3.8m时，启动大包围，开机排水。

无锡（大）站水位在5.0～5.15m之间：当无锡（南门）站水位低于4.0m时，沿运河泵站停机，包围圈内其他泵站根据排涝要求进行调度；当无锡（南门）站水位高于4.0m时，沿运河泵站开机排水。

当无锡（大）站水位超过5.15m或苏州（枫桥）水位超过5.1m时，沿运河泵站原则上不得向运河排水。

c. 苏州中心区大包围。

苏州（枫桥）水位不超过4.85m：当苏州（觅渡桥）水位超过规定起抽水位时，启动大包围，开机排水。

苏州（枫桥）水位在4.85～5.1m之间：当苏州（觅渡桥）水位低于3.0m时，沿运河泵站原则上应停机，但视天气情况可开机预降水位，包围内其他泵站根据排涝要求进行调度；当苏州（觅渡桥）水位高于3.0m时，沿运河泵站开机排水。

当苏州（枫桥）水位超过5.1m时、苏州（觅渡桥）水位低于3.0m时，沿运河泵站应停机；当苏州（枫桥）水位超过5.1m时、苏州（觅渡桥）水位超过3.0m，且预报后期有明显降雨时，沿运河泵站可有控制地排水。

2）其他主要圩区。

当苏南运河沿线代表站水位低于防洪设计水位时，圩区内部水位达到起排水位后，各圩区可抢排涝水。

当苏南运河沿线代表站水位高于防洪设计水位时，沿运河圩区泵站应适时限排，限排原则是：农业圩先限排，水面率大调蓄能力强的圩区先限排，圩内无重点防洪对象且经济损失小的圩区先限排。

(5) 洪水控制工程运用。

1) 钟楼闸。

当无锡(大)站水位低于 4.6m 且常州(三)站水位低于 5.3m,钟楼闸敞开泄洪,保持正常航运。

当无锡(大)站水位达到 4.6m 或常州(三)站水位达 5.3m,且根据天气预报湖西及武澄锡有较大降雨过程,无锡、常州水位均将继续迅速上涨时,根据省防指指令,由海事部门实施停航管制,启动关闸程序。

钟楼闸关闭期间,当丹阳水位达到 6.5m 且根据天气预报湖西地区有较大降雨过程,丹阳水位可能超过 6.8m 时,如无锡(大)站水位低于 4.0m 同时常州(三)站水位低于 4.7m,钟楼闸全开宣泄湖西高水;如无锡(大)站水位在 4.4～4.8m,同时常州(三)站水位在 5.2～5.5m,钟楼闸部分泄水,泄洪流量根据无锡(大)站、常州(三)站、丹阳的水位和洪水预报分析确定。

当无锡(大)站水位超过 4.8m 或常州(三)站水位超过 5.50m,同时丹阳水位超过 6.8m 时,钟楼闸控制泄流,由省防指根据上下游灾情统一调度。

洪水退水期,当无锡(大)站水位低于 4.6m 同时常州(三)站水位低于 5.3m,钟楼闸部分泄水,泄至闸上下游水位差小于 0.5m 时,钟楼闸全部开启,恢复通航。

钟楼闸启闭具体操作程序,由省防指与省海事局研究制定。

2) 丹金闸枢纽及丹金船闸。

丹金闸枢纽为湖西区运河高片与洮滆低片之间的控制性建筑物,丹金溧漕河按三级航道标准整治后,新建的丹金船闸将取代丹金闸枢纽的工程任务,丹金船闸运行调度暂按省防指批复的丹金闸枢纽调度方案执行,以后在湖西区水利治理规划中进一步研究调度方案调整。

当丹阳水位低于 6.5m,且王母观水位低于 4.6m 时,节制闸及船闸均开闸。节制闸和船闸按双线运行,其中节制闸通上行船只,船闸通下行船只。

当丹阳水位低于 6.5m,且王母观水位高于 4.6m 并继续上涨时,节制闸关闸控制,船闸按单线船闸方式运行。

当丹阳水位高于 6.5m,且王母观水位低于 4.6m 时,控制泄流量不超过建筑物消能设计流量 $250m^3/s$。上下游水位基本持平后,节制闸和船闸可开闸同航。

当丹阳水位高于 6.5m,且王母观水位高于 4.6m 时,由省防指视上下游水情调度。

当闸上水位超过 6.31m(最高通航水位)时,禁止通航。

3) 蠡河控制工程。

当无锡(大)站水位超过警戒水位 3.90m,且蠡河控制工程处运河水位高于望虞河水位时,分泄苏南运河洪水入望虞河。

A.2.2.4 非常措施

在苏南运河防洪期间,遇特殊情况,各城市防洪大包围难以确保城市安全时,各市可根据情况提出超额洪涝水应急处理措施,报省防汛抗旱指挥部或省人民政府决定。

A. 2. 2. 5 责任及权限

（1）涉及影响区域洪水调度或市际关系的重要防洪工程的调度运用，由省防汛抗旱指挥部决定；其他防洪工程的调度，分别由有关市县防指负责。

（2）望虞河常熟枢纽、钟楼闸、丹金闸枢纽、丹金船闸、蠡河枢纽、雅浦港闸、武进港闸、谏壁站等工程由省防指统一调度。

（3）各市城市防洪控制工程，以及各市沿江、沿湖、沿河等闸站工程的调度，由各有关市按照本方案负责实施。

A. 2. 2. 6 附则

（1）遇特殊情况，省防汛抗旱指挥部可按照本方案的精神及有关规定，进行灵活调度。

（2）本方案的高程采用吴淞（镇江）基面。

（3）本方案由省防汛抗旱指挥部负责解释。

（4）本方案自发布之日起执行。

A. 2. 3 秦淮河洪水调度方案（苏防〔2016〕20号）

根据《秦淮河流域防洪规划（2008年）》，以1983年秦淮河流域联防指挥部第二次会议讨论通过的《关于秦淮河流域洪水调度的意见》为基础，结合多年来防汛工作实践以及近些年秦淮河流域雨情、水情、工情等变化情况，修订秦淮河洪水调度方案如下。

A. 2. 3. 1 防洪工程状况

经过60年多年治理，秦淮河流域已形成了“上蓄、中滞、下泄”防洪体系格局，上游众多水库塘坝发挥蓄洪作用，中游赤山湖及众多圩区水域发挥滞洪作用，下游有秦淮河及秦淮新河分洪道泄洪入江。目前，秦淮河堤防防洪标准基本达到50年一遇，下游南京城区段堤防挡洪标准基本达到100年一遇，支流防洪标准10～20年一遇，圩区治涝标准接近10年一遇。

秦淮河干流调度代表站为东山站，警戒水位8.50m；句容河赤山闸下警戒水位9.5m；赤山湖警戒水位11.0m。

（1）河道。

秦淮河有南北两源，南源溧水河发源于南京市溧水区东庐山，北源句容河发源于句容市宝华山南麓，两河在南京市江宁区前埠村汇合成秦淮河干流。秦淮河干流至东山分为两支，北支为秦淮河，经南京市区至三汊河入长江，西支为人工开挖的分洪河道即秦淮新河，经南京西善桥至金胜村入长江。

1）秦淮河干流。从前埠村至河定桥，全长11.4km，现状堤顶高程12.6～14.0m，堤顶宽6.0～8.0m，河道行洪能力约1400m^3/s。河段防洪标准基本达到50年一遇。

2）秦淮河。从河定桥至三汊河口，全长23.6km，其中武定门闸以下12.8km一般称为外秦淮河。现状堤顶高程11.8～13.0m，堤顶宽6.0～8.0m，河道行洪能力约400～500m^3/s。该河段堤防挡洪标准基本达100年一遇。

3）秦淮新河。从河定桥至金胜村，为人工开挖的分洪河道，全长16.8km，其中从铁心桥到红庙桥为切岭段。现状堤顶高程13.0～13.5m，堤顶宽6.0～8.0m。河道设计行洪流量800m^3/s。

4）溧水河。溧水河从一干河和三干河汇合口至前埠村汇入秦淮河干流，全长16.8km，现状堤顶高程14.0～14.2m，堤顶宽约6.0m。溧水河主要支流有一、二、三干河、横溪河等，上游中型水库有中山、方便、卧龙、赵村等；溧水河防洪标准基本达到20～50年一遇。

5）句容河。句容河从句容城区至前埠村汇入秦淮河干流，全长41.0km，其中从赤山闸下到前埠村长22.5km，现状堤顶高程14.1～15.1m。句容河主要支流有汤水河、梁台河、解溪河、赤山湖及其支流南河、中河、北河等。上游中型水库有：北山、句容、二圣桥、茅山等；句容河防洪标准总体接近50年一遇。

（2）控制枢纽。秦淮河流域水利控制枢纽主要有上游一干河支流天生桥河上的天生桥套闸，沟通句容河与赤山湖的赤山闸，秦淮新河入江口秦淮新河枢纽，外秦淮河武定门枢纽和下游入江口三汊河口闸。

天生桥套闸主要作用是蓄水、挡洪、通航，总长150m，闸孔净宽12.0m，闸底高程3.5m。

赤山闸主要功能为蓄水、挡洪、排洪和补水，设计流量为300m^3/s。

秦淮新河节制闸设计排洪流量800m^3/s，校核排洪流量1100m^3/s。秦淮新河抽水站设计流量50m^3/s，设计扬程（排涝）2.0m。

武定门枢纽设计排洪流量450m^3/s。武定门抽水站设计流量46m^3/s，设计扬程（排涝）2.8m。

三汊河口闸主要功能是非汛期关闸蓄水，改善城市河道景观，汛期闸门敞开行洪，设计行洪流量为600m^3/s。

（3）赤山湖及白水荡。

1）赤山湖。赤山湖位于句容河中部，是秦淮河流域中部滞洪湖泊，洪水期承担调蓄洪水任务。赤山湖三面岗地，西北一面地势平坦，下游通句容河，赤山湖实施“退渔还湖”后，内湖5座渔场全部变为湖面，现状赤山湖环湖面积2.3km^2，内湖水面面积为4.0km^2，陆面面积1.5km^2，内湖堤防为20年一遇防洪标准，堤顶高程14.0m，外湖大堤现状堤顶高程基本在15.0m左右。

赤山湖正常蓄水位9.0m，相应容积1433万m^3（其中内湖1038万m^3）；警戒水位11.0m，相应容积2758万m^3（其中内湖1812万m^3）；设计洪水位13.34m，相应容积4476万m^3（其中内湖2748万m^3）；校核洪水位14.42m，相应容积5261万m^3（其中内湖3187万m^3）；历史最高水位13.88m（2015年6月27日）。

2）白水荡。白水荡为赤山湖蓄滞洪区的一部分，位于赤山湖西侧，面积2.5km^2，目前正在建设。水位13.0m时，相应滞洪容积1500万m^3。

3）泗庄圩和西万亩圩。泗庄圩位于句容河上游左岸，为农业圩，圩区高程6.0～9.0m，圩区面积为1.33km^2；水位13.0m时，相应滞洪容积798万m^3。西万亩大圩位于白水荡南侧，赤山湖以西，圩内以农田为主，圩区高程7.0～10.0m，圩区面积为4.0km^2；水位13.0m时，相应滞洪容积2400万m^3。泗庄圩和西万亩圩可应急发挥蓄滞洪作用。

4）重点水库。秦淮河流域现有中型水库8座，分别为北山、句容、二圣桥、茅山、中山、方便、卧龙山、赵村水库，集水面积共388.18km^2，总库容25695万m^3，兴利库容11911万m^3，防洪库容8167万m^3。

北山水库：位于句容河的上游，集水面积为59.5km^2，按50年一遇洪水设计，2000年一遇洪水校核。设计洪水位54.42m，相应库容3595万m^3；校核洪水位56.46m，总库容4980万m^3；汛限水位52.0m；兴利水位53.0m，相应库容2601万m^3；设计最大下泄流量250m^3/s。大坝系均质土坝，现状坝顶高程60.5m。

句容水库：位于句容河的上游，集水面积45.8km^2，按50年一遇洪水设计，1000年一遇洪水校核。设计洪水位28.8m，相应库容1938.8万m^3；校核洪水位30.44m，总库容2859万m^3；汛限水位26.5m，兴利水位27.30m，相应库容1274万m^3；设计最大下泄流量105m^3/s。大坝系均质土坝，现状坝顶高程31.6m。

二圣桥水库：位于赤山湖入湖支流北河的上游，集水面积103.5km^2，按50年一遇洪水设计，1000年一遇洪水校核。设计洪水位17.58m，相应库容4016万m^3；校核洪水位18.86m，总库容5720万m^3；汛限水位15.0m，兴利水位16.0m，相应库容2480万m^3；设计最大下泄流量86m^3/s。大坝系均质土坝，现状坝顶高程22.0m。

茅山水库：位于赤山湖入湖支流中河的上游，集水面积33.5km^2，按50年一遇洪水设计，1000年一遇洪水校核。设计洪水位为29.94m，相应库容1777.2万m^3；校核洪水位30.94m，总库容2274万m^3；汛限水位28.0m；兴利水位28.5m，相应库容1214万m^3；设计最大下泄流量89m^3/s。大坝系均质土坝，现状坝顶高程32.5m。

中山水库：位于溧水河支流一干河的上游，集水面积32.28km^2，按100年一遇洪水设计，2000年一遇洪水校核。设计洪水位27.61m，相应库容2099万m^3；校核洪水位28.76m，总库容2868万m^3；汛限水位26.0m；兴利水位26.00m，相应库容1318万m^3；设计最大下泄流量95m^3/s。大坝系均质土坝，现状坝顶高程30.6m。

方便水库：位于溧水河支流二干河的上游，集水面积77.1km^2，按50年一遇洪水设计，1000年一遇洪水校核。设计洪水位28.04m，相应库容3507.3万m^3；校核洪水位29.15m，总库容4900.2万m^3；汛限水位26.2m；兴利水位26.2m，相应库容2256万m^3；设计最大下泄流量97m^3/s。大坝系均质土坝，现状坝顶高程31.7m。

卧龙水库：位于溧水河支流二干河的中游，集水面积18.2km^2，按50年一遇洪水设计，1000年一遇洪水校核。设计洪水位19.59m，相应库容1093万m^3；校核洪水位20.29m，总库容1339万m^3；汛限水位18.5m；兴利水位18.5m，相应库容779.8万m^3；设计最大下泄流量97m^3/s。大坝系均质土坝，现状坝顶高程23.0m。

赵村水库：位于溧水河支流横溪河的上游，集水面积18.3km^2，按50年一遇洪水设计，1000年一遇洪水校核。设计洪水位33.85m，相应库容872.3万m^3；校核洪水位34.83m，总库容1014.5万m^3；汛限水位32.5m；兴利水位32.5m，相应库容695万m^3；设计最大下泄流量70m^3/s。大坝系均质土坝，现状坝顶高程36.0m。

A.2.3.2 设计洪水

流域设计洪水参照《秦淮河流域防洪规划（2008）》成果，下游南京城区以《南京城市防洪规划报告（2011—2030）》成果为基础。秦淮河流域不同重现期设计洪水调算成果见表A.21和表A.22。

表 A.21 秦淮河流域不同重现期设计洪水位 单位：m

河道名称	断面位置	20年	50年	100年	200年
秦淮河前埠村（秦）至东山	前埠村秦	12.14	12.41	12.72	13.07
	云台山河口	12.07	12.34	12.64	12.98
	牛首山河口	11.46	11.70	11.96	12.22
	外港河口	11.25	11.47	11.72	11.96
	东山	11.16	11.38	11.62	11.86
秦淮新河	河定桥	11.08	11.29	11.56	11.76
	铁心桥	10.69	10.83	11.27	11.27
	西善桥	10.30	10.72	10.94	10.94
	秦淮新闸上	10.30	10.72	10.87	10.87
	秦淮新闸下	10.30	10.72	10.81	10.81
	新河入江口	10.30	10.72	10.80	10.80
秦淮河北大桥至武定门闸	秦淮河北大桥	11.13	11.35	11.59	11.83
	上坊桥	11.08	11.31	11.56	11.78
	七桥瓮	10.95	11.17	11.47	11.64
	运粮河口	10.92	11.14	11.45	11.60
	响水河口	10.80	11.01	11.37	11.47
外秦淮河	武定门闸上	10.76	10.96	11.35	11.42
	武定门闸下	10.66	10.86	11.30	11.30
	长干桥上	10.49	10.73	11.22	11.22
	西水关上	10.21	10.39	11.00	11.00
	入江口	9.99	10.39	10.63	10.63

表 A.22 秦淮河流域不同重现期设计洪峰流量 单位：m^3/s

河道	断面位置	20年	50年	100年	200年
秦淮河前埠村（秦）至东山	前埠村（秦）	1362	1485	1632	1789
	云台山河口下	1449	1606	1768	1941
	牛首山河口上	1450	1609	1772	1947
	牛首山河口下	1453	1616	1779	1954
	外港河口上	1453	1617	1781	1956
	外港河口下	1454	1618	1782	1958
	东山	1454	1619	1783	1960
秦淮新河	河定桥	977	1076	1187	1299
	秦淮新闸	1036	1143	1260	1376

续表

河道	断面位置	20 年	50 年	100 年	200 年
秦淮河北大桥至入江口	秦淮河北大桥	520	580	637	695
	秦淮东河口上	521	582	638	698
	秦淮东河口下	522	582	638	698
	运粮河口上	522	583	639	701
	运粮河口下	556	609	662	716
	武定门闸	583	637	693	748
	入江口	675	744	811	876

A. 2. 3. 3 洪水调度原则

（1）坚持以人为本、依法防洪、科学调度的原则。

（2）遵循蓄泄兼筹、上下游兼顾、团结协作和局部利益服从全局利益的原则。

（3）根据预报降雨等级，在暴雨来临前及时预降流域河湖库水位，增加调蓄雨洪能力。

（4）合理运用“上蓄、中滞、下泄”的防洪工程体系，实施上下游联合调度。当流域中下游水位较低时，上游洪水尽可能下泄；当中下游水位较高时，上游控制下泄，实施临时错峰，确保下游南京城市防洪安全。必要时启用赤山湖、白水荡等蓄滞洪区滞洪。

（5）统筹处理好防洪与排涝、防洪与水环境的关系，充分发挥水利工程的防洪排涝水环境等综合效益。

（6）在确保防洪安全和不影响排涝的前提下，兼顾洪水资源利用。

（7）当发生设计标准及以下洪水时，合理运用水库拦洪、削峰、错峰，充分利用河道泄洪，适时运用分洪河道、蓄滞洪区，确保防洪安全。

（8）当发生超标准洪水时，充分利用现有防洪工程体系，科学发挥非工程措施的作用，调度水库错峰泄洪、运用蓄洪区滞洪、圩区限制排涝等，并利用河道堤防超高强迫行洪，必要时弃守一般堤防等非常措施，确保城市防洪保护区及重要农业圩区安全。

A. 2. 3. 4 防洪控制水位

（1）入汛后，东山水位在梅雨期间按不超过 7.5m 控制，其他时间按不超过 7.8m 控制。

（2）入汛后，赤山湖（含环湖、内湖）水位在梅雨期间按不超过 8.5m 控制，其他时间按不超过 9.0m 控制。

（3）入汛后，各中型水库水位按不超过汛限水位控制（见表 A. 23）。

表 A. 23 **中型水库汛限水位** 单位：m

水库名称	汛限水位	水库名称	汛限水位
北山水库	52.00	方便水库	26.20
句容水库	26.50	中山水库	26.00
二圣桥水库	15.00	卧龙水库	18.50
茅山水库	28.00	赵村水库	32.50

A.2.3.5 洪水调度

（1）入江枢纽工程。

1）水位预降：当天气预报有较大降雨时，武定门闸、秦淮新河闸应适时开闸，充分利用长江潮位涨落规律抢排，预降东山水位到 7.0m 左右；当长江潮位较高，两闸自排受阻，必要时利用秦淮新河站抽排。

2）洪水期排洪：当东山水位超过防洪控制水位，武定门闸和秦淮新河闸视情开闸排水，武定门闸优先开启，控制东山水位不超过防洪控制水位；当东山水位继续上涨，且天气预报有暴雨或更大量级降雨时，武定门闸、秦淮新河闸应全力排洪，秦淮新河站视情开机抽排。

3）武定门抽水站应根据协议，当内秦淮河东关水位达 6.5m 时，按省防指的要求，及时排除南京城区内涝，确保城区汛期的安全。

4）当长江潮位高于内河水位，且内河无引水要求时，武定门闸、秦淮新河闸应及时关闸，防止江水倒灌。

（2）赤山湖蓄滞洪区。

1）水位预降：当天气预报有较大降雨时，赤山闸应提前开闸，预降水位与下游句容河水位持平；内湖应适时开闸预降水位不超过 8.5m。

2）赤山闸分泄句容河洪水：当句容河发生洪水，赤山闸下水位达 12.5m 且继续上涨，而赤山闸上水位低于闸下时，赤山闸应开闸进洪，分泄句容河洪水，减轻句容河防洪压力。

3）赤山闸下泄赤山湖上游来水：当流域发生较大洪水，赤山闸下水位达到 12.5m 且继续上涨，同时赤山湖上游地区有来水需要赤山闸泄洪时，赤山闸应控制下泄流量不超过 $300m^3/s$；当闸下水位达到 13.0m 且继续上涨，统筹考虑沿湖堤防安全及下游干流防洪压力，赤山闸应适时关闸错峰；当闸上水位超过 13.5m，为保沿湖堤防安全，赤山闸应敞开泄洪。

4）赤山湖内湖和白水荡滞洪运用：当赤山湖环湖水位在 12.0～12.5m 且继续上涨时，白水荡、赤山湖内湖应适时开启分洪闸进洪。

5）洪水退水：赤山湖蓄滞的洪水应根据句容河洪水位回落情况适时进行退水，一般应遵循错峰延后退水的原则，避免增加下游防洪压力。

（3）中型水库。

1）水位预降：当预报水库水位超过汛限水位时，水库应根据自身情况提前预降水位至汛限水位以下，以腾空库容，保证防洪安全。

2）水库泄洪：水库泄洪应按照省防指批复的调度方案实施。

3）错峰调度：当水库下游河道遭遇超标准洪水或者发生重大险情时，在确保水库自身安全的前提下，运用水库适时拦蓄洪水，为下游河道洪水错峰，减轻下游防洪压力。

（4）天生桥套闸。

当秦淮河流域发生较大洪水而石臼湖水位较低、具备分泄秦淮河洪水条件时，应视两地区雨情、水情，相机启用天生桥套闸，帮助分泄秦淮河洪水。

A.2.3.6 超标准洪水应急措施

在流域遭遇超标准洪水时，除了运用中型水库适时采取错峰调度，运用赤山湖及白水荡分洪蓄洪等措施外，必要时采取以下措施，以确保下游城市、机场、工业区等重点防护对象的防洪安全。

（1）圩区泵站限排。在秦淮河洪水位超防洪设计标准情况下，沿河圩区泵站应适时限排，限排原则是：农业圩先限排，水面率大调蓄能力强的圩区先限排，圩内无重点防洪对象且经济损失小的圩区先限排。

（2）应急破圩滞洪。在遭遇超标准洪水或重要防护对象出现险情，急需分洪滞洪以减轻防洪压力的情况下，采取应急破圩滞洪措施，选择破圩原则是：选择经济损失小且能发挥作用的圩子。

A.2.3.7 洪水资源利用

（1）秦淮河干流。9月中旬起，秦淮新河闸、武定门闸视实时雨水情及天气预报，拦蓄洪水资源，逐步抬高东山水位且不超过8.0m；汛后10—11月及汛前3—4月，东山水位按不超过8.0m控制；汛后12月至次年2月，东山水位按不超过8.1m控制。

（2）中型水库。后汛期，在保证水库防洪安全的前提下，水库应充分利用兴利库容拦蓄洪水资源。

A.2.3.8 责任与权限

（1）武定门枢纽、秦淮新河枢纽的调度运用由省防汛抗旱指挥部决定，省秦淮河水利工程管理处负责组织实施。

（2）赤山湖内湖、白水荡蓄滞洪区的运用以及赤山闸在赤山湖水位超过12.5m时的运用由省防汛抗旱指挥部决定，镇江市防汛抗旱指挥部负责组织句容市防汛抗旱指挥部实施。赤山闸的其他运用由句容市防汛抗旱指挥部负责组织实施。

（3）中型水库的防洪调度运用由省防汛抗旱指挥部负责，一般情况下授权委托各有关市防汛抗旱指挥部根据省防指批复的调度方案，具体组织区、市防汛抗旱指挥部实施；发生流域性洪水时，为下游洪水错峰实施的应急调度，由省防汛抗旱指挥部决定。

（4）天生桥套闸的相机分洪运用，由南京市防汛抗旱指挥部决定并负责组织实施。

（5）泗庄圩、西万亩圩的运用由句容市防汛抗旱指挥部决定并负责组织实施。其他破圩滞洪等超额洪水应急措施处理由南京、镇江市防汛抗旱指挥部提出意见，报省防汛抗旱指挥部决定，南京、镇江市防汛抗旱指挥部负责组织实施。

（6）遇特殊情况，省防汛抗旱指挥部可按照本调度方案的原则灵活调度，涉及市际重大问题报省人民政府决定。

（7）沿河各地要落实管辖范围内的各类防洪设施和机场、高速公路、交通道口、穿堤（河）管线、涵闸等设施的安全度汛措施。

（8）受洪水威胁的企业、事业单位负责所属设施的防洪安全并做好各项防汛准备，落实自保措施。

A.2.3.9 附则

（1）本方案中高程采用吴淞高程系统。

（2）本方案由省防汛抗旱指挥部负责解释。

（3）本方案自印发之日起执行，原《江苏省流域性、区域性水利工程调度方案》中秦淮河流域洪水调度内容同时废止。

A.2.4 里下河地区洪涝调度方案（苏防〔2017〕21号）

根据江苏省人民政府批复的《江苏省防洪规划》（苏政复〔2011〕21号）、《江苏省里下河腹部地区湖泊湖荡保护规划》（苏政复〔2006〕99号），结合防洪除涝工程的建设情况及近年防洪除涝实践，在江苏省防汛抗旱指挥部办公室1999年印发的《江苏省流域性、区域性水利工程调度方案》基础上，修订里下河地区洪涝调度方案如下：

A.2.4.1 工程体系

经过60多年的治理，里下河地区已形成了以里运河东堤、苏北灌溉总渠南堤、海堤和通扬公路为外围屏障的流域防洪工程体系；形成了由河道堤防、沿海挡潮闸、泵站以及湖泊湖荡、滞涝圩等组成的区域防洪除涝工程体系。现状外围流域性防洪标准100年一遇；区域防洪标准基本达到20年一遇，除涝标准5～10年一遇。重要城市防洪标准50～100年一遇，除涝标准10～20年一遇。

（1）里下河地区河道。

里下河地区已基本形成“五纵六横”的骨干河网。五纵是：三阳河接大三王河、蔷薇河、戛粮河、射阳河；泰州引江河接卤汀河、下官河、沙黄河、黄沙港；从卤汀河港口接茅山河、唐港河、东涡河至新洋港龙岗；自新通扬运河姜堰接姜溱河、盐靖河、冈沟河至新洋港龙岗；泰东河接通榆河。六横是：白马河下游引河穿射阳湖荡区经杨集河、潮河接射阳河；宝射河接黄沙港；潼河穿大纵湖接蟒蛇河、新洋港；兴盐界河接斗龙港；北澄子河接车路河、川东港；新通扬运河接栟茶运河。

1）泰州引江河。从长江高港至新通扬运河（泰州），全长24km，河道向长江排水能力受高港泵站设计流量制约，为300m³/s左右，河段防洪标准达到20年一遇。

2）新通扬运河。从芒稻河江都仙女镇至通榆河海安镇相交，全长90.1km；现状堤顶高程4.0～4.5m，堤顶宽4m；河道行洪能力约500～50m³/s。河段防洪标准基本达到20年一遇。

3）三阳河。从新通扬运河宜陵北闸至潼河杜巷，全长66.5km；现状堤顶高程4.0～4.5 m，堤顶宽4m；河道行洪能力约300～100m³/s。河道防洪标准除高邮境内部分河段外基本达到20年一遇。

4）潼河。从宝应县杜巷至南水北调宝应站下，长15.5km；现状堤顶高程4.0m，堤顶宽4.5m；河道行洪能力约100m³/s。河段防洪标准达到20年一遇。

5）射阳河。从宝应县射阳湖镇至位于射阳县海通镇的射阳河闸排水入黄海，全长174km；现状堤顶高程3.5～4.5m，堤顶宽2～4m；河道行洪能力90～960m³/s。河段防洪标准基本达到20年一遇。

6）黄沙港。从建湖县沿河镇黄土沟至位于射阳县黄沙港镇的黄沙港闸，与射阳河共口入海，河道长87.3km；现状堤顶高程3.5～4.5m，堤顶宽2～4m；河道行洪能力179～200m³/s。河段防洪标准基本达到20年一遇。

7）新洋港。从盐都区大纵湖至位于亭湖区黄尖镇的新洋港闸排水入黄海，河道全长100.3km；现状堤顶高程3.5～5m，堤顶宽2～4m；河道行洪能力75～485m³/s。河段防洪标准基本达到20～50年一遇。

8）斗龙港。从盐都区大冈镇抬头村至位于大丰区斗龙镇的斗龙港闸排水入黄海，河道总长55.5km；现状堤顶高程4～4.5m，堤顶宽2～4m；河道行洪能力约149～200m^3/s。河段防洪标准基本达到20年一遇。

9）川东港。从大丰区草堰镇至川东港新闸排水入黄海，河道全长60.4km。现状堤顶高程4.5m，堤顶宽4m；河道行洪能力约178～414m^3/s。河段防洪标准达到20年一遇。

10）通榆河。从位于南通海安县的九圩港北端至连云港赣榆区，河道全长415km，其中本区域河段长173km；现状堤顶高程3～4m，堤顶宽2～4m；向北调水能力100m^3/s。

（2）控制工程。

1）沿海主要挡潮闸。

射阳河闸主要作用是挡潮、御卤、排涝、蓄水、通航，闸总长148.7m，共35孔，闸孔总净宽350m，设计日均排水流量960m^3/s。

黄沙港闸主要作用是挡潮、御卤、排涝、蓄水、通航，闸总长117m，共16孔，闸孔总净宽83m，设计日均排水流量200m^3/s。

新洋港闸主要作用是挡潮、御卤、排涝、蓄水，闸总长154.5m，共17孔，闸孔总净宽170m，设计日均排水流量485m^3/s。

斗龙港闸主要作用是挡潮、御卤、排涝、蓄水、通航，闸总长95m，共8孔，闸孔总净宽80m，设计日均排水流量200m^3/s。

川东港闸主要作用是挡潮、御卤、排涝、蓄水、通航，闸总长117.7m，共10孔，闸孔总净宽100m，设计日均排水流量457m^3/s。

2）泵站。

里下河地区可以将涝水外排的泵站主要有江都一、二、三、四站、高港站、南水北调宝应站、大套一、二站、滨海站、北坍站，以及通榆河沿线草堰站、东台站、安丰站、富安站、贲家集水利枢纽泵站，总渠沿线阜宁泵站，共计16座。各泵站基本情况见表A.24。

表A.24　里下河地区排涝泵站基本情况统计表

序号	名　称	所在河流	装机规模/(m^3/s)	台数	配套电机/kW	建设年月
1	江都一站	新通扬运河	81.6	8	8000	1963年3月
2	江都二站	新通扬运河	81.6	8	8000	1964年8月
3	江都三站	新通扬运河	135	10	16000	1969年1月
4	江都四站	新通扬运河	210	7	23800	1977年12月
5	高港站	泰州引江河	300	9	18000	1999年1月
6	宝应站	潼河	100	4	13600	2005年1月
7	北坍站	民便河	50	4	9000	2011年9月

续表

序号	名　称	所在河流	装机规模 /(m^3/s)	台数	配套电机 /kW	建设年月
8	大套一站	通榆河	50	5	5000	2010 年 6 月
9	大套二站	通榆河	50	6	4260	1997 年 11 月
10	滨海站	通榆河	50	5	3550	2009 年 11 月
11	草堰站	通榆河	20	4	880	在建
12	东台站	东台河	24	3	840	2001 年 9 月
13	安丰站	三仓河	48	2	2000	2005 年 3 月
14	富安站	方塘河	32	3	1500	2011 年 3 月
15	贲家集水利枢纽泵站	北凌河	22	5	1075	2009 年 1 月
16	阜宁泵站	小中河	30	5	2500	2013 年 11 月
合计			1284.2	88	118005	

另外，作为应急措施的姜堰站，共有 3 台机组，装机规模 9m^3/s。

(3) 湖泊湖荡及滞涝圩。

根据江苏省人民政府 2006 年 99 号文批复的《江苏省省管湖泊保护规划》之《江苏省里下河腹部地区湖泊湖荡保护规划》中公布的里下河腹部地区湖泊湖荡保护范围，结合近年来实施的退圩还湖工程，里下河地区现有湖荡水面 60.7km^2，三批滞涝圩加上 1992 年后新围湖荡面积合计 634.3km^2，共计总面积 695km^2，详见表 A.25。

表 A.25　　　里下河腹部地区各县市湖泊湖荡及三批滞涝圩面积

县市名称		现状湖泊湖荡	1992 年后新围		第一批		第二批		第三批		合计	
		面积 /km^2	面积 /km^2	个数	面积 /km^2	个数	面积 /km^2	个数	面积 /km^2	个数	面积 /km^2	个数
扬州市	宝应	7.5	61.6	40	85.2	51	19.8	12	28.1	12	202.3	124
	高邮	2.8	28.6	8	30.9	27	13.8	4	8.7	8	84.9	47
	合计	10.3	90.2	48	116.2	78	33.6	16	36.8	20	287.1	171
泰州市	姜堰	2.1			4.7	9					6.9	10
	兴化	17.5	23.5	21	98.6	32	30.5	16	34.4	14	202.4	90
	合计	19.6	23.5	21	103.3	41	30.5	16	34.4	14	209.2	100
盐城市	建湖	12.6	18.1	20	29.9	21	13.9	10	10.9	10	85.4	73
	盐都	8.2	1.1	2	23.3	12	6.6	5	17.3	7	56.4	27
	阜宁	5.2	18.6	12	9.7	5	2.1	2			35.7	26
	合计	26.0	37.9	34	62.9	38	22.6	17	28.1	17	177.5	126
淮安市	楚州	4.3	6.2	5	3.0	4	2.2	3	5.4	2	21.1	16
	合计	4.3	6.2	5	3.0	4	2.2	3	5.4	2	21.1	16
总计		60.7	157.8	108	283.2	161	88.9	52	104.7	53	695.0	413

(4) 圩区。

里下河地区经1991年大水以来的大规模联圩并圩建设后，现状共有圩区1929个，总面积13363.7km²，圩区排涝泵站向区域河网排水的总规模为10207m³/s，各市圩区统计情况见表A.26。

表A.26　　里下河地区圩区情况统计表

项　目	扬州	盐城	泰州	南通	淮安	合计
圩区个数	467	785	527	82	68	1929
圩堤长度/km	4182.6	6426.2	4402	781.5	502.8	16295.1
圩区面积/km²	2148.9	7959.7	2576	353.3	325.8	13363.7
总抽排流量/(m³/s)	1429	5591	2646	367	174	10207

A.2.4.2　设计洪水及设计水位

本方案设计暴雨、设计洪水采用省水利厅2016年11月审查通过的《江苏省里下河地区区域防洪除涝设计暴雨专题研究报告》中研究成果。设计暴雨时空组合分别选用降雨中心偏北部的"2006年型"和偏南部的"2007年型"。设计洪水成果见表A.27。

表A.27　　里下河地区设计洪水成果表

标准	时段/d	统计区域	雨量/mm	洪量/亿m³	
				2006年型	2007年型
10年一遇	7	全区	243.7	43.07	40.61
		腹部	247.1	26.07	23.23
		垦区	239.4	17.00	17.37
	15	全区	343.5	59.13	61.70
		腹部	365.5	36.98	36.77
		垦区	315.3	22.15	24.93
	20	全区	471.5	75.49	81.56
		腹部	487.9	47.79	47.84
		垦区	450.5	27.70	33.71
20年一遇	7	全区	283.5	50.77	47.43
		腹部	288.3	30.66	27.41
		垦区	277.4	20.10	20.01
	15	全区	397.0	69.45	72.20
		腹部	433.2	44.35	44.11
		垦区	350.6	25.10	28.10
	20	全区	536.2	87.64	94.32
		腹部	563.8	56.05	56.16
		垦区	500.9	31.59	38.16

续表

标准	时段/d	统计区域	雨量/mm	洪量/亿 m^3	
				2006 年型	2007 年型
50 年一遇	7	全区	333.9	60.53	56.09
		腹部	340.7	36.53	32.76
		垦区	325.2	24.00	23.33
	15	全区	464.6	82.51	85.52
		腹部	520.1	53.86	53.56
		垦区	393.5	28.64	31.96
	20	全区	617.1	102.83	110.34
		腹部	659.8	66.56	66.73
		垦区	562.4	36.27	43.60
100 年一遇	7	全区	370.9	67.73	62.54
		腹部	379.2	40.88	36.71
		垦区	360.3	26.85	25.83
	15	全区	514.0	92.07	95.38
		腹部	584.5	60.97	60.59
		垦区	423.7	31.09	34.80
	20	全区	675.8	113.94	122.07
		腹部	730.0	74.30	74.48
		垦区	606.4	39.64	47.59

注 里下河全区、腹部雨量为同频率，垦区为相应雨量。

区域主要代表站的特征水位见表 A.28。圩堤挡洪校核水位采用历史最高水位。

表 A.28　　里下河地区特征水位表　　单位：m

节点	警戒水位	除涝设计水位	防洪设计水位	历史最高水位
溱潼	2.0	2.5	3.1	3.4
兴化	2.0	2.5	3.1	3.35
射阳镇	2.0	2.6	3.0	3.38
盐城	1.7	2.0	2.5	2.67
建湖	1.6	2.2	2.7	2.88
阜宁	1.3	1.9	2.4	2.52

A.2.4.3 洪涝调度原则

（1）坚持以人为本、依法防洪、科学调度的原则。

（2）遵循统筹下排、上抽、中滞，团结协作，局部利益服从全局利益的原则。

（3）根据预报降雨等级，在暴雨来临前及时预降区域河湖水位。

（4）当发生设计标准及以下洪水时，充分利用里下河沿海射阳河闸等五大港闸抢潮排水，及时开启江都站等泵站抽排，合理利用湖泊湖荡蓄洪滞涝，适时启用三批滞涝圩滞涝，确保防洪工程安全。

（5）当发生超标准洪水时，利用河道堤防超高强迫挡洪行洪，对圩区进行限制排涝，相机利用垦区与腹部联系的独立排水通道调度闸和通南控制线分洪入海入江，必要时采取弃守一般堤防等非常措施，确保盐城等重要城区防洪安全。

（6）统筹处理好防洪与排涝、防洪与改善水环境的关系，充分发挥水利工程的防洪排涝、改善水环境等综合效益。

（7）在确保防洪安全和不影响排涝的前提下，兼顾洪水资源利用；沿海闸下河港要因地制宜运用行之有效的冲淤保港措施，结合排水搞好冲淤保港，扩大外排能力。

A.2.4.4 洪涝调度

入梅前插秧用水高峰阶段，调节引江水量，控制兴化水位在1.2m左右；梅雨即将来临前，控制兴化水位在1.1m左右；出梅后至9月底控制兴化水位在1.2m左右；10月至次年6月上旬控制兴化水位在1.3m左右。具体调度时根据当时雨水情进行适当调整。

（1）沿海主要挡潮闸。

当天气预报有较大降雨时，射阳河闸、黄沙港闸、新洋港闸、斗龙港闸、川东港闸应适时开闸，利用黄海潮位涨落规律抢排，在不影响供水、航运等安全前提下，预降内河水位。

当兴化水位超过阶段防洪控制水位或建湖水位超过0.8m，并有继续上涨趋势时，射阳河闸、黄沙港闸、新洋港闸、斗龙港闸、川东港闸开闸抢潮排水。

（2）泵站工程。

当兴化水位达到1.4m且预报将超过2.0m时，江都站、高港站开机抽排。

当射阳镇水位达到1.6m且预报将超过2.0m时，宝应站开机抽排。

当阜宁水位达到1.3m且预报将超过1.9m时，大套一、二站、滨海站视废黄河、通榆河大套船闸以北段雨情、水情相机开机抽排；北坍站视苏北灌溉总渠水情相机开机抽排。

当兴化水位达到2.5m且预报将超过3.0m时，通榆河沿线草堰站、东台站、安丰站、富安站以及贲家集水利枢纽泵站视所在垦区雨情、水情相机开机抽排。

当阜宁水位达到1.9m且预报将超过2.4m时，阜宁泵站视苏北灌溉总渠水情相机开机抽排。

（3）湖泊湖荡及滞涝圩。

根据1992年江苏省人民政府文件《批转省水利厅关于里下河腹部地区滞涝、清障实施意见的通知》（苏政发〔1992〕44号）和2006年江苏省人民政府批复的《江苏省省管湖泊保护规划》（苏政发〔2006〕99号）规定，保证约216km^{2}湖泊湖荡滞涝面积；分三批启用滞涝圩，滞涝圩总面积约479km^2。

1）湖泊湖荡。当里下河地区发生洪涝时，湖泊湖荡应蓄洪滞涝。

2）滞涝圩。当兴化水位达到2.5m时，第一批滞涝圩滞涝；当兴化水位达到3.0m时，第二批滞涝圩滞涝；当兴化水位超过3.0m，并有继续上涨趋势时，第三批滞涝圩滞涝。滞涝圩启用后退水应根据外河水位回落情况适时进行退水，一般应遵循错峰延后退水的原则，避免增加下游防洪压力。

(4) 周边地区排水调度。

通南、通榆河以东地区汛期涝水原则上不得排入里下河腹部地区。特殊情况需要相机向里下河腹部地区排水时，由所在市防汛抗旱指挥部提出意见，报省防汛抗旱指挥部同意，再由市防汛抗旱指挥部负责组织实施。

运西地区向里下河地区排涝调度按《白马湖区域性水利工程调度方案》执行。

(5) 其他调度要求。

里下河地区排涝期间，沿运和渠南自流灌区内已建有提水站的要坚决改提里下河水灌溉，减少自流灌区的回归水进入里下河腹部。

A.2.4.5 非常措施

当里下河地区遭遇超标准洪水时，要进一步加强区域统一指挥调度，局部服从全局；必要时采取以下调度措施，以确保重要城市、供水供电设施、交通干线、机场、工业区等重点防护对象的防洪安全。

(1) 圩区泵站限排。

限排原则是：农业圩先限排，水面率大且调蓄能力强的圩区先限排，圩内无重点防洪对象且经济损失小的圩区先限排。

当兴化水位超过 3.1m 时，南部圩区泵站应适时限排；当建湖水位超过 2.7m 时，北部圩区泵站应适时限排。必要时，南部、北部圩区泵站提前限排。

当兴化水位、建湖水位继续上涨接近或达到历史最高水位时，圩区泵站应当停排。

(2) 经沿海垦区、通南地区相机分排。

当里下河腹部地区发生超标准洪水而沿海垦区、通南地区水位较低，具备分泄腹部地区洪水条件时，应视各地区雨情、水情，相机启用垦区与腹部有联系的独立排水通道调度闸，增加经垦区排水入海通道；开启沿通扬公路部分涵闸，启用姜堰抽水站，帮助里下河腹部排水入江。

(3) 应急破圩滞洪。

在遭遇超标准洪水或重要防护对象出现险情，急需分洪滞洪以减轻防洪压力时，采取应急破圩滞洪措施。破圩原则是：选择经济损失小、调蓄库容大且能发挥作用的圩子。

A.2.4.6 责任与权限

(1) 射阳河闸、黄沙港闸、新洋港闸、斗龙港闸、川东港闸的排水调度运用由省防汛抗旱指挥部或省防汛抗旱指挥部办公室决定，盐城市防汛抗旱指挥部负责组织实施。

(2) 江都站、高港站、宝应站、滨海站的调度运用由省防汛抗旱指挥部或省防汛抗旱指挥部办公室决定，相应工程管理单位负责组织实施；北坍站、大套一站、大套二站的调度运用由省防汛抗旱指挥部或省防汛抗旱指挥部办公室决定，盐城市防汛抗旱指挥部负责组织实施；草堰站、东台站、安丰站、富安站、阜宁站的排涝调度运用由省防汛抗旱指挥部决定，盐城市防汛抗旱指挥部负责组织实施；贲家集水利枢纽泵站的排涝调度运用由省防汛抗旱指挥部决定，南通市防汛抗旱指挥部负责组织实施。

(3) 里下河滞涝圩的运用由省防汛抗旱指挥部提出意见报省人民政府决定，所在市防汛抗旱指挥部负责组织实施。

（4）利用沿海垦区、通南地区有关工程的相机排水运用，由省防汛抗旱指挥部决定，所在市防汛抗旱指挥部负责组织实施；其他破圩滞洪等超标准洪水应急措施的运用由各县（市、区）防汛抗旱指挥部提出意见，报同级人民政府决定后实施，并报省、市防汛抗旱指挥部备案。

（5）区域内各市要落实管辖范围内的各类防洪设施和机场、铁路、高速公路、交通道口、穿堤（河）管线、涵闸等设施的安全度汛措施。

（6）受洪涝威胁的企事业单位负责所属设施的防洪安全并做好各项防汛准备，落实自保措施。

A.2.4.7 附则

（1）本方案中高程采用废黄河高程系统。

（2）本方案由省防汛抗旱指挥部负责解释。

（3）遇特殊情况，省防汛抗旱指挥部可按照本方案的原则及有关规定，进行灵活调度，涉及市际重大问题报省人民政府决定。

（4）本方案自印发之日起执行，原《江苏省流域性、区域性水利工程调度方案》中有关里下河地区洪水调度内容同时废止。

A.2.5　通榆河北延送水工程调度方案（试行）苏防〔2011〕19号

通榆河北延送水工程利用已建成的通榆河中段，结合连云港疏港航道，通过增做部分调水工程，形成一条向连云港市供水的新通道。该工程已于2010年实现全面通水。为充分发挥通榆河北延送水工程的调水、供水、灌溉以及维护生态等效益，并确保工程安全运行，根据《连云港疏港航道结合送水工程初步设计报告》、省及有关市的现行水利工程调度方案，结合近年的防汛抗旱调度实践，现制定通榆河北延送水工程调度方案。

A.2.5.1 工程概况

工程自滨海县境内的滨海抽水站引水至赣榆县，沿线经盐城市滨海、响水两县和连云港市的灌南、灌云、海州、赣榆等县（区）及连云港市区，全长190km。工程主要任务为：解决蔷薇河送水线在向连云港城市供水遭遇突发污染事故时的应急或备用水源；解决连云港城乡发展生活、港口及临港产业、生态所需增供水量；保证疏港航道通航水位；适当补充农业灌溉缺水。

送水线路：自滨海抽水站抽水，利用已建成的通榆河中段输水至响水引水闸，经新开的送水河至灌河地涵；由灌北泵站二级抽水入新开的送水河，在灌南县长茂大沟以西穿新沂河南堤涵洞，进入新沂河南偏泓，利用新沂河段南偏泓接连云港疏港航道，送水线再穿新沂河北堤涵洞后在灌云境内向北利用疏港航道送水；由善后河南泵站三级抽水后，经善后河地涵接善北段盐河送水至八一河闸，由八一河、引水河经蔷薇河南堤涵洞送水至蔷薇河入连云港市区。送水线自蔷薇河向北，利用现有乌龙河调度闸通过沭南、沭北航道，再经过青龙大沟，由大温庄泵站抽水至龙北干渠，送水至赣榆县柘汪工业园。

河道送水规模：新沂河以南为$50m^3/s$，沿线用水，进入蔷薇河为$30m^3/s$，向赣榆县相机送水$6\sim30m^3/s$。河道沿线主要节点设计流量及水位详见表A.29。

表 A.29　　河道沿线主要节点设计流量及水位表

节点	流量/(m^3/s)	水位/m	备　注
滨海抽水站	50	−0.50/3.20	站下/站上
响水新开河道引水闸	50	2.00/1.95	上游/下游
黄响河穿灌河地涵	50	1.70/1.30	上游/下游
灌南新开河道灌河北泵站	50	1.30/2.86	站下/站上
新沂河南堤涵洞	50	2.55/2.40	上游/下游
新沂河北堤涵洞	60	2.05/1.90	上游/下游
盐河善后河南泵站	30	1.45/2.95	站下/站上
盐河穿善后河地涵	30	2.95/2.80	上游/下游
盐河八一河闸	30	2.73/2.63	上游/下游
蔷薇河南堤涵洞	30	2.35/2.20	上游/下游
青口河引水闸	30.6	2.00/1.95	上游/下游

沿线主要建筑物21座，其中：新建泵站3座、改造老泵站1座、新建穿河地涵2座、新建穿堤涵洞3座、新建闸8座、加固改造老闸3座，新建滚水闸坝1座。

A.2.5.2 工程调度

(1) 正常供水调度。

1) 启用条件。

当连云港市蔷薇河临洪水位降至1.80m，而小吴场枢纽送水难以稳定抬高临洪水位时，向蔷薇河送水；或通榆河盐城境内有余水时，可向连云港市补充农业用水。

需要向连云港港区（城乡生活、港口及临港产业、生态）供水。

当赣榆县范河闸闸上水位降到1.8m，需要向赣榆县延伸供水。

2) 控制运用原则。

当通榆河阜宁水位高于0.5m时：大套一、二站、滨海抽水站可以同时运行，控制最大抽水流量不超过150m^3/s；在现状工情下，冬春期滨海抽水站抽水流量50m^3/s，灌溉高峰期6月、7月控制抽水流量不超过30m^3/s；在泰州引江河二期工程、泰东河及南水北调里下河水源调整工程实施完成后，滨海抽水站抽水流量不超过50m^3/s。

当阜宁水位在0.2～0.5m，大套船闸水位高于−0.2m时：大套一、二站及滨海站需错峰运行，优先满足盐城渠北地区用水，当有余水时，可向连云港市供水，三个站控制最大抽水流量100m^3/s。

当阜宁水位低于0.2m或大套船闸水位低于−0.2m时：滨海抽水站停止抽水北送。

3) 工程运行程序。

当利用通榆河北延工程向蔷薇河补水或通榆河盐城境内有余水可以向连云港市补充农业用水时，沿线工程运行程序如下：控制运用所有与送水河道平交的口门建筑物；向蔷薇河补水时，关闭锦屏套闸。由南向北依次开启灌河地涵、新沂河南堤涵洞、新沂河北泓盐西节制闸、新沂河北堤涵洞、穿善后河地涵、八一河闸、蔷薇河涵洞的闸门。滨海抽水站开机抽水。根据通榆河水位和送水流量，局部或全部开启响水引水闸闸门，为保证大套船闸与响水船闸之间通榆河航运安全，响水引水闸上水位按不低于2.5m控制。灌北泵站和善南泵站开机抽水。

当向连云港港区送水时，其沿线相关工程运行程序如下：控制灌北泵站至善南泵站区间与送水河道平交的口门建筑物闸门引水。由南向北依次开启灌河地涵、新沂河南堤涵洞、新沂河北泓盐西节制闸、新沂河北堤涵洞、善南套闸、云善套闸的闸门。滨海抽水站开机抽水。根据通榆河水位和送水流量局部或全部开启响水引水闸闸门。灌北泵站开机抽水。

当向赣榆县延伸送水时，其沿线相关工程运行程序如下：关闭锦屏套闸（狮树闸）、电厂闸、太平庄闸、临洪闸、青口河控制闸等与送水河道平交的建筑物口门。根据供水量局部或全部开启乌龙河调度闸、沭南闸、沭北闸、青口河引水闸、青龙大沟进水闸等送水线路上控制性建筑物口门。如需向赣榆县柘汪工业园区供水，大温庄泵站开机抽水。

（2）应急调水。

1）启用条件。当蔷薇河向连云港市供水遭遇突发性水污染事故等特殊情况时，利用通榆河北延工程向连云港市应急调水。

2）控制运用原则。

现状工情下，冬春期滨海抽水站抽水流量$50m^3/s$，灌溉高峰期，当阜宁水位高于0.2m，大套船闸水位高于－0.2m时，滨海抽水站抽水流量$50m^3/s$；当阜宁水位低于0.2m或大套船闸水位低于－0.2m时，滨海抽水站开机应急调水，控制抽水流量不超过$30m^3/s$。

3）运行程序。

a. 关闭灌云县城段和海州段截污导流建筑物闸门，控制运行所有与送水河道平交的口门建筑物闸门。

b. 由南向北依次开启灌河地涵、新沂河南堤涵洞、新沂河北泓盐西节制闸、新沂河北堤涵洞、穿善后河地涵、八一河闸、蔷薇河涵洞的闸门。

c. 滨海抽水站开机抽水。

d. 根据通榆河水位和送水流量局部或全部开启响水引水闸闸门。

e. 灌北泵站和善南泵站开机抽水。

（3）向疏港航道补水。当疏港航道灌云水位（沂北船闸闸前）接近最低通航水位1.5m，且新沂河南偏泓供水困难时，为保证疏港航道通航水位，利用通榆河北延送水工程补水。

其相关工程运行程序同向连云港港区送水时的运行程序。

（4）送水期间沿线水质保护。在新沂河上游污水漫溢及沂南小河污水排放时，关闭新沂河北堤涵洞，控制盐河南北套闸及盐河南北船闸；当仅有沂南小河排放污水时，控制盐河南套闸及盐河南船闸，加强工程运行调度管理，保护北送水质。依托本工程新建的截污导流工程、新布设的水质监测站点、巡测水质监测站点，地方水利部门加强与各县区环保部门及城建部门的协调，做好沿线水质监测、监督和管理工作，保证工程的送水水质。

（5）相关新开河道水位要求。为使通榆河工程能随时发挥向北送水的作用，枯水期连云港市境内沿线相关新开河道应保持与相邻河道同一水位。

（6）其他情况。

送水期间如沿线发生强降雨以致需要排涝时，应视情暂停送水，照顾区间排涝，确保安全。

当里下河地区发生内涝，视情启用滨海抽水站参与抽排里下河涝水。

A.2.5.3 调度权限与执行

（1）供水调度、航道补水及遇突发性水污染事故应急调水指令由省防汛抗旱指挥部下发。

（2）省防汛抗旱指挥部根据盐城市防汛抗旱指挥部要求，决定滨海抽水站的排涝调度；其他工程的排涝调度由工程管理单位负责，并执行其主管部门的调度指令。

（3）滨海抽水站、响水引水闸、灌河地涵、灌北泵站的运用，由省防汛抗旱指挥部根据连云港市防汛抗旱指挥部要求，并商盐城市防汛抗旱指挥部后决定。善南泵站、大温庄泵站的运用，由连云港市防汛抗旱指挥部决定，报省防汛抗旱指挥部备案。沿线其余建筑物的运用，由其工程管理单位负责执行其主管部门调度指令。

（4）省淮沭新河管理处负责实施滨海抽水站、响水引水闸及灌河地涵的控制运用；连云港市通榆河管理处负责实施灌北泵站、新沂河南堤涵洞、小潮河滚水闸坝、新沂河北堤涵洞、善后河枢纽（善南泵站、善后河地涵及善北套闸）、八一河闸站及蔷薇河南堤涵洞的控制运用；盐城市、连云港市防指负责实施所管辖范围内的河道、涵闸的控制运用。各工程管理单位收集、反馈水情信息和工程运行情况。

（5）通榆河北延送水工程水情水质监测由所在地级市的水文分局负责。

A.2.5.4 附则

（1）本方案的水位高程采用废黄河口基面。

（2）本方案由省防汛抗旱指挥部负责解释。

A.2.6 白马湖区域性水利工程调度方案（苏防〔2008〕32号）

白马湖地区总面积994km²，该区域处于洪泽湖大堤、苏北灌溉总渠、里运河及白马湖隔堤和洪金干渠之间，地势呈西北高东南低，高程由7.5m向东降至6.0m，白马湖湖底及温山荡一带高程仅5.0m左右。由于四面高水，地势起伏，洼地面积大，排水出路一直是这个地区的突出问题。

原白马湖地区排水安排是：①白马湖涝水通过相机利用北运西闸自排入里运河或阮桥闸自排入宝应湖，以及通过新河由淮安一、二站抽排入灌溉总渠；②新河片东西两侧涝水分治，高低水分开，西侧自排或抽排入新河再由淮安一、二站抽排；东侧除南部洼地单独建站排入里运河外，其余经温山河由淮安一、二站抽排入灌溉总渠和由白马湖穿运涵洞（白马地涵）自排入射阳湖。

南水北调东线一期实施了淮安四站输水河道工程，淮安四站设计调水100m³/s，装机4台套（其中1台备机）；输水河道工程包括运西河、新河拓竣，白马湖湖内抽槽，筑隔堤，滚水堰、补水闸、北运西闸加固，镇湖闸拆建以及新河两侧口门和洼地影响处理等。

鉴于南水北调东线一期工程在该区域实施了相关工程，该地区工程情况发生了变化，为充分发挥该区域水利工程的排涝、调水、灌溉以及维护生态等效益，并确保工程安全运行，根据省及有关市的现行水利工程调度方案、《南水北调东线第一期工程可行性研究总报告》，结合近年的防汛抗旱调度实践和白马湖保护规划，现制定白马湖区域性水利工程调度方案。

A.2.6.1 相关工程及主要控制参数

（1）白马湖：死水位5.70m，正常蓄水位6.50m，汛期控制水位6.80～7.20m，警戒水位7.50m，防洪水位8.00m。

（2）主要闸（涵）、站。

1）水闸（涵洞）。

北运西闸：可双向引排水。设计引水流量100m^3/s，设计排涝流量140m^3/s。

镇湖闸：设计流量150m^3/s。

阮桥闸：设计流量69.7m^3/s。

补水闸：设计流量30m^3/s。

白马湖穿运涵洞（白马地涵）：设计流量50m^3/s。

2）泵站。

淮安一站：设计流量60m^3/s。

淮安二站：设计流量120m^3/s。

淮安四站：设计流量100m^3/s。

地方排涝泵站：①花河泵站，设计流量20m^3/s；②中心河一站，设计流量3m^3/s；③中心河二站，设计流量7.2m^3/s；④平林电排站，设计流量2.5m^3/s；⑤陈庄电排站，设计流量3.5m^3/s。

A.2.6.2 排涝调度

（1）调度原则。根据里运河、宝应湖等周边河湖水情，当白马湖水位超过阶段控制水位时，首先调度北运西闸伺机排入里运河或通过阮桥闸排入宝应湖。在自排能力不足的情况下考虑抽排。遇超标准雨涝，在充分利用外排能力的情况下，还需考虑破圩等应急方案。

（2）排涝调度。汛期当白马湖水位达到6.80m，且根据当时天气预报该地区将有较大降雨过程时，利用北运西闸向里运河自排涝水，或利用阮桥闸向宝应湖退水，预降白马湖水位；若不能自排或自排不及，根据当时降雨情况及天气趋势，预测白马湖水位将有可能上涨至7.20～7.50m，开启淮安一、二站抽排白马湖地区涝水，根据照顾新河地区排涝和湖区水位上涨情况确定抽排流量。

当预测白马湖水位有可能超过7.50m时，尽量自排，同时加大淮安一、二站抽排流量，必要时开启淮安四站帮助抽排白马湖地区涝水（开机流量不超过100m^3/s）。

抽排期间，为照顾新河地区排涝，当白马湖水位不超过7.50m时，控制镇湖闸下水位尽可能不超过6.0m。当白马湖水位达到或超过7.50m时，根据当时雨水情控制镇湖闸下水位尽可能不超过6.50m。镇湖闸流量视淮安一、二、四站抽排流量、上下游水位等进行调节。

当白马湖地区发生严重内涝，预测白马湖水位可能达到或超过8.0m时，周边花河等地方排涝泵站应全力开机排涝。

新河水位控制原则。若白马湖不需要抽排涝水，新河（镇湖闸下）水位一般控制在

5.50m左右。当新河水位达到或超过6.0m时，视情开启淮安一、二站降低新河水位。

白马湖穿运涵洞（白马地涵）控制运行原则。白马地涵排放新河以东、里运河以西低洼地区涝水。汛期当陆庄水位在2.5m以下时，白马地涵流量一般不超过$20m^3/s$；当陆庄水位达到或超过2.5m时，控制白马地涵流量一般不超过$10m^3/s$；当陆庄水位达到或超过2.7m且射阳镇水位达到2.0m时，白马地涵应全部关闭。麦作期为避免三麦受涝，白马地涵流量一般控制在$6\sim8m^3/s$。如遇特殊情况，需调整白马地涵流量，但淮安、扬州两市意见不一致时，由省防指协调解决。

A.2.6.3 水源调度

湖区补水和补水闸的控制运用。白马湖水位正常控制在6.00～7.20m。当白马湖水位低于6.00m时，视湖区生态环境及周边生产需要，可开启北运西闸和补水闸引里运河水源向湖区补水；如不向湖区补水，关闭补水闸；当白马湖水位高于6.50m时，滚水堰已经将内、外湖沟通，根据通航要求，补水闸全开。

向北调水。遇干旱年份，需向北方调水时，开启北运西闸、镇湖闸、淮安四站，联合调度，专线输水，最大输水流量为$100m^3/s$。镇湖闸根据淮安四站抽水流量及上下游设计要求进行控制运用。

A.2.6.4 附则

（1）本方案的高程采用废黄河基准。

（2）本方案由江苏省防汛抗旱指挥部负责解释。

（3）本方案自下发之日起执行，原有关方案同时废止。